猕猴桃研究进展（IX）
Advances in *Actinidia* Research (IX)

钟彩虹　主编
Edited by ZHONG Caihong

科 学 出 版 社
北 京

内 容 简 介

　　本书收集国内猕猴桃会议代表提交的论文，并通过与国外作者协商，收录了一些近两年来国外猕猴桃研究的新动态论文，将摘要进行了翻译，便于部分基层技术人员参考。本书内容涉及猕猴桃产业与市场、猕猴桃种质资源与遗传育种、猕猴桃栽培与生物技术、猕猴桃病虫害及其防治，是近年来从事猕猴桃研究、管理、开发利用人员的成果或工作积累，并针对一些产业发展问题及新技术应用提供建议。

　　本书适合科研人员、教师、大中专学生、职业院校及从事果树行业管理的行政部门人员、基层科技人员作为参考，也可供猕猴桃爱好者阅读。

图书在版编目（CIP）数据

猕猴桃研究进展.IX/钟彩虹主编. —北京:科学出版社，2019.11
ISBN 978-7-03-062721-6

Ⅰ.①猕… Ⅱ.①钟… Ⅲ.①猕猴桃-文集 Ⅳ.①S663.4-53

中国版本图书馆 CIP 数据核字（2019）第 243548 号

责任编辑：张颖兵 / 责任校对：高 嵘
责任印制：彭 超 / 封面设计：苏 波

科 学 出 版 社 出版
北京东黄城根北街 16 号
邮政编码：100717
http://www.sciencep.com
武汉市首壹印务有限公司印刷
科学出版社发行　各地新华书店经销
*
开本：787×1092　1/16
2019 年 11 月第 一 版　印张：18 3/4　插页：3
2019 年 11 月第一次印刷　字数：552 000
定价：150.00 元
（如有印装质量问题，我社负责调换）

前　言

（PREFACE）

  自 1978 年我国开展广泛而深入的猕猴桃野生资源调查以来，中国猕猴桃科研和产业走过了不平凡的四十载春秋，实现了我国猕猴桃产业从起步到引领，从追赶到腾飞的高速稳定发展。近二十年，我国选育的五十余个植物新品种推动了我国猕猴桃产业的自主研发，并全面覆盖国内外主要栽培国家和区域。我国在猕猴桃遗传资源发掘及其新品种选育方面的成就将引领国际猕猴桃科研及产业发展，对世界猕猴桃产业的可持续发展具有极其重要的意义。

  在我国猕猴桃产业发展四十周年的欢庆之际，也迎来了第七届全国猕猴桃研讨会的盛大召开。本届大会由中国园艺学会猕猴桃分会主办，陕西周至县人民政府承办。根据会议交流内容，本卷《猕猴桃研究进展（IX）》中论文包括四个方面，分别为猕猴桃产业与市场、猕猴桃种质资源与遗传育种、猕猴桃栽培与生物技术和猕猴桃病虫害及其防治。会议论文集的出版旨在分享猕猴桃科学研究及产业发展的现状，探讨科学热点，指明产业中存在的问题，提出我国猕猴桃研发及产业策略。

  由于能力和水平所限，书中纰漏之处在所难免，恳请大家批评指正。借此机会再次向为本书提供稿件的作者和对本书的顺利出版给予支持的领导和同仁们表示衷心的感谢！中国园艺学会猕猴桃分会希望得到大家一如既往的指导和支持，在猕猴桃科研和产业发展道路上与各位携手并进！

中国园艺学会猕猴桃分会

2019 年 4 月 19 日于武汉

目 录
（CONTENTS）

（二）猕猴桃种质资源与遗传育种

（三）猕猴桃栽培与生物技术

（四）猕猴桃病虫害及其防治

（一）猕猴桃产业与市场

欧洲猕猴桃产业及育种

Raffaele Testolin

（乌迪内大学 意大利）

摘 要 本文介绍了猕猴桃在欧洲的引种情况及在意大利的迅速发展。20 世纪 90 年代起意大利猕猴桃产业在西方国家中逐渐占据领先地位。在初期，从新西兰引种到法国并由法国传播到其他邻国的猕猴桃品种较为混乱。之后，从新西兰引种的绿肉美味猕猴桃品种'海沃德'在欧洲市场迅速占领主导位置。最近黄肉和红肉中华猕猴桃品种在一些欧洲国家种植，并且占有一定的市场份额；此外与'海沃德'同时进入欧洲市场的软枣猕猴桃品种也在欧洲种植。目前，'海沃德'仍然是主栽品种，占 90% 的市场份额。

2008 年猕猴桃细菌性溃疡病在欧洲大暴发。溃疡病可能是通过猕猴桃花粉从中国传到意大利，并由意大利传播到其他欧洲国家；溃疡病给种植户带来了巨大的经济损失。十年过去，溃疡病在潮湿的春天仍然会暴发，种植户试图通过去除感病部位来控制疾病，并喷洒诱抗剂、铜制剂和拮抗剂，但结果并不理想。溃疡病抗性/耐受性品种（种质）有报道但仍需要进一步评估。溃疡病的危害说明了猕猴桃品种在中国以外遗传多样性低，暴露猕猴桃育种的潜在缺陷。

本文还总结了欧洲猕猴桃的栽培技术。直到 20 世纪 90 年代，欧洲猕猴桃主要通过嫩枝和硬枝扦插育苗，但后来猕猴桃微繁殖成为主要的育苗方式，现在组培苗占欧洲四百万苗木份额的 86%。果园设计和牵引系统复制了新西兰种植者的经验，但这些技术经过当地实际情况进行调整。目前最通用的架式仍然是大棚架和 T 形架。雌株与雄株行带轮换，但雄株行整形为窄的条带状。

几年前，蜜蜂辅助授粉是主要的授粉方式，但随着溃疡病的出现以及传播，这种授粉方式被迫停止。目前主要通过从无溃疡病的国家或地区进口花粉进行人工授粉。植物生长调节剂通常用于应对授粉不足。欧洲种植者不使用防护林带来保护果园免受风害，而通常会用网覆盖果园，以保护树冠免受冰雹袭击。考虑到碳足迹、碳固存和投入减少（肥料、水、能源等），本文总结了对可持续发展的要求。

种植者在绿肉、黄肉和红肉品种的回报率分别为 0.65 欧元/kg、1.47 欧元/kg 和 2.00 欧元/kg，年际间存在波动，有机产品的价格可以高出 50%。欧洲遗传学家正在开展猕猴桃遗传研究，收集辅助育种者的相关信息。大多数育种计划都是私人的，由种植者合作社资助育种，因此育种是根据种植者的需求来进行的。

关键词 猕猴桃历史 猕猴桃管理 可持续作物 碳足迹 猕猴桃育种 欧洲

The European Kiwifruit Industry and Breeding

Raffaele Testolin

（University of Udine Italy）

Abstract This paper is an account of the introduction of kiwifruit to Europe and the rapid development in Italy where the crop has become popular and brought Italy in the 1990s to a leading position among western countries.

After the initial varietal confusion of plant material introduced from New Zealand to France and from there to neighbouring countries, 'Hayward', a green-fleshed cultivar selected in New Zealand, became established in the market. More recently, yellow- and red-fleshed *A.chinensis* cultivars, some of which were bred in Europe, and to a smaller extent, cultivars of *A.arguta*, the kiwiberry, have entered into the market alongside 'Hayward', which remains the principal cultivar with 90% of the market share.

In 2008 bacterial canker (Psa, *Pseudomas syringae* pv. *actinidiae*) broke out in Europe. The disease was introduced to Italy probably from China with pollen and from Italy it spread to the rest of Europe. The arrival of bacterial cancer was a traumatic experience for growers as they lost several thousand hectares of kiwifruit orchards. Ten years after its appearance, the disease is still there and still aggressive in wet springs. Growers try to control the disease by removing the diseased parts of vines, and spraying resistance elicitors, copper and antagonists with results that are not always good and never decisive. Resistant/tolerant genotypes have been reported, but they are still under evaluation. The awful experience of bacterial canker demonstrated the vulnerability of kiwifruit cultivation owing to the low genetic diversity outside of China.

The principal agronomic practices are reviewed. Until the 1990s plants were propagated by soft- and hard-wood cuttings; since then micropropagation has become common. Today tissue-cultured plants account for 86% of the over 4 million kiwifruit plants produced each year in Europe. Orchard design and training systems replicated the experiences of New Zealand growers, but the techniques underwent a continuous adaptation following the results of local experimentation. The most common trellis systems are still the pergola and T-bar. Female vines are pruned with long canes (2 m long or more), 0.3 m apart, while males-in the pergola system-are often trained as narrow strips in alternate rows.

Beehives were recommended until a few years ago. The advent of bacterial canker forced growers to abandon their use because of the risk of spreading Psa and to adopt artificial pollination carried out with pollen imported from Psa-free countries or collected from male orchards located in Psa-free areas. Plant growth regulators are often used to cope with insufficient pollination. European growers do not use shelterbelts to protect orchards from the wind, whereas often they cover their orchards with netting to protect the canopy from hail. The requirements for a sustainable crop are summarised considering carbon footprint, carbon sequestration, and the reduction of inputs (fertilizers, water, energy, etc.).

Grower returns are approximately €0.65/kg for green-fleshed kiwifruit, €1.47/kg for yellow-fleshed kiwifruit, and €2.00/kg for red-fleshed kiwifruit with annual fluctuations. Organic products can command prices that are 50% higher.

European geneticists are carrying out genetic studies to gather information aimed at assisting breeders. Breeding is carried out on growers' demand, since most breeding programs are private and funded by grower cooperatives.

Keywords   Kiwifruit history   Kiwifruit management   Sustainable crop   Carbon footprint   Kiwifruit breeding   Europe

INTRODUCTION OF KIWIFRUIT TO EUROPE

The first kiwifruit plants were introduced in Europe around the beginning of the 20th century- just as botanical curiosities. They were seedlings of *Actinidia deliciosa* and were introduced to the United Kingdom (London, Veitch & Sons nursery) and to France (Maurice de Vilmorin's arboretum, Loiret).

Later kiwifruit were planted in Italy (Catania, Allegra gardens; Trento near Lake Levico; Pallanza on the shore of Lake Maggiore and possibly in other places).

The first commercial orchards in Europe were established in Corsica (France) at the end of 1960s (Soyez, 1968) and during the subsequent decade several small orchards were established in Italy (Testolin et al., 2009).

Plants were of New Zealand cultivars ('Hayward', 'Bruno', 'Monty' and several males) often mixed together and with a number of unknown seedlings. Within a few years, most cultivars were abandoned in favour of 'Hayward', as it appeared to be the most suitable for the market because of its good size, taste and storage.

From the 1990s new cultivars were released from breeding programs developed in Italy, the only European country that initiated controlled crosses using the limited germplasm collected from different countries (China, New Zealand, U.S.A., Japan, France, and Belgium) through botanical exchanges and common research projects between the European Union and China.

PLANTINGS, PRODUCTION AND GROWER RETURNS

In Europe, kiwifruit were first grown as a commercial crop in France but the area in orchards there has remained limited. Subsequent plantings in Italy expanded much more rapidly and from the 1990s Italy has led western countries in both area and production (Table 1). Greece, Spain and Portugal started growing kiwifruit a few years later but only recently has there been a marked increase in production, especially in Greece.

Table 1   Kiwifruit leading producing countries in Europe (average 2013-2016) compared with the leading countries of the rest of the world (adapted from Costa et al., 2017, source CSO Ferrara, Italy)

country	tons	rank	country	tons	rank
European Union			extra EU		
Italy	484 072	2	China	2 433 333	1
Greece	160 933	5	New Zealand	404 112	3
France	60 935	6	Chile	193 353	4
world	3 950 461				

Italy accounts for 60% of the European kiwifruit production: 50%-60% of its production is destined for western-European markets (Germany, France, Spain, The Netherlands, UK, Belgium, etc.), markets of East-Europe (Poland, Russia, Baltic Republics), India and Far East (China, Singapore), North America (United States and Canada) and the Middle East (Source CSO Ferrara).

Kiwifruit remain a minor crop in Europe, accounting for less than 4% by value of the total fruit industry.

From 2008 onwards, kiwifruit cultivation in Europe was devastated by the appearance of bacterial canker of kiwifruit (*Pseudomonas syringae* pv. *actinidiae*, Psa) probably from China and kiwifruit started a decline that was contrasted by the introduction of new cultivars and types of fruit (yellow-fleshed and red-fleshed) and the slow spread diffusion of *A.arguta* in cooler areas (Belgium, Switzerland, northern France, and northern Italy).

There is little systematic information on grower returns. However, data for many years collected from the main cooperatives allows an estimate of gross grower returns (known also as orchard gate returns) close to €2.0/kg at beginning of cultivation in the 1980s, a fortune for the very first pioneers. The price halved in a few years with the increase in kiwifruit offered in the market, reaching a more stable price around €0.5/kg that was maintained during the following decades although with significant fluctuations from year to year (Testolin et al., 2009). The recent introduction of yellow- and red-fleshed cultivars together with the spread of the organic cropping resulted in different prices according to the kind of fruit (Table 2).

Table 2 Evolution of market share (%) of green-fleshed, yellow-fleshed and red-fleshed kiwifruit (*A.deliciosa* and *A.chinensis*) in Europe and growers' returns (author's estimate on data of 2015-2017 collected from different sources)

kiwifruit type	market share/%			growers' return/(€/kg)
	2015	2016	2017	2015-2017
green	96.2	93.7	90.9	0.65
yellow	3.8	6.3	9.0	1.47
bicolour (red)	0.0	0.0	0.1	2.00

CULTIVARS AVAILABLE TO GROWERS

'Hayward' has been grown for almost 50 years in Europe and, among the green-fleshed cultivars, it maintains a constant leading position in the market.

Over that time, only one new green-fleshed cultivar, the result of a breeding program, has been released. It is 'Summerkiwi 3373', which maintains a niche position because of its early harvest. Other cultivars ('Top Star' with smooth skin, 'Green Light', 'Early Green', 'Bo-Erica' and others) were all selected as 'Hayward' sports and their appearance in the market was like a meteor: a rapid growth and an equally rapid decline, except for 'Bo-Erica', that holds out in the market because of its elegant elongated shape.

The introduction of yellow-fleshed cultivars, a great novelty for consumers, resulted in bigger changes. 'Hort16A' marketed by Zespri® was the first to be introduced in Europe with the first plantations established in Italy and its development was rapid until it was devastated by bacterial canker and was replaced by G3 (or Gold3, 'Zesy002') by Zespri. 'Jintao' came next. It was selected by the Wuhan Institute of Botany (WIB) in China and introduced to Europe under an agreement between the WIB and the Consortium Kiwigold/Jingold, which won an international auction for the propagation rights. 'Jintao' was followed by two selections, 'Soreli' and 'Dorì', developed in Italy by the University of Udine ('Soreli') and jointly by the Universities of Udine and Bologna ('Dorì') (Costa et al., 2018). The market share in 2016 of yellow-fleshed cultivars was: G3 62%, 'Jintao' 23%, 'Soreli' 15%, 'Dorì'<1% (source, CSO Ferrara). Very recently 'Jinyan', a yellow-fleshed, interspecific hybrid, *A.eriantha* × *A.chinensis*, developed by the WIB, made its appearance in the Italian market managed by the Consortium Kiwigold/Jingold. Currently, the assessment by growers is positive.

Of the red-fleshed types, cultivation consists of no more than demonstration orchards. The few fruit offered in the market command very high prices, but it is a matter of novelty and consumer curiosity.

ORCHARD MANAGEMENT

Orchard design and management were re-shaped continuously during these 50 years of kiwifruit cultivation, following the results of the many trials by scientists and technicians. The following paragraphs the main changes that have occurred.

The plants preferred by growers

Kiwifruit were propagated by own-rooted cuttings since the beginning of the crop development and European growers rarely used grafted plants. In the 1990s micropropagation was well established and, once growers' concern about the long juvenile period was overcome, micropropagated plants became the most usual material in the market (Table 3). Only recently, with the introduction of yellow-fleshed cultivars, has grafting of these cultivars onto *A.deliciosa* rootstocks ('Hayward' included) become common.

Table 3 Market share of kiwifruit plants according to their propagation method (author's survey of 2016). Data refer to the Italian nurseries that provide most of the kiwifruit plants for the European kiwifruit industry

method of propagation	plants	%
cutting	114 000	2.8
tissue culture	3 470 000	85.6
grafting	470 000	11.6
total	4 054 000	100.0

Trellising, plant distances and male arrangement

Kiwifruit vines are traditionally trained either on pergolas or T-bars, the two training systems developed in New Zealand at the beginning of cultivation.

The pergola system has undergone several changes over the years: (a) plants are now spaced 5 m between rows and 2-3 m within rows; (b) males, that were initially interspersed with female vines, are now often planted every second row and trained as a narrow strip (Costa et al., 2018); (c) female vines are pruned with long canes (2 m long or more) regularly spaced 0.3 m apart (Testolin, 2015).

The T-bar originally had short canes horizontally trained, supported by wires running along the row 1 m from the leader on each side of the row. Now canes are long and bent towards the ground to increase the canopy area. Spacing is 5 m between rows and 2-3 m within rows, while males are still interspersed in the orchard at a ratio male : female close to 1 : 3 or 1 : 5 (Testolin et al., 2009).

There is a third, less common training system, the Geneva Double Curtain (GDC) which was originally devised for mechanical grape harvesting: it has leaders held 0.75 m apart on each side of the row. All strong, vertically growing shoots are removed and only spur shoots and weak, downwards-growing shoots are retained to form the fruiting canopy (Testolin et al., 2009).

Pollination

After years of discussion about the relative contributions of wind and insects to kiwifruit pollination, the advent of the bacterial canker (Psa) reduced the choice. Beehives, which had long been recommended, are now refused by growers because of the risk of spreading the disease, provided that pollen can carry the bacterium. Pollination is accomplished artificially using commercial pollen imported from Psa-free countries or collected from male orchards located in Psa-free geographic areas. Some 500 g/hm² of pollen is generally used with two applications around full bloom. In principle, pollen of any *Actinidia* species and male cultivar can be used. Often pollen of either *A.deliciosa* or *A.chinensis* males is imported frozen from the southern hemisphere.

Fertilisation

For many years kiwifruit orchards were over-fertilised resulting in problems in canopy management and fruit storage. Nowadays fertilisation consists in returning the annual uptake from the soil, considering the content of nitrogen in the irrigation water and the organic residues left on the soil by fallen leaves and pruned canes.

Growers are aware that the amount of N required by the kiwifruit orchard the first year is as little as 4 kg/hm², 21 kg/hm² the second year, and 42 kg/hm² the third one (source: the Biogold kiwifruit growing manual, unpublished). Information on the annual element removal by a kiwifruit orchard can be found in any kiwifruit growing guide. Growers are invited to consider with care those data while planning the annual fertilisation of their orchards.

Fertilisers, especially nitrogen, are distributed in small quantities, 2-3 times during the growing season. Growers producing fruit with reduced storage life are encouraged to spray foliar calcium (e.g., $CaCl_2$) within the first six weeks after flowering. Later treatments have been demonstrated to be ineffective because the calcium is no longer absorbed by the fruit (Montanaro et al., 2006).

Water supply

Young kiwifruit vines do not have good control of transpiration and in the presence of high temperatures and high transpiration demand, water uptake from roots is not sufficient to compensate water loss through the stomata and the leaves become progressively desiccated (Xiloyannis et al., 1999). Growers are aware of this phenomenon and control it by limiting the canopy of young plants the first two years after planting when roots are still poorly developed.

Beside this problem that could severely compromise the development of young orchards, water supply to kiwifruit mature orchards follows the classical rule of delivering the amount of water lost since the last irrigation (or rain). The applied coefficient to the potential evapotranspiration (data easily obtained from the water consortia) can vary from 0.4 to 1.4 according to the ground coverage of soil by the crop canopy, the highest value being those adopted in summer (Xiloyannis et al., 1999). Water is supplied through micro sprinklers in cool areas where there is no water shortage, and through a drip irrigation system in the warmest and driest ones, where water must be conserved.

Harvest

'Hayward' is possibly harvested at 6.2°Brix, following the New Zealand literature. However, in some northernmost areas, with the risk of frost towards the end of October, fruit are harvested earlier irrespective of the soluble solids content (SSC). Moreover, some rogue growers harvest very immature fruit because early sales give higher returns. The consequence of such early harvests is inadequate accumulation of starch and dry matter with fruit of poorer quality that do not store well. However, minimum standards on which producer organisations agreed since 2007 are slowly being implemented (Table 4). Dry matter content is gaining more credibility as an index of harvest and quality and growers receive higher returns the higher their fruit dry matter content.

Table 4　Harvesting parameters for green-fleshed and yellow-fleshed kiwifruit (data averaged over different sources). Data serve merely as an indication and companies could fix parameters a little differently according to their market strategy

parameters at harvest	green	yellow
flesh colour / Hue°	n.c.	>104
soluble solids content / °Brix	> 6.2	> 7.5
firmness / (kg/cm^2)	> 8.0	> 5.5
dry matter content / %	> 16	> 16

Note: n.c.= not considered

Yellow-fleshed cultivars are harvested at a higher SSC (7-9°Brix, according to the cultivar, the company and the destination of the product), but attention is paid to the firmness that is lower in yellow-fleshed cultivars compared to the green-fleshed ones at the same SSC. Long-distance transport of yellow-fleshed kiwifruit requires sacrificing the soluble solids content to have the fruit firmer at delivery.

Grading and storage

At the packhouse, fruit are first cured by holding them at ambient temperatures for several days to reduce the incidence of *Botrytis* during storage. Bins are then loaded into the cold store and the temperature is slowly decreased over two weeks to near 0°C for green-fleshed cultivars and 1-2°C for the yellow-fleshed ones.

Currently recommended CA atmospheres contain 4.5%-5.0% CO_2 and 1.8%-2.0% O_2. Relative humidity (RH) is maintained above 94%-95% and ethylene is removed and kept below 0.05 μl/L. Atmospheres based on ultra-low oxygen (ULO) and the dynamic controlled atmosphere (DCA) have already been experimented by several companies, but they require great skill by the operator.

Fruit are stored in bulk and graded and packed only just before delivery to the markets (Testolin et al., 2009).

TOWARDS A SUSTAINABLE CROP

A sustainable kiwifruit industry addresses several fundamental issues: (a) reduction of energy needed for cultivation; (b) reduction of CO_2 emissions to the atmosphere; (c) reduction of environmental pollution; (d) production of healthier food; (e) reduction of waste. Here we consider only the CO_2 emission to the atmosphere of a kiwifruit crop, disregarding all other issues listed above, for which it is easy for the reader to find information in the media.

CO_2 emission to the atmosphere is widely accepted as the main cause of the global warming. According to the models of carbon footprint, the net CO_2 balance of 1 kg of kiwifruit is 1.74 kg CO_2 eq, considering the whole production and marketing chain. Of this amount only 0.29 kg CO_2 eq/kg fruit (17%) can be attributed to orchard practices; the majority of emissions are due to postharvest processing (storage, transportation, etc.). Furthermore, considering the carbon sequestration in the soil due to the activity of roots and considering all sources and sinks of carbon, a kiwifruit orchard has a net sequestration of CO_2, whose amount depends on the orchard management and can therefore be considered as a carbon sink under the Kyoto Protocol (Page et al., 2011; Xiloyannis et al., 2011). Kiwifruit growers can therefore gain a monetary benefit by earning carbon credits and their country can trade them. These payments are being implemented.

To improve the CO_2 balance by reducing the emissions to the atmosphere and increasing C sequestration, several practices are recommended (Xiloyannis et al., 2011):

• reducing fertilisation to the strict requirements and preferring where possible natural compounds (manure, urban waste properly treated …);

• providing the amount of water required by the plants, keeping in mind that young plants have a poorly developed root system and even in mature orchards the canopy develops progressively during the season;

• leaving prunings and cut grass on the ground. This in turn restores soil fertility and improves the soil microbiota community.

THE SPREAD OF BACTERIAL CANKER IN EUROPE

In 2008 bacterial canker of kiwifruit (Psa, *Pseudomas syringae* pv. *actinidiae*) was first discovered in a 'Hort16A' (Zespri™ Gold) plantation in Italy. The disease was probably introduced from China with pollen and from Italy it spread to the rest of Europe, possibly with propagation material (Ferrante et al., 2010).

The arrival of bacterial canker was a devastating experience for growers, as they lost several thousand hectares of orchards. After ten years the disease is still there and is still aggressive in wet springs. Growers try to control the disease by removing the diseased parts of the vine, spraying resistance elicitors, such as acibenzolar-S-methyl (Bion® or Actigard®), antagonists such as *Bacillus subtilis* and copper, but not always with good results. Antibiotics are forbidden in Europe to control plant diseases.

Resistant/tolerant genotypes have been identified, but they are still to be validated.

The appearance of bacterial canker demonstrated the vulnerability of kiwifruit as a crop, owing to the low genetic diversity on which cultivation outside of China relies.

GENETICS AND THE CONCEPT OF BREEDING FOR GROWERS

There are several papers that review the progress achieved in kiwifruit genetics (Testolin et al., 2016; Testolin, 2015; Huang et al., 2007), often through cooperation among the leading kiwifruit-producing countries, such as China, New Zealand, and Italy (Costa et al., 2018). We only wish to stress, once again, that kiwifruit industry all around the world is threatened because of the limited germplasm available to breeders.

The University of Udine and its partners have adopted the concept of 'fair breeding'. 'Fair breeding' is similar in some ways to 'fair trade', a trading system that correctly takes into account all stakeholders of the value chain. Here we mean a breeding programme based on the requirements of growers and it is a counter approach to nursery-driven breeding. The two approaches are not necessarily in conflict as to the objectives of breeding, but they are different in some instances:

• growers know the expectations of the market and consumers and for this they are more appropriate to drive breeding programs;

- if they fund a breeding program (this is the key-idea). they become owners of selections and entitled to the propagation rights; they therefore commit plant propagators to prepare each year the number of plants they want according to their business plan;

- growers can manage the new selections as they consider their market objectives, by planning their development in view of the market demand, which would allow maintenance of good remuneration for the growers themselves and an honest remuneration for plant propagators.

This is what has long been done by the New Zealand marketers (an example is Zespri Ltd) and is now being undertaken by the Universities of Udine and Bologna in association with several kiwifruit growers' associations.

The different interests of growers and propagators are evident. While plant propagators (nurseries, etc.) want to sell as many plants as possible, without monitoring whether the cultivar succeeds in the market, growers want to supply the market according to the demand thus optimising their returns year by year. In other words, the propagation industry optimises its profits by selling plants once and leaves for years on the shoulders of growers the cost of the possible market failure of the cultivar sold. Growers pay much more attention to the long term evolution of the fruit demand when they decide for new plantings and for this they have more right to control the market of the cultivars than nurseries have.

Acknowledgements This paper has made considerable use of the review prepared by Testolin and Ferguson (2009) on the history and development of the kiwifruit industry in Italy. More details about the history and the evolution of orchard management techniques can be found in the original paper.

References

COSTA G, FERGUSON A R, HUANG H W, et al., 2018. Main changes in the kiwifruit industry since its introduction: present situation and future. Acta hortic. (in press)

FERRANTE P, SCORTICHINI M, 2010. Molecular and phenotypic features of *Pseudomonas syringae* pv. *actinidiae* isolated during recent epidemics of bacterial canker on yellow kiwifruit (*Actinidia chinensis*) in central Italy. Plant pathol, 59: 954-962.

HUANG H W, FERGUSON A R, 2007. Genetic resources of kiwifruit: domestication and breeding. Hortic. rev., 33: 1-121.

MONTANARO G, DICHIO B, XILOYANNIS C, et al., 2006. Light influences transpiration and calcium accumulation in fruit of kiwifruit plants (*Actinidia deliciosa* var. *deliciosa*). Plant sci., 170: 520-527.

PAGE G, KELLY T, MINOR M, et al., 2011. Modeling carbon footprints of organic orchard production systems to address carbon trading: an approach based on life cycle assessment. Hort science, 46 (2): 324-327.

SOYEZ J L, 1968. Une nouvelle spéculation arboricole: le yang-tao (*Actinidia chinensis* Pl.). L'Arboriculture fruitière 178: 17-28.

TESTOLIN R, 2015. Kiwifruit (*Actinidia* spp.) in Italy: the history of the industry, international scientific cooperation and recent advances in genetics and breeding. Acta hortic., 1096: 47-62.

TESTOLIN R, FERGUSON A R, 2009. Kiwifruit (*Actinidia* spp.) production and marketing in Italy. N.Z. J. crop hortic, 37: 1-32.

TESTOLIN R, HUANG H W, FERGUSON A R, 2016. Series compendium of plant genomes: the kiwifruit genome. Berlin: Springer International Publishing AG: 269.

XILOYANNIS C, DICHIO B, MONTANARO G, et al., 1999. Water use efficiency of pergola-trained kiwifruit plants. Acta hortic., 498: 151-158.

XILOYANNIS C, MONTANARO G, DICHIO B, 2011. Sustainable orchard management, fruit quality and carbon footprint. Acta hortic, 913: 269-273.

2018 年新西兰猕猴桃产业

A.R. Ferguson

（新西兰植物与食品研究院 奥克兰 新西兰）

摘 要 2010 年出现的由丁香假单胞菌（Psa）引起的猕猴桃细菌性溃疡病对新西兰猕猴桃产业产生了毁灭性的影响。利润最可观的黄肉猕猴桃品种'Hort16A'的果园被大量摧毁。Zespri™公司以黄金果为名销售的'Hort16A'猕猴桃，在巅峰期出口量达到新西兰所有猕猴桃出口量的四分之一左右，现在新西兰不再出口黄金果，而且几乎所有该品种的剩余植株都被砍伐或重新改接其他品种。'Hort16A'已被一种新的黄肉猕猴桃品种'Zesy002'取代，该品种通常被称为 Gold3，果实被市场称为 Zespri® SunGold 猕猴桃。这一新品种是新西兰植物与食品研究院（PFR）猕猴桃育种计划的产物。Gold3 不易受 Psa 感染，它的成功种植已经使新西兰猕猴桃产业快速复苏。Gold3 于 2010 年发布给果园主。目前，Gold3 猕猴桃出口量已占新西兰猕猴桃出口量的 40% 左右，产量也在迅速增长。Gold3 已被消费者广泛接受，并有望支持猕猴桃产业的进一步实质性扩张。在经历了有史以来最具破坏性和最令人沮丧的困难后，新西兰猕猴桃产业的全面复苏表明了猕猴桃育种的重要性。具有潜在育种可能性的一些新种质应当被重视，同时潜在风险也应当被考虑。

关键词 'Hort16A' 'Zesy002' Gold3 佳沛黄金果 佳沛 SunGold Psa

Kiwifruit in New Zealand, 2018

A.R. Ferguson

（The New Zealand Institute for Plant & Food Research Ltd Auckland New Zealand）

Abstract The appearance in 2010 of bacterial canker of kiwifruit, caused by *Pseudomonas syringae* pv. *actinidiae* (Psa), had a devastating effect on the New Zealand kiwifruit industry. Orchards of the most profitable kiwifruit cultivar, the yellow-fleshed 'Hort16A', were destroyed. Exports of 'Hort16A' fruit, marketed as Zespri™ Gold Kiwifruit had peaked at about quarter of all kiwifruit exports from New Zealand – now they are no longer exported and almost all remaining plants of this cultivar have been removed or reworked. 'Hort16A' has been replaced by a new yellow-fleshed kiwifruit cultivar, 'Zesy002' commonly known as Gold3, the fruit of which are marketed as Zespri® SunGold kiwifruit. This new cultivar was a product of the Plant & Food (PFR) kiwifruit breeding programme. Gold3 is much less susceptible to Psa and its successful cultivation has led to the very rapid recovery of the New Zealand kiwifruit industry. Gold3 was released to orchardists in 2010. Already, exports of its fruit make up about 40% of all kiwifruit exports from New Zealand and production is increasing rapidly. The fruit has been widely accepted by consumers and it is expected to support further substantial expansion of the industry.

The remarkable recovery of the New Zealand kiwifruit industry, after the most damaging and demoralising difficulty it has ever faced, demonstrates the importance of kiwifruit breeding. Some potential new products, as yet only possibilities, are considered. Potential risks are also considered.

Keywords 'Hort16A' 'Zesy002' Gold3 Zespri Gold Kiwifruit Zespri SunGold kiwifruit Psa

THE NEW ZEALAND KIWIFRUIT INDUSTRY

New Zealand kiwifruit are grown primarily for export as fresh fruit and New Zealand must therefore meet the conditions of the importing countries. Customer satisfaction, whether of the big supermarket chains or the ultimate consumers, is a priority, not only the particular fruit produced but also the way in which they are produced and handled. Growers are paid for the numbers of trays of kiwifruit sold but they also receive big incentives for the dry matter content of their fruit (NZGI, 2017) as this relates directly to the ultimate sugar content when the fruit is eating ripe and the perceived taste. Fruit exports can be directed to the markets that pay more for a particular type of fruit, e.g., sweeter fruit to Asian markets. Meeting the requirements of the customers and retaining market access, initially in Europe, was an important driving force behind the adoption in the early 1990s of the KiwiGreen Programme, an Integrated Pest Management system devised for kiwifruit (Steven, 1999). Adoption of this by the whole industry was achieved in remarkably few years. The reliability of the product means that New Zealand kiwifruit fetch a premium in the markets.

The past 30 years has seen dramatic changes in the New Zealand kiwifruit industry. There have been many structural and marketing changes (Milne, 2014) since the formation of the single desk marketer, the New Zealand Kiwifruit Marketing Board in 1988. Regulatory and marketing responsibilities were separated in 1997 with the formation of Zespri International Ltd. Zespri is the single-desk, grower-owned marketing company responsible for the export and marketing of at least 95% of the kiwifruit produced in New Zealand. It is the world's largest marketer of kiwifruit with about 30% of international trade. Nearly all the New Zealand production of kiwifruit is exported through the single-desk, grower-owned marketing firm, Zespri. This arrangement has the overwhelming support of kiwifruit orchardists and results in a unified industry which can respond rapidly to challenges.

THE NEED FOR NEW KIWIFRUIT CULTIVARS

There have also been big changes in the kiwifruit cultivars grown in New Zealand. Kiwifruit as a commercial crop were pioneered in New Zealand and for many years it was the only country growing kiwifruit on a large scale. During the second half of 20 century New Zealand was the sole and then the largest supplier of kiwifruit to international trade. The exporting firms considered that of the cultivars then available, 'Hayward' was distinctly superior, because the remarkably long storage life of its fruit meant that they arrived at the market in much better condition after the necessarily long sea voyage. Demand for the fruit of other kiwifruit cultivars was diminishing and by 1975 it was recommended that only 'Hayward' fruit be accepted for export. Within a few years nearly all kiwifruit orchards in New Zealand were planted in 'Hayward' or had been reworked to 'Hayward'. Orchardists had responded quickly to the exporters' insistence that consumers preferred 'Hayward' fruit (Ferguson et al., 1990). The successful development of kiwifruit as a commercial crop, as a crop destined for export, is largely due to this reliance on 'Hayward' (Ferguson, 2011).

The achievements of the New Zealand industry and the excellent returns to orchardists encouraged other countries to start growing kiwifruit. Initially they followed closely the practices that had been successful in New Zealand, particularly the adoption of 'Hayward' as the preferred cultivar. This meant that the industry throughout most of the world relied on this single cultivar. China was the striking exception: many different cultivars, mainly selections from the wild, were grown but even there 'Hayward' has become the most widely planted kiwifruit cultivar (Ferguson, 2015).

During the 1990s more and more kiwifruit were being produced by other countries. All kiwifruit-exporting countries were marketing the same product: fruit of 'Hayward'. This cultivar was not protected and it could be grown anywhere. Marketers saw an advantage in distinguishing their 'Hayward' kiwifruit from those of their competitors. For New Zealand, this was achieved by developing the brand name, Zespri, which was first used in 1997, and by labelling every individual fruit with a sticky label carrying the Zespri brand. Since then, over the next 20 years, more than NZ\$ 20 billion (c. RMB 90 billion) worth of kiwifruit have been sold under this name. Zespri is now used not only for kiwifruit produced in New Zealand but also for kiwifruit from any source sold through Zespri.

Instead of trying to distinguish 'Hayward' fruit from different sources, a different option was to develop new and novel types of kiwifruit, cultivars that could be protected under Plant Variety Rights, cultivars whose fruit were available only from Zespri.

THE RISE AND FALL OF 'HORT16A'

Scientists in New Zealand had long recognised the danger of the New Zealand kiwifruit industry being so dependent on a single cultivar, 'Hayward'. The New Zealand Department of Scientific and Industrial Research (DSIR) (which eventually gave rise to Plant & Food Research) initiated in the 1970s a kiwifruit breeding programme starting with the acquisition of diverse germplasm that could serve as raw material for breeding programmes. *Actinidia chinensis* var. *chinensis* (as distinct from *A.chinensis* var. *deliciosa* to which 'Hayward' belonged) seemed to have the greatest potential. It had fruit which could be much sweeter, more aromatic and the fruit flesh in many genotypes was an attractive golden yellow. However, the fruit were also generally smaller, the skins were more delicate and easily damaged, and the storage life was more limited. Nevertheless, these seeming deficiencies were overcome by breeding and by changes in management practices.

'Hort16A' was the first commercially important kiwifruit cultivar to emerge from a planned breeding programme (Muggleston et al., 1998). In 1987, a cross was made between two *A.chinensis* var. *chinensis* genotypes from different parts of China. One of the seedlings was selected in 1991 as showing promise. It was grafted into replicated trials two years later, and when these proved successful it was, after test marketing, launched on the international markets in 2000 under the name Zespri™ Gold Kiwifruit.

The ready acceptance by consumers of the new fruit indicated a fundamental change in the kiwifruit market. After years of being offered only 'Hayward' kiwifruit, customers were now offered a choice: they became aware through advertising and promotion that not all kiwifruit have hairy skins or are green inside. 'Hort16A' had good yields of medium-large fruit, 95-100 g, with a very good but different flavour, sweet and subtropical with a Brix when ripe of more than 16° and a high vitamin C content, about 25% more than that of 'Hayward'. The fruit when eating-ripe had flesh that was greenish yellow to yellow.

'Hort16A' was by no means perfect: the vine was very vigorous and different management practices were required; like 'Hayward', it required dormancy breakers; it broke bud earlier and more prone to frost damage; it was apparently more susceptible to disease; the average fruit size was rather small; there was more skin damage and hence lower pack out rates and the characteristic 'beak' caused fruit damage, slowing handling and packing; degreening of the fruit flesh started late in the season; there was a loss of flavour during storage and the storage life was shorter. No cultivar is ever perfect and the important thing was that consumers liked the fruit and were prepared to pay substantially more for it. Orchardists were also enthusiastic because the vines carried heavier crops than 'Hayward' and the prices obtained for the fruit were much higher. In the 2010/2011 season (mainly fruit sold in 2010) the orchard gate return for orchardists for 'Hort16A' fruit was NZ$ 83 785/hm^2 (c. RMB 25 135/mu, 1 mu $\approx$ 666.67 m^2) and that for 'Hayward' only NZ$ 32 234/hm^2 (c. RMB 9 670/mu) (Zespri, 2011).

Zespri marketers also liked 'Hort16A' as the fruit were distinct and easily distinguished from 'Hayward' kiwifruit because of their shape, the relatively hairless skin and the 'beak'. 'Hort16A' was unique, the Plant Variety Rights were owned by Zespri and it could be grown only under licence. Although China was growing a number of yellow-fleshed kiwifruit cultivars, the fruit of there were not readily available outside China.

'Hort16A' was very profitable and Zespri forecasts confidently predicted that it would be the basis for future substantial expansion of the New Zealand kiwifruit industry. Orchards of 'Hort16A' were established under licence in Northern Hemisphere countries, especially Italy, to allow year-round marketing of the new yellow-fleshed kiwifruit.

Late in 2010, a virulent form of bacterial canker of kiwifruit caused by the bacterium *Pseudomonas syringae* pv. *actinidiae* (Psa) was detected in the Bay of Plenty, the centre of kiwifruit cultivation in New Zealand. The disease spread rapidly and was particularly devastating on 'Hort16A' which was much more susceptible than 'Hayward'. The disease had already caused the loss of most of the 'Hort16A' orchards grown under licence in Europe. In New Zealand, eradication of the disease quickly proved impossible. Instead the option adopted was to remove nearly all plantings of 'Hort16A' as continued commercial cropping was unrealistic (Table 1).

Table 1　Kiwifruit cultivars grown in New Zealand (producing hm^2)

year[1]	all kiwifruit[2]	'Hayward'	'Hort16A' Zespri™ Gold	'Zesy002'/Gold3 Zespri® SunGold
2010	12 805	10 495	2 330	—
2011	12 502	9 912	2 590	—
2012	12 266	9 534	2 230	174
2013	10 164	9 164	1 056	384
2014	11 091	8 489	555	1 814
2015	12 107	8 152	394	3 379
2016	12 578	8 106	161	4 116
2017	12 692	7 857	30	4 630

1 The year is the Zespri financial year from 1 April of the year listed till the 30 March of the following year. Data from Zespri Annual Reviews.

2 Total includes trial plantings of cultivars other than 'Hayward', 'Hort16A' and 'Zesy002'.

The area in 'Hort16A' orchards decreased from a peak of 2 590 fruiting ha in the year 2011/2012 (an estimate which does not include any orchards not then yet fruiting) to about 30 fruiting ha in 2017/2018. This resulted in a fall in the export of 'Hort16A' fruit (marketed as Zespri™ Gold Kiwifruit) from 29.1 million trays in 2011, nearly a third of all kiwifruit exported from New Zealand, to about 2 million trays in 2016, a calamitous drop. 'Hort16A' ws dead as a commercial crop. Growers of 'Hort16A' faced not only the loss of their crop but also a fall in their equity in their orchards. The value of orchards previously growing 'Hort16A' fell by about 85%. The total loss to the industry is estimated to be many hundreds of millions of dollars (Greer et al., 2012). Now, fruit of 'Hort16A' are no longer accepted for export from New Zealand.

'ZESY002' (GOLD3) – THE REPLACEMENT FOR 'HORT16A'

It was fortunate that the Plant & Food Research/Zespri kiwifruit breeding programmes had identified several promising alternative yellow-fleshed selections. The original aim had been to produce yellow-fleshed cultivars that would complement 'Hort16A' because their fruit matured earlier or had a longer storage life. One such selection, 'Zesy002', was selected because it could be harvested at least three weeks earlier than 'Hort16A' (US Plant Patent USPP22355P3). This would widen the marketing window for yellow-fleshed kiwifruit from New Zealand, especially at the beginning of the season. Much more important, 'Zesy002' proved to be much less susceptible than 'Hort16A' to Psa and its commercialization was therefore fast-tracked. Budwood to allow grafting over of 11.5 hm^2 semi-commercial trials had been released in 2009. In subsequent years, after its tolerance of Psa had been realised, increased quantities of 'Zesy002' budwood were rapidly released, enough for 206 hm^2 in 2010, for 250 hm^2 in 2011, for 1 750 hm^2 in 2012 and a further 1 130 hm^2 in 2013. In the 2017/2018 season there was a total of 4 630 hm^2 of the new cultivar producing fruit. Nearly all the 'Hort16A' orchards in New Zealand have been grafted over to the new cultivar and production of the fruit has expanded rapidly from 1 million tray equivalents in 2012 to 52 million tray equivalents in 2017 (about 200 000 tonnes of export-quality fruit). It seems that the greater tolerance of 'Zesy002' to Psa will allow sustained commercial production of yellow-fleshed kiwifruit in New Zealand and that the industry can look forward with renewed confidence. Already there are plans to release budwood for another 3 750 hm^2 in New Zealand over the next five years, and further licences to produce plant increase overseas plantings of 'Zesy002' to a total of 5 700 hm^2.

'Zesy002' is commonly known as Gold3 and its fruit are marketed as Zespri® SunGold Kiwifruit. Yields are high, the fruit are large, mean weight 136 g, the flesh is yellow when eating ripe, the Brix is high at 17.4°, and the vitamin C content of 161 mg/100 g f.w. is higher than that of many other kiwifruit cultivars. 'Zesy002' has been described as '… a game-changing product that consumers love. SunGold is expected to drive future growth and is likely to overtake Green in its share of the total Zespri portfolio in 2018/2019' (Zespri, 2018).

THE FUTURE – POTENTIAL THREATS

The export earnings of the kiwifruit industry in 2017/2018 were just over NZ$ 1.7 billion, more than a third by value of New Zealand's export earnings from all horticulture. Strong overseas demand, particularly for gold kiwifruit, wine and new apple cultivars, is underpinning the increasing importance of horticultural industries to the New Zealand economy. Zespri is confidently aiming for a doubling of kiwifruit supplies by 2025, including a large increase in supplies from the Northern Hemisphere (Zespri, 2018). The aim is to have year-round supplies on the market of the cultivars unique to New Zealand. A doubling of supplies over the next seven years will require considerable investment, increases in plantings, increases in packing and storage facilities, increases in the use of water, increases in the need for labour for pruning, harvesting and packing. These difficulties should, however, be solvable.

Kiwifruit exports from New Zealand exports are not competing directly with the much larger production in the Northern Hemisphere, only with those from Chile. However, Chilean kiwifruit exports amount to only about one third by volume those of New Zealand and are currently limited almost entirely to green-fleshed kiwifruit, not gold-fleshed kiwifruit. This could change. Export of kiwifruit from China are now increasing and could provide greater competition for the Zespri-marketed fruit grown under licence in the Northern Hemisphere.

At present the New Zealand industry is highly centralised (Table 2) with 85% of Green (largely 'Hayward') kiwifruit and over 72% of Gold (Gold3) kiwifruit grown in the Bay of Plenty (with 40% of all Green kiwifruit and 36% of all 'Zesy002' kiwifruit grown in a single small district, Te Puke, within that region). This concentration puts the industry at risk from regional difficulties such as volcanic eruptions or localised storms.

Table 2　Kiwifruit orchards in different regions of New Zealand, 2017

region	green kiwifruit (mainly 'Hayward')		gold kiwifruit (mainly Gold3)	
	producing hm^2	%	producing hm^2	%
Northland	110	1.4	330	7.1
Auckland	288	3.6	206	4.4
Bay of Plenty	6 831	85.3	3 387	72.7
Waikato	366	4.6	183	3.9
Poverty Bay	59	0.7	208	4.5
Hawkes Bay	52	0.6	149	3.2
Lower North Island	76	0.9	4	0.1
South Island	231	2.9	193	4.1
total	8 013	100.0	4 660	100.0

Data from Zespri Annual Review, 2018.

Perhaps more likely, the existence in many parts of the Bay of Plenty of large contiguous areas of kiwifruit orchards consisting at most of just two female cultivars and a small number of male cultivars increases the likelihood of epidemics of pests and diseases. Although the dangers of a monoculture of 'Hayward' had been recognised few would have expected the destruction caused by Psa which eliminated 'Hort16A' as a commercial cultivar first in Italy and then in New Zealand. 'Zesy002' is much more resistant. However, it is likely that Psa inoculum will persist in New Zealand kiwifruit orchards and control procedures will always be required to at least some extent. It is possible that the resistance of 'Zesy002' to Psa will eventually be overcome just as the acquired resistance (Colombi et al., 2017) of the bacterium to copper may make the control treatments currently used less effective. The relative resistance of 'Hayward' could also be overcome.

There is also the risk of devastating failures of biosecurity with incursions of pests such as the various fruit flies or the Brown Marmorated Stink Bug.

A longer term risk is climatic change with the expected increase in temperatures. Kiwifruit require a period of winter chilling to ensure adequate flowering and fruiting. Already, chilling in the Bay of Plenty and districts further north is marginal (Kenny, 2012) and applications of Hi-Cane® (hydrogen cyanamide) are required for economic production. Continued use of Hi-Cane® is, however, controversial. Modelling (Tait et al., 2018) indicates that the predicted rise in temperatures will render the cultivation in the Bay of Plenty of 'Hayward' increasingly non-viable by the end of the century, especially if the use of hydrogen cyanamide is discontinued. Although kiwifruit could then be grown in other parts of New Zealand, water supplies there could well be limiting and there is already a huge investment in kiwifruit packhouses and coolstores and other infrastructure in the Bay of Plenty.

THE FUTURE – NEW CULTIVARS FROM NEW ZEALAND

The marketing of the New Zealand kiwifruit crop by a single-desk entity, Zespri, probably inevitably encourages restriction to a few large product categories rather than a proliferation of small products. Each product must earn its own shelf space in the market. New products should be distinctive. Supermarkets are not likely at the one time to offer different products that customers have difficulty in distinguishing. A new selection has to be very good to justify replacing an existing cultivar. Reworking an existing orchard is expensive and entails a loss of income until a mature fruiting canopy is re-established. A new product must also be promoted in the market and the cost of this may well exceed the cost of developing the new cultivar (Martin et al., 2005). Exports of alternative cultivars are likely to be restricted (McGregor, 2018). Nevertheless, the New Zealand kiwifruit industry leaders accept the importance of innovation, that new products will attract new consumers. Relying on just 'Hayward' or even Gold3 is not a sensible option. A number of new possibilities are being considered, possibilities that will complement the existing cultivars.

Hermaphrodite cultivars

All *Actinidia* species are dioecious but dioecy is not absolute (Sakellariou et al., 2016; McNeilage et al., 2007; McNeilage et al., 1998) and some genotypes can produce self-setting fruit. Other genotypes can produce fruit parthenocarpically (Pei et al., 2011; Mizugami et al., 2007). Breeding for hermaphrodite cultivars is a realistic possibility. A completely hermaphrodite cultivar with all the necessary fruit attributes would be a boon to orchardists but would be of little interest to consumers unless it was distinctive in some other way. Replacing existing cultivars with hermaphrodite cultivars may not be economically justifiable: instead it is probably more sensible to aim for all future new cultivars, promoted for other reasons, to be hermaphrodite.

Red-fleshed cultivars

The Chinese cultivar 'Hongyang' is the most widely planted of red-fleshed kiwifruit and its sweet fruit fetch high prices on the Chinese market. Although popular, 'Hongyang' does have a number of defects: its fruit tend to be small and the skin easily damaged, the intensity of the red colouration is markedly affected by environmental conditions, especially high temperatures, and the vines are very susceptible to Psa (Wang et al., 2012). A cultivar consistently red-fleshed either around the core or throughout the whole fruit, of good fruit size, excellent flavour, good storage life and resistant to Psa, with all the other desirable attributes, is the 'Holy Grail' for kiwifruit breeders throughout the world, including those in New Zealand. Test marketing confirms the consumer demand: achieving the right combination of characteristics cultivar remains a challenge.

Sweeter green cultivars

The green-fleshed cultivar 'Zesh004', popularly known as Green14 and marketed as Zespri® Sweet Green, is a hybrid, *A.chinensis* var. *deliciosa* × *A.chinensis* var. *chinensis*. The fruit mature early, they are large and when eating ripe, the flesh is yellowish green. They are sweet with a Brix more than 20° and this could be particularly appealing to Asian consumers. Commercial crop loads are difficult to achieve and consumers do not readily distinguish it from 'Hayward': retailers are often reluctant to provide shelf space for two green-fleshed kiwifruit cultivars, not distinctive in appearance. Instead, in China, sales by internet home shopping are being considered.

Kiwiberries

This has become the generally accepted term for the fruit of *A.arguta*, *A.melanandra* and taxa with similar fruit such as *A.kolomikta*. A breeding programme in New Zealand resulted in the release of a number of cultivars of which 'Hortgem Tahi' (also known as K2D4) had been the most widely planted (Williams et al., 2003). Plantings in New Zealand are still limited, partly because of the relatively short storage life of the fruit and the cost of harvesting, but there seems to have recently been a resurgence of interest worldwide in the potential of kiwiberries. An alternative approach to the development of smaller *Actinidia* fruit has been followed in Japan by crossing species such as *A.chinensis* with *A.rufa* (Matsumoto et al., 2011).

References

COLOMBI E, STRAUB C, KÜNZEL S, et al., 2017. Evolution of copper resistance in the kiwifruit pathogen *Pseudomonas syringae* pv. *actinidiae* through acquisition of integrative conjugative elements and plasmids. Environ microbiol, 19: 819-832.

FERGUSON A R, 2011. Kiwifruit: evolution of a crop. Acta hortic, 913: 31-42.

FERGUSON A R, 2015. Kiwifruit in the world – 2014. Acta hortic, 1096: 33-46.

FERGUSON A R, BOLLARD E G, 1990. Domestication of the kiwifruit // Warrington I J, Weston G C. Kiwifruit: science and management. Auckland: Ray Richards Publisher: 165-246.

GREER G, SAUNDERS C, 2012. The costs of Psa-V to the New Zealand kiwifruit industry and the wider community. Report 327. Lincoln: Agribusiness and Economics Research Unit, Lincoln University.

KENNY G, 2001. Climate change: likely impacts on New Zealand agriculture. Wellington: Ministry of Environment.

MARTIN R A, LUXTON P, 2005. The successful commercialisation of ZESPRI™ Gold kiwifruit. Acta hortic, 694: 35-40.

MATSUMOTO H, SEINO T, BEPPU K, et al., 2011. Characteristics of interspecific hybrids between *Actinidia chinensis* kiwifruit and *A.rufa* native to Japan. Acta hortic, 913: 191-196.

McGREGOR N, 2018. NZ: Kiwifruit export monopoly "Creates climate that crushes independent thought and innovation." http://www.freshplaza.com/article/9025846/nz-kiwifruit-export-monopoly-creates-climate-that-crushes-independent-thought-and-innovation /Viewed 6 October, 2018.

McNEILAGE M A, STEINHAGEN S, 1998. Flower and fruit characters in a kiwifruit hermaphrodite. Euphytica, 101: 69-72.

McNEILAGE M A, DUFFY A M, FRASER L G, et al., 2007. All together now: the development and use of hermaphrodite breeding lines in *Actinidia deliciosa*. Acta hortic, 753: 191-199.

MILNE J B, 2014. The New Zealand kiwifruit industry: challenges and successes, 1960 to 1999. Palmerston North: Massey University.

MIZUGAMI T, KIM J G, BEPPU K, et al., 2007. Observation of parthenocarpy in *Actinidia arguta* selection 'Issai'. Acta hortic, 753: 199-203.

MUGGLESTON S, McNEILAGE M, LOWE R, et al., 1998 Breeding new kiwifruit cultivars: the creation of Hort16A and Tomua. Orchardist NZ, 71(8): 38-40.

NZKGI (New Zealand Kiwifruit Growers), 2017. Grower Payments. https://nzkgi.org.nz/wp-content/uploads/2017/12/ Grower-Payments-Guide.pdf viewed 1 October 2018.

PEI C J, LIU S B, XIANG Y P, et al., 2011. Brief report on the selection and cultivation of the seedless kiwifruit 'Xiangji' (*Actinidia deliciosa*). Acta hortic, 913: 131-134.

SAKELLARIOU M A, MAVROMATIS A G, MADIMARGONO S, et al., 2016. Agronomic, cytogenetic, and molecular studies on hermaphroditism and self-compatability in the Greek kiwifruit (*Actinidia deliciosa*) cultivar 'Tsechelidis'. J. hortic. sci. Biotechnol, 91: 2-13.

STEVEN D, 1999. Perceptions and reality in pest control on kiwifruit in New Zealand. Acta hortic, 498: 359-363.

TAIT A, PAUL V, SOOD A, et al., 2018. Potential impact of climate change on Hayward kiwifruit production viability in New Zealand. NZ J. crop hortic. sci., 46: 175-197.

WANG Y C, ZHANG L, MAN Y P, et al., 2012. Phenotypic characterization and simple sequence repeat identification of red-fleshed kiwifruit germplasm accessions. Hort science, 47: 992-997.

WILLIAMS M H, BOYD L M, McNEILAGE M A, et al., 2003. Development and commercialization of 'baby kiwi' (*Actinidia arguta* Planch.). Acta hortic, 610: 81-86.

ZESPRI, 2011. Annual Review 2010/2011. Tauranga: Zespri Group Ltd.

ZESPRI, 2018. Annual Review 2017/2018, Tauranga: Zespri Group Ltd.

'贵长'猕猴桃商业气调贮藏保鲜技术研究

翟舒嘉　　陈永春　　钟曼茜[*]

（福瑞通科技有限公司　北京海淀　100044）

摘　要　以'贵长'猕猴桃为实验材料进行商业气调贮藏（CA），控制库内相对湿度90%，温度0℃±0.5℃，O_2 1.5%，CO_2 1.5%，并结合乙烯脱除。结果表明，气调贮藏能抑制猕猴桃果实硬度的下降，维持可溶性固形物含量。结束气调贮藏后货架期为 11 d，果实品质比未贮藏的果实货架期的品质更为理想。

关键字　'贵长'　猕猴桃　气调贮藏　商业贮藏　货架期

猕猴桃果实质地柔软、风味独特，富含维生素 C、糖、酸、钙和钾等营养元素，是一种营养价值较高的果品，被誉为"水果之王"，同时，也具有降低血压、血糖和防癌的功效，深受消费者的喜爱[1-2]。近年来，我国的猕猴桃栽培面积和产量均快速增长，据统计资料显示，我国猕猴桃种植面积约 14.5×10^4 hm^2，占世界种植面积的 1/2，产量约 180×10^4 t[3]。贵州是世界上最适宜种植猕猴桃的地区之一，其主打产品'贵长'猕猴桃已成为国家地理标志保护产品[4]。但猕猴桃属呼吸跃变型果实，皮薄、汁多，且采收期一般在气温较高的 9 ~ 10 月，在采后极易软化、腐烂，使其商品化受到极大的限制[5]。采用适宜的贮藏方式调控猕猴桃的软化衰老速度，延长猕猴桃贮藏保鲜期和货架期具有重要意义。

目前，关于猕猴桃的贮藏保鲜方法有热处理[6]、壳聚糖复合涂膜[7]、1-甲基环丙烯（1-MCP）处理[8]、臭氧处理[9]等，但因受各种因素限制，不易推广及大规模商业贮藏应用。气调贮藏是一种极具开发与推广价值的保鲜方法，开发该领域具有较高的工程应用和经济价值。目前，气调贮藏已成为许多国家主要的果蔬贮藏保鲜方法[10]，但关于大规模商业气调贮藏还未见相关报道，而大规模商业气调贮藏后果实的品质、货架期及货架期内果实品质如何有待深入研究。我们在贵州省修文县建成了 6 240 t 规模的配备乙烯自动脱除系统的气调保鲜库，在库中对 200 t '贵长'猕猴桃进行了商业贮藏实验，且对贮藏后的果实进行货架期模拟，对比分析猕猴桃果实未经贮藏后的货架期及其在货架期内的品质，旨在为我国国产优质猕猴桃进行较大规模商业贮藏，延长贮藏期和货架期，维持较好的果实品质提供参考。

1　材料与方法

1.1　实验材料

供试材料为'贵长'猕猴桃，于 2016 年 10 月 15 日采摘自贵州省贵阳市修文县果园，7 ~ 8 成熟，采后当天 4 h 内运抵气调库，于 11℃ 条件下预冷 12 h。

1.2　实验仪器与设备

制氮机（VSA30，FRT CA）、CO_2 脱除机（ST850，FRT（CA））；乙烯脱除机（SEC1200，FRT（CA））、硬度计（FHT-1122，广州兰泰仪器有限公司）、数显糖度计（PAL-1，日本 ATAGO）。

---

* 通信作者，E-mail：zhongmanxi@frtchina.com

1.3 方法

1.3.1 样品处理

将猕猴桃果实于 11℃ 条件下预冷 12 h，气调保鲜库在猕猴桃入库前温度降低至 1.5℃，预冷结束后将果实放置于气调库中，库内温度设置为 0℃±0.5℃，O_2 1.5%，CO_2 1.5%，相对湿度 90%，每隔 8 h 进行一次乙烯脱除，脱除时间为 30 min/次，同时以冷藏 0℃±0.5℃ 的果实为对照，定期测定其在贮藏过程中的硬度和可溶性固形物含量变化。猕猴桃出库后，放置在常温（25℃）条件下模拟货架期，对其口感和外观品质进行综合评价，并固定 20 个果实用于测定失重率。同时将采后预冷 12 h 后未入库的果实（7~8 成熟）在常温下进行模拟货架期实验，对比分析气调贮藏和未经贮藏的果实的货架期长短及其品质变化。

1.3.2 指标测定

（1）果实硬度的测定。采用硬度计测定，果实赤道部位去皮，每个果实测 3 个值，重复 3 次，平均值为该果实的硬度（kg/cm^2）。

（2）可溶性固形物含量的测定。利用数显糖度计测定，重复 3 次，取平均值。

（3）失重率的测定。采用称重法。

（4）感官评定。出库后，每天随机挑选 15 个货架期内的果实，由 10 位人员参与感官评价，对果实外观和口感进行综合评定，平均值为最终的分值。评定标准见表 1。

表 1　实验猕猴桃感官评定标准

评价指标	评价标准	分值	评价指标	评价标准	分值
口感 （10 分）	果肉酸甜可口，风味突出	8~10	外观 （5 分）	果肉硬度适中，新鲜如初，果皮为金色	5
	果肉酸甜适中，风味淡化	5~7		果实小面积变软，果皮表面出现小面积凹陷，可食用，果皮为棕色	3
	果肉口感不佳，风味寡淡	2~4		果实一半以上部分变软，果实出现腐烂现象，不可食用，果皮为深棕色	1
	果肉口感差，有异味风味较差	0~1			

2　结果与分析

2.1　气调贮藏对猕猴桃果实硬度的影响

硬度是衡量果蔬贮藏品质的重要指标之一，果蔬的风味、腐烂变质等与果实的硬度变化密切相关。猕猴桃果实硬度在贮藏过程中虽有小波动但整体呈下降趋势，如图 1 所示。20 d 时，猕猴桃果实的硬度快速下降，随后缓慢下降。到 50 d，气调贮藏的硬度为 5.59 kg/cm^2，比冷藏的硬度 2.46 kg/cm^2 高 127.24%。至 162 d，气调贮藏的硬度仍为 3.50 kg/cm^2，表明气调贮藏能显著抑制猕猴桃果实硬度的下降，维持果实的新鲜程度。

2.2　气调贮藏对猕猴桃果实可溶性固形物含量的影响

可溶性固形物可作为评价果蔬贮藏品质的重要指标[11]。由图 2 可知，猕猴桃可溶性固形物含量在冷藏和气调贮藏过程中均有上升趋势。20 d 时，可溶性固形物含量相差不大。至 50 d，冷藏和气调贮藏的可溶性固形物含量分别为 14.2% 和 12.0%，冷藏的可溶性固形物含量比气调贮藏的高 15.5%，表明气调贮藏能在一定程度上延缓果实可溶性固形物含量上升，从而抑制果实后熟进程。而到 162 d 时，气调贮藏的可溶性固形物含量为 15.1%，可溶性固形物含量仍维持在较高水平，进一步表明气调贮藏能延缓猕猴桃果实的后熟与衰老，抑制可溶性固形物含量的下降，这与贮藏过程中 O_2 和 CO_2 的浓度抑制果实呼吸作用延缓果实后熟衰老有密切关系。

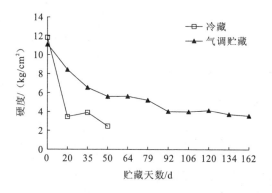 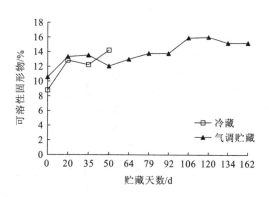

图 1　气调贮藏对猕猴桃果实硬度的影响　　　图 2　气调贮藏对猕猴桃果实可溶性固形物含量的影响

2.3　气调贮藏 162 d 后对猕猴桃果实货架期内品质的影响

2.3.1　对失重率的影响

果蔬在采后过程中较易发生水分散失现象，引起果蔬的表皮发生褶皱，内质也将发生劣变，甚至引起果实老化变质，丧失食用价值。由图 3 可见，随着货架时间的延长，猕猴桃果实的失重率逐步上升。未经贮藏的果实在货架期内的失重率显著高于气调贮藏 162 d 的失重率。6 d 时，果实未贮藏的货架期内的失重率为 13.47%，而气调贮藏的仅为 0.585%。至 11 d，气调贮藏猕猴桃的失重率仅为 1.17%。可见，气调贮藏亦能显著抑制货架期内失重率的上升。

2.3.2　对硬度的影响

猕猴桃果实硬度在货架期内均呈下降趋势，如图 4 所示。货架期为 2 d 时，猕猴桃果实的硬度均快速下降，且未经贮藏的果实在货架期内硬度下降幅度显著高于气调贮藏。到 6 d 时，气调贮藏的硬度为 3.89 kg/cm^2，比未经贮藏的果实的硬度 2.04 kg/cm^2 高 90.69%。至 11 d 时，气调贮藏的硬度仍为 2.27 kg/cm^2。

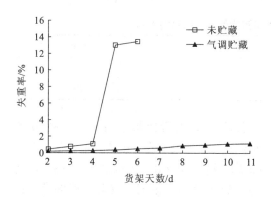 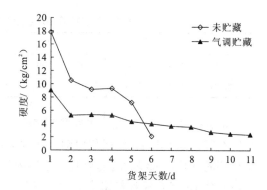

图 3　气调贮藏 162 d 后对猕猴桃果实失重率的影响　　　图 4　气调贮藏 162 d 后对猕猴桃果实硬度的影响

2.3.3　对可溶性固形物含量的影响

由图 5 可知，未经贮藏的猕猴桃在货架期内可溶性固形物含量呈快速上升趋势。而气调贮藏 162 d 后的可溶性固形物含量先上升后保持在相对稳定的水平。到 6 d 时，未经贮藏的果实在货架期内的可溶性固形物含量为 15.5%，气调贮藏 162 d 后含量为 13.97%。货架期长达 11 d 时，气调贮藏后的可溶性固形物含量为 14.0%。表明气调贮藏 162 d 后的货架期比未经贮藏的果实货架期延长了 5 d,而其可溶性固形物含量与未经贮藏的果实货架期内的含量相差不大。

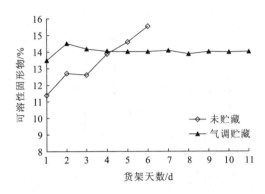

图 5　气调贮藏 162 d 后对猕猴桃果实可溶性固形物含量的影响

2.3.4　对外观和口感的影响

果品蔬菜鲜艳的色彩是人们最直接的感官印象,能引起人的食欲和好感。各类果蔬也具有独特的风味、酸甜、可口的味道,能增进食欲,帮助消化,口感是衡量果蔬商品价值的重要指标之一。通过对气调贮藏 162 d 后猕猴桃果实进行货架期模拟并对货架期内果实的外观和口感进行综合评定,对比分析未经贮藏的猕猴桃果实的货架期品质差异,以期测定出猕猴桃果实在气调贮藏后对果实货架期品质的影响,评定结果见表 2 和表 3。

表 2　气调贮藏 162 d 后对猕猴桃果实货架期内外观的影响

货架天数	1 d	2 d	3 d	4 d	5 d	6 d	7 d	8 d	9 d	10 d	11 d
未贮藏	2.00	2.75	2.75	3.25	2.50	2.50	—	—	—	—	—
气调贮藏	3.40	4.00	4.20	3.80	4.20	3.20	3.80	3.60	3.80	4.00	3.80

表 3　气调贮藏 162 d 后对猕猴桃果实货架期内口感的影响

货架天数	1 d	2 d	3 d	4 d	5 d	6 d	7 d	8 d	9 d	10 d	11 d
未贮藏	2.50	3.50	3.50	3.00	2.75	2.70	—	—	—	—	—
气调贮藏	7.40	7.00	7.00	7.00	7.80	6.60	7.20	7.20	7.20	7.20	7.20

由表可知,未经贮藏的果实货架期仅为 6 d,而气调贮藏后的货架期达 11 d。气调贮藏的果实在货架期 5 d 时,外观和口感都达到最佳值,而未经贮藏的果实在 4 d 达到最佳值。随着货架期的延长,未经贮藏的果实货架期内外观和口感均下降,至 6 d 时外观和口感不良。而气调贮藏 162 d 后猕猴桃果实的口感和外观未产生不良影响,且至 6 d 时外观和口感的综合评分均高于未经贮藏的果实。由此可知,气调贮藏 162 d 后能延长猕猴桃果实的货架期,且能维持货架期内果实较好的外观和口感品质。

实验表明,气调贮藏能显著抑制'贵长'猕猴桃果实硬度的下降,抑制果实后熟,维持较高水平的可溶性固形物含量,从而延长猕猴桃的贮藏保鲜期。气调贮藏 162 d 后的果实货架期与未经贮藏的果实货架期相比,货架期可延长 5 d,且果实的品质更为理想,失重率较低,硬度和可溶性固形物含量较高,果实的外观和口感较好。

3 讨论与结论

目前，关于猕猴桃常规的贮藏保鲜方法，热处理可以钝化某些酶类，并能杀死部分微生物，但目前热处理的贮藏保鲜方法还不成熟，只是作为一种辅助性的采后处理方式。复合涂膜技术能在一定程度上提高果实贮藏保鲜效果，但操作相对繁杂，且保鲜效果受成膜厚度的影响，不易推广与应用[12]。1-MCP能不可逆地与乙烯受体作用，阻断其与乙烯结合，从而抑制果实后熟，但1-MCP的保鲜效果受到水果品种、成熟度等因素的影响，且1-MCP处理对于跃变期以前的果实有效，而对于进入跃变期的果实效果很小或无效，远不及气调的贮藏效果[13-14]，且1-MCP在商业上的不当使用，也会导致猕猴桃不能正常后熟，消费者感受差，直接影响产品品牌形象。臭氧处理猕猴桃虽然有一定的效果，但需在贮藏期间多次处理，操作烦琐，且高浓度的臭氧容易对人体造成伤害[13]。

目前猕猴桃的商业贮藏较多采用低温冷藏的保鲜方法，为探究气调保鲜猕猴桃的优势，我们以低温冷藏为对照，对比分析两种贮藏保鲜方式。至50 d时冷藏的猕猴桃果实失去商品价值，而气调贮藏的果实贮藏期延长至162 d，品质显著优于低温冷藏，能显著抑制猕猴桃果实硬度的下降，延缓果实失重率的上升，维持果实可溶性固形物含量，抑制果实后熟，从而延长猕猴桃的贮藏保鲜期，实现长期贮存。为进一步探究气调贮藏后猕猴桃果实的货架期长短，能否维持良好的品质，我们通过对比未经贮藏的果实的货架期及货架期内品质差异，结果表明，气调贮藏162 d后货架期可延长至11 d，果实的品质比未经贮藏的果实货架期品质更为理想。

在贮藏保鲜猕猴桃时，常从以下两个方面进行考虑：一是减弱并维持果实的生理代谢活动，抑制果实中相关酶的活性和微生物的增长，延缓果实后熟与衰老；二是防止果实失水、褶皱，影响果实外观品质。低温能抑制猕猴桃的呼吸代谢和乙烯的产生，降低酶活性从而延缓果实后熟；但猕猴桃为冷敏型果实，普通冷藏较长时间及不适宜低温较易导致冷害[15]。而气调贮藏通过对温、湿度及气体成分的共同调节，能减缓贮藏期间果实因环境胁迫导致的生理失调，也能大大降低低温冷害发生的概率，并在贮藏过程中为猕猴桃创造适宜的温度和相对湿度的条件，防止猕猴桃果实失水、褶皱，延缓生理代谢过程并最大限度减少微生物的浸染。

参考文献　References

[1] 赵金梅，高贵田，薛敏，等. 不同品种猕猴桃果实的品质及抗氧化活性[J]. 食品科学，2014，35（9）：118-122.

[2] 刘延娟. '皖翠'猕猴桃热处理保鲜机理研究[D]. 合肥：安徽农业大学，2010.

[3] 钟彩虹，李大卫，韩飞，等. 猕猴桃品种果实性状特征和主成分分析研究[J]. 植物遗传资源学报，2016，17（1）：92-99.

[4] 刘晓燕，王瑞，梁虎，等. 不同温度贮藏贵长猕猴桃采后生理和品质变化[J]. 江苏农业科学，2015，43（6）：264-267.

[5] 谢国芳，王瑞，吴颖，等. 1-MCP结合PE包装对'贵长'猕猴桃低温贮藏品质的影响[J]. 保鲜与加工，2016（4）：30-35.

[6] 刘延娟. '皖翠'猕猴桃热处理保鲜机理研究[D]. 合肥：安徽农业大学，2010.

[7] 祝美云，党建磊. 壳聚糖复合膜涂膜保鲜猕猴桃的研究[J]. 果树学报，2010，27（6）：1006-1009.

[8] 张艳宜，马婷，宋小青，等. 1-MCP处理对猕猴桃货架期生理品质的影响[J]. 中国食品学报，2014，14（8）：204-212.

[9] 曹彬彬，董明，赵晓佳. 不同浓度臭氧对皖翠猕猴桃冷藏过程中品质和生理的影响[J]. 保鲜与加工，2012，12（2）：5-8.

[10] 刘颖，邬志敏，李云飞，等. 果蔬气调贮藏国内外研究进展[J]. 食品与发酵工业，2006，32（4）：94-97.

[11] 叶文斌，郭守军，杨永利，等. 壳聚糖与魔芋胶复合涂膜对杨梅常温贮藏的影响[J]. 食品与发酵工业，2010（8）：173-179.

[12] 张蓓，段小明，冯叙桥，等. 果蔬复合涂膜保鲜的研究现状与发展趋势分析[J]. 食品与发酵工业，2014，40（4）：125-132.

[13] 孙希生，王文辉，王志华，等. 1-MCP对苹果采后生理的影响[J]. 保鲜与加工，2002，2（4）：3-7.

[14] 唐燕，马书尚，杜光源. 1-甲基环丙烯对猕猴桃贮藏品质的影响. 陕西农业科学[J]. 2006（5）：35-39.

[15] 张美芳，何玲，张美丽，等. 猕猴桃鲜果贮藏保鲜研究进展[J]. 食品科学，2014，35（11）：343-347.

Study on Commercial Atmosphere Storage and Preservation Technology of 'Guichang' Kiwifruit

ZHAI Shujia   CHEN Yongchun   ZHONG Manqian

（Furuitong Technology Co., Ltd.   Beijing   100044）

Abstract   In this research, the commercially atmosphere controlled (CA) storage of 'Guichang' kiwifruit were investigated, during the storage, the relative humidity 90%, temperature 0°C ± 0.5°C, 1.5% O_2 + 1.5% CO_2 were controlled in the CA room, combined with ethylene removal. Results showed that the atmosphere controlled can inhibited the hardness decline of kiwifruit and maintained the soluble solid content. The shelf life was 11 days after storage in the CA room, and the fruit quality was better than the control.

Keywords   'Guichang'   Kiwifruit   Atmosphere controlled   Commercial storage   Shelf life

湖南猕猴桃产业发展回顾与中医农业技术在猕猴桃上的初步应用

王仁才[1,*]　卜范文[2]　石浩[1]　庞立[1]

王琰[1]　翟晨风[1]　王芳芳[1]

（1 湖南农业大学园艺园林学院　湖南长沙　410128；2 湖南省园艺研究所　湖南长沙　410125）

摘　要　湖南是全国最早从事猕猴桃资源调查及其产业化生产的省份之一，1976 年即开始从事猕猴桃野生资源调查等相关研究工作，1979 年成立了全省猕猴桃科研协作组，以湖南园艺所、湖南农业大学等为主的科研团队在全省 30 多个重点县进行了野生资源调查、选优工作。首次发现并命名了美味猕猴桃新变种——彩色猕猴桃，相继选育出 470 个优良株系和 20 余个新品种（品系），其中'米良 1 号''翠玉'等良种成为全省主栽品种。湖南猕猴桃生产发展迅速，经济效益显著，2017 年全省猕猴桃栽培总面积达 25 万亩（1 亩≈666.67 m^2），产量达 20 万吨以上。同时湖南猕猴桃综合加工发展良好，已生产出"果王素"等 35 个系列加工产品。"湘西猕猴桃"成为国家地理标志保护产品。湖南农业大学自 1978 年即建立了一个稳定的猕猴桃研究团队，进行了猕猴桃野生资源调查、良种选育、栽培技术、贮藏保鲜及其果实功能成分研究利用。近年来随着食品安全问题的突出，在重点进行绿色果品生产技术研究基础上，基于最新推出的具有中国特色的生态农业即中医农业的原理与方法，进行中医农业技术在猕猴桃上的初步应用研究。目前主要应用于低镉猕猴桃品种筛选及其配套栽培技术、病虫害绿色防控技术和果实绿色保鲜技术研究，为猕猴桃绿色果品生产开拓新途径。

关键词　湖南　猕猴桃产业　发展回顾　中医农业　技术应用

1　湖南猕猴桃产业发展回顾

1.1　猕猴桃野生资源调查与良种选育

早在 1976 年湖南即开始进行猕猴桃野生资源调查，参与了全国猕猴桃野生资源调查研究。1979 年成立全省猕猴桃科研协作组，进行全省猕猴桃资源调查与利用研究。

以湖南园艺所、湖南农业大学、吉首大学等为主的科研团队在全省 30 多个重点县进行了野生资源调查、选优工作。20 世纪 80 年代中期，不仅弄清了全省猕猴桃种质资源，还发现湖南省是中华猕猴桃和美味猕猴桃的主要原产地之一。全省猕猴桃野生资源拥有 37 个种和变种（其中变种 15 个），占全国猕猴桃野生资源种类 40%。其中分布较广、蕴藏量大的种类主要有中华猕猴桃、美味猕猴桃、硬齿猕猴桃、阔叶猕猴桃、金花猕猴桃及京梨猕猴桃，年产量达 23 000 t[1]。全省 80% 以上的县市均有猕猴桃资源，且呈明显的水平地带性和垂直分布性规律，主要分布于山区，丘陵区次之，湖滨地区很少，以中华猕猴桃和美味猕猴桃分布最丰富。而且还首次发现并命名了美味猕猴桃新变种——彩色猕猴桃，进行了彩色猕猴桃原生

---

* 第一作者，1962 年生，男，湖南衡南县人，教授，博士生导师，主要从事果树栽培及采后生理与贮藏保鲜技术等方面的研究。

质体融合及其再生植株农艺性状研究，相继选育出 470 个优良株系，筛选 40 个进行驯化栽培和良种选育，其中有大果型、长果型、红心型、无籽型、丰产型、矮化型等优良类型[2-3]。20 世纪 90 年代以来，湖南吉首大学选育出美味猕猴桃品种'米良 1 号''米良 2 号''湘吉''湘碧玉''贝木''水杨桃'等，湖南农业大学选育出美味猕猴桃优质鲜食品种'沁香'，丰产性与适应性强的品系'东山峰 78-16'，特耐贮藏新品系'E-30'等，并就猕猴桃雄性品种选育进行了系统研究，探讨了雄性品种选育的基本原则、条件与方法，选育出了美味猕猴桃'湘峰83-06''湘峰 83-11'和中华猕猴桃'岳-3''岳-9'等优良雄性品系，湖南园艺研究所选育出中华猕猴桃'丰悦''翠玉''楚红''丰硕''源红'等新品种。全省共选育出 20 余个新品种（品系），其中：'米良 1 号'由于适应性强，易栽培管理，产量高，且鲜食加工均宜而迅速成为湖南特别是湘西地区的主栽品种；'翠玉''沁香'由于风味品质佳成为湖南推广栽培的优质鲜食品种；新近选育的'丰硕''源红'为优质耐热新品种；'湘吉'为无籽猕猴桃[4-7]。2012 年以来，湖南农业大学正在进行软枣猕猴桃新品种'湘猕枣'的选育研究。

1.2 猕猴桃栽培与生产

20 世纪 80 年代中期，结合良种选育，同时进行了猕猴桃生物学特性、适栽环境及人工栽培技术等研究，并在湘西北东山峰农场建立了当时国内最大的猕猴桃人工驯化栽培基地，面积达 200 hm^2。

20 世纪 90 年代中期，随着吉首大学石泽亮教授的'米良 1 号'新品种的选育推广，湖南老爹猕猴桃公司（现湘西老爹生物有限公司）加工产业的带动，以及扶贫开发的推动，'米良 1 号'迅速发展成为主要猕猴桃品种之一，进而促进了全省猕猴桃产业的快速发展[8-10]。2012 年全省栽培面积达 9 700 hm^2，产量达 12.2×10^4 t。其中湘西土家族苗族自治州（以下简称湘西州）、怀化市占 76.2%，主产区占 90% 以上。主产区包括永顺、凤凰、保靖、龙山、花垣、吉首、浏阳、宁乡、平江、隆回、绥宁、桂阳、双牌、溆浦、炎陵、新化 16 个县（市）。次主产区为石门、慈利、桂东、洪江、会同、芷江、麻阳 7 个县（市）。全省除主产区、次主产区以外的 99 个县（市、区）暂为非主产区。主栽品种'米良 1 号'占 80%，其次为'翠玉'占 9%，其他品种 11%。

2007 年以来，湖南农业大学王仁才教授团队在科技特派员基地凤凰县廖家桥镇，同县科技局密切合作进行了"'米良 1 号'提质增效与丰产优质高效技术体系研究""优质新品种'红阳'猕猴桃良种引进与配套栽培技术研究"，带动了红心猕猴桃产业的高效发展。特别是在 2013 年 11 月 3 日习近平总书记赴武陵山区中心地带的湘西州进行脱贫攻坚调研考察廖家桥镇基地时，对红心猕猴桃的品质及其效益的肯定，极大地促进红心猕猴桃产业的发展，使'红阳'猕猴桃成为继'米良 1 号''翠玉'之后的第三大主栽品种，继而带来了湖南猕猴桃产业的第二次飞跃发展。2017 年全省猕猴桃栽培总面积达 25 万亩（1 亩≈666.67 m^2），产量达 20×10^4 t 以上，仅武陵山区猕猴桃栽培面积就有 17 万亩以上，产量达 15×10^4 t。栽培面积较大的县市有永顺县、凤凰县、洪江市、溆浦县、隆回县、麻阳县等，其中栽培面积最大县为永顺县，面积约 6.5 万亩，第二大县为凤凰县（面积 3.6 万亩）。湘西州已成为全国猕猴桃的重要主产区，但目前红心猕猴桃正面临着溃疡病危害的威胁，湖南农业大学与湖南园艺所研究团队正在进行猕猴桃溃疡病绿色立体防控技术体系研究[11-12]。

1.3 猕猴桃的加工与销售

1.3.1 猕猴桃的加工与深加工

早在 20 世纪 80 年代初，湖南即有 30 多家罐头厂、酒厂生产猕猴桃制品，如整果和片罐头、果汁、果酒、果脯等。20世纪末桑植县天子山猕猴桃饮料曾引领湖南，销售全国。但上述加工企业均由于技术和市场问题未能顺利发展。

20世纪90年代起，湖南老爹猕猴桃公司就猕猴桃综合加工技术进行了深入研究，从果实种子萃取的种子油中研究出具有降血脂功效的"果王素"保健产品，并开发出果汁、果脯、果籽饼干、休闲食品、果王素、化妆品等35个系列加工产品，带动了湘西猕猴桃产业的发展。

21世纪初，长沙国猿猕猴桃科技开发有限公司研发的猕猴桃果王酒深受国内外市场欢迎，从而促进了长沙地区猕猴桃产业的新发展。2017年成立了长沙市猕猴桃产业发展联盟。目前，湖南猕猴桃系列产品主要技术已经成熟，取得一批国内国际领先的科研成果，产品核心竞争力明显增强。

1.3.2 猕猴桃销售

20世纪80年代以少量鲜果集市、猕猴桃市场销售为主，基本没有大规模的有效销售渠道，基本无猕猴桃加工产品销售。90年代起，猕猴桃销售形式多样化，销售网络基本形成。产品销往北京、上海、广州等各大城市，产供销一条龙，公司＋基地＋农户，形成了比较稳定的生产、加工和销售网络。

目前猕猴桃品种中，以红肉品种销售价格最高，其次是黄肉猕猴桃，绿肉品种价格较低。'红阳'猕猴桃市场价格达25~50元/kg，产品供不应求。成年果园亩均纯收入均达1万元以上，最高亩产值达3~4万元，经济效益可观。'米良1号'为鲜食加工兼用型，尽管销售价只有3~8元/kg，但由于产量高，亩产值仍可达0.6~1.6万元，效益较高，发展动力大。

1.4 主要科研成就

湖南拥有一支长期稳定的猕猴桃研究团队，研究基础良好，研究硕果累累。具有来自湖南农业大学、湖南园艺研究所、吉首大学等单位的60名以上的专（兼）职教授、专家组成的研发骨干队伍，开展项目合作。在猕猴桃良种繁育及品种改良、绿色栽培技术体系、高级保健品研制等领域开展科技攻关，先后有一批科研人员做出了较大贡献，主要有卜范文、王中炎、王仁才、王宇道、方炎祖、石泽亮、刘世彪、刘泓、扶智才、李文炳、李顺望、邹建掬、张永康、林太宏、周伏英、赵思东、钟彩虹、柴宝丽、黄瑞康、曾秋涛、裴昌俊、熊兴耀（按姓氏笔画排名）等。

这一团队主持省级以上科研项目50余项，选育新品种20余个，获省部级以上成果奖30余项，编写猕猴桃著作30余部；制订栽培技术规程5个，发表学术论文200余篇，其中SCI收录20余篇。同时，"湘西猕猴桃"成为国家地理标志保护产品。

1.5 湖南农业大学猕猴桃产业发展回顾

1978年湖南农学院（现湖南农业大学）即建立了全国首批猕猴桃野生资源调查研究团队，参与了全国及湖南省猕猴桃野生资源调查与良种选育研究，为湖南省主要研究团队。调查发现湖南省猕猴桃野生资源丰富，共有37个种和变种，并发现与命名了美味猕猴桃之"彩色猕猴桃"变种。共收集了60多个单株果实样品，进一步选育出了'观音彩色'（红心）、'东山峰78-16'（丰产、适应性强、鲜食加工兼用型）、'东山峰79-09'（优质）、'E-30'（特强耐贮藏性）等优良品系，进而选育出了优质鲜食品种'沁香'。由于该品种果实品质极佳，深受市场欢迎而作为高效优质鲜食品种推广栽培。同时，在20世纪80年代，率先就猕猴桃雄性品种选育进行了系统研究，调查了野生猕猴桃雄株资源的自然分布规律，观察了雄株的开花特性和授粉特性，探讨了雄性品种选育的基本原则、条件与方法，选育出了美味猕猴桃'湘峰83-06''湘峰83-11'和中华猕猴桃'岳-3''岳-9'等优良雄性品系。相关研究论文在《园艺学报》发表，及在国际猕猴桃会议上交流引起了较大反响。90 年代，以 '沁香' 猕猴桃为重点，从育苗、建园、土肥水管理、病虫防治、花果管理、果实采收等进行了系列研究，制定了《沁香猕猴桃栽培技术规程》《沁香猕猴桃》等湖南省地方标准。继而进行了优质、耐贮、高效及生态栽培技术研究，建立了相应栽培技术体系。贮藏保鲜技术研究为湖南农业大学猕猴桃团队的主要科研方向之一，目前猕猴桃绿色保鲜技术研究获得了较好进展，已选出了十多种较佳的植物源保鲜剂。21 世纪初，团队的猕猴桃功能成分研究利用取得新进展。进行了"猕猴桃籽油含量及其成分主要影响因子研究"，探明了猕猴桃籽油主要功效成分及其 α-亚麻酸的含量，首次发现猕猴桃籽油中含有丰富的新的生物活性成分角鲨烯；挖掘出高功效成分含量的种质资源，为猕猴桃种质资源的开发利用奠定了良好的基础。

湖南农业大学开展的猕猴桃研究工作历程 40 余年，一直拥有一支稳定的科研队伍，长期从事猕猴桃的教学与研究工作，承担了湖南省"七五""八五""九五""十五"科技攻关项目以及省自然科学基金"猕猴桃耐贮性生理机制研究"、国际科学基金"应用体细胞杂交技术进行猕猴桃品种改良"等省级以上猕猴桃研究课题 20 余项，"猕猴桃资源利用研究"及'沁香'猕猴桃良种选育研究"等获省级以上成果奖 4 项，获国家发明专利 2 项，选育新品种 3个，制定技术规程 2 个，编写猕猴桃专著 15 部，发表相关学术论文 80 余篇，其中 SCI 收录6 篇。团队现有科研和支撑人员十余人，其中高级职称 4 人，具有博士学位 4 人，出国留学人员 3 人。团队核心人员长期从事猕猴桃的相关科研工作。团队目前主要进行猕猴桃种质资源收集、种质改良与创新、猕猴桃镉低积累品种筛选、猕猴桃病虫害防控、猕猴桃果实贮藏与保鲜及果实功效成分的研究与综合利用等系列研究，取得了较好成绩。在全国猕猴桃研究领域具有一定的学术地位和影响力，为湖南省乃至全国猕猴桃产业的科研创新及相关企业的战略发展起到了积极的促进作用，为湖南省山区经济的发展和贫困地区的精准扶贫发挥了重要的作用。

2　中医农业技术应用研究背景

2.1　中医农业概念

"中医农业"就是将中医原理和方法应用于农业领域，实现现代农业与传统中医的跨界融合、优势互补、集成创新，应用中医思想和中医药技术、产品和解决方案，结合现代科学技术，工业化生产的生产资料和现代经营管理思想与方法，创新现代农业生产方式，促进传统农业"提质、增产、增效"转型升级和可持续发展，具有中国特色的创新型现代生态健康农业。中医农业"尊重自然、关爱生命"，基于自然生物"相生相克、和谐共生"的生态循环规律，根据科学发展观，应用系统方法论，继承弘扬国粹中医思想文化和方法原理，创新应用中医药技术和中（草）药农用产品（植保产品、动保产品、生物肥料、生物饲料、生物保鲜），取代或控制化学农药化肥的使用，促使植物体（动物、人体）"正本归原"和恢复原生态健康生长，真正生产出"优质、生态、健康、营养"的安全农产品，确保全民的健康生活。

中医农业技术体系，即利用中医原理和方法根据植物健康生长的需求，应用中医思想和中医药技术及产品，解决植物的健康生长问题。强调保持生物健康生长，需遵循"以防为主、防治结合、标本兼治、全程保健"的原则；同时要为植物健康生长，营造适宜的生态环境，保障生物健康生长均衡营养供给；再者遵循自然生物"相生相克、和谐共生"法则，解决植物健康生长过程出现的病虫害，保障生物健康生长和自然生态循环平衡。将猕猴桃以及其他生物元素和天然矿物元素研制成促进猕猴桃生长、防治猕猴桃疫病的营养物质或药剂配方，可以有效实现有机生产、降低药物残留。

2.2 猕猴桃绿色安全生产技术研究

2.2.1 猕猴桃生态栽培

（1）有机肥的施用。有机肥是一类既能向植物提供有机养分，又能提供无机养分，还能培肥改良土壤的肥料。其通常以各种动物、植物及其废弃物为原料，利用生物、化学或物理技术，经过加工（如高温堆制、厌氧处理），消除了病原菌和杂草等有害物质，符合国家相关标准及法规。有机肥中含有的养分一般都需要经过微生物分解转化后，才能被植物吸收利用，因此有机肥又称为迟效性肥，可作底肥、追肥及种肥施用。我国果园土壤多数瘠薄，有机质含量低，是造成果实品质不高的主要原因之一。生产上为了给果树补肥，果农长期大量偏施化肥，则造成了土壤板结以及环境污染等严重后果。特色果树种植机制中增施有机肥是改良土壤的主要措施，不仅能调节土壤养分、维持地力和增加土壤有机质，还能促进微生物繁殖，增强土壤保水保肥能力，有利于果树生长和果实品质提高。

（2）生物农药的施用。生物农药主要包括植物源农药、动物源农药和微生物源农药三大类。由于这些活性物质是自然界中存在的物质，它容易被日光、植物或土壤微生物分解，很少在农产品和环境中蓄积。因此，生物农药被国际上公认为最有发展前途的农药。它具有三个显著优点：①选择性强，它只对靶标有害生物有作用，对人、畜和有益生物及农作物较安全，施用后不会产生公害；②作用效果好，与有机化学农药相比，有害生物对其不易产生抗药性；③生产原料来源广泛，农药的公害逐渐引起世界各国的高度关注，开始重视低毒、低残留农药的研究和应用，尤其重视生物防治和生物农药的研究和应用。因此，特色果树种植机制能够减少农药的残留，使人们用得放心，消费者吃得放心。

（3）种养循环模式的运用。种养结合是种植业和养殖业联系密切的生态循环农业模式，作为初级生产的种植业能为养殖业提供牧草、饲粮等基础物质，实现物质和能量由植物转换传递到动物，同时消纳养殖业废弃物。养殖业是次级生产，除了满足人们对肉、蛋、奶等的物质要求，产生的粪污还能为种植业提供养分充足的有机肥源。养殖业依赖并受制于种植业，二者相互依存，关系紧密。各生产要素合理搭配、互利共存，使得农业生态系统自我修复、自我调节的能力不断提升，夯实农业生产稳定持续发展基础，既能保护农业生态环境又可推动农业循环经济发展，从而使农业增产、农民增收，农村人居环境得到改善，成为美丽乡村，意义深远。循环生态栽培模式是指，以大农业为出发点，按"整体、协调、循环、再生"的原则，全面规划、调整和优化农业结构，使农、林、牧、副、渔各业综合发展，并使各业之间互相支持、相得益彰，提高综合生产能力。猕猴桃园最常见的模式为"鸡-猪-沼-猕猴桃"模式，即利用鸡粪喂猪、猪粪制造沼气、发酵肥作为草和猕猴桃的有机肥料（图1）。使生物能得到了多层次利用，形成了低投入高效益的农业。利用发酵

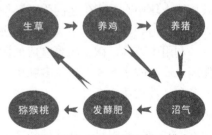

图1 "鸡-猪-沼-猕猴桃"模式

鸡粪和新鲜鸡粪喂猪比对照组的平均日增重增加 121 g 和 96 g，分别提高 20.2% 和 16.2%，利用鸡粪喂猪使猪的胴体瘦肉率提高 2%～4%。鸡粪喂猪可以减少饲料消耗、降低饲料成本。以每头肥育猪最少节约饲料 30 kg 计，配合饲料按 0.55 元/kg 计，即每头肥育猪降低饲料成本 16.50 元。以全场年出栏肥育猪 7 000 头计（种猪、商品猪除外），每年全场节约饲料经费达 0.5 万元。另有猕猴桃 100 亩，其中 80% 有机肥料是猪粪沼渣，节约化肥 2 000 元/t 计，

该猕猴桃园可节约肥料成本 10 万元。这种生物能多层次利用是运用了生态学上食物链原理及物质循环再生原理，在自然生态系统中生产者、消费者与还原者组成了平衡的关系，因此系统稳定，周而复始循环不已。农业生态系统由于其强烈的开放性，消费者大多成为次级生产者，还原者因条件不正常而受到抑制，常使三者组成的关系失调，因此，首先要在食物链关系上协调营养平衡关系。生态农业常以农牧结合为核心也就首先要求其间营养关系得到调整，不仅要求常规饲料与畜禽需求之间的供需平衡，而且要通过次级生产者的作用找寻再生饲料来源，上述鸡粪、沼气渣也就是再生饲料来源。

2.2.2　猕猴桃病虫害绿色防控技术研究

（1）提高猕猴桃植株抗性。中药农业可以提供作物营养，又可以防控病虫害，其有效成分为全新的生物活体，可以使作物恢复到健康生长状态，减少有害生物对作物的侵害，可以提高作物的抗病力和调节作物健康生长的作用，能增强作物的抗逆性，达到优质、高产的目标，且连续使用不会产生抗性，不破坏生态环境。"中医农业"采用的中医药农药来自天然生物体，这些生物体经过千万年逐渐演化形成了自身防御系统，因此中医药农药成分复杂、作用方式多样，不容易产生抗药性。而且，中医药农药还有杀虫范围广、持效时间长的特点。由于中医药农药均为自然产物，在环境中会自然代谢，参与能量和物质循环，不会发生农药富集，对环境、猕猴桃安全。中医药农药由于自身来源于生物体，含有大量微量元素和天然生长调节剂，有助于提高猕猴桃的抗病能力，促进猕猴桃生长，增加病虫害预防作用。利用此原理，在种植有机猕猴桃方面，克服了有机农业不能抵御病虫害、不能高产的瓶颈。主要特色有四个方面：①增加富含各种中微量元素的矿物质，促进作物次生代谢以产生化感物质增加植物抗逆性、抗病性和产品的营养水平及口感；②充分发挥有机碳对作物高产的重要作用，注重来自农业有机剩余物的大量碳素有机肥投入；③投放微生物复合菌群，既通过微生物分解土壤中的有机氮为作物提供氮素，又可以通过其中的固氮菌有效保证作物对氮的大量需求；④注重调理土壤物理性能，形成良好的土壤结构。

（2）病害绿色防控。目前在很多地方，化学药剂的使用给农业生态系统造成了很大破坏，这也给中医药农药在农业上的应用提供了难得的机会。由于连作大棚猕猴桃面积的不断扩大，猕猴桃生产集约化程度越来越高，危害猕猴桃生产的虫害、病害也越来越严重，病虫害的抗药性越来越强，再加上不合理的使用化学农药甚至是高毒农药，不但破坏了作物的根系，也破坏了土壤中有益微生物的生存环境，打破了土壤平衡，造成恶性循环，致使病虫害防治越来越难，迫切需要施用中医药农药进行绿色防控。

利用中草药、微生物等制成的肥料、农药和生物调节剂，既改善农产品的产地环境，又保障农产品的优质高产。从多味中草药萃取的生物制剂，不仅可以补充植物生长所需的营养成分和活性物质，而且可以为植物提供全程保健和病虫害有效防治，可以取代化学农药、化肥的使用，逐步改善土质、水质和生态环境。利用发酵提取技术，萃取中草药物质作为肥料元素，制成生物肥料，既能使作物显著增产，又可有效提高品质。

2.2.3　降低猕猴桃镉含量

近年来，由于部分工矿企业的污染、化肥和农药的不合理利用，以及不合标准的污水灌溉，使得大面积的猕猴桃种植地遭到不同程度的重金属污染，最终造成农产品重金属超标，引起大家对农产品安全性的担忧。研究表明，在众多重金属元素中，人体日常吸收最为严重的是镉。

镉污染是全球水体、土壤面临的重大环境污染问题之一。镉污染土壤不仅影响植物的生长发育，导致农作物产量受损，而且通过食物链严重威胁着人类的食品安全和生命健康。猕猴桃作为多年生植物，其自身对重金属吸收有一定抗性；但在我国农田土壤镉污染的严峻现状下，可能存在一定的重金属镉吸收积累引起的食品安全风险。对积极应对和防治镉污染下的猕猴桃生产以及促进无公害食品生产的发展，具有积极的重要意义。通过中医农业种植方式，可减少土壤中镉的含量，增加猕猴桃植株抗性，减少对镉的吸收。

2.2.4　猕猴桃绿色防腐保鲜

猕猴桃因其果实具有独特的营养价值、药用价值和较高的经济价值而深受人们的喜爱，但其果实不耐贮运性成为其产业发展的制约因子。目前市面上主要应用的贮藏技术有冷藏、化学涂膜贮藏等技术，但是这些贮藏方法，在一定程度上具有局限性。生产上人们为了延长果实的贮藏期，常常仅使用单一的冷藏技术，效果虽好，但还未达到理想的状态。低温高湿的冷藏，有可能引起果实霉病的发生。气调贮藏技术需要较高的成本投入，对当前种植行业以散户性质居多的中国来说，实质性意义不大。涂膜在很多猕猴桃上得到了应用，主要是针对非呼吸跃变型果实，而且可食用涂膜技术市面上应用较少。提高果实耐贮性是一个系统性的工程，往往需要从整个产业链全程来监管、控制，通过多种贮藏技术相互配合使用，从而延长果实的贮藏时间。猕猴桃属于呼吸跃变型果实，而且是皮薄多汁的浆果，猕猴桃果实采后在常温贮藏下极易软化腐烂，损失率高，加之湖南省猕猴桃成熟期多在 8～10 月，正值气温较高的季节，极易引起果实腐烂。猕猴桃采后藏期病害有软腐病、蒂腐病、青霉病等。这些病的致病菌大多通过伤口侵入果实，引起贮运期间果实大规模腐烂，一般发病率在 20%，严重时达到 50%。其中由于猕猴桃软腐病在贮藏期传染速度极快，潜伏期短，危害最为严重。因此，猕猴桃果实采收后，迅速采取有效防腐保鲜措施显得十分重要与特别紧迫。

随着人们生活水平的提高及食品安全意识的加强，许多以前使用效果较好但易产生有害物质残留和使病菌产生抗药性的化学杀菌保鲜剂逐渐被淘汰和禁用，而天然、高效、安全、无毒、性能稳定的生物安全防腐保鲜剂的筛选与应用逐渐成为当今研究热点。长期以来人们主要利用化学保鲜剂进行保鲜。由于化学保鲜剂的不当使用引起的食品安全事件频发，使人们对食品健康安全的诉求与日俱增。因此，人们开始更关注天然保鲜剂的研究与开发。近年来的研究表明植物有效成分在天然保鲜剂的开发和应用中具有独特的优势和广阔的前景。我们常说的植物源保鲜剂是指从植物中提取或利用生物工程技术获得能够对食品进行保鲜的植物有效成分，相对于化学保鲜剂而言，它具有安全、天然的特点。利用天然植物提取物进行产品贮藏防腐保鲜在许多园艺产品的贮藏保鲜上已有报道，但在猕猴桃鲜果保鲜上的应用较少。因此进行猕猴桃中草药提取物在猕猴桃果实防腐保鲜上的应用研究，对于猕猴桃的绿色安全贮藏及其产业化高效生产具有十分重要的意义。

3　中医农业技术在猕猴桃上的初步应用研究

3.1　猕猴桃健康种植技术

3.1.1　生态控制技术

（1）重点推广抗病虫品种、优化作物布局、培育健康种苗、改善水肥管理等健康栽培措施、改善猕猴桃园区生态环境、保护猕猴桃园区生物群落结构、维持猕猴桃园区生态平衡、增加猕猴桃园区有益天敌种群数，并结合农田生态工程、果园生草覆盖、作物间套种、天敌诱集带等生物多样性调控与自然天敌保护利用等技术，改造病虫害发生源头及滋生环境，人为增强自然控害能力和作物抗病虫能力。根据自然条件，因地制宜，选择抗病、优质、耐贮运、商品性好、口感好、适合市场需求的优良品种。

（2）在冬季采果后，翻松土壤表层，深度在 8 ~ 15cm，降低病虫源，春、夏季保留果园杂草，有利于害虫天敌栖息和土壤墒情抗旱保湿。夏季对杂草长势旺、植株高大的果园及时进行人工割草，保持果园土表层杂草高度在 20 ~ 30cm，确保果园害虫天敌食物链和栖息地。冬季结合松土、除草，降低病虫越冬基数，减少病虫危害。根据猕猴桃品种特性，合理整形修剪，保证树冠通风透光，抑制和减少病虫害。清洁果园，果子采收后，及时将病虫残枝、病叶清理干净，集中进行无害化处理，保持果园清洁。

3.1.2 生物防治技术

重点推广应用"以虫治虫""以螨治螨""以菌治虫""以菌治菌"等生物防治关键措施，加大赤眼蜂、捕食螨、苏云金杆菌（BT）、绿僵菌、白僵菌、微孢子虫、蜡质芽孢杆菌、枯草芽孢杆菌等成熟产品和技术的示范推广力度，积极开发植物源农药、农用抗生素、植物诱抗剂等生物生化制剂应用技术。

（1）释放捕食螨。每年 4 月中旬 ~ 8 月上旬分别投放捕食螨 100 袋/亩，树冠直径在 1.5 m 左右的每株在中部挂 1 袋，捕食猕猴桃红黄蜘蛛和锈壁虱，达到以虫治虫的目的。

（2）"以菌治虫"。利用苏云金杆菌、天然除虫菊素等生物农药防治病虫害。防治对象为直翅目、鞘翅目、双翅目、膜翅目，特别是鳞翅目的多种害虫。

（3）"以虫治虫"。释放寄生蜂、瓢虫、草蛉、蜘蛛、螳螂等果园害虫天敌。寄生蜂等天敌经室内人工大量饲养后释放到果园，可控制相应的害虫。寄生蜂如赤眼蜂可用于防治果园吸果夜蛾和斜纹夜蛾等，缨小蜂可防治果园小绿叶蝉；瓢虫和草蛉可用于防治果园蚜虫。

3.1.3 植物源性农药防治技术

（1）植物源性农药特点。利用植物资源开发的农药包括从植物中提取的活性成分、植物本身和按活性结构合成的化合物及衍生物，具有选择性高、低毒、易降解、不易产生抗性的特点。

（2）植物杀虫剂。烟碱、鱼藤酮、除虫菊素、藜芦碱、川楝素、印楝素、苦蒿素、百部碱、苦参碱、苦皮藤素、松脂合剂、蜕皮素 A、蜕皮酮、蜈蜕素等。

（3）植物杀菌剂。大蒜素、香芹酚、活化酯——植物抗病激活剂等。

（4）植物杀鼠剂。海葱苷、毒鼠碱等。

（5）主要活性成分。印楝素、鱼藤酮、除虫菊素、烟碱、苦参碱、茶皂素等。

3.1.4 溃疡病的绿色防控及中药肥的初步应用

对湖南猕猴桃溃疡病发生规律的调查研究，发现溃疡病重在预防，即应用中医农业技术与原理，通过农业技术措施，提高植株抗性，减少病源。根据中药肥特点（提高植株免疫力，杀菌驱虫降农残），从土壤及树体杀菌与保护入手，进行中药菌肥及中药叶面肥初步应用研究，取得一定效果。

3.2 猕猴桃果实绿色防腐保鲜的应用

中草药提取液在猕猴桃涂膜保鲜中可以显著降低腐败菌对果实的侵染，减少营养物质的损耗、降低猕猴桃呼吸强度，这是因为中草药中含有大量的对病菌具有抑制作用的活性物质。因此，中草药提取液能够显著减少猕猴桃的腐败变质。此外，中草药中存在大量疏水性小分子有机化合物，能够干扰微生物细胞膜组织甚至使其溶破，从而抑制或杀死微生物，降低猕猴桃的生理活动强度，达到猕猴桃保鲜的目的。涂膜保鲜是根据仿生理论，通过浸渍、包裹以及涂布等方法将具有成膜性的物质覆盖在猕猴桃表面,风干后形成一种无色透明的保护膜,起到选择性阻气、阻湿、阻止内容物散失以及外界环境对猕猴桃的有害影响,从而抑制猕猴桃表面微生物的生长以及呼吸强度,延缓猕猴桃衰老,在水分含量较高的猕猴桃中得到了广泛的应用。涂膜保鲜可以作为猕猴桃保鲜的一种辅助技术与其他保鲜技术复合使用,也可以作为一项独立的技术对猕猴桃进行短期保鲜。猕猴桃涂膜保鲜剂的来源主要有化学合成和天然提取两种。化学合成的涂膜保鲜剂对果实和人体健康会造成极大的伤害,近年来在猕猴桃贮藏当中的应用已经越来越少。人们把更多的目光投向了天然涂膜保鲜技术的研究与开发,并取得了一些成果。其中,植物源涂膜保鲜剂来源广、活性高、安全、营养、无毒,被认为是新型、高效的猕猴桃涂膜保鲜剂[13-15]。

3.2.1 抑菌植物筛选

通过查找文献及民间处方,选择具有抗菌消炎作用的药用植物进行抑菌效果试验,通过抑菌试验筛选出对猕猴桃果实采后主要致病菌——葡萄座腔菌(*Botryosphaeria dothidea*)、拟茎点霉菌(*Phomopsis* sp.)、青霉菌(*Penicillum italicum*)、葡萄孢菌(*Botrytis cinerea*)具有较强抑菌活性的药用植物,选取抑菌活性强、来源广泛、经济可行的材料作为主要植物源杀菌剂。

3.2.2 复合保鲜剂对猕猴桃果实贮藏保鲜效果的研究

以抑菌活性物质为杀菌剂,选取 2~3 种抑菌效果好的植物提取液,以羧甲基纤维素钠或植物果胶为被膜剂,添加食品级的蔗糖醋、甘油及柠檬酸、皂苷等助剂,配制成一种既具有良好成膜性又具有抑菌效果的复合膜,研究复合膜对猕猴桃果实贮藏效果、果实品质及采后生理指标的影响。

参考文献　References

[1] 熊兴耀, 王仁才. 湖南猕猴桃资源的研究与利用[M] // 黄宏文. 猕猴桃研究进展(IV). 北京: 科学出版社, 2007: 31-35.

[2] 林太宏, 熊兴耀, 王禹径. 彩色猕猴桃地理分布、植物学特征及主要生长习性的初步研究[J]. 广东农业科学, 1991 (2): 17-19.

[3] 祝晨, 张宏达, 徐国钧, 等. 湖南省猕猴桃属植物资源调查[J]. 中国中药杂志, 1998, 23 (1): 8-10.

[4] 王仁才. 猕猴桃优质高效生产新技术[M]. 上海: 上海科学普及出版社, 2000: 1.

[5] 李顺望, 熊兴耀, 王仁才, 等. 猕猴桃雄性品种选育和栽培利用探讨[J]. 园艺学报, 1989, 16 (2): 89-94.

[6] WANG Rencai. The selection and cultivation of 'QinXiang' *Actinidia*[C]. The Fifth International Symposium on Kiwifruit Acta Horticulture, 2003.

[7] 裴昌俊, 向远平. 无籽猕猴桃新品系选育及其栽培技术. 吉首大学学报(自然科学版), 2009, 30 (4): 107-108.

[8] 湖南省桑植农业局. 红心猕猴桃[J]. 植物杂志, 1982 (5): 27.

[9] 石泽亮, 裴昌俊, 刘泓. 美味猕猴桃优良品种'米良1号'的选育研究[C]. 自治州科学技术进步奖申报书, 1995.

[10] 武吉生, 龙登云, 刘意文. 少籽称猴桃新品种: '湘州83802'[J]. 中国果树, 1994 (1): 22.

[11] 杨玉, 何科佳, 卜范文, 等. 湖南猕猴桃主产区生产集聚与波动现状及产业发展对策[J]. 湖南农业科学, 2013 (23): 97-100.

[12] 王仁才, 熊兴耀, 庞立. 湖南猕猴桃产业发展的问题及建议[J]. 湖南农业科学, 2015 (5): 124-127.

[13] 聂柳慧. 壳聚糖共混改性及其在果蔬涂膜保鲜中的应用[D]. 天津: 天津科技大学, 2006.

[14] XIE G F, TAN S M, WANG B B, et al. Study progress in postharvest handling and natural preservation technology for fruits and vegetables[J]. Science & technology of food industry, 2012, 33 (14): 421-425.

[15] ZENG R, et al. Research advances on application of natural plant antimicrobials to freshkeeping of fruits and vegetables[J]. Journal of Chinese institute of food science & technology, 2011, 11 (4): 161-167.

Review of Hunan Kiwifruit Industry Development and Preliminary Application of Traditional Chinese Medicine Agriculture Technology on Kiwifruit

WANG Rencai[1]   BU Fanwen[2]   SHI Hao[1]   PANG Li[1]
WANG Yan[1]   ZHAI Chenfeng[1]   WANG Fangfang[1]

（1 College of Horticulture and Landscape, Hunan Agricultural University   Changsha   410128;

2 Hunan Horticultural Research Institute   Changsha   410125）

Abstract   Hunan is one of the earliest provinces engaged in the investigation of kiwifruit resources and its industrial production. In 1976, it began to engage in research on kiwifruit wild resources and other related research. In 1979, Hunan Province established the Kiwifruit Research Collaboration Group. The research team of Hunan Horticultural Institute and Hunan Agricultural University conducted surveys and selection of wild resources in more than 30 key counties in the province. For the first time, a new variety of delicious kiwifruit, color kiwifruit, was discovered and named, and 470 excellent strains and more than 20 new varieties (strains) were selected, among which the fine varieties such as 'Miliang No.1' and 'Cuiyu' became the main varieties of the province. Hunan kiwifruit has developed rapidly and has significant economic benefits. It has become one of the leading agricultural industries in western Hunan. Hunan kiwifruit has developed rapidly and has significant economic benefits. In 2017, the total area of kiwifruit cultivation in the province reached 250 000 mu, and the output reached more than 200 000 tons. At the same time, Kiwifruit has developed well on the comprehensive processing in, Hunan and has produced 35 series of processed products such as 'Guowangsu', 'Xiangxi Kiwi' has become a national geographical indication protection product. Since 1978, Hunan Agricultural University has established a stable kiwifruit breeding of improved varieties, cultivation techniques, storage and preservation, and research and utilization of functional components of fruits. In recent years, with the prominent food safety issues, based on the research on green fruit production technology, based on the latest principles and methods of ecological agriculture with Chinese characteristics, namely, Chinese medicine agriculture, the preliminary application of Chinese medicine technology on kiwifruit . At present, it is mainly applied to the screening of low-cadmium kiwifruit varieties and its supporting cultivation techniques, green prevention and control technology of pests and diseases, and research on fruit green preservation technology, which opens up new ways for the production of kiwifruit green fruit.

Keywords   Hunan   Kiwifruit industry   Development review   Chinese medicine agriculture   Technology application

'金艳'和'海沃德'在低温贮藏条件下综合品质比较[*]

韩飞[**]　刘小莉　陈美艳　李大卫　田华　钟彩虹[***]

（中国科学院植物种质创新与特色农业重点实验室,中国科学院种子创新研究院,

中国科学院武汉植物园　湖北武汉　430074）

摘　要　以同一个果园生产的黄肉猕猴桃品种'金艳'和绿肉猕猴桃品种'海沃德'为试材,在低温（1℃±0.5℃）高湿（90%±5%）贮藏条件下对果实品质和贮藏性进行比较。结果表明：在低温贮藏期间,'金艳'的固酸比、糖酸比和维生素 C 含量要显著高于'海沃德',而硬度、可溶性固形物、色度、可滴定酸及可溶性总糖要低于'海沃德';果肉色度主要是品种自身果肉颜色决定,绿肉品种'海沃德'要高于黄肉品种'金艳'。失重率在前 100 d '金艳'要高于'海沃德',后期差异不大;'金艳'与'海沃德'的好果率差异明显,低温贮藏 8 个月后,'金艳'好果率仍有为58%。

关键词　猕猴桃　品种　低温贮藏　品质

猕猴桃有 54 个种和 21 个变种,共约 75 个分类群,其中我国分布就有 52 个种[1-2]。猕猴桃是多汁浆果,采后容易变软腐烂,在常温条件下不耐贮藏[3]。果实在采后贮藏过程中,其生理生化以及品质的变化与贮藏时间、贮藏温度以及贮藏条件等密切相关[4-5]。低温贮藏是果蔬采后保值、增值的重要贮藏方法,因而研究低温贮藏对猕猴桃生理特性的影响在猕猴桃产业的发展起到重要作用[6]。'金艳'猕猴桃是中国科学院武汉植物园以毛花猕猴桃（*A.eriantha*）作母本,中华猕猴桃（*A.chinensis*）作父本进行种间杂交,经 20 余年培育而成的,是国际上第一个具商业推广价值的远缘种间杂交的新品种。它已在四川等地大面积种植,为目前国内主栽黄肉猕猴桃品种[7-8]。'海沃德'为新西兰从中国湖北宜昌地区引种并选育而成的绿肉猕猴桃品种,是目前国内外主栽绿肉品种[9]。笔者采用以同一个果园种植的'金艳'和'海沃德'果实为试材,研究其在低温条件下果实品质的变化情况,为商业化销售中监控果实品质提供数据参考。

1　材料与方法

1.1　试验区概况

试验果实采自四川省都江堰市同一猕猴桃生产园中,供试材料为六年生猕猴桃品种'金艳'和'海沃德'。试验区海拔 900 m,年均气温 15℃,年降水量 1 200 mm。果园土壤类型为壤土,pH 为 6.7,土质较疏松,肥力中等,有自动喷灌系统。

1.2　试验方法

1.2.1　处理方法

试验于 2015 年 6 月开始。在'金艳'和'海沃德'谢花后 20 d 果实处于膨大初期时对

---

　*基金项目:中国科学院科技服务网络计划专项（KFJ-EW-STS-076）;农业部作物种质资源保护项目（2016NWB025）;湖北省技术创新重大专项（2016ABA109）。

　** 第一作者,工程师,研究方向为猕猴桃育种、发育生理及栽培技术,E-mail:317688896@qq.com

　*** 通信作者,研究员,博士,主要从事猕猴桃种质资源鉴定及育种、栽培研究,E-mail:zhongch@wbgcas.cn

果实进行套袋（2015 年 6 月 1 日）。选择果形端正、发育一致、无病虫害的果实用黄褐色单层果袋进行套袋，每个品种各选择 30 株作为试验树，果实成熟时（可溶性固形物含量达到 7% 为标准），每株树从东、南、西、北 4 个方向采样 21 个果实，10 株树为一个重复，每个品种作三次重复，计 630 果。于 2015 年 10 月 25 日同时进行果实采收，每品种随机选取 30 个果实进行下树指标（单果质量、可溶性固形物、硬度、色彩角、干物质、可溶性总糖、可滴定酸、维生素 C）检测。剩余 600 果实运回武汉植物园实验室放置，先在预冷库中（温度 16℃±0.5℃，相对湿度 90%±5%）预冷 15 d，之后移入低温库（温度 1℃±0.5℃，相对湿度 90%±5%）长期保存，放入低温库时检测各生理指标，之后每隔 20 d 检测一次，每次用果 30 个，直至试验果实检测完为止。

1.2.2 生理指标测定和方法

用精度 0.01 g 的电子天平（METTLERAE 200）测量单果质量；用 GY-4 型数显台式果实硬度计测定果肉硬度，在果实腰部去表皮（切除厚度 2～3 mm）插入果肉进行测量；用 Palette PR-32 型手持数显式折光仪测定可溶性固形物，将果实从中间横切取汁液测定；干物质取果实中部位置带皮横切片约 3 mm 厚，放置在 60℃ 恒温干燥箱中烘干约 12 h 至恒重，干重与鲜重的比值即为果实干物质含量；用日本美能达 CR-400 色差仪 D65 光源测定果肉色度（h 值），用刮皮刀去掉果实中部位置约 2～3 mm 厚果皮，探孔对准果肉进行果肉颜色测定[8]。

可溶性总糖含量采用盐酸水解后直接滴定法（反滴定）测定[10]；可滴定酸含量采用 NaOH 滴定法测定[11]；维生素 C 含量采用 2,6-二氯靛酚法测定[12]；固酸比（可溶性固形物/可滴定酸）；糖酸比（可溶性总糖/可滴定酸）[13]。

1.3 数据处理

采用 Excel 软件进行数据整理与作图，数据分析采用 SPSS 23.0 中单因素方差（ANOVA）分析及独立样本 t 检验进行差异显著分析。

2 结果与分析

2.1 采收与软熟时生理指标的比较

2.1.1 采收时生理指标的比较

由表 1 可以看出，采收时'金艳'果实单果质量、可溶性固形物要显著高于'海沃德'，硬度、色度、干物质要显著低于'海沃德'。

表 1 '金艳'和'海沃德'采收时生理指标比较

供试品种	单果质量/g	硬度/（kg/cm²）	可溶性固形物/%	色度/（°）	干物质/%
金艳	121.20±23.23	5.37±0.61	8.18±0.78	99.03±0.85	16.43±0.68
海沃德	99.40±13.65	7.93±1.08	6.45±0.37	112.76±0.52	17.69±3.00

2.1.2 最佳软熟时生理指标的比较

由表 2 可以看出，在最佳软熟时期，果实硬度、可溶性固形物、色度、干物质、可溶性总糖、可滴定酸'海沃德'均要高于'金艳'，而维生素 C、固酸比和糖酸比要低于'金艳'，维生素 C 是猕猴桃重要的营养成分指标，固酸比和糖酸比是评价猕猴桃果实风味品质重要指标，比值越高果实风味品质越好。'金艳'和'海沃德'的果实硬度达到了显著差异水平。

表 2 '金艳'和'海沃德'软熟时生理指标比较

供试品种	硬度/（kg/cm²）	可溶性固形物/%	色度/（°）	干物质/%	可溶性总糖/%	可滴定酸/%	维生素 C/（mg/kg）	固酸比/%	糖酸比/%
金艳	0.77±0.16	14.13±0.59	97.27±16.56	16.98±0.30	9.88±0.19	1.20±0.06	792.97±67.15	11.98±1.01	8.24±0.40
海沃德	1.53±0.28	15.57±0.10	110.82±0.28	18.77±0.93	11.08±0.56	1.54±0.02	568.07±165.63	9.57±0.83	7.17±0.98

2.1.3 '金艳'采收与软熟时生理指标的相关性

由表 3 可以看出，采收时单果质量与软熟时果实硬度、可溶性固形物、色度、干物质、维生素 C、固酸比和糖酸比均呈正相关，其中仅与维生素 C 呈显著正相关（$p < 0.05$），与可溶性总糖和可滴定酸呈负相关，但无差异；采收硬度和干物质与软熟硬度、可溶性固形物、可溶性总糖、可滴定酸均呈正相关；采收时硬度、色度与软熟时固酸比和糖酸比呈正相关，而采收时可溶性固形物、干物质与软熟时固酸比和糖酸比呈负相关；采收可溶性固形物仅与软熟硬度、可滴定酸、维生素 C 呈正相关，采收色度与软熟可溶性总糖、固酸比、糖酸比呈正相关，其余均为负相关。其中，采收时干物质与软熟时维生素 C 呈显著负相关（$p < 0.05$）。结果表明，同一个果园采收时各指标与软熟时各指标基本上没有显著性相关性。

表 3 '金艳'采收与软熟时生理指标相关性

采 收	软 熟								
	硬度	可溶性固形物	色度	干物质	可溶性总糖	可滴定酸	维生素 C	固酸比	糖酸比
单果质量	0.089	0.046	0.061	0.936	−0.982	−0.571	1.000*	0.480	0.246
硬度	0.127	0.271	−0.043	−0.594	0.926	0.033	−0.849	0.074	0.320
可溶性固形物	0.021	−0.162	−0.221	−0.049	−0.477	0.607	0.323	−0.688	−0.848
色度	−0.116	−0.211	−0.136	−0.080	0.587	−0.500	−0.442	0.589	0.772
干物质	0.247	0.273	0.095	−0.906	0.994	0.505	−0.998*	−0.410	−0.170

* 在 0.05 水平差异显著。

2.1.4 '海沃德'采收与软熟时生理指标的相关性

由表 4 可以看出，'海沃德'猕猴桃采收时各项指标与软熟时均未存在显著相关。采收时各指标与软熟干物质含量和可滴定酸呈负相关，与固酸比呈正相关；采收时单果质量与软熟色度、维生素 C 呈正相关；采收时硬度与软熟时硬度、可溶性固形物、维生素 C 呈正相关；采收时果实可溶性固形物与软熟时可溶性固形物、可溶性总糖和糖酸比呈正相关；采收时果肉色度与软熟可溶性总糖、固酸比和糖酸比呈正相关；采收时果实干物质与软熟硬度、可溶性总糖、固酸比和糖酸比呈正相关，其余采收指标与软熟指标均为负相关。

表 4 '海沃德'采收与软熟时生理指标相关性

采 收	软 熟								
	硬度	可溶性固形物	色度	干物质	可溶性总糖	可滴定酸	维生素 C	固酸比	糖酸比
单果质量	−0.191	−0.007	0.059	−0.364	−0.987	−0.521	0.978	0.761	−0.973
硬度	0.254	0.093	−0.234	−0.966	−0.456	−0.996	0.409	0.974	−0.389
可溶性固形物	−0.187	0.076	−0.130	−0.502	0.740	−0.343	−0.774	0.034	0.787
色度	−0.006	−0.138	−0.003	−0.696	0.555	−0.560	−0.597	0.275	0.615
干物质	0.119	−0.020	−0.028	−0.673	0.581	−0.534	−0.623	0.244	0.640

2.2 低温贮藏期间果实生理指标变化

2.2.1 果实硬度的变化

从图 1 可以看出，预冷 15 d 后放入低温库时果实的硬度还是较高，'金艳'为 1.85 kg/cm²，'海沃德'为 3.55 kg/cm²，贮藏 20 d 时'金艳'硬度急剧下降，较入库时降低了 41.80%。随着贮藏时间的延长，'金艳'硬度下降缓慢，而'海沃德'硬度下降较快。贮藏 160 d 时'海沃德'硬度为 1.30 kg/cm²，'金艳'硬度为 0.69 kg/cm²，贮藏 240 d（8 个月）'金艳'硬度为 0.37 kg/cm²，而'海沃德'由于大部分果实在贮藏期间腐烂，160 d 后实验果实已经检测完，而'金艳'一直检测到 240 d，'金艳'的耐贮性要好于'海沃德'。

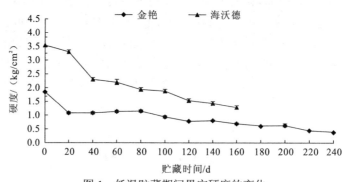

图 1　低温贮藏期间果实硬度的变化

2.2.2 果实可溶性固形物含量的变化

从图 2 可以看出，'金艳'的可溶性固形物含量在前 40 d 是逐渐上升，后期保持平稳，贮藏 160 d 后达到最大值，为 14.4%；'海沃德'的可溶性固形物含量一直保持上升趋势，也是在前 40 d 上升较快，在 140 d 时达到最大值，为 15.9%，之后开始下降。低温贮藏 240 d（8 个月）后，'金艳'果实可溶性固形物含量仍保持在 14% 以上，果实可正常食用。

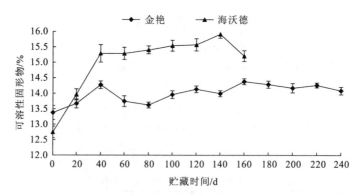

图 2　低温贮藏期间果实可溶性固形物含量的变化

2.2.3 果实色度 h 值的变化

从图 3 可以看出，果肉色度整体变化都是逐渐下降，'海沃德'的果肉色度要高于'金艳'，主要是因为品种果肉颜色本身的不同，导致色度值差异较大。'海沃德'果肉色度在 110°左右，'金艳'果肉色度在 97°左右。

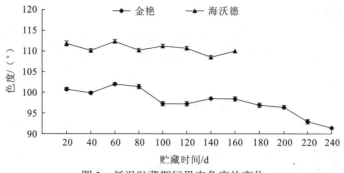

图 3　低温贮藏期间果肉色度的变化

2.2.4　果实干物质的变化

从图 4 可以看出，'金艳'和'海沃德'的干物质含量变化较大，'金艳'在 60～160 d 变化波动较大，分别有 2 个下降和上升的过程，表现为下降-上升-下降-再上升，100 d 时干物质达到最大值，为 19.03%，140 d 时降至最低，为 15.29%，后期变化不大。'海沃德'干物质表现过程为上升-下降-上升-再下降，在 60 d 时达到最大值，为 20.57%，之后连续下降，在 100 d 时降到最低值，为 17.26%。从整个贮藏时间来看，'海沃德'的干物质要高于'金艳'，只在 100 d 时小于'金艳'，此时正是'金艳'干物质的最大值。

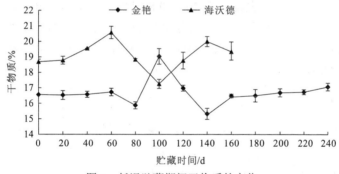

图 4　低温贮藏期间干物质的变化

2.2.5　果实可溶性总糖的变化

从图 5 可以看出，'金艳'的可溶性总糖前 120 d 较平稳，之后开始呈上升趋势，160 d 时达到最大值，为 11.95%，160 d 后开始缓慢下降，贮藏 240 d 后（8 个月）可溶性糖为 10.49%；'海沃德'在前 80 d 可溶性总糖是保持上升，且达到第一个峰值，为 12.02%，160 d 时为第二个高峰（最大值），为 12.08%，比 160 d 时'金艳'可溶性总糖高 0.13 个百分点。

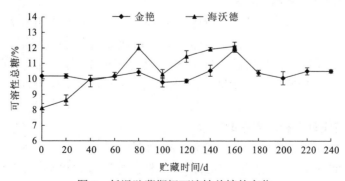

图 5　低温贮藏期间可溶性总糖的变化

2.2.6 果实可滴定酸的变化

从图 6 可以看出，两个品种贮藏 20 d 时可滴定酸含量均为最大值，'金艳'为 1.40%，'海沃德'为 1.96%，'海沃德'比'金艳'高 40%。40 d 后，'金艳'果实可滴定酸变化不大，'海沃德'有一个上升和下降的过程。同时间比较，'金艳'的可滴定酸要显著低于'海沃德'。

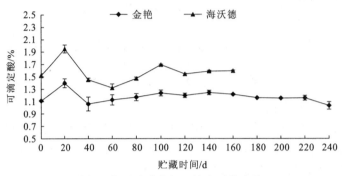

图 6 低温贮藏期间可滴定酸的变化

2.2.7 果实维生素 C 含量的变化

从图 7 可以看出，'金艳'的维生素 C 含量要高于'海沃德'，维生素 C 含量是猕猴桃营养成分重要指标。'金艳'的维生素 C 在 20 d 和 80 d 时出现了两个低峰，其余时间维生素 C 含量平稳增长，'金艳'维生素 C 含量最低为 661 mg/kg，最高（240 d）为 936.7 mg/kg；'海沃德'有三个明显的高峰，分别在 60 d、100 d 和 160 d，维生素 C 含量最高为 785.3 mg/kg，比'金艳'最高值低 16.16%。

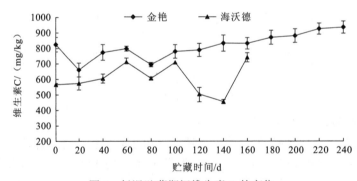

图 7 低温贮藏期间维生素 C 的变化

2.2.8 果实固酸比和糖酸比的变化

从图 8 和图 9 可以看出，两品种的固酸比和糖酸比均在入库 20 d 时最低，'金艳'的固酸比在 60 d 之后相对稳定，贮藏期间'金艳'的固酸比要高于'海沃德'。'金艳'的糖酸比最高为 10.18%，'海沃德'糖酸比最高为 8.15%，整个贮藏期间，'金艳'猕猴桃的固酸比和糖酸比要显著高于'海沃德'，通过固酸比和糖酸比的综合比较，说明'金艳'的风味品质要优于'海沃德'。

2.3 低温贮藏果实失重率和好果率的比较

从图 10 可以看出，贮藏 40 d 时，'金艳'和'海沃德'的失重率分别为 0.39% 和 0.37%，100 d 时，两者失重率接近，'金艳'为 2.09%，'海沃德'为 2.08%。猕猴桃在贮藏过程中，

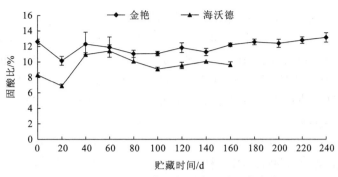

图8 低温贮藏期间果实固酸比的变化

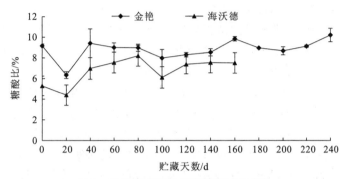

图9 低温贮藏期间果实糖酸比的变化

由于呼吸作用、微生物作用、采后病害、机械损伤或环境中的交叉污染作用都会造成果实的衰老和腐败,而失去食用价值,而好果率也会随之下降。从图11可以看出,低温贮藏期间随贮藏时间的延长,好果率下降明显。贮藏120 d(4个月)时,'金艳'好果率为79%,而'海沃德'只有33%,'金艳'好果率是'海沃德'的2.39倍;贮藏180 d(6个月)时,'金艳'好果率为72%,'海沃德'为14%;贮藏240 d(8个月)时,'金艳'好果率为58%,'海沃德'仅4%,'金艳'好果率是'海沃德'的14.5倍;贮藏270 d(9个月)时,'金艳'好果率还有45%,果实还处于可食状态,而'海沃德'已经全部腐烂。'金艳'猕猴桃直到贮藏290 d时才全部腐烂。结果表明,'金艳'在低温贮藏条件下耐贮性要优于'海沃德'。

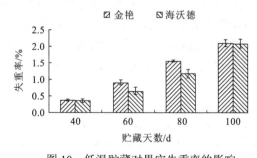

图10 低温贮藏对果实失重率的影响

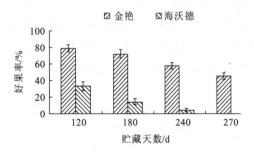

图11 低温贮藏对果实好果率的影响

3 讨论与结论

猕猴桃采后的贮藏性及后熟品质直接影响其商业价值,而果实在采后贮藏期间的各项生理指标能很好地反映出品质的变化[14]。明确猕猴桃采后生理生化活动变化规律,对于调控猕猴桃软化衰老速度,从而延长猕猴桃贮藏保鲜期具有重要意义[15]。本试验结果表明,在低温贮藏（1℃±0.5℃）条件下,'金艳'和'海沃德'果实硬度和色彩角呈逐渐下降趋势,这与前人对'金艳'[16-17]的研究结果相似。可溶性固形物含量是衡量果实风味的重要依据[18]。'金艳'的可溶性固形物和可滴定酸在贮藏期间均低于'海沃德',而固酸比和糖酸比是'金艳'要显著高于'海沃德',固酸比和糖酸比是评价果实风味品质最重要的指标,固酸比和糖酸比越高,果实风味品质越好。

贮藏100 d时'金艳'的干物质含量高于'海沃德',其他时间均要低于'海沃德';'金艳'的可溶性总糖在低温贮藏期间变化较平稳,'海沃德'则出现两个高峰,在160 d时'金艳'和'海沃德'均达到最高峰,金艳为11.95%,海沃德为12.08%,两个品种可溶性总糖差异不大。维生素C是猕猴桃果实中重要的营养指标,猕猴桃果实中含有丰富的维生素C[19-20]。'金艳'猕猴桃为毛花猕猴桃与中华猕猴桃的杂交后代,良好地遗传了毛花猕猴桃高维生素C的特点,本研究中'金艳'猕猴桃的维生素C含量各贮藏时期均高于'海沃德',60 d时'海沃德'的维生素C含量最接近'金艳',其他时期均显著低于'金艳'。

'海沃德'是一个极耐贮的美味猕猴桃品种,其耐贮的主要原因是果肉致密度高,采收时果实硬度大,干物质含量高,而本研究中'金艳'采收时的硬度、干物质要低于'金艳',但贮藏性却显著优于'海沃德',在贮藏180 d（6个月）时其好果率是'海沃德'的5倍,仍有72%。从食用期看,在整个贮藏过程中,'海沃德'的果实硬度一直显著高于'金艳',在140 d以前,一直高于1.5 kg/cm²,未达到可食标准;而'金艳'的硬度从入库后20 d开始就降到1.5 kg/cm²以下,且一直平稳下降,20～100 d稳定在1～1.5 kg/cm²,100～200 d稳定在0.5～1.0 kg/cm²,即表明低温贮藏20 d后（前期已在预冷库存放15 d）果实可达到可食用期,贮藏至270 d时,好果率仍有45%。说明种间杂交品种'金艳'不仅果实耐贮,且果实食用期和货架期长,过了转化期,从冷库拿出,放至常温下回温3～5 h即可食用。同时也说明,'金艳'果实耐贮藏的机理与'海沃德'完全不一样,可能遗传了其母本毛花猕猴桃果实的耐贮藏性,需要进一步开展深入的研究。

综合本试验结果,在0～1℃低温下,黄肉猕猴桃品种'金艳'的固酸比、糖酸比和维生素C含量要显著高于绿肉品种'海沃德',说明'金艳'果实在采后后熟阶段风味品质和营养成分要优于'海沃德';硬度、可溶性固形物、可滴定酸及可溶性总糖是'海沃德'要高于'金艳';色度也是'海沃德'高于'金艳',果肉色度主要是品种自身颜色决定的,对贮藏期间果实品质影响不大。两个品种的失重率在前100 d差异变化不大,'金艳'和'海沃德'的好果率差异变化明显,随贮藏期的延长,好果率保持下降趋势,整个贮藏期间,'金艳'的好果率均要优于'海沃德','金艳'在低温贮藏条件下可放置8个月以上,仍保持好的品质。

参考文献　References

[1] 黄宏文. 猕猴桃驯化改良百年启示及天然居群遗传渐渗的基因发掘[J]. 植物学报, 2009, 44（2）: 127-142.

[2] 李志, 方金豹, 齐秀娟, 等. 不同倍性雄株对软枣猕猴桃坐果及果实性状的影响[J]. 果树学报, 2016, 33（6）: 658-663.

[3] 张浩, 周会玲, 张晓晓, 等. '金香'猕猴桃果实冷藏最适宜温度研究[J]. 北方园艺, 2014, 13: 126-129.

[4] BEIRAO-da-COSTA S, STEINER A, CORREIA L, et al. Effects of maturity stage and mild heat treatments on quality of minimally processed kiwifruit[J]. Food eng, 2006, 76（4）: 616-625.

[5] AMARANTE C V T, MEGGUER C A. Postharvest quality of jellypalm fruits as a resul to fmaturity stageat harvest and temperature management[J]. Cienc rural, 2008, 38（1）: 46-53.

[6] 王强, 董明, 刘延娟, 等. 不同猕猴桃品种贮藏特性的研究[J]. 保鲜与加工, 2010, 3（2）: 44-47.

[7] 钟彩虹, 张鹏, 韩飞, 等. 猕猴桃种间杂交新品种'金艳'的果实发育特征[J]. 果树学报, 2015, 32（6）: 1152-1160.

[8] 黄春辉, 高洁, 张晓慧, 等. 黄肉猕猴桃果实发育期间色素变化及呈色分析[J]. 果树学报, 2014, 31 (4): 617-623.

[9] 吴彬彬, 饶景萍, 李百云, 等. 采收期对猕猴桃果实品质及其耐贮性的影响[J]. 西北植物学报, 2008, 28 (4): 788-792.

[10] 中华人民共和国卫生部, 中国国家标准化管理委员会. 食品中还原糖的测定: GB/T 5009.7—2008[S]. 北京: 中国标准出版社, 2009: 1-3.

[11] 仇占南, 张茹阳, 彭明朗, 等. 北京野生软枣猕猴桃果实品质综合评价体系. 中国农业大学学报, 2017, 22 (2): 45-53.

[12] 邓英毅, 叶亦心, 莫干辉, 等. 木薯淀粉厌氧发酵液对西瓜生长和产量及品质的影响[J]. 湖南农业大学学报 (自然科学版), 2017, 43 (5): 529-532.

[13] 陶爱群, 王仁才, 莫红专, 等. 不同肥料对玉泉冬枣光合特性及果实品质的影响[J]. 湖南农业大学学报 (自然科学版), 2017, 43 (2): 166-170.

[14] 黎洋, 谭书明. 两个采前因素对猕猴桃果实贮藏品质的影响[J]. 食品与机械, 2014, 30 (2): 137-141.

[15] 刘晓燕, 王瑞, 梁虎, 等. 不同温度贮藏贵长猕猴桃采后生理和品质变化[J]. 江苏农业科学, 2015, 43 (6): 264-267.

[16] 杨丹, 王琪凯, 张晓琴. 贮藏温度对采后'金艳'猕猴桃品质和后熟的影响[J]. 北方园艺, 2016 (2): 126-129.

[17] 钱政江, 刘亭, 王慧, 等. 采收期和贮藏温度对金艳猕猴桃品质的影响[J]. 热带亚热带植物学报, 2011, 19 (2): 127-134.

[18] 邱霞, 李苑, 毛富平, 等. 成都地区主栽蓝莓品种果实的形态特征及品质分析[J]. 湖南农业大学学报 (自然科学版), 2017, 43 (5): 524-528.

[19] 赵娜, 刘旭峰, 龙周侠, 等. 海沃德猕猴桃果实套袋技术研究[J]. 西北农业学报, 2009, 18 (2): 205-208.

[20] 黄文俊, 钟彩虹. 猕猴桃果实采后生理研究进展[J]. 植物科学学报, 2017, 35 (4): 622-630.

Comprehensive Quality Comparison of 'Jinyan' and 'Hayward' under Low–temperature Storage Conditions

HAN Fei   LIU Xiaoli   CHENG Meiyan   LI Dawei
TIAN Hua   ZHONG Caihong

（Key Laboratory of Plant Germplasm Enhancement and Specialty Agriculture, The Innovative Academy of Seed Design, Wuhan Botanical Garden, Chinese Academy of Sciences   Wuhan   430074）

Abstract   Selecting yellow kiwifruit type 'Jinyan' and green kiwifruit type 'Hayward' as the testing bodies, their quality and decay rate in the Storage at low temperature (1°C ± 0.5°C) and high relative humidity (90% ± 5%) were studied. The results showed that: in the low temperature of 0-1°C, SSC/TA, SS/TA and Vitamin C of yellow kiwifruit cultivar 'Jinyan' were significantly higher than those of green cultivar 'Hayward', which demonstrates that the flavor of 'Jinyan' fruit during postharvest ripening stage is better than that of 'Hayward'; But in respect of the hardness, soluble solids, chroma, titratable acid and the total soluble sugar, 'Hayward is higher than 'Jinyan'. The pulp color is mainly determined by the specific fruit type, which has little effect on fruit quality in the later period. After 100 days' storage, there was no significant difference in weightlessness rate between 'Jinyan' and 'Hayward'. During storage, the good fruit rate of 'Jinyan' was significantly different from that of 'Hayward'. In general, the good fruit rate of 'Jinyan' was higher than that of 'Hayward'.

Keywords   Kiwifruit   Cultivar   Low-temperature storage   Quality

猕猴桃采后贮藏保鲜技术研究进展*

廖光联** 钟敏 黄春辉 陶俊杰 徐小彪***

(江西农业大学猕猴桃研究所 江西南昌 330045)

摘 要 随着我国猕猴桃产业的快速发展，猕猴桃的贮藏保鲜技术已成为猕猴桃产业健康持续发展的重要组成部分。本文综述了目前国内外猕猴桃主栽品种，对国内外的保鲜技术作了整理并对影响猕猴桃贮藏的因素进行了总结，最后对我国猕猴桃贮藏保鲜技术的发展提出了展望，以期望为我国猕猴桃贮藏保鲜技术提供意见和建议。

关键词 猕猴桃 贮藏保鲜技术 研究进展

猕猴桃是原产于中国的落叶藤本果树，中国作为其起源、分布中心，具有极为丰富的猕猴桃种质资源[1-3]。猕猴桃（*Actinidia* spp.）属于猕猴桃科（Actinidiaceae）猕猴桃属（*Actinidia* Lindl），该属植物按照最新分类方法有 54 个种和 21 个变种，约 75 个分类群，其中我国分布就有 52 个种[4]，约 118 个种下分类单位（变种或变型），其中 62 种原产于我国[4-5]。猕猴桃是 21 世纪野生果树驯化栽培最成功的树种之一，其果实中富含大量的蛋白质、糖、氨基酸等多种有机物以及人体所必需的多种维生素及矿物质，尤其以抗坏血酸的含量最高，远高于梨、苹果等，其果实还具有缓解肠道功能紊乱、通便、消炎等医疗功效，颇受消费者和生产者关注[2,6-7]，目前市场上现以美味猕猴桃（*A.deliciosa*）和中华猕猴桃（*A.chinensis*）作为经济栽培最为广泛[3,8-9]。近几年，我国猕猴桃产业迅速发展，据统计，2004～2013 年全国猕猴桃种植面积和产量年均增幅分别高达 12.18%和 18.39%。其中，2013 年全国猕猴桃种植面积为 161 500 hm²，产量高达 1.8×10^9 kg，两者均已跃居世界第一[10-11]，但从 2016 年我国猕猴桃进口数据来看，2016 年与 2015 年相比增长 39.71%，占进口干鲜水果比重的 3.12%[12]。由此可见，我国猕猴桃仍面临许多困难和挑战，如优良品系（种）、配套授粉雄株、花果管理、采收标准、采后贮藏保鲜等，而我国幅员辽阔、气候多样、地理环境复杂，这些问题的解决都要因地制宜，针对不同的气候环境制定相应的栽培管理规程。猕猴桃为呼吸跃变型果实，其后熟过程需经历一系列的生理生化过程，包含乙烯合成[13]、细胞壁降解与果实软化[14]、淀粉水解与糖分积累[15]、果肉颜色改变[16]、芳香物质形成[17]等，这些都和猕猴桃贮藏息息相关。如何延长猕猴桃贮藏保鲜期限并保持果实贮藏品质已成为猕猴桃产业发展壮大亟待解决的问题。

1 国内外猕猴桃主栽品种

猕猴桃起源于中国，发展于新西兰，因营养密度高，风味品质较佳而备受人们的喜爱。但在相当长的一段时期内，虽然已有许多人品尝过这种美味的水果，却一直没有进行有效的人工栽培，而是任其继续保持野生的状态。进入 20 世纪后，其巨大的经济价值引起了很多国

---

* 基金项目：江西省科技厅重大科技专项（20161 ACF6007）；江西省猕猴桃产业技术体系建设专项（JXABS-05）；江西省自然科学基金（20151BAB204032）。

** 第一作者，男，在读研究生，研究方向果树种质资源与生物技术，电话 18770910160，E-mail：liaoguanglian@153.com

*** 通信作者，电话 13767008891，E-mail：xbxu@jxau.edu.cn

家的关注，野生猕猴桃因而陆续被大量引进和栽培，在很多国家落地生根并且开枝散叶，新西兰是世界上第一个从事猕猴桃商业化种植的国家。伊莎贝尔·弗雷泽女士1904年从中国宜昌回到新西兰，同时也带回了猕猴桃的种子，1925年，海沃德·怀特培育出了至今仍占据主导地位的绿色果实的品种'海沃德'[18]，新西兰随后选育出的黄肉中华猕猴桃'Hort16A''Gold3'更是风靡全球，被广泛地推广生产栽培[19-20]。目前，国外绿肉猕猴桃主要以'海沃德'为主，黄肉猕猴桃以'Gold3'与'金桃'为主，而红肉猕猴桃并未进行大量的推广栽培，仅有少量的引种栽培，如'红宝石星'[21]等。

中国猕猴桃产业起步于1978年[22]，与国际上一样，国内的主要经济栽培种以美味猕猴桃（A.deliciosa）和中华猕猴桃（A.chinensis）为主。中国猕猴桃种质资源丰富，目前市场上绿肉猕猴桃以'徐香''海沃德''金魁''秦美'栽培最为广泛，其中'海沃德'主要以出口为主，而'徐香''秦美'则因有着贮藏性好、口感香甜的突出优点在北方广泛栽培，供应国内市场。国内栽培最为广泛的黄肉猕猴桃为以毛花猕猴桃为母本，中华猕猴桃为父本杂交选育出的'金艳'[23]，其果实风味浓厚、酸甜可口、抗坏血酸含量较高、抗性较强[24]，在江西、四川、湖南等地广泛栽培。国内也有部分地区栽植'Hort16A'和'Gold3'，其中'Hort16A'抗性较差，在四川地区极易染溃疡病。与国外不同的是，红肉猕猴桃在国内具有一定的生产栽培。由四川省自然资源研究所和苍溪县农业局选育的'红阳'猕猴桃是世界首个红肉型猕猴桃[25-26]，其内果肉有花青素着色呈现红色[27]，果实富含各种维生素和矿物质元素[28]。部分研究表明，红肉猕猴桃具有抗氧化，防衰老等功效[29]。目前，红肉猕猴桃主要栽培在四川、湖南、江西、浙江、广西、贵州等地。

2 猕猴桃贮藏保鲜技术

2.1 物理方法

2.1.1 低温贮藏

低温贮藏是最简单、最常见、最容易应用推广的贮藏方法，其原理是低温抑制果实的呼吸代谢和乙烯的产生，降低相关代谢酶的活性，从而延缓果实后熟的进程。低温贮藏除了猕猴桃品种、采收时期、是否预冷外，贮藏的温度和湿度是其最为重要的因素[30]。在贮藏期间，过度的低温对猕猴桃果实具有一定的影响，Nasiraei等[31]研究发现，当贮藏的温度维持在0℃±0.5℃时，猕猴桃保鲜期可以长达6个月左右，坏果率低于5%；Mahboube等在美味猕猴桃品种的冷藏研究中发现，美味猕猴桃在温度1℃±1℃，相对湿度80%±5%时，其保鲜期最长、果实品质最佳。在低温贮藏时，美味猕猴桃的保鲜期明显长于中华猕猴桃，并且中华猕猴桃的耐冷性弱，冷害表现早于美味猕猴桃[32]。在低温贮藏时，猕猴桃的生理活动明显滞后，其果皮硬度呈缓慢下降趋势，'金艳'猕猴桃在1℃贮藏环境下，果实品质得到很好的保证，而5℃贮藏条件下，果实硬度降低和可溶性固形物含量上升过程被加快，35℃贮藏环境下猕猴桃仅7d后就会腐烂[33-34]。对低温冷藏期间的猕猴桃果实进行硬度的穿刺测试和主要化学指标的测定，其主成分分析表明，可以通过硬度对猕猴桃果实的贮藏品质进行综合评价[35]。目前，机械冷藏已成为国内外主流的贮藏方式，我国在这一方面仍然面临着许多问题，造成了许多的浪费和污染，因此对低温贮藏技术的完善具有重要的意义。

2.1.2 热处理

采后热处理一般是指用高于果实成熟季节气温的温度对果实进行采后处理的一种保鲜

技术，因其具有高安全性、操作简单、可操作性强等优点，目前已成为化学杀菌剂保鲜的替代手段之一。其原理是通过延缓果蔬冷害发生、抑制乙烯产生和抑制果蔬采后病原菌的生长繁殖而实现的。刘延娟在以'皖翠'猕猴桃果实为试材，采后用不同温度、时间组合的热水进行处理，即 38℃（8 min、16 min、24 min）、46℃（8 min、16 min、24 min）、54℃（8 min、16 min、24 mim）研究发现，38℃（16 min）是相对较好的热处理组合，过高的温度会对其果实采后生理生化破坏较重[36]。在中华猕猴桃上的研究发现，35℃ 热处理可抑制中华猕猴桃果实的呼吸强度，延缓果实硬度、维生素 C 含量、淀粉含量的下降，减缓果实组织细胞膜渗透率、丙二醛（MDA）和可溶性果胶含量的上升，在一定程度上抑制纤维素酶和过氧化物酶（POD）活性，有效延缓果实的软化衰老[37]。采后热处理目前还处于起步阶段，作为一种辅助的贮藏处理方式，其与其他贮藏技术相结合起来，能发挥出更好的贮藏效果。

2.1.3 涂膜处理

涂膜保鲜是以涂抹、浸泡、喷雾等方法将适宜浓度的溶液风干于果蔬表面，以此形成一层薄膜，常用的物质有明胶、淀粉、树脂等。涂膜处理能降低果蔬内气体与外界的交换强度，减少水分损失，同时也起到抑菌的作用。在猕猴桃上的应用研究表明，贮藏后猕猴桃果实的乙烯释放量明显降低，内源 CO_2 增加[38]；祝美云等[39]研究发现，壳聚糖保鲜效果达到极显著水平，卡拉胶保鲜效果达到显著水平，而海藻酸钠保鲜效果不明显，综合方差分析结果得出可食性复合膜的最佳配比为壳聚糖 1%、海藻酸钠 0.3%、卡拉胶 0.3%，在此条件下，新鲜的猕猴桃保鲜 40 d 左右，可有效保持其营养成分减少；杨志军[40]用魔芋葡甘聚糖（KGM）涂膜处理中华猕猴桃后发现，果实的呼吸速度、乙烯释放速率均能得到有效抑制，在实验期间内未出现乙烯释放高峰值，在果实品质保持方面，KGM 涂膜处理可有效延缓中华猕猴桃果实硬度、维生素 C 含量的下降速率与果实失重率的上升速度，有效延长猕猴桃贮藏时间，在较长时间内能够保持果实营养与品质。涂膜技术作为一种新兴技术，逐步开始融入市场，其操作简单，成本低廉很容易被大众接受，但是涂膜太厚容易造成果实腐烂等现象，目前对其研究还较少，尤其是在涂膜的材料和浓度的组合上，其长远的可行性还有待进一步的研究。

2.2 化学方法

2.2.1 气调贮藏

气调保鲜法是通过改变贮藏环境的气体成分，限制果蔬的呼吸强度，延缓果实衰老变质，其原理是降低乙烯的释放量，保持果实的硬度和品质[41]，利用气调贮藏对猕猴桃果实保鲜及果实品质具有重要影响。气调贮藏可以分为两种类型，一种是人工改变气体成分，一种是果实自身的呼吸作用形成自然气体。在适宜的温、湿度条件下，控制库内 O_2 含量于 2%～3%、CO_2 含量于 3%～5%、乙烯浓度小于 0.02 μl/L，'秦美'的贮藏寿命可达 6 个月以上，货架期不低于半个月，好果率 98.03%，果肉硬度 13.64 kg/cm^2，腐烂率 0.77%[42]。王亚楠在'红阳'猕猴桃上的研究也发现，2% O_2 + 3% CO_2 气体环境能显著延长猕猴桃贮藏期[43]；雷玉山等在绿肉猕猴桃'海沃德''秦美'上的研究也有类似的发现，其研究表明，CO_2 浓度范围 4%～5%，O_2 浓度范围 2%～3%，其好果率最高[44]。在气调贮藏时，利用 1-MCP 处理，能显著降低果实呼吸强度，抑制硬度下降，减少果实损耗[45-47]。气调贮藏是一种较为有效的贮藏方式，在许多果树上均有应用，但由于其制造成本较高，在国内没有大面积的推广普及，目前国内还是以小型的机械冷库贮藏为主，气调贮藏在国内大面积的推广还需要一定的时间，急需克服的困难也比较多。

2.2.2 甲基环丙烯（1-MCP）

1-MCP 是美国罗门哈斯公司开发的一种新型的果蔬保鲜生长调节剂，能优先竞争结合组织中的乙烯受体蛋白，抑制乙烯与受体的结合和信号传导，起到延缓果实成熟、叶片和花等器官的衰老和脱落的作用。1-MCP 具有稳定、高效、无毒的优点，也是目前应用比较广泛的贮藏保鲜方法。研究发现，1-MCP 处理可以保持猕猴桃果实的品质，延缓果实在所有贮藏温度下的成熟[46,48]、降低乙烯释放量且不影响鲜食猕猴桃的色泽[49]；在'金魁'猕猴桃上的研究还发现 1-MCP 处理不仅可以延缓猕猴桃果实的成熟和软化，而且 1-MCP 处理可以减缓猕猴桃抗坏血酸含量的下降，但不影响果实的总糖和滴定酸[50]。不同的猕猴桃品种具有不同的处理浓度，在美味猕猴桃上的研究表明，运用浓度为 1.5 µl/L 的 1-MCP 进行 12 h 处理对猕猴桃果实的贮藏保鲜有较好的效果，且 1-MCP 二次处理的果实贮藏保鲜效果则更佳[51]；任亚梅等[52]在美味猕猴桃'秦美'上的研究则表明，较优的 1-MCP 处理浓度范围 0.10～10.00 µl/L，其中 1.00 µl/L 1-MCP 处理方法保鲜的效果最好；在'红阳''华优''徐香''金香'上的研究发现，0.50 µl/L 为'红阳''华优'适宜的 1-MCP 处理浓度，而 0.25 µl/L 1-MCP 处理浓度对'徐香'有较好的保鲜作用，'金香'有利的处理浓度为 0.75 µl/L[53]。1-MCP 作为一种辅助贮藏保鲜的方式，与其他技术结合能发挥更为理想的贮藏保鲜效果，研究发现 1-MCP 与缓释保鲜剂结合微孔膜可有效抑制乙烯生成，阻止呼吸跃变效应，从而延缓果实采后代谢和衰老[54]。

2.2.3 二氧化氯（ClO_2）

ClO_2 是一种高效安全的果蔬保鲜剂，杀菌能力强，ClO_2 能阻止蛋氨酸分解成乙烯，还可以控制腐败菌的生成[55]，但不影响果蔬原有风味和外观品质。在'华优'猕猴桃上的研究表明，ClO_2 浓度为 2.5 mg/L 处理 60 min，对'华优'猕猴桃的品质保鲜最有利，有较好的抑制作用，保持其贮藏品质[56]；在'秦美'上的相关研究表明，80 mg/L ClO_2 处理 10 min 有利于'秦美'猕猴桃的保鲜，保持'秦美'猕猴桃的硬度，抑制乙烯释放速率，保持猕猴桃果实的可溶性糖、可滴定酸和维生素 C 含量，延缓猕猴桃的腐烂率和货架期[57]。ClO_2 在国内并没有进行大面积的推广，与气调贮藏一样，由于其成本较高，其应用推广还有待进一步研究。

2.2.4 臭氧（O_3）

O_3 是近几年应用较广泛的杀菌剂，具有速度快、易操作、无残留和无死角的特点。在膨大剂（CPPU）处理的'秦美'猕猴桃上的研究发现 40 mg/m^3 O_3 可以减缓膨大剂处理的'秦美'猕猴桃品质的下降趋势，减轻了可滴定酸、抗坏血酸含量的下降，保持了较好的硬度，减缓了可溶性固形物含量的上升，抑制了乙烯释放量和呼吸强度，减少果实软化，并增加了苯丙氨酸氨裂合酶（phenylalanine ammonialyase，PAL）、β-1,3-葡聚糖酶（β-1,3-glucanase，GLU）、壳多糖酶（chitinase，CHI）的活性，从而减少了'秦美'猕猴桃果实的腐烂率[58]；低 O_3 浓度（10.7 mg/m^3）处理能抑制呼吸强度，降低腐烂率，延缓丙二醛（MDA）含量和相对电导率，保持超氧化物歧化酶（SOD）和过氧化物酶（POD）的高活性，保持良好的贮藏品质，经 140 d 冷藏后，好果率约为 95%，经高浓度 O_3（171.2 mg/m^3）处理后，呼吸高峰出现时间提前[59]。相关研究发现，200 mg/L O_3 的保鲜效果优于 100 mg/L 和 300 mg/L，能更好地保持果实的结构特性[60]。O_3 处理猕猴桃虽然有一定的效果，但是需要在贮藏期间多次处理，成本高、操作烦琐，在市场上并未大面积推广应用。

2.3 影响猕猴桃贮藏的因素

2.3.1 采收期

采收的时间对猕猴桃的采后保鲜至关重要，不同品种的贮藏性差异很大，采收时的果肉硬度也表现出类似的差异。吴彬彬等[61]以'海沃德'试验材料发现，盛花后 159～171 d 采收，其果实采收时的可溶性固形物含量在 6.5% 以上，贮藏 120 d 后与其他采收期相比仍保持相对较高的硬度、淀粉含量、维生素 C 含量和可滴定酸含量，而且贮藏 150 d 后失重率和腐烂率都比较低，新西兰的'海沃德'采收则以其可溶性固形物含量在 6.2% 以上为采收标准[62]；姚春潮等[63]发现'徐香'猕猴桃的适宜采收期为盛花后 125～132 d，在此期间采收的果实，可溶性固形物达 6.67% 以上，抗坏血酸含量、糖酸比、果实硬度都较高，失重率和腐烂率较低。

2.3.2 机械损伤

机械损伤是目前造成水果腐烂的重要源头之一，采收时形成机械损伤，病原菌则较为容易感染，最后导致果实腐烂。采收时轻拿轻放，利用专门的采收袋可以有效避免机械损伤，减少果实腐烂率。

3 展望

猕猴桃因营养密度高等诸多原因，备受人们的喜爱。目前国内猕猴桃市场处于快速发展时期，猕猴桃的种植面积也不断扩大，但我国的贮藏保鲜技术仍然处于起步阶段，选择相应的贮藏保鲜技术至关重要。随着科学技术的进步，传统的贮藏保鲜方式已经不能满足市场的需求，新兴技术与传统技术的有效结合可以很好地发展我国贮藏保鲜技术，实现利益最大化。猕猴桃品种较多，每个品种的耐贮性不同，市场上的贮藏保鲜方式也很多，因此要针对不同的猕猴桃品种制定相应的采收标准、应用对应的贮藏方式，有效地降低坏果率，完善我国的冷链系统、选育耐贮性好的新品种是长远之计。

参考文献　References

[1] 姚春潮，龙周侠，刘旭峰，等. 不同干燥及贮藏方法对猕猴桃花粉活力的影响[J]. 北方园艺，2010（20）：37-39.

[2] 徐小彪，张秋明. 中国猕猴桃种质资源的研究与利用[J]. 植物学通报，2003（6）：648-655.

[3] 郑铁琦，李作洲，黄宏文. 猕猴桃品种 SSR 分析的初步研究[J]. 武汉植物学研究，2003（5）：444-448.

[4] 黄宏文. 猕猴桃属：分类 资源 驯化 栽培[M]. 北京：科学出版社，2013：19.

[5] 齐秀娟，徐善坤，林苗苗，等. 红肉猕猴桃果实着色机制研究进展[J]. 果树学报，2015，32（6）：1232-1240.

[6] 黄宏文，龚俊杰，王圣梅，等. 猕猴桃属植物的遗传多样性[M] // 黄宏文. 猕猴桃研究进展. 北京：科学出版社，2000：65-79.

[7] HUANG Hongwen, FERGUSON R. Genetic resources of kiwifruit: domestication and breeding[M] // JANICK J. Horticultural reviews: Vol. 33. Hoboken: John Wiley & Sons Inc.，2006: 1-121.

[8] 叶凯欣，罗森材，梁雪莲，等. 猕猴桃 SSR 分析[J]. 生物技术，2009，19（3）：39-42.

[9] 刘磊，姚小洪，黄宏文. 猕猴桃 EPIC 标记开发及其在猕猴桃属植物系统发育分析中的应用[J]. 园艺学报，2013，40（6）：1162-1168.

[10] 张放. 2013 年我国主要水果生产统计分析[J]. 中国果业信息，2014，31（12）：30-42.

[11] FERGUSON A R. World economic importance[J]. The kiwifruit genome，2016: 37-42.

[12] 何琴，石廷碧，刘庆明，等. 2016 年我国干鲜水果及其加工制品进出口统计[J]. 中国果业信息，2017，34（6）：22-32.

[13] 陈昆松，张上隆，郑金土，等. 乙烯与猕猴桃果实的后熟软化[J]. 浙江大学学报（农业与生命科学版），1999（3）：251-254.

[14] 陆胜民，金勇丰，张耀洲，等. 果实成熟过程中细胞壁组成的变化 1 [J]. 植物生理学报，2001，37（3）：246-249.

[15] 张玉，陈昆松，张上隆，等. 猕猴桃果实采后成熟过程中糖代谢及其调节[J]. 植物生理与分子生物学学报，2004，30（3）：317-324.

[16] 王阳光，陆胜民，马子骏，等. 青梅果实采后的软化特性与色泽变化[J]. 果树学报，2002，19（3）：170-174.

[17] 刘圆，翁倩，王昊，等. 甜瓜成熟过程中芳香物质形成及其与乙烯的关系[J]. 河南农业科学，2010（5）：88-92.

[18] 陈吉烈. 海沃德猕猴桃引种及丰产栽培技术[J]. 四川果树，1995（4）：17-19.

[19] RICHARDSON A C，BOLDINGH H L，MCATEE P A，et al. Fruit development of the diploid kiwifruit，*Actinidia chinensis* 'Hort16A'[J]. Bmc plant biology，2011，11（1）：182.

[20] SEAL A G，CLARK C J，SHARROCK K R，et al. Choice of pollen donor affects weight but not composition of *Actinidia chinensis* var. *chinensis* 'Zesy002'（Gold3）kiwifruit[J]. New Zealand journal of crop & horticultural science，2017，46（2）：1-11.

[21] 齐秀娟，韩礼星，李明，等. 全红型猕猴桃新品种'红宝石星'[J]. 果农之友，2011，38（6）：55-55.

[22] 姜转宏. 猕猴桃产业演化发展探析[J]. 西北农林科技大学学报（社会科学版），2007，7（2）：109-112.

[23] 钟彩虹，王圣梅，黄宏文，等. 极耐贮藏的种间杂交黄肉猕猴桃新品种'金艳'[C]. 中国园艺学会猕猴桃分会研讨会，2010.

[24] 李秀娟，牛娜，张永平，等. 汉中猕猴桃不同品种生物学特性观察[J]. 西北园艺：果树，2018（1）：31-33.

[25] 吴伯乐，李兴德. 红肉优质耐贮猕猴桃'红阳'[J]. 中国果树，1993（4）：15-15.

[26] 张辉，马超，彭熙，等. '红阳'猕猴桃采后生理及病害研究进展[J]. 广东化工，2017，44（3）：107-108.

[27] 骆彬彬. 红肉猕猴桃'红阳'果肉着色的细胞学研究[D]. 合肥：安徽农业大学，2012.

[28] 尹翠波. '红阳'猕猴桃生物学特性及果实生长发育规律的初步研究[D]. 雅安：四川农业大学，2008.

[29] MONTEFIORI M，COMESKEY D J，WOHLERS M，et al. Characterization and quantification of anthocyanins in red kiwifruit （*Actinidia* spp.）[J]. Journal of agricultural & food chemistry，2009，57（15）：6856-6861.

[30] 敖礼林，陈荣，饶卫华，等. 影响猕猴桃低温贮藏性的几个重要因子[J]. 中国南方果树，2000，29（4）：52-52.

[31] NASIRAEI L R，DOKHANI S，SHAHEDI M，et al. Effect of packaging and storage on the physicochemical characteristics of two kiwifruit cultivars[J]. Journal of science & technology of agriculture & natural resources，2006，9（4）：223-236.

[32] 王玉萍，饶景萍，杨青珍，等. 猕猴桃3个品种果实耐冷性差异研究[J]. 园艺学报，2013，40（2）：341-349.

[33] 杨丹，王琪凯，张晓琴. 贮藏温度对采后'金艳'猕猴桃品质和后熟的影响[J]. 北方园艺，2016（2）：126-129.

[34] ASICHE W O，MITALO O W，KASAHARA Y，et al. Effect of storage temperature on fruit ripening in three kiwifruit cultivars[J]. Horticulture journal，2017，86（3）：403-410.

[35] 姜松，王海鸥，赵杰文. 猕猴桃低温贮藏期间硬度与化学品质的相关性研究[J]. 食品科学，2005，26（5）：244-247.

[36] 刘延娟. '皖翠'猕猴桃热处理保鲜机理研究[D]. 合肥：安徽农业大学，2010.

[37] 庞凌云，詹丽娟，李瑜，等. 热处理对中华猕猴桃软化的影响[J]. 中国食品学报，2015，15（9）：186-191.

[38] DU J，GEMMA H，IWAHORI S. Effects of chitosan coating on the storage of peach（*Prunus persica*），Japanese pear（*Pyrus pyrifolia*），and kiwifruit（*Actinidia deliciosa*）[J]. Journal of the Japanese society for horticultural science，1997，66（1）：15-22.

[39] 祝美云，党建磊. 壳聚糖复合膜涂膜保鲜猕猴桃的研究[J]. 果树学报，2010，27（6）：1006-1009.

[40] 杨志军. 魔芋葡甘聚糖涂膜处理对中华猕猴桃贮藏与保鲜效果的研究[D]. 福州：福建农林大学，2011.

[41] THOMPSON A K. Controlled atmosphere storage[J]. Fruit and vegetable storage，1982：1.

[42] 杨德兴，庞向宇，邢红华，等. 猕猴桃的低乙烯气调贮藏[J]. 中国果菜，1996（3）：2-4.

[43] 王亚楠. 气调贮藏对红阳猕猴桃和桑葚采后保鲜效果及其生理机制的研究[D]. 南京：南京农业大学，2014.

[44] 雷玉山，刘运松，杨晓宇. 猕猴桃大帐气调贮藏保鲜技术研究[J]. 陕西农业科学，2005（3）：46-48.

[45] 高焰. 1-MCP处理对'华优'猕猴桃气调贮藏中的品质影响[J]. 陕西农业科学，2014，60（2）：38-39.

[46] 俞静芬，尚海涛，凌建刚，等. 1-MCP结合微孔保鲜膜对猕猴桃出库货架期品质影响研究[J]. 农产品加工，2018（4）：4-5，8.

[47] ÇELIKEL F G，ACICAN T，ASLIM A S，et al. Effect of 1-MCP（1-methylcyclopropene）pretreatment on cold storage of kiwifruit[C]. X International Controlled & Modified Atmosphere Research Conference，2010.

[48] KWANHONG P，LIM B S，LEE J S，et al. Effect of 1-MCP and temperature on the quality of red-fleshed kiwifruit（*Actinidia chinensis*）[J]. Korean journal of horticultural science & technology，2017，35（2）：199-209.

[49] VILAS-BOAS E V D B，KADER A A. Effect of 1-methylcyclopropene（1-MCP）on softening of fresh-cut kiwifruit，mango and persimmon slices[J]. Postharvest biology & technology，2007，43（2）：238-244.

[50] 陈金印，陈明，甘霖. 1-MCP处理对冷藏'金魁'猕猴桃果实采后生理和品质的影响[J]. 江西农业大学学报，2005（1）：1-5.

[51] 陈金印，付永琦，刘康. 1-MCP处理对美味猕猴桃果实采后生理生化变化的影响[J]. 江西农业大学学报，2007，29（6）：940-947.

[52] 任亚梅，唐远冒，李光辉，等. 猕猴桃贮藏保鲜过程中1-MCP处理临界浓度的研究[J]. 中国食品学报，2013，13（1）：107-111.

[53] 夏源苑. 猕猴桃不同品种1-MCP处理浓度研究[D]. 杨凌：西北农林科技大学，2011.

[54] 俞静芬，尚海涛，凌建刚，等. 不同保鲜剂处理对红阳猕猴桃贮藏品质的影响研究[J]. 农产品加工，2018（2）：1-3.

[55] 王烨，薛敏，郭晓强，等. 气体ClO_2对猕猴桃青霉的抑菌作用及其机理[J]. 陕西师范大学学报（自然科学版），2017（6）：115-121.

[56] 薛敏，高贵田，张思远，等. 气体ClO_2对'华优'猕猴桃采后生理及贮藏品质的影响[J]. 食品科学，2015，36（18）：257-261.

[57] 牛瑞雪，惠伟，李彩香，等. 二氧化氯对'秦美'猕猴桃保鲜及贮藏品质的影响[J]. 食品工业科技，2009（1）：289-292.

[58] 苏苗，罗安伟，李圆圆，等. 采后O_3处理对使用CPPU猕猴桃贮藏品质及其抗性酶活性的影响[J]. 现代食品科技，2018，34（3）：46-53，76.

[59] 曹彬彬，董明，赵晓佳，等. 不同浓度臭氧对皖翠猕猴桃冷藏过程中品质和生理的影响[J]. 保鲜与加工，2012，12（2）：5-8，13.

[60] 马超，赵治兵，吴文能，等. 不同浓度臭氧处理对采后猕猴桃货架期间质构性能的影响[J]. 保鲜与加工，2018，18（1）：1-7.

[61] 吴彬彬，饶景萍，李百云，等. 采收期对猕猴桃果实品质及其耐贮性的影响[J]. 西北植物学报，2008，28（4）：4788-4792.

[62] BURDON J，PIDAKALA P，MARTIN P，et al. Fruit maturation and the soluble solids harvest index for 'Hayward' kiwifruit[J]. Scientia horticulturae，2016，213：193-198.

[63] 姚春潮，刘占德，龙周侠. 采收期对'徐香'猕猴桃果实品质的影响[J]. 北方园艺，2013（8）：36-38.

Research Advances on Storage and Preservation Technology of Kiwifruit

LIAO Guanglian　ZHONG Min　HUANG Chunhui
TAO Junjie　XU Xiaobiao

（Kiwifruit Institute of Jiangxi Agricultural University　Nanchang　330045）

Abstract　Kiwifruit is one of the most successful fruit species for domestication and cultivation of wild fruit trees in the 21st century. In recent years, kiwifruit industry has developed rapidly and the cultivated area has been continuously expanded. However, the storage and preservation technology of kiwifruit is still a short board for the development of kiwifruit industry. In this paper, the main varieties of kiwifruit at home and abroad were reviewed, the preservation techniques at home and abroad were sorted out, and the factors affecting the storage of kiwifruit were summarized. Finally, the prospect of the development of kiwifruit storage technology in China was put forward. It is expected to provide advice and suggestions for kiwifruit storage and preservation technology.

Keywords　Kiwifruit　Storage and preservation technology　Research advances

猕猴桃品质管理中不同环节的重要性

姜正旺　陈美艳　刘小莉　张鹏　韩飞

（中国科学院植物种质创新与特色农业重点实验室,中国科学院种子创新研究院,中国科学院武汉植物园　湖北武汉　430074）

摘　要　猕猴桃在我国商业化研发和种植已40年了,种植规模不断扩大,种植面积和产量均居世界第一,但整体品质一直难以提升。作者根据多年从业的经验,结合国内外不同园区考察及产业技术支持服务过程,发现很多猕猴桃栽培区在技术开发或应用中缺乏针对性和创新性,盲目模仿和借鉴别人经验、品牌打造投入不足等,这些都是影响猕猴桃产业链中的主要问题。猕猴桃在经过系列的田间管理到准备采收的前期,也涉及多个不同领域和产业技术的配套,才能使果实安全入库、分级处理、合理贮藏和正确投放到相应的市场,实现品牌价值和产业链的延伸。猕猴桃品质的体现形式是国产品牌能引领市场,反映出猕猴桃产业的健康发展和品质提升是一个系统性工程,只有在种植环节中种出品质有保障的猕猴桃果实,内部品质的整体提升才能在下一轮的市场竞争中树立品牌形象。而实际操作中仍存在供给侧和社会化服务跟不上,品牌意识淡薄和"拿来主义"思想,以及缺乏市场预测与消费者对象的大数据应用等方面的问题,一些小的环节直接影响到猕猴桃采后的品质管理,从而影响品牌打造和产业链的延伸,值得探讨。

关键词　内在品质　田间管理　贮藏品质　品牌意识　市场开拓

1　猕猴桃成为大众化水果的历程

猕猴桃是20世纪人类驯化最成功的4种果树之一,100多年的发展历史,目前仅占有全球约0.6%果品份额。20世纪90年代初,新西兰之外其他国家的猕猴桃总产量超过了新西兰的产量,从而导致1992年世界性的猕猴桃销售危机。然而,因为这次由单一品种（'海沃德'）导致的产量"过剩"带来了产业发展的新思路,1998年前后新西兰推出了黄肉猕猴桃'Hort16A',其在亚洲市场的成功销售拯救了新西兰的猕猴桃产业。

世界猕猴桃栽培面积已超$25×10^4$ hm^2（375万亩）,产量超$400×10^4$ t。世界猕猴桃主产大国仍以中国、意大利、新西兰和智利为主,加上法国,5国的总产合计约占世界总产的90%,而且中国的种植面积和产量在2002～2003年均超过其他国家的总和（图1,图2）。

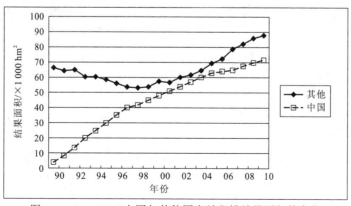

图1　1990～2010中国与其他国家猕猴桃结果面积的变化

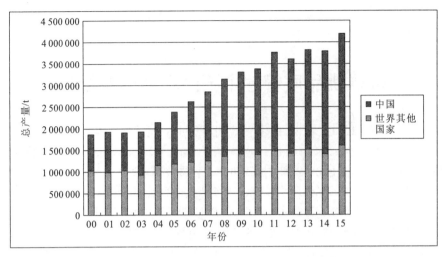

图2　2000～2015年世界猕猴桃总产量的变化

　　虽然我国是猕猴桃生产大国，生产的果实也基本能就地消化，但果实出口量也是反映品质管控好坏的一个缩影。2015年全国出口量仅有两千余吨，不到全国总产值的千分之一。总体来讲，大部分果园的猕猴桃生产标准化程度低，不同果园生产的同一品种的果实大小、硬度、糖度等到采收时都有较大差异，导致口感不稳定，这些都会影响到消费者的体验。

2　品质构成与栽培条件

　　猕猴桃的果实可以看成是一个品质"综合体"，果形、果皮颜色、整齐度、果面绒毛多少、是否有疤痕，以及果面粘贴的商标品牌等眼睛可以看见的直观性状和外观，就是"外在"品质给消费者的第一印象，它很大程度上决定了消费者的购买欲的大小。在消费者购买后，果实是否耐贮藏、果实食用的方便性、果肉颜色、香气、口感风味、果汁多少、种子大小及过敏物质等"内在"品质直接反映在果实最后是否被消费者认可上。

　　影响果实品质的因素很多，从最开始的苗木选购或培育、果园规划设计、园地管理技术环节、果实采收指标到冷藏物流等整个产业链的几乎每个环节，其中执行标准的严格程度、新技术应用是否合理以及员工的素质等都会影响到果实的品质。

2.1　重视品种选择的区域性，科学规划果园

　　我国能种植猕猴桃的地域比较辽阔，主要集中在黄河以南、南岭以北，青藏高原以东的中海拔地区，以及东北与华北地区的软枣猕猴桃适宜种植区。猕猴桃的品种从早期以绿肉（以'海沃德''秦美'等为代表）品种为主，逐步发展到黄肉（'黄金果''金桃''魁蜜'等）、绿肉、红肉（红心）三种类型猕猴桃发展并举的格局。

　　不同品种有其适宜种植区域，主要原因是各地的气候、土壤等自然条件决定了该品种的表现能力。一般来说，本地选育的品种最适宜当地及周边自然条件类似地区来发展，长距离引种就需要谨慎，特别是红肉类型的猕猴桃引种，必须根据当地的小气候、管理水平、交通运输条件等综合考虑，做好品种推广前的中试工作，降低今后产业发展的风险。

　　猕猴桃为雌雄异株果树，且开花期较短，如授粉不及时、受精不充分，或者其他环境因素影响到授粉质量，都会直接影响到猕猴桃的品质和产量，降低商品性。

　　很多果园为了充分利用土地资源，往往忽视了果园配套设施的留用地，如合理的道路系

统、堆置有机肥场所、水肥一体化控制室或工具室等。设施的便利可以提高工作效率，使相应的技术措施能及时落实到位。这间接地影响到果实品质，所以科学规划果园很有意义。

2.2　果园管理重点放在改良土壤

植株正常生长发育是一个协调、高效、稳定运转的周期过程，所以地上地下器官组成结构、形态布局功能很重要，而贮藏营养水平起着重要的缓冲调节作用，这是因地、因树制宜应用新技术的主要依据。

果园土壤有机质偏低是我国果园目前存在的普遍问题。丰产稳产果园的土壤有机质含量应在 2% 以上，但我国多数果园土壤有机质含量平均不到 1%。除有机质含量外，果园土壤是一个复杂的体系，好的土壤在结构上是疏松、透气性能好，质地以壤土、砂壤土为主，保肥保水性能好，为猕猴桃树体生长提供及时够量的营养物质。果园选址时如果土壤太黏重、透气性不好，易造成死苗和形成小"僵苗"。土壤的 pH 也影响树体对地域的适应性，猕猴桃比较适合微酸性（pH = 5.5 ~ 6.5）土壤。pH 过大的变化会影响不同营养元素的活性与树体吸收，容易造成树体因为缺铁等引起的叶片"黄化"现象病等多种生理性病害，也会影响到叶片的光合性能。pH 不适宜的土壤中肥效的利用率会大打折扣，不仅增加成本，也对品质提高没有好处。

猕猴桃属于肉质根，要针对这种生理特性来制定科学的施肥浇水计划，利用好的土壤给猕猴桃根系营造最适宜的生长环境，转化供应给树体养分，生产出优质的果实。

2.3　树冠控制是科学与艺术的结合

在土壤健康的基础上，采取措施保证果树植株健康，实现地上、地下两个部分都健康。生产管理过程中要充分考虑光合生产循环利用与补充，植物体内物质的动向运输共性规律及两极分配（地上地下分配），水分的蒸腾分配和养分的局部扩散规律，做到种性最佳表达，植株最合理组成，资源最合理利用，与环境互利适应。猕猴桃树体为藤本植物，枝蔓年生长量大、叶片大，对水肥要求较高等特性，利用科学结合艺术的方式来进行树冠控制，以达到枝蔓分布均匀、充分利用光能、合理挂果、便于农艺操作的树形，是实现优质生产的前提。

猕猴桃植株健康管理应注意的问题：①栽培模式与植株结构的变化，通常采用的 T 形架和大棚架，植株结构应因树形而变，在考虑结果的同时，也要考虑园艺美学，整齐有形有"看点"；②产量与质量提升，建立对应的技术体系，不要照搬外地或别人的经验，结合每个果园的实际，采用适宜的技术体系来提升质量；③灾害的科学防治与自身健康关系，对果园周边环境及发生自然灾害的可能性进行提前预测和控制，保证树体健康才能生产高质量的果品；④最佳资源组成与优势特色资源发展，综合考虑，选择主栽的 1 ~ 2 个品种，不能盲目跟风，适宜品种加上适宜气候与土壤才能出好产品；⑤环境污染与高海拔生产，果园周边的大气污染和水源污染往往是比较容易忽视的，而在高海拔地区，需要考虑早秋霜与倒春寒给树体的影响，特别是冻伤容易导致溃疡病病菌（Psa）的暴发，危害植株和造成毁园；⑥健康资源的创新，采用抗性资源包括品种、砧木、授粉雄株等，如砧木的抗涝性是目前考虑比较多的资源创新途径之一。

2.4　果园地面管理是重中之重

果园生草技术是目前国外果园普遍采用的一项生产技术，我国有些猕猴桃园正处于推广阶段。果园生草在增加果园有机质，减少灌溉次数，改良土壤结构，减轻病虫危害，改善果园生态环境等方面显示效果明显，也是猕猴桃提质增效关键技术之一。生草果园可使用物理防治（灯、板、带等）、生物防治（扑食螨、草蛉、赤眼蜂等）技术，果园喷药时应尽量避开草，选用植物源或矿物源农药，或高效低毒低残留农药，以便保护草中的害虫天敌。

连续生草的果园随土壤肥力的提高可逐渐减少施肥，施肥可采取水肥一体化施肥技术，把水和肥料精准定量均匀地施入土壤里面，浸润猕猴桃根系发育生长区域，使主要根系土壤始终保持疏松和适宜的含水量，增强树体抗病虫害能力，再通过猕猴桃地上部的科学管理，就可达到优质稳产的目的。

2.5 科学修剪与合理负载

科学修剪就是通过抹芽、疏枝、摘心、剪枝等合理的操作，使猕猴桃果树形成良好的骨架，枝条合理分布，充分利用空间和光能，便于田间作业，降低生产成本；调整地下部与地上部平衡生长与结果的关系，调节营养生产、分配，尽可能地发挥猕猴桃的生产能力，实现优质、丰产、稳产，延长结果年限。

合理负载就是根据果园品种、树龄大小、树势强弱等实际情况，实现猕猴桃连年优质丰产的一项关键技术措施。在授粉受精良好的情况下几乎没有生理落果现象，易造成结果过多，则养分消耗增加，单果重量、果实品质下降，商品率降低。根据品种、树势、树龄等因素进行人工疏花疏果，确定合理的负载量，通常每平方米选留 1~2 个结果母枝，每枝留芽量 15~20 个；亩留结果母枝量控制在 1 100 个左右，留冬芽量 20 000 个左右。花后 7~10 d 开始疏果，疏除小果、畸形果、病虫果，隔半月后再检查定果一次。盛果期园每平方米留果 40~50 个，单果重控制在 80~120 g。

2.6 果实适时采收是保障品质的重要措施

适期采收是保证猕猴桃优良品质的前提之一。猕猴桃品种不同其成熟期不一，即使是同一品种也因地区、气候、土壤、年份不同成熟期有所差异。

猕猴桃采收过早直接影响产量、质量和贮藏性。早采猕猴桃果肉成分以淀粉、柠檬酸为主，风味淡、口感差，营养价值低，贮藏期、货架期缩短，甚至贮藏烂库，造成巨额亏损，严重影响消费者对猕猴桃的认识，不利于猕猴桃产业的持续健康发展。

不同品种采收标准不同：红肉品种'红阳'，成熟期在盛花期后 145~160 d，可溶性固形物要求达到 7.5% 以上，干物质含量 15%~16%；绿肉品种'徐香'成熟期在盛花期后 170~180 d，可溶性固形物达到 6.5%~7.0%，干物质含量达到 16%；黄肉品种'金桃'等成熟期为盛花后 150~165 d，可溶性固形物达到 7.0%~7.5%，干物质含量达到 17% 以上。

2.7 人文环境与品牌意识

一个企业的文化氛围和对果品质量的认识，也间接地影响到产品最终的品质，包括管理人员对"不误农时"理解程度决定了企业的办事效率。这些环节可能涉及农资及时到位问题，技术人员的待遇及积极性问题。各环节的材料质量或技术到位程度等都从不同侧面映射到果品最后的质量，所以说果皮内包裹的是一个产业链体系好坏的最终成绩单，从而决定了企业打造品牌的难易程度与保持品牌健康发展的关键。

3 优质果品来自不同环节的严格控制

猕猴桃有种植和成熟环节的特殊性，盲目引种热门品种到不同地域发展，可能会带来诸如品质不佳、产量不高等一系列问题。

3.1 苗木质量

苗木是建园的基础，也决定了今后管理技术实施是否能成功的关键之一，而这个也是经常被我国大多数果园所忽视的。国内还存在苗木市场管理混乱、冒充新品种、植物检疫不严格、专利保护品种的苗木"满天飞"等不利于本行业发展的因素，除行业人自律之外，有关管理部门应有相应的对策，保护猕猴桃产业的健康发展。

3.2 果园选址

往往因为地域环境、资金投入、跟风发展等问题，很多不太适宜猕猴桃栽植的地块也用来建园，并且前期土壤改良的投入不足，给后期带来管理成本的增加、果品质量难以改善，导致效益下滑，最终会恶性循环，甚至弃园，都与选址有很大关系。

3.3 科学施肥与改土

土壤是树体生长发育及水肥供应的重要载体。有机肥投入、枝条还田、果园生草、果园免耕、菌肥施用、树行覆盖、化肥控量、平衡营养、实施水肥一体化等措施都是改土过程涉及的基本方法。

土壤有机质的变化和果园的管理方法、果农对土壤的重视程度等密切相关，多数果园土壤有机质减少的主要原因是只注意化肥的大量施加而忽略了有机肥的使用。精准施肥要基于土壤检测和叶片检测，结合树体生长结果营养消耗，土壤供肥力（投入＋自有），依照树体果肥吸收需求规律而进行的科学施肥法，需要在专业机构及专业人士指导下进行。

3.4 授粉方式与效率

果实品质的发育从开花后授粉受精开始，广义的猕猴桃授粉技术包括选育与雌株配套的雄株和探讨雌雄株在果园的分布、配置比例以及授粉树栽培技术。雄株与雌株花期应相近，还应具有花粉量大、萌发率高、亲和力强、遗传性稳定等特性。猕猴桃授粉技术还涉及花粉采集、生产、贮藏等技术，还需弄明白如何让花粉在栽培条件下能低成本、高效率地传播到雌株的柱头上。充分授粉就是在适宜条件下，用配合力高的雄性花粉在最佳授粉时间对某个品种进行授粉，达到充分受精目的。

随着人工辅助授粉越来越普遍，近些年国内有从事猕猴桃花粉工厂化生产的企业出现，从而也带来果园规划中考虑今后机械授粉的需求，对促进充分授粉和保障果实形状、品质更趋于整齐一致都会起到很大作用。

3.5 品质延伸必须重视采收环节

猕猴桃的果实能"走"多远，是由其本身的品质和品牌身价来决定。果实采收后需要经过系列处理，并不是采后就能直接进入冷库，预冷是商业贮藏的必须过程。冷库条件的控制还需注意一些关键因素的科学化，如常用的贮藏温度在 $0℃±0.5℃$ 范围（红心果偏高 $0.5～1℃$），贮藏相对湿度 $90\%～95\%$。如用大塑料袋，或者 CA 气调库中，气体成分以 O_2 浓度 $2\%～3\%$、CO_2 浓度 5%、乙烯浓度 $<30\ mg/L$ 为宜。

3.6 实施生态绿色种植

在种植过程中暴发病虫害与其说是气候、管理和规模问题，不如说是技术问题。对猕猴桃种植技术的漠视，实际是一种文化思维惯性的不良反应，这是比较普遍的问题。病虫害防控在猕猴桃生产种植中的作用和地位，绝大多数种植者都有认识，而且非常重视，舍得投入，但长期以来依赖化学手段进行的药剂防治，越防越多，达到难以控制的恶性地步。全面推进综合防治措施，大力提高农业园艺管理水平，增强果树抗性，实施生态绿色种植，才是猕猴桃生产种植植保工作的出路，才是质量安全的源头保证。

3.7 "口碑"是品牌行销的前提

品牌创建就是不断提升和保持品质稳定性的过程。我国从 1978 年的 $1\ hm^2$ 开始，几乎没有商品果，栽培的猕猴桃鲜果为一种"奢侈品"，价格达到 60 元/kg。随着国内猕猴桃产量的迅速提升，加上对外开放，国外的果品进口不断增加一度出现了似乎"过剩"的局面，价格跌至 2 元/kg，或者更低，如路边的摊贩有时一筐（大约 5kg）只卖 1 ~ 5 元。20 世纪 90 年代中后期，膨大剂（CPPU）等果实激素的滥用，造成猕猴桃品质（特别是贮藏品质）降低，更加影响了消费者对国产猕猴桃的信心。相反，进口的猕猴桃在我国的销量逐年上升，售价居高不下，从 2016 年起，进口猕猴桃超过 10×10^4 t，价格达到 8 ~ 10 元/果。

我们虽然目前有较大的内需市场，出口并不完全反应是质量问题，但我们要有危机感，一旦国外品牌的猕猴桃果实长期占有国内较大份额，我们的猕猴桃品质再不提高，市场就会逐步被国外公司垄断。国产果品只有让国人有较好的"口碑"，才能站稳国内市场。不断让更多、更好国产猕猴桃走出国门才是我们猕猴桃事业真正的成功。

新西兰猕猴桃营销局完全由新西兰果农构成，并拥有 ZESPRI 奇异果国际有限公司，所有果农按照种植面积与产量的大小共同出资入股，并根据股份多少决定其在营销局组建中的资金投入和年终分红。ZESPRI 负责组织收购果实，并首先付给果农包括种植、收获、包装、冷藏和储运等在内的生产成本费，约占果农总收入的 30%。其余 70% 为农户的利润收入，要由市场销售状况决定。如果产品全部按计划售出，则全部兑现剩余的 70% 收入；如果出现滞销，则根据实际情况支付利润收入。如果果农能提供上市早、质量好、甜度高的产品，还可获得公司的"加成"奖励。新西兰猕猴桃营销局与果农之间是一种利益共同体的关系。销售环节的利润实现再次分红才能体现本行业的健康发展，而这点需要我们不断改进。

4 质量提升的几点建议

借鉴国外产业化管理经验，我国猕猴桃品质改良需要注意以下几个方面。

（1）产业链的形成和产业加工一体化。猕猴桃产业从果园管理、采收、运输、分级、包装、储藏到营销的各个环节紧密相连，形成完整的产业链才有利于打造真正自己的品牌。规模化发展的企业今后要利用物联网和大数据技术来管理从田间管理、果实采收、包装物生产线、自动机械选果车间到冷库储存的流水线作业，最好实现机械操作和使用现代自动化设备，精确控制以保证果品的入库质量。同时，对残次果品进行开发利用，生产食品、化妆品和洗涤剂等品类在内的一系列深加工产品，延伸产业链。

（2）政府和相关政策的大力支持。农业产业化是一项系统工程，在很大程度上需要政府的支持和相关政策的规范与引导。猕猴桃生产必须严格执行国家或企业制定的关于技术、质量标准、级别标准、包装物设计、管理等各个环节的规定和标准，并接受其监督。果品销售经营需要有企业或行业特许经营环节来处理，其他机构或个人无权收购果品，这样才能控制统一质量。除此之外，政府也需要提供长期、稳定的经费资助猕猴桃产业的基础性研究。

（3）科研帮助产业增长。除了国家或地方研究团队的技术研发外，国内一些规模化大公司也开始设立专门的技术研发部门，致力于提高产业发展中各个环节的科技含量，也有助于行业整体质量的提升。

（4）全球发展战略，让国内品牌不断走向国际市场。可以借鉴新西兰奇异果的产品推广模式，并结合我国品种特殊进行全球品牌定位，逐步建立全球营销网络，不断招募当地优秀人才加入并与本土代理机构合作，通过了解当地的文化特色和市场特性，针对各地不同需求提供差异化的产品和服务，才能让中国猕猴桃走出国门。

（5）坚持创新，用新技术促进产业增长。以培育新品种、调研健康价值和探索新技术、新方法等层面，帮助种植者生产高品质、可持续生长的猕猴桃果，应对不断变化的国内外市场需求。今后还要瞄准高端市场，主打营养与健康的品牌定位。

（6）规范化的供应体系与渠道建设。在供应体系方面，果农不应该是盲目的种植者，应联合企业或协会来进行统一经营，签署供应协议，以统一的生产标准和规范的管理体系进行生产，以保证产品品质，稳定供应资源。在渠道建设方面，在国内外市场采取派遣区域经理在各地寻找代理商的模式，并为每一级经销商建立标准、给出建议。在仓储过程中要控制合理的温度、湿度等条件，以保证猕猴桃在历经各个渠道达到最终消费者时，还能够有良好的口感和形状。

The Importance of Different Management Aspects to the Fruit Quality Control in Kiwifruit Industry Development

JIANG Zhengwang   CHEN Meiyan   LIU Xiaoli
ZHANG Peng   HAN Fei

（Key Laboratory of Plant Germplasm Enhancement and Specialty Agriculture, The Innovative Academy of Seed Design, Wuhan Botanical Garden, Chinese Academy of Sciences　Wuhan　430074）

Abstract　The utilization and development for Chinese kiwifruit industry have gone through forty years, with ever increasing planting acreage and yield to both the first place in the world, but unfortunately not the quality. Lacking of good management after the vines planted for most commercially cultivation orchards is the main 'short board' effect, while the other factors such as the unavailable technique practices, unsound socialization services or side-supply structure for kiwifruit, and the doctrinaire cloning for new technology, short-sighting for marketing and tricking consumers, etc., have lead this industry to a fragile situation in China. Brand is the best way to demonstrate the kiwifruit quality, and field management to postharvest procedures may deal with some important steps or aspects relating to the fruit final quality. Even the good quality harvested but without proper handing and pretreatment for the fruit may also influence the storage life, quality safety, and marketing strategy. There are still some problems such as side-supply, socialization service related with kiwifruit industry, awareness to brand, technology renovation, market prediction, and consumers' capacity, etc. That the kiwifruit industry sustainable development being a systematic project with multiple key factors should be realized, and how to solve these 'bottlenecks' affecting different aspects of fruit quality is suggested as the main idea for future kiwifruit management focusing on interior quality and completeness of the kiwifruit industrial chain.

Keywords　Interior quality　Field management　Storage quality　Brand awareness　Market exploitation

猕猴桃优质生产肥水高效利用研究[*]

雷玉山[**]　邴昊阳　徐明　王亚国　郭慧慧

<small>（陕西省农村科技开发中心，陕西省猕猴桃工程技术研究中心　陕西西安　710054）</small>

摘　要　本课题组通过定量灌水施肥、行间生草、土壤改良等研究性试验，旨在形成猕猴桃优质生产肥水高效利用技术体系。近年内开展了以下研究：①猕猴桃园灌水施肥调查，对周至猕猴桃主产区 212 户农民开展灌水施肥调查，调查总面积 27.09 hm²，平均产量为 32.6 t/hm²，周至地区猕猴桃园平均灌溉量为 451 t/亩，平均施肥量为 N 肥 507 kg/hm²，P_2O_5 肥 355 kg/hm²，K_2O 肥 427 kg/hm²；②猕猴桃需水需肥规律研究，猕猴桃树萌芽期、开花期、幼果发育期、果实膨大期及成熟期需水量分别是 62.89 mm、21.39 mm、152.45 mm、229.55 mm、50 mm，而本课题组研究出的最适灌溉量为 344 t/亩，节水效果达到 23.69%，不同施肥处理试验研究提出了猕猴桃园肥料高效利用的氮磷钾施肥比例为 1.00∶0.50∶0.73，建议成龄猕猴桃园施肥量为 N 肥 430 kg/hm²，P_2O_5 肥 215 kg/hm²，K_2O 肥 313 kg/hm²。经过近几年猕猴桃肥水高效利用研究，形成了猕猴桃提质增效肥水高效利用技术体系。

关键字　猕猴桃　水肥　提质增效　优质高效种植技术

1　猕猴桃园灌水施肥调查

本课题组对周至猕猴桃主产区 212 户农民开展灌水施肥调查，调查总面积 27.09 hm²，平均每户面积为 0.127 8 hm²，成龄果园比例 70.6%，平均产量为 32.6 t/hm²。

猕猴桃灌水调查：本项目组调查了周至地区猕猴桃园灌水情况，调研结果显示，周至绝大多数地区以漫灌为主，灌溉方式落后，且90%以上地区存在灌水过多问题，仅有22%的农户接近合理灌溉量。有12.74%的农户超出合理灌溉量达57%之多。周至地区猕猴桃园每亩平均灌溉量为451 t/亩。

猕猴桃施肥调查：化学氮肥投入合理比例仅为9.3%，过量比例高达81.7%。其中：氮肥投入过高（超过723 kg/hm²）的比例占60%，说明该区域猕猴桃果园氮肥投入过量现象非常严重；磷肥投入合理的比例为22%，不足及过量比例分别为34%和44%，可见科学引导果农施用磷肥也是该流域猕猴桃果园养分优化管理的重要内容之一；钾肥投入合理比例仅占13.5%，不足比例为35%，过量比例达到51.5%，因此，提倡果园增施钾肥应分区进行，不能一概而论，应合理引导并适当控制钾肥投入。

2　猕猴桃需水需肥规律研究

为了探索猕猴桃需水需肥规律，并切合实际生产，课题组开展了猕猴桃地上地下生物量分配格局研究工作，在去年大棚试验的基础上，试验在大田进行。课题组于 2017 年购买了避

---

　　[*] 基金项目：国家科技支撑计划项目（2014BAD16B05-3）；陕西省科技统筹创新工程计划项目。
　　[**] 通信作者，男，研究员，电话13892826686，E-mail：leiyush@163.com

雨设施板并安装了滴灌管道用于大田需水避雨试验。试验设置了 5 个田间持水量梯度（65%、70%、75%、80%、85%），并分物候期独立开展猕猴桃成龄树需水试验，获得了猕猴桃生长发育各物候期的最适土壤湿度，以及水分变化对猕猴桃树发芽、开花、结实的影响和水分与最终产量以及果实品质的相关性。结论：①萌芽率和坐果率，随着土壤含水量的增加，均先增加后减小，适宜的萌芽期持水量可以显著提高萌芽率并提前 6 d 左右的萌芽时间；持水量增加可显著提升新枝生长长度，对茎粗无显著影响；开花期不同持水量梯度处理后的铃铛花百粒重随持水量增加而增加；②幼果期和果实膨大期果实大小和单果重随土壤含水量的增加而增加，且高持水量梯度（E85%）较低持水量梯度（A65%、B70%）有显著增加，但 D80% 处理与 E85% 处理之间差异很小；③成熟期猕猴桃果园的田间持水量与单果重及产量呈正比关系，但与干物质及可溶性糖、可滴定酸呈反比关系；可溶性固形物、硬度、维生素 C 含量则呈现中间高两边低的趋势；说明猕猴桃成熟期的田间持水量影响多方因素，不能单纯追求高产量；④秦岭北麓'徐香'猕猴桃生育期需水量为 516.29 mm，其中猕猴桃树萌芽期、开花期、幼果发育期、果实膨大期及成熟期适宜的土壤含水量分别为田间持水量的 80.77%、81.17%、83.95%、84.70%、75.00%。猕猴桃树萌芽期、开花期、幼果发育期、果实膨大期及成熟期需水量分别是 62.89 mm、21.39 mm、152.45 mm、229.55 mm、50.00 mm。

总之，周至地区猕猴桃园每亩平均灌溉量为 451 t/亩，而本课题组研究出的最适灌溉量为 344 t/亩，节水效果达到 23.73%。从以上数据可以看出，推广猕猴桃节水技术的必要性和迫切性。

在五年生猕猴桃挂果园，以常规施肥量为基础，对氮、磷、钾设置 4 个梯度（0、50%、100%、150%），进行 3414 试验设置，调查发芽率、新枝长度、坐果率、果重等生长指标和干物质、硬度、可溶性固形物、总糖、可滴定酸等品质指标，以及叶片、枝条的养分含量。分析施肥期、施肥量、氮磷钾比例与生物量的关系。结论：①随着施氮量的增加，猕猴桃产量增加；②随着施钾量的增加，猕猴桃单果重呈先增加后降低的趋势；③随着施磷量的增加，猕猴桃单果重呈现先增加后降低的趋势；④氮磷钾元素是影响猕猴桃果实品质的重要因素，随着磷的施肥量增加果实硬度增大，货架期增长。施氮量增加，会降低果实的含糖量、货架期；⑤处理 11 的干物质和可溶性固形物含量最高，果实品质最优；⑥据此，我们研究提出了猕猴桃园肥料高效利用的氮磷钾施肥比例为 1.00∶0.50∶0.73。

总之，本研究建议施肥量为 N 肥 430 kg/hm^2，P$_2$O$_5$ 肥 215 kg/hm^2，K$_2$O 肥 313 kg/hm^2。根据周至猕猴桃主产区施肥调查，平均施肥量为 N 肥 507 kg/hm^2，P$_2$O$_5$ 肥 355 kg/hm^2，K$_2$O 肥 427 kg/hm^2。N 肥节省 15.19%，P$_2$O$_5$ 肥节省 39.44%，K$_2$O 肥节省 26.70%，氮磷钾肥总体节省 25.68%。

Research Report on High-efficiency Utilization of Kiwifruit High-quality Production Fertilizer and Water

LEI Yushan　　BING Haoyang　　XU Ming　　WANG Yaguo　　GUO Huihui

（Shaanxi Rural Science and Technology Development Center, Shaanxi Kiwi Engineering Research Center　Xi'an　710054）

Abstract　This research group aims to form a high-efficiency utilization technology system for high-quality production of kiwifruit through quantitative research on quantitative irrigation and fertilization, inter-row grass and soil improvement. In the past few years, the following researches have been carried out: (1) Investigation on irrigation and fertilization in kiwifruit garden: A survey was conducted on 212 farmers in the main producing area of Zhouzhi kiwifruit, with a total area of 27.09 hm^2 and an average yield of 32.6 t/hm^2. The average irrigation amount per mu of kiwifruit garden in Zhouzhi area is 451t/mu, the average fertilization amount is N fertilizer: 507 kg/hm^2, P_2O_5 fertilizer: 355 kg/hm^2, K_2O fertilizer: 427 kg/hm^2. (2) Study on the water requirement of kiwifruit: the germination stage, flowering stage, young fruit development stage, fruit expansion period and maturity water requirement of kiwifruit were 62.89 mm, 21.39 mm, 152.45 mm, 229.55 mm and 50 mm, respectively. The optimal irrigation amount studied by our research group is 344 t/mu, and the water saving effect is 23.69%. The experiment of different fertilization treatments proposed that the ratio of nitrogen, phosphorus and potassium fertilization in the efficient utilization of kiwifruit was 1.00 : 0.50 : 0.73. It is recommended that the fertilization amount of mature kiwifruit garden is N fertilizer: 430 kg/hm^2, P_2O_5 fertilizer: 215 kg/hm^2, K_2O fertilizer: 313 kg/hm^2. After the high-efficiency utilization of kiwifruit fertilizer in recent years, a high-efficiency utilization system of kiwifruit quality-enhancing fertilizer and water has been formed.

Keywords Kiwifruit Water and fertilizer Quality and efficiency High quality and efficient planting technology

猕猴桃籽油护肤品的开发利用

李伟 [1,2] 严友兵 [1,2] 张永康 [1,3] 袁秋红 [1,2] 朱志伟 [2] 胡隆华 [2]

(1 湖南省猕猴桃产业化工程技术研究中心 湖南吉首 416000;

2 湘西老爹生物有限公司 湖南吉首 416000;3 吉首大学 湖南吉首 41600)

摘　要　本文介绍了猕猴桃籽油的主要营养成分、护肤作用、保健价值,综述了猕猴桃祛斑油、猕猴桃嫩肤霜、猕猴桃面膜、猕猴桃沐浴露、猕猴桃洁面乳、猕猴桃精华液的开发利用。研究结果表明,猕猴桃籽油富含亚油酸、α-亚麻酸、维生素 E、微量元素硒等天然营养成分,具有祛斑、保湿、抗老化、遮盖防护等作用,可作为护肤品的主要原料,具有良好功效和广阔的市场价值。

关键词　猕猴桃籽油　营养成分　护肤作用　护肤品开发

猕猴桃,别称藤梨、白毛桃、毛梨、毛梨子、猕猴梨、木子、毛木果、马屎陀(贵州民间的叫法,因长得像马屎而得此名)、阳桃、奇异桃、羊桃(黄山当地人的叫法)、鬼桃、几维果与奇异果,是猕猴桃科(Actinidiaceae)猕猴桃属(*Actinidia*)落叶性藤本植物。猕猴桃果实中含种子 0.8%～1.6%,猕猴桃籽油是以猕猴桃种子为原料,经干燥、粉碎、超临界 CO_2 萃取等工序提取而成,再经超高压均质处理,使猕猴桃籽油粒径在 120 nm 以下,色泽金黄透亮,略带清香。猕猴桃籽油中富含多种不饱和脂肪酸、脂类、黄酮类、酚类、维生素、微量元素硒及其他生物活性物质,其中亚油酸、亚麻酸等不饱和脂肪酸占 75% 以上。另外,猕猴桃籽油的折光指数为 1.481 8,明显较一般油脂大,碘值(IV)高达 171,表明猕猴桃籽油中含有大量不饱和双键,是干性油,具有较大的开发利用价值。

目前市场上的化妆品大多添加化学物质或从动物体内提取的活性成分,存在汞及其他重金属含量超标,对人体有较大的副作用,严重者损害人体健康。从中草药、天然植物材料中提取其精华物质作为化妆品的活性成分,已成为当今化妆品行业的发展趋势,更具安全性、功效性和稳定性。猕猴桃籽油不但具有辅助降低血脂、软化血管和延缓衰老等功效,在医学、保健食品和美容护肤品领域具有非常广泛的用途,还具有稳定细胞膜的功能,能够加强水合作用,提高皮肤的微循环,对于抗炎,减少紫外光伤害和祛斑等具有显著效果。猕猴桃籽油在皮肤生理学上具有其独特的性质,生理活性很好,是化妆品理想的护肤营养组分。

1　猕猴桃籽油主要营养成分

猕猴桃籽油含有亚油酸(C18:2ω-6)和 α-亚麻酸(C18:3ω-3)两种人体必需脂肪酸,以及维生素 E、微量元素硒(Se)等营养成分。这两种必需脂肪酸中的每一种,都是一系列有特殊生物活性化合物类花生酸的前体,是影响血压、血管反应性、凝血和免疫系统的脂肪激素。必需脂肪酸具有促进生长发育和防止皮炎的双重作用,有助于预防冠状动脉疾病。两种必需脂肪酸对于所有组织的正常功能都是必不可少的。

1.1　亚油酸

亚油酸是功能性多不饱和脂肪酸中被最早认识的一种,在世界范围内的绝大多数膳食营养中占据着不饱和脂肪酸的大部分。亚油酸具有降低血清胆固醇水平作用，摄入大量亚油酸对高甘油三酯血症病人效果较为明显。

亚油酸在化妆品中主要作为营养性助剂，起到保湿、抗过敏、调理作用，还能有效抑制酪氨酸酶的活性，减少黑色素的生成。不饱和脂肪酸（亚油酸、亚麻酸、油酸）能使 UVB 诱导的色素沉着斑减退，其中亚油酸的脱色作用最明显。其对酪氨酸酶活性的抑制很可能是通过促进酶蛋白水解实现的。

1.2　α-亚麻酸

α-亚麻酸是维系人类脑进化的生命核心物质。它能够有效地抑制血栓性病症，预防心肌梗死和脑梗死，降低血脂、降低血压，抑制出血性中风，抑制癌症的发生和转移，具有增长智力，保护视力，延缓衰老等功效。

α-亚麻酸最重要的生理功能首先在于它是 ω-3 系列多不饱和脂肪酸的母体，在体内代谢可生成 DHA 和 EPA。α-亚麻酸的生理功能表现在对心血管疾病的防治上，德国、日本就有用 α-亚麻酸作为药物或补充剂来发挥其作用的专利。α-亚麻酸和亚油酸作为多不饱和脂肪酸，能加速酪氨酸酶蛋白降解，从而抑制酪氨酸酶的活性。α-亚麻酸还具有防止皮肤老化、延缓衰老、抗过敏反应等特性，与之同属 n-3 系列的 DHA 是皮肤高度吸收的营养物质，并可渗透到真皮层，起到扩充毛细血管、增加血通量的作用，这可能是 n-3 系列不饱和脂肪酸的共性。还如作为酪氨酸酶竞争性抑制剂的壬二酸，它的抑制机制可能是它的一个羧基基团可以与酪氨酸的羧基基团共同竞争酶的活性位点。壬二酸能抑制酪氨酸酶活性，阻断黑色素细胞的内合成。α-亚麻酸和亚油酸为多不饱和脂肪酸，同样有羧基基团，它们抑制酪氨酸酶的机理是否与壬二酸雷同还有待研究。

猕猴桃籽油是以亚麻酸和亚油酸等多不饱和脂肪酸为主的油脂，在化妆品中具有多种功能。它能在皮肤表面形成疏水性薄膜，在赋予皮肤柔软、润滑和光泽性的同时，还能有效防止外部有害物质的侵入。能抑制水分的蒸发，防止皮肤干裂，使干燥的皮肤和硬化的角质层再水合，恢复角质层的柔软和弹性，使皮肤光滑、柔润、富有弹性，保持皮肤良好的健康状态。

1.3　维生素 E

天然维生素 E 是一种很强的抗氧化剂，它可以中断自由基的连锁反应，保护细胞膜的稳定性，防止膜脂质过氧化作用。天然维生素 E 不让恶性胆固醇在血管壁附着，让血管保持清洁状态，进而起到调节血脂的作用；同时，通过抑制人体脂褐素的沉积，起到延缓细胞衰老的作用。中国营养学会推荐的总维生素 E 成人每日适宜摄入量为 12.6～14.0mg。猕猴桃籽油中还含有较高的天然维生素 E，维生素 E 在化妆品中有广泛的应用，它具有良好的抗氧化性和清除氧自由基的能力，它的基本功能是保护机体组织细胞生物膜上多不饱和脂肪酸免遭自由基攻击而氧化，保护皮肤不受伤害。维生素 E 还是细胞膜内重要的抗氧化物和膜稳定剂，具有扩张毛细血管，改善血液循环的作用。硒是一种重要的微量元素，它与维生素 E 有协同清除自由基的功能。维生素 E 在祛斑化妆品中的广泛应用是作为抗氧化剂和自由基清除剂。它能减少日光灼伤后的红斑，这可能是由于清除紫外线辐射诱导的氧自由基的缘故。维生素 E 是生命有机体的一种重要的自由基清除剂，它能中断脂类过氧化的连锁反应，从而有效地抑制了脂类的过氧化作用。它的基本功能是保护机体组织细胞生物膜上多不饱和脂肪酸免遭自由基攻击而氧化。其次，维生素 E 与硒有协同清除自由基的功能，很多祛斑化妆品中维生素 E 和硒的含量都较高，因为它们能有效地清除自由基，非竞争性抑制酪氨酸酶的活性，从而能有效地祛斑。维生素 E 还是细胞膜内重要的抗氧化物和膜稳定剂，具有扩张毛细血管、改善血液循环、清除色斑、使老年斑变淡的作用。

1.4 微量元素硒

作为一种人体必需微量元素的硒具有多方面的生理功能，其中最重要的是清除机体产生过多的活性氧自由基，抗氧化、强力抑制过氧化脂质的产生，保护生物细胞膜，防止皮肤老化等。硒是常用的、公认的抗衰老、祛斑增白的重要因子。

硒是人体必需的微量元素，是很多抗氧化酶的重要组成成分。抗氧化酶可以保护细胞免受产生于正常氧代谢的自由基的损害，同时维持免疫系统和甲状腺正常功能。硒对人体的益处主要是激活免疫系统，抗癌、抗衰老，预防心血管疾病、中风和心脏病，增强人体柔韧性和养护皮肤。成人的硒每日适宜膳食摄入量为 50～250 μg。

2 猕猴桃籽油在护肤品中的作用

2.1 保湿作用

猕猴桃籽油中的亚油酸（Ω6）和 α-亚麻酸（Ω3）是细胞膜磷脂的组成部分，能够提高磷脂膜的含量，调节皮肤的渗透性，所以能够增强表皮的屏障功能，减少水分的流失，增加皮肤水合作用和润湿作用，保持最适宜的细胞膜结构与功能，提高皮肤的保水率，使皮肤细嫩、柔软、有弹性、光滑，是一种良好的增湿剂。

2.2 抗老化的作用

在老化的皮肤中，生理学变化主要表现在皮肤屏障功能的异常，即皮肤的通透性改变。猕猴桃籽油中的 α-亚麻酸、亚油酸可以恢复皮肤功能正常化和改善老化皮肤的外观，α-亚麻酸还具有防止皮肤老化，延缓衰老，抗过敏反应等特性。猕猴桃籽油中含有的油酸（Ω9）是细胞膜的主要成分，对于皮肤的弹性更为重要，也是营养物质透皮吸收的一个很好的载体。

2.3 具有防护作用

亚麻酸、亚油酸是一种有效的皮肤防护剂，它们可以防护皮肤损伤，例如水分损失、洗涤作用和溶剂的影响，还可以帮助皮肤从环境损伤和应激中恢复。由于它们在皮肤屏障恢复和内环境稳定方面的良好效果以及水合皮肤的能力，可以用作保护剂或者遮盖剂，甚至可以增加表皮中脂类，使皮肤充满光泽且具有温和的抗菌效果。皮肤敷用必需脂肪酸，可以改善严重的皮肤病。由于必需脂肪酸可以预防和治疗红斑损伤，其抗刺激剂和抗炎剂的效果使它们成为皮肤护理产品，尤其是遮光剂和光照后的润湿剂中的理想原料。

2.4 具有祛斑作用

猕猴桃籽油具有祛斑功效，尤其对老年斑的祛除效果显著，主要是基于其富含的营养成分。α-亚麻酸和亚油酸作为多不饱和脂肪酸，能加速酪氨酸酶蛋白降解，抑制酪氨酸酶的活性，减少黑色素的生成，达到祛斑的作用。维生素 E 在祛斑化妆品中的广泛应用是作为抗氧化剂和自由基清除剂。维生素 E 与硒有协同清除自由基的功能。硒是常用的、公认的抗衰老、祛斑增白的重要因子。人体皮肤需要一定量的氨基酸维持健康，氨基酸能改善皮肤的营养状况，促进新陈代谢，对淡化黑色素有一定的作用。纯天然的猕猴桃籽油富含上述多种营养成分，相互之间能协同祛斑，无须另外添加其他化妆品材料。

猕猴桃籽油以其特殊的组成和特性，作为一种化妆品原料具有其他化妆品中所用油脂不可比拟的优越性。猕猴桃籽油中的润湿、防护、抗老化和屏障恢复效果，可广泛地应用于个人护理产品中，包括在精油、护肤霜、洗液、唇部护理产品、肥皂和美容产品中将成为理想的载体，可作为祛斑剂、润湿剂、遮盖剂、防护剂和抗老化剂等。

3 猕猴桃籽油护肤品开发利用

3.1 猕猴桃祛斑油

与其他具有祛斑功能的化妆品相比，猕猴桃籽油以其特殊的组成和特性，有其不可比拟的优越性。第一，α-亚麻酸、亚油酸等多不饱和脂肪酸含量高，还含有天然维生素 E、微量元素硒等多种营养成分，祛斑效果更显著；第二，成分单一，只用猕猴桃籽油一种原料就能达到祛斑的功能，祛斑更安全；第三，经超高压均质处理，油滴粒径在 120nm 以下，更易渗透肌肤。猕猴桃籽油是一种具有祛斑功能的新型化妆品原料。

3.1.1 工艺流程

猕猴桃种子→干燥→粉碎→超临界 CO_2 萃取→油水分离→过滤→精密干燥→调配→超高压均质→陈化→检验→灌装。

3.1.2 技术关键

产品配方：猕猴桃籽油及其他酯总含量≥99%、化妆品香精＜1%。

制备方法：采用猕猴桃种子为原料，经干燥、粉碎、超临界 CO_2 萃取等工序提取而成，再经油水分离、过滤、精密干燥至水分及挥发物≤0.2%，猕猴桃籽油 60%～70%、其他酯 30%～40%、香精 0.3%～0.5% 进行混合调配，再经 120～130 MPa 超高压均质处理后，使猕猴桃籽油粒径在 120 nm 以下。密封，陈化 5～7 d，检验合格后进行灌装，既成猕猴桃祛斑油产品（猕猴桃籽油含量≥60%）。

3.2 猕猴桃嫩肤霜

猕猴桃籽油属多不饱和脂肪酸为主的油脂，本身具有良好的嫩肤和保湿作用，将其添加到癸酸三甘油酯、棕榈酸异辛酯等基础润肤物质中，配制成的嫩肤精油再经超高压均质处理，制成的猕猴桃嫩肤油具有嫩化肌肤、抗衰老和保湿的作用，尤其对改善干性皮肤的营养状况效果显著。在干燥的季节，沐浴后将嫩肤油涂在身体上按摩，可放松肌肉，使皮肤柔软光滑。

3.2.1 工艺流程

猕猴桃籽油→醇等水相→分别加热→抽真空→搅拌→保温→乳化剪切→高速均质→调配→测 pH 值→检验→灌装。

3.2.2 技术关键

产品配方：脂肪醇聚氧烯醚 3.0%、脂肪酸葡萄糖聚氧乙烯醚酯 1.0%、十六/十八醇 0.5%～1.0%、肉豆蔻酸异丙酯 3.0%～6.0%、棕榈酸异丙酯 5.0%～6.0%、三辛酸癸酸甘油酯 1.0%～2.5%、尼泊金甲酯 0.2%、聚二甲硅油 1.5%～2.5%、丙烯酸聚合物 0.05%～0.1%、甘油 2.0%～4.0%、猕猴桃籽油 3.5%～8.0%、1,3-丁二醇 2.0%、香精 0.15%、水加至 100%。

制备方法：将猕猴桃籽油等油相物质在不锈钢夹层锅 A 中加热熔化至 90℃，醇等水相物质熔于另一夹层锅 B 中，也加热至 90℃。分别抽真空，真空度 -0.1 MPa。将 A、B 锅中的物料抽至均质锅内并保持真空 -0.1 MPa，开启中速搅拌（800 r/min）对锅内物料进行搅拌 10 min 至充分混合。当锅内物料温度升至 80～85℃ 后，对锅内物料进行真空保温，调节转子转速为 1 200 r/min，进行乳化剪切 20 min 后通冷却水，至 60℃ 停止冷却，开高速均质 6 min，此时调节搅拌转速为 600 r/min。锅内温度降至 40～50℃ 时加入香精、防腐剂等，并对锅内物料测定、调整 pH 值。35℃ 以下停止搅拌，出料得半成品。检验合格后方可进行灌装、包装，成品入库。

3.3 猕猴桃面膜

3.3.1 工艺流程

猕猴桃籽油→调配→超高压均质→乳化→检验→灌装→包材消毒→烘干→二次消毒→包装。

3.3.2 技术关键

产品配方：猕猴桃籽油 3.5%～8.0%、生育酚（维生素 E）3.0%、β-葡聚糖甜菜碱 1.0%、氧化玉米油 1.0%、角鲨烷 0.5%～1.0%、精氨酸 PCA 3.0%～6.0%、棕榈酸异丙酯 5.0%～6.0%、黄原胶 0.1%～0.15%、酵母提取物 0.2%、聚二甲硅油 1.5%～2.5%、黄瓜果提取物 0.05%～0.1%、卡波姆 1.0%～2.5%、甘油 2.0%～4.0%、1,3-丙二醇 1.0%～2.5%、1,3-丁二醇 2.0%、乙二胺四乙酸二钠 1.0%～2.5%、山梨（糖）醇 1.0%～2.5%、甘氨酸 1.0%～2.5%、PEG-20 1.0%～2.5%、香精 0.15%，加水至 100%。

制备方法：首先要做的是配方的配比过程，准备好配方把需要搅拌的物料放在真空均质乳化机里面搅拌，加热至 85℃ 搅拌，搅拌均匀后冷却。一部分物料加入油相锅预搅拌，使物料充分混合均匀，油相锅慢慢倒入水相锅，搅拌均匀，此时可以用真空吸料功能。将搅拌好的物料导入乳化锅，进行均质乳化，使配方体系更稳定，再加入其他配方搅拌均匀，面膜液就制作完成了。包装，成品完成。

3.4 猕猴桃沐浴露

3.4.1 工艺流程

猕猴桃籽油→加入辅料→配料→搅拌→混合→冷却→静置→包材消毒→灌装→检验→成品。

3.4.2 技术关键

产品配方：猕猴桃籽油 1.0%～2.5%、椰油酰胺丙基甜菜碱 1.0%～2.5%、月桂基葡糖苷 1.0%～2.5%、椰油酰氨基丙酸钠 1.0%～2.5%、月桂醇聚醚硫酸酯钠 1.0%～2.5%、乙二醇二硬脂酸酯 1.0%～2.5%、丙二醇 1.0%～2.5%、1,3-丙二醇茶提取物 1.0%～2.5%、库拉索芦荟叶汁 1.0%～2.5%、β-葡聚糖 1.0%～2.5%、PEG-80 1.0%～2.5%、失水山梨醇月桂酸酯 1.0%～2.5%、PEG-120 1.0%～2.5%、甲基葡糖三油酸酯 1.0%～2.5%、水解大豆蛋白 1.0%～2.5%、氯化钠 1.0%～2.5%、厚朴树皮提取物 1.0%～2.5%、柠檬酸 1.0%～2.5%、乙二胺四乙酸二钠 1.0%～2.5%、香精 1.0%～2.5%，加水至 100%。

制备方法：清洗好搅拌锅、配料桶，将猕猴桃籽油与其他辅料搅拌成均相混合溶液，使物料能够混合均匀。液面没过搅拌桨，并尽量避免过度搅拌，以防止空气的混入，产生过多的气泡。将表面活性剂溶解于冷水中，在不断搅拌下加热到 80℃，待完全溶解后加入原料，继续搅拌，直到溶液透明。当温度降至 40℃ 左右可以加入热敏感物质如香料、溶剂、防腐剂、抗氧化剂等。调节 pH 和黏度，再经过均质，使乳液中分散相的颗粒更小、更均匀。产生大量微小气泡，采用抽真空排出气体。经过滤、陈化，稳定后包装。

3.5 猕猴桃洁面乳

猕猴桃籽油洁面乳是以猕猴桃籽油为原料，采用超微细处理技术、真空乳化技术精制而成，产品中含 α-亚麻酸、亚油酸、维生素 E、硒、多种氨基酸等成分，具有滋养皮肤、保湿的作用。

3.5.1 工艺流程

猕猴桃籽油、水→加热→均质乳化搅拌→冷却→搅拌→调配→调 pH 值→检验→灌装→

包装。

3.5.2 技术关键

猕猴桃籽油作为一种天然的护肤性油脂原料用于营养护肤类化妆品，可以作为化妆品基质制作成乳液。

产品配方：猕猴桃籽油 3.0%、鲸蜡硬脂基葡糖苷 5.0%、乳化剂 PL68/50 2.0%、肉豆蔻酸异丙酯 5.0%、十八醇 3.5%、辛酸三甘油酯 4.0%、棕榈酸异丙酯 4.0%、尼泊金甲酯 0.2%、甘油 4.0%、尼泊金丙酯 0.1%、聚二甲硅油 2.0%、Carbopol940 0.1%、香精 0.15%、去离子水加至 100%。

制备方法：将水相和油相分别加热至 90℃ 后，猕猴桃籽油等油脂先放入乳化搅拌锅内，然后去离子水流入油脂中，同时启动均质搅拌机，转速 1 000 r/min，搅拌时间为 15 min。停止均质搅拌机后进行冷却，启动刮板搅拌机，转速 50 r/min，乳化剂温度 70～80℃，搅拌锅内蒸汽压不能使真空度升高，维持真空 -0.1 MPa，夹套冷却水随需要温度加以调节，锅内温度降至 40～50℃ 时加入香精、防腐剂等，并对锅内物料测定、调整 pH 值。35℃ 以下停止搅拌，出料得半成品。检验合格后方可进行灌装、包装，成品入库。

3.6 猕猴桃精华液

猕猴桃精华液可补水保湿，提亮肤色，补充肌肤胶原蛋白，改善肌肤粗糙、松弛等现象，使肌肤充盈饱满，滋润有光泽。

3.6.1 工艺流程

猕猴桃果籽→粉碎→超临界 CO_2 萃取→油水分离→过滤→精密干燥→调配→超高压均质→陈化→检验→灌装。

3.6.2 技术关键

产品配方：猕猴桃籽油 3.0%、黄原胶 0.06%、鲸蜡硬脂基葡糖苷 5.0%、乳化剂 PL68/50 2.0%、香精 0.15%、二裂酵母发酵产物溶胞物 5.0%、乙二胺四乙酸二钠 0.1%、丁二醇 0.2%、异戊二醇 4.0%、黑灵芝提取物 0.1%、甘油 3.5%、黄瓜果提取物 2.0%、苯氧乙醇 2.0%、PEG-20 2.0%、甲基葡糖倍半硬脂酸酯 2.0%、丙烯酰二甲基牛磺酸铵/VP 共聚物 2.0%、银耳多糖 2.0%、氯苯甘醚 2.0%，去离子水加至 100%。

制备方法：采用猕猴桃果籽为原料，经干燥、粉碎、超临界 CO_2 萃取等工序提取而成，再经油水分离、过滤、精密干燥至水分及挥发物≤0.2%，猕猴桃籽油 60%～70%、其他酯 30%～40%、香精 0.3%～0.5% 进行混合调配，再经 120～130 MPa 超高压均质处理后，使猕猴桃籽油粒径在 120 nm 以下。密封，陈化 5～7 d，检验合格后进行灌装，既成猕猴桃精华液。

4 展望

随着生活水平不断提高，人们的消费趋势愈来愈倾向于追求营养、天然，以天然植物提取物为主要原料的化妆品将主导未来化妆品市场。猕猴桃籽油作为化妆品理想的护肤营养组分，是一种重要的新型化妆品原料资源，必将会成为化妆品工业的一种重要天然原料，市场潜力巨大。猕猴桃籽油富含多种不饱和脂肪酸、黄酮类、酚类、维生素、微量元素硒、氨基酸及其他生物活性物质，其中亚麻酸、亚油酸含量占 75% 以上。猕猴桃籽油在护肤品中的祛斑、保湿、抗老化、防护和屏障恢复效果，可广泛地应用于个人护理产品中，包括精油、护肤霜、洗液、唇部护理产品、肥皂和美容产品方面将成为理想的载体，作为润湿剂、遮盖剂、防护剂和抗老化剂等。猕猴桃籽油的未来开发方向在高端化妆品的应用，具有广阔的市场前景。

Development and Utilization of Kiwifruit Seed Oil Products

LI Wei[1,2]   YAN Youbing[1,2]   ZHANG Yongkang[1,3]
YUAN Qiuhong[1,2]   ZHU Zhiwei[2]   HU Longhua[2]

（1 Hunan Kiwifruit Engineering Research Center   Jishou   416000；

2 Xiangxi Laodie Biology Co., Ltd.   Jishou   416000；3 Jishou University   Jishou   416000）

Abstract   This paper introduces the main nutrients, skin care and health value of kiwi seed oil. The development and utilization of kiwifruit spot oil, kiwi extract, kiwi mask, kiwi shower gel, kiwi cleanser and kiwi skin cream are reviewed. The results show that kiwifruit seed oil is rich in natural nutrients such as linoleic acid, α-linolenic acid, vitamin E and trace element selenium. It has the functions of freckle, moisturizing, anti-aging, covering and protecting, and can be used as the main raw material of skin care products and has good efficacy and broad market value.

Keywords   Kiwi seed oil   Nutrients   Skin care   Development of skin care products

水城红心猕猴桃产业回顾与发展对策

张荣全 [1,*]　杨美碧 [2]

（1 水城县东部农业产业园区管委会　贵州水城　553600；2 水城县农业局农广校　贵州水城　553600）

摘　要　水城红心猕猴桃，2000 年从四川省自然资源研究所引入种植，由于水城县独特的自然资源条件，赋予了其在红心品种中不同寻常的地位，果品品质得到了升华，产业规模迅速扩大，产品热销全国，少量出口美国、加拿大及东南亚国家和地区。本文在回顾水城红心猕猴桃产业发展历程的基础上，针对产业发展面临的瓶颈问题，进行了深入的调研和思考，提出了产业发展的建议与对策。

关键词　水城红心猕猴桃　产业回顾　发展对策

1　水城红心猕猴桃产业发展历程

水城红心猕猴桃产业，已经历了 19 年的发展历程，大致可分为品种引进试种、产业规模发展和三产融合推进三个阶段。

1.1　品种引进试种阶段（2000 年 1 月至 2009 年 12 月）

2000 年 1 月，水城县民政局局长陈太斌与贵州省农科院园艺研究所高级农艺师万明长共同商议，由水城县民政局出资，贵州省农科院园艺研究所负责技术，从四川省自然资源研究所都江堰苗圃基地引进'红阳'猕猴桃嫁接苗近 3 万株，在水城县猴场乡猴场村试种，面积 380 亩。这成为水城红心猕猴桃产业首个种植基地。由于品种适应性好，加上水城县特殊的土壤、气候资源优势，成就了水城红心猕猴桃不同寻常的品质，果品口感清香甜美，色泽艳丽诱人，富含多种对人体有益的氨基酸，且独具地方特有风味，堪称'红阳'猕猴桃的经典，老少喜食。品种于 2007 年经贵州省第五届农作物品种审定委员会第一次主任会议审定通过。由水城县鸿源公司打造的"黔宏"牌红心猕猴桃，先后获得"2007 年江西果品苗木展销会'猕猴桃类'金奖""2008 年北京奥运会推荐果品""2010 年上海世博会指定有机果品"等荣誉。随后，产品知名度得以提高，产品品质逐步得到国内各地消费者认可。到 2009 年底产业规模达到 2 000 亩，培养和引进猕猴桃产业企业 3 家。

1.2　产业规模发展阶段（2010 年 1 月至 2014 年 10 月）

水城县委县政府高度重视水城红心猕猴桃产业，把它作为全县重要支柱产业来发展，成立了科级事业机构"水城县绿色产业发展中心"专抓猕猴桃产业，并出台了水党发〔2010〕12 号文件予以扶持，明确规定"凡在水城县规划区域内，连片种植猕猴桃规模达 300 亩以上的每亩补助资金 1 000 元"。政策出台后，省内外社会资本纷纷涌入水城发展猕猴桃产业，尤其是当时面临转产的一批煤炭企业，看到产业发展前景后，直接到水城县投资兴业，产业规模得以迅速扩大。到 2014 年，全县猕猴桃产业规模达到 4.2 万亩，产业基地标准化水平大幅提高，产品知名度扩大，鲜果单价也从原来的 30 元/kg 增至 40 元/kg，产业经营主体（公司、

＊第一作者，男，贵州水城人，高级农艺师，长期在基层从事猕猴桃栽培技术推广示范工作，E-mail：ok2008zrq@163.com

合作社）达到 27 家。创新了"农户用土地入股，公司自主经营、自负盈亏，前 5 年公司按约定标准支付农户土地租金，保证农户基本收入不受影响，5 年后，猕猴桃进入盛果期，农户按'3：7'的比例参与公司保底分红，即农户占股 30%，公司占股 70%。农户参与基地建设，公司按约定支付劳动报酬"的"公司 + 基地 + 农户"产业运作模式，既保障了农户基本利益，促进了农民增收，又为公司产业化经营营造了良好的投资环境，极大地调动了各方的积极性，为全县规模化发展猕猴桃产业奠定了坚实的基础。

1.3 三产融合推进阶段（2014 年 11 月至今）

2014 年 11 月，水城县为了进一步发挥政府部门的职能作用，促进猕猴桃种植、贮藏、加工、销售、文化、旅游等一二三产业深度融合，推进"农文旅""产加销"一体化发展，构建更加有利于猕猴桃产业发展的服务管理体系，撤销了水城县绿色产业服务中心，重新组建水城县猕猴桃产业园区管理委员会（2016 年更名为水城县东部农业产业园区管理委员会），并由一名副县级领导任主任，主抓猕猴桃产业，同步抓好基础设施、农旅融合、贮藏加工、冷链物流、招商引资、品牌打造、产品销售等工作；组建水城县宏兴公司、水城县汇源生态公司等平台公司，负责抓好投融资保障、产业基地建设、产品贮藏加工、品牌打造、产品宣传销售等工作；重新制定了产业扶持政策，支持标准从 2015 年的 3 000 元/亩调整为 2017 年的 7 500 元/亩，极大地激发了社会各界投资猕猴桃产业的热忱，调动了广大农民群众发展猕猴桃产业的积极性，新型经营主体大量涌现，掀起了水城县猕猴桃产业发展的新高潮。目前，全县猕猴桃产业规模已达 13.65 万亩，集中连片千亩以上的基地 33 个，2017 年挂果面积达 3.5 万亩，盛果期果园单产经省专家组测定达到 1.52 吨，鲜果最高单价 120 元/kg，最高亩产值达 9 万元以上。引进和培育了水城县宏兴公司、水城县鸿源公司、水城县长丰公司、贵州润永恒公司、六盘水凉都猕猴桃集团、水城县泽能合作社等新型经营主体 98 家（其中省级以上龙头企业 11 家），覆盖猕猴桃生产、加工、销售、科研、技术服务等各环节，全县猕猴桃产业基本实现了一二三产业融合发展。

2 水城红心猕猴桃产业现状

2.1 产业优势

（1）品种优势。水城红心猕猴桃，主栽品种为起源于四川省苍溪县的'红阳'。该品种在水城种植 19 年来表现出了较强的适应性，不仅品质独特，而且在抗逆性、抗病性方面展示了超常的特性。2016 年，水城县又从中科院武汉植物园引入'东红'品种，2018 年已进入试果阶段，目前表现良好。

（2）自然资源优势。水城县位于贵州西部、中国凉都六盘水腹地、乌蒙山南麓，为典型的喀斯特地貌，地势切割较深，属亚热带湿润季风气候区，山地小气候特征明显，"一山有四季，十里不同天"，可以说在全国陆上植物中，大多数在水城都能找到其适生环境。土壤疏松肥沃、酸碱度适中、有机质含量高、富含硒元素，灌溉水质优良，气候冬无严寒、夏无酷暑、雨热同季，干湿季节分明，昼夜温差大，为水城红心猕猴桃产业的发展提供了独特的土壤、气候等自然资源优势。境内野生猕猴桃资源分布广、种类繁多，目前查清的野生猕猴桃种类达 15 种（变种）以上，资源分布面积 60 万亩以上，有野生猕猴桃植株 290 万株以上，被中国野生植物保护协会授予"中国野生猕猴桃之乡"。

（3）区位优势。水城县地处素有"四省立交"之称的"中国凉都"六盘水腹地，贵昆、南昆、内昆、水红铁路在此交汇；杭瑞、都香、威板、六威等高速公路穿境而过，纵横交错；

六盘水月照机场已开通京沪穗等大中城市航线 15 条；在建的安六城际铁路即将建成通车。这里铁路、公路、航空等交通网络四通八达，运输十分便利，猕猴桃产品可以半小时内到达铁路和机场，20 分钟内到达高速公路。

2.2 产业成就

（1）产业规模。水城红心猕猴桃产业，得到农业农村部、财政部、国务院扶贫办，以及省市农委、财政、发改、扶贫、林业等部门政策与资金的广泛支持，通过十余年的不懈努力，产业规模已经达到 13.65 万亩，目前仅次于红心猕猴桃原产地苍溪，成为中国红心猕猴桃的重要组成部分。预计到 2022 年果园全部进入盛果期后，全县红心猕猴桃产量将达到 15 万吨以上，总产值将达到 50 亿元以上。喷滴灌（含水肥一体化）工程覆盖猕猴桃产业基地面积达 2 万亩，农机装备总动力 26.56 万千瓦，配备农用无人机 4 台，建成单轨运输轨道 8 条，各种先进农机装备在产业园得到示范推广。

（2）科技支撑。水城县先后与贵州省农科院、中科院武汉植物园、中国农科院郑州果树所、贵州大学、贵州科学院、贵阳学院等 10 余家科研教学机构形成了紧密的合作关系，技术上得到了广泛支持，果园标准化水平得到普遍提升，已建成猕猴桃产学研基地 2 个、种质资源圃 200 亩、实训基地 1 500 亩、物联网基地 10 000 余亩，涉及生产、科研、加工、贮藏、营销、农旅等多领域。

（3）技术创新。水城县猕猴桃技术团队，在抓好"深翻改土""苗木浅栽""节水灌溉""病虫害综合防治""一干二蔓整形""测土配方施肥""冬肥秋施""果园生草栽培"等技术推广的同时，结合水城县猕猴桃果园山地特征和立体气候特点，广泛开展技术创新，先后发明了"实生苗定植建园技术""水城山地特色平顶大棚架搭建技术""主干伞形修剪法（由贵州省农科院园艺所主持，并已申报了专利）""果园顺坡布枝技术""控枝促果技术"等，并在全县得到大面积推广，为产业发展提供了积极的技术支持。

（4）经营主体。水城红心猕猴桃产业，高度重视新型经营主体培育，推动大众创业、万众创新。通过政策引导、项目扶持、技术支持和优质服务，吸引了一大批煤炭企业、房地产企业转型从事猕猴桃产业，用工业的理念发展和管理猕猴桃产业，共引进和培育六盘水市农投公司、凉都猕猴桃集团、水城县农林投公司、水城县宏兴公司、水城县鸿源公司、贵州润永恒公司、六盘水凉都果蔬公司、水城县泽能合作社等农村合作经济组织 295 家。其中，省级以上龙头企业 11 家，市级龙头企业 15 家，农民专业合作社 55 家，家庭农场和种植大户 159 家，经营户 112 家，形成资产总额 100 余亿元，涉及猕猴桃生产、加工、销售、科研、技术服务、农旅休闲、电商、物流运输等领域，有效促进了猕猴桃产业的发展。

（5）质量安全。全面推进标准化生产，严格执行贵州省制定并发布实施的《红阳猕猴桃（DB52/T 714—2011）》《红阳猕猴桃生产技术规程（DB52/T 715—2011）》等地方标准，提高标准化生产水平。围绕"一控、两减、三基本"目标，兴修水库、蓄水池、引灌沟渠等水利设施，积极推广果园喷灌、滴灌（含水肥一体化）等节水灌溉技术，向广大从业人员宣传倡导节约用水理念，确保一方面实现应灌尽灌，一方面做到节约用水，不造成水资源浪费。大力推广病虫害绿色防控技术、太阳能杀虫灯、粘虫色板、昆虫性（食）诱剂及天敌昆虫等病虫害防治技术。加大绿色防控体系建设，切实减少了农药施用量。大力推广使用农家肥、饼肥、微生物菌肥、加工型有机肥等，严格控制化肥施用量。大力发展循环农业，按照种养结合、生态循环的原则科学布局、合理规划产业园内养殖业发展，畜禽粪便通过农村沼气、有机肥加工等技术集中处理，全部实现了无害化循环利用；推广枝条粉碎堆沤腐熟还园技术，极大地减少了果园污染。建成县级农产品质量检测中心 1 个、农产品质量检测室 15 个，加大了猕猴桃产品监测力度，历年猕猴桃果品省级抽检合格率 100%，确保了猕猴桃果品质量安全。建成猕猴桃果园物联网试点 10 000 余亩，融远程技术服务、果园监控、质量安全监管、网上电商平台等于一体，有效实现了猕猴桃产品质量安全可追溯。大力开展"三品一标"认证，实现了农产品地理标志、无公害产地认定产品认证全覆盖，有机农产品认证猕猴桃 4 550 亩，"水城猕猴桃"获得了农业部（现农业农村部）、质检总局的国家双地理标志认证；14 家主导产业企业基地通过 ISO 9001、HACCP 等质量管理体系认证；2016 年获批"国家级出口食品农产品（猕猴桃）质量安全示范区""国家生态原产地产品保护示范城市"。

（6）贮藏与加工。保鲜贮藏方面，已建成大小冷藏保鲜库（含气调库）40 座，其中 500 吨以上规模的 6 座，年总贮藏能力达 2 万吨。其中，气调保鲜库 0.8 万吨，普通冷库 1.2 万吨。目前，水城县自行投资新建的猕猴桃气调保鲜库，可将猕猴桃鲜果从 8 月底几乎无损保鲜贮藏至次年 3 月，极大延长了水城红心猕猴桃果品的货架期，市场竞争优势增强。配套建成猕猴桃果品分选包装车间 6.12 万平方米，猕猴桃智能分选线 3 条。深加工方面，已建成集猕猴桃冷链物流、分选包装、猕猴桃果酒、果汁及其他加工于一体的凉都弥你红生态食品加工园和水城县冷链电商物流园，占地总面积 810 亩，聚集凉都猕猴桃集团、水城县宏兴公司等加工类企业。此外，还与贵阳学院等科研院校及韩国企业合作，正在研发猕猴桃果酱、干片、化妆品等高附加值产品。弥你红生态食品加工园猕猴桃果酒建设项目一期工程已建成，年加工能力 2 万吨。

（7）品牌宣传。"水城猕猴桃"是水城红心猕猴桃的公用区域地标品牌，还有"凉都红心""弥你红""黔宏"等品牌，品牌知名度逐年提升。近年，地方政府积极组织参加全国各地农博会、农展会、农交会、品鉴会、推介会等，让各地客商和广大市民亲自品尝水城红心猕猴桃精品，感受水城红心猕猴桃的独特魅力，提高了产品知名度；举办猕猴桃节、猕猴桃采摘体验活动，邀请中国创新经营研究院、人民网等 24 家媒体及 200 多名网红参加，全国近亿网民关注，扩大了水城红心猕猴桃的影响；利用电视、网络、各类广告牌及各种节庆活动加大广告宣传，尤其是水城红心猕猴桃公益广告片 2016 年登陆央视多套节目播出后，销量急剧增加，单从网上销售数据就可看出宣传效果，网上销量从 2015 年不足 10 吨，到 2017 年超过了 500 吨，且到后期还出现了有许多网购客因果品售完而买不到水城红心猕猴桃的现象。随着宣传力度的加大，产品知名度迅速提升，当前及今后一段时间仍将处于产品供不应求的状态。

2.3 荣誉

（1）产品荣誉。水城红心猕猴桃，得益于水城县独特的土壤、气候等自然资源优势，其品质得到了升华，真正形成了猕猴桃类水果的精品。自 2007 年获得"江西果品苗木展销会'猕猴桃类'金奖"后，先后获得了"2008 年北京奥运会推荐果品""2010 年上海世博会指定有机果品""第十五届中国绿色食品博览会金奖""2014 年中国中部国际农博会金奖""2015 年中国中部消费者最喜爱的农产品品牌（黔宏）""2016 年第十四届中国国际农交会金奖""2018 年度特色优质农产品"，入选农业农村部"全国名特优新农产品目录"，还获得农业农村部"农产品地理标志"、质检总局"国家地理标志保护产品"，"凉都红心""黔宏"两个商标被评为"贵州省著名商标"，"黔宏"牌凉都红心猕猴桃产品被评为"贵州省名牌产品"，凉都"弥你红"系列红心猕猴桃果酒通过美国 FDA 认证，产品已出口美国、加拿大等国家和地区，凉都"弥你红"品牌获"全球华商 2017 年最具竞争力品牌"。

（2）产业荣誉。水城县猕猴桃产业示范园区，是中国"三变"改革发源地，"三变"改革荣登 2017 年中国"三农"创新榜首位，上榜 2017 年国家精准扶贫十佳典型经验，且"资源变资产、资金变股金、农民变股东"的"三变"改革 2017 年、2018 年连续两年写入中央一号文件；园区 2017 年获得全国首批 11 个"国家现代农业产业园"创建资格，并先后获批"国家农村一二三产业融合发展先导区""国家第七批农业科技园区""国家级出口食品农产品（猕猴桃）质量安全示范区""国家有机产品认证示范创建区""省级重点现代高效农业示范园区""贵州省猕猴桃农业科技示范园区"等称号，2013 年以来连续 5 年蝉联贵州省农业园区综合绩效考评第一名。

2.4 科技成果

水城红心猕猴桃科研与技术推广工作，已得到省人民政府及省直有关部门的高度认可。完成的"贵州红心猕猴桃产业化技术集成与示范应用"项目，获省人民政府"科技成果转化奖二等奖"和省农科院"科学技术奖二等奖"，"贵州山地猕猴桃标准技术应用与推广"获"贵州省农业丰收奖二等奖"。

3 存在的问题与不足

3.1 技术力量仍显薄弱，技术推广力度不够

虽然水城红心猕猴桃产业已有强大的技术团队作为支撑，但技术团队毕竟不常驻水城，大量的技术服务与推广工作还需当地技术人员深入果园完成。县乡两级确实也有不少的农技人员，经营主体也有自己的技术力量，这些年也是依靠他们才有今天的成就，但他们中间仍有大量人员或技术陈旧，或技术缺乏系统性和针对性；而且，县乡技术人员，承载的工作任务远远不只技术推广服务这么单纯，还要承担产业相关工作和大量的地方中心工作，工作重心无法集中到技术推广上，标准化种植水平无法提高，难以满足规模化产业发展需要。因此，如何形成一支技术过硬、专心服务产业技术推广工作的县乡技术团队，是全面提升全县猕猴桃产业标准化水平的首要任务。

3.2 种植水平参差不齐，整体商品果率不高

由于县委县政府对猕猴桃产业的高度重视，制定了卓有成效的产业激励政策，大量社会资本涌入水城红心猕猴桃产业，产业规模迅速扩大。成效固然可喜，但随之而来的是经营主体对产业技术的认识不足。比如，大部分果园在建设之前本来是梯地，但由于请了外来人员指导技术，他们照搬平原或丘陵地区的种植模式，不与当地实际相结合，广泛开挖深排水沟，把本来长期缺水的地块弄得干旱更加严重，甚至把梯地挖成了斜坡，让果园失去了保水保肥能力。最为夸张的是，部分业主把规模化产业基地建设等同于房前屋后零星种植果树，只重栽、不重管，果园缺乏科学管理，导致树体生长缓慢，产量低，效益不高。有的甚至低估了产业投入，不结合实际大规模发展产业基地，只经过两三年的高投入阶段就出现了后续资金断链，难以满足果园管理的资金需求，产业投入不足，就是达到理论上的盛果期，产量效益也很低，收不抵支，逐步形成恶性循环的局面。此外，由于部分经营主体对科技作用认识的不足，纵向学习基础理论少，横向交流不多，满足于自身掌握的基本技术，产业标准不预重视，别人的成功经验又不愿理会。因此，从全县的角度看，种植水平存在参差不齐现象，整体商品果率不高。

3.3 病虫为害趋势抬头，防治体系还未健全

随着产业规模的不断扩大，蚧壳虫、金龟子、双翅目害虫、夜蛾科害虫、根腐病、根结

线虫病、花腐病、灰霉病、褐斑病、黑斑病、软腐病、炭疽病、膏药病等病虫害有逐年抬头趋势，不同程度影响到猕猴桃果品的产量和品质。防治方面，由于之前病虫发生少，防治经验积累不足，体系不健全，加上广大果农养成了不见到为害严重就不会用农药防治的习惯，给病虫基数的急剧增加创建了条件。

3.4 加工产品品种单一，消费群体有待培养

尽管凉都"弥你红"果酒获得了美国 FDA 论证，"黔宏"牌水城红心猕猴桃果汁饮料也获得良好评价，但消费群体也只局限在某些群体，广大消费者的知晓率并不高，如何培养消费群体，是产业链中亟待解决的问题，而且目前深加工产品也仅限于果酒和果汁饮料，还远远不能满足产业发展的需求。

3.5 品牌打造力度不够，产品包装仍需规范

水城红心猕猴桃品牌，通过多年多渠道多媒介宣传，虽然已经有了一定的知名度，但也存在一些的问题。首先是品牌关系没有完全理顺，"水城猕猴桃""凉都红心""黔宏""弥你红"等品牌仍是各自为战，没有理清主次；其次是宣传力量不集中，品牌效应不明显。产品包装方面也是各搞一套，甚至有的设计还不专业，不上档次，与果品独特的品质不匹配。

3.6 销售模式缺乏活力，精品意识亟待加强

水城红心猕猴桃产品销售，仍以本地市场为主，虽然目前已经拓展网售，确实也有了较好的收获，但仅有的这点成绩还远不能满足产业发展需要。目前最关键的还是要与产品宣传结合起来，专搞网上销售还不够。实体店销售方面，除了省内市场，国内一二线大中城市的实体店屈指可数，实体店是消费者直接感知产品的最佳方式，不能忽略。当然，这主要还是缺乏良好的激励机制，没有人愿意承担风险去拓展省外市场所致。水城红心猕猴桃，生产上要走精品路线，销售上必须走高端市场，这是从规模化发展开始就一直认同的思路，但随着产量的逐年增加，省外市场拓展不力，加上外地产品大量流入冒充水城红心猕猴桃，而广大消费者又缺乏科学的鉴别能力，不同程度冲击了省内市场，因而近年又有一部分人提出要走低端市场，这可是水城红心猕猴桃产业发展的最大误区。水城红心猕猴桃凭借其独特的品质优势立足，若论规模、论技术、论产量、论投入，水城红心猕猴桃根本就不具备与域外红心猕猴桃竞争的优势。

4 建议与对策

4.1 打造一支技术过硬的推广团队

立足水城县猕猴桃产业发展实际，以与各科研院校合作为契机，加大对本地技术人员的培训，培养一名经验丰富、统筹能力强的技术人员作为技术核心，牵头组建一支技术过硬、创新能力强、推广水平高的技术团队，专业从事猕猴桃技术推广普及工作，尽量避免行政干预技术，达到县里有核心科研与技术推广团队，乡镇有专业的技术服务与推广人员，产业企业或基地有专业的技术员，种植大户、广大果农和产业工人都能掌握猕猴桃种植基本技术的目的。

4.2 抓好老果园提升改造

在执行省级地方生产标准的基础上，尽快制定结合本县实际的技术标准，发挥产业协会的积极作用，提高标准执行力，解决生产中技术不统一的问题。结合产业实际，摸清存在的技术问题，抓紧启动老果园、低产园改造，全面提升果园标准化建设水平，进而提高果园单产，以及果品的优质率和商品率。

4.3 提高病虫害综合防治水平

以中科院武汉植物园、贵州大学农学院等技术团队为依托，抓紧针对猕猴桃花腐病、早期落叶病、软腐病、线虫病、根腐病、溃疡病、蚧壳虫等为害较重的病虫开展防治试验与研究，提高综合防治水平，发动猕猴桃产业经营主体开展群防群治，确保猕猴桃产业发展安全。

4.4 加快猕猴桃深加工产品的研究与开发

在做好猕猴桃果酒、果汁饮料生产的基础上，加快其他深加工产品的研究与开发，积极拓展水城红心猕猴桃的应用领域，提高产品附加值，缓解产品销售压力，进而带动产业基地的良性发展。

4.5 倾力打造水城红心猕猴桃强势品牌

理顺品牌关系，把国家地标品牌"水城猕猴桃"作为区域公用品牌，其他品牌作为子品牌进行统一打造。聘请在国际上知名度较高、实力雄厚的策划团队，对水城红心猕猴桃的品牌形象、宣传方式、营销策略、产品包装等进行全方位、高规格的策划和包装，加大产品宣传与推介力度，提高产品影响力，打造水城红心猕猴桃强势品牌。

4.6 积极拓展水城红心猕猴桃销售市场

立足水城红心猕猴桃独特的品质优势，坚持精品路线，以高端市场为经营方向，按照线上线下同步、网店实体店协同、省内省外并进的营销模式，制定切实有效的激励机制，鼓励社会各界力量在全国各地开设网店、实体店，积极拓展水城红心猕猴桃产品销售市场，推进全产业链融合协调发展。

Review and Development Strategy of Red–flesh Kiwifruit Industry in Shuicheng

ZHANG Rongquan[1]   YANG Meibi[2]

（1 Guizhou Shuicheng County East Agricultural Industrial Park Management Committee   Shuicheng   553600；

2 Agricultural Development School in Agricultural Bureau of Shuicheng County   Shuicheng   553600）

Abstract   Shuicheng Red fresh Kiwifruit was introduced from Sichuan Natural Resources Research Institute in 2000. Due to the unique natural resource conditions of Shuicheng County, it has given its unusual position in the red kiwifruit, the fruit quality has been sublimated, and the industrial scale has expanded rapidly. The products are sold nationwide and exported to the United States, Canada and Southeast Asian countries and regions. On the basis of reviewing the development history of Shuicheng red kiwifruit industry, this paper conducts in-depth research and reflection on the bottlenecks faced by industrial development, and puts forward suggestions and countermeasures for industrial development.

Keywords   Shuicheng red kiwifruit   Industry review   Development countermeasures

水城红心猕猴桃砧木定植建园技术

张荣全

（贵州省水城县东部农业产业园区管委会 贵州水城 553600）

摘 要 用嫁接苗建园还是用美味猕猴桃实生砧木建园，是水城红心猕猴桃产业多年来广受争议的问题。为此，笔者自 2010 年以来，针对此问题进行了多点对比试验，得出了用本地美味猕猴桃实生砧木定植建园较用嫁接苗建园更具优势的结论，并总结出了一套实生砧木定植建园技术，重点介绍嫁接苗定植和砧木定植建园试验结果分析、实生砧木定植建园技术。

关键词 水城 红心猕猴桃 砧木 定植 建园技术

水城红心猕猴桃产业始于 2000 年 1 月，品种来源于四川省自然资源研究所都江堰种苗繁育基地的'红阳'。由于水城县独特的土壤、气候等自然资源优势，成就了其不同寻常的品质，竞争优势十分明显，产业规模迅速扩大，目前已成为全国红心猕猴桃产业的重要产地。在 19 年的发展历程中，水城县通过不断的探索与研究，发现用水城本地美味猕猴桃砧木定植建园较用嫁接苗建园更具优势，根系旺，发苗快，树势整齐强旺，嫁接后当年即可上架，次年实现试挂果。

1 嫁接苗定植和砧木定植试验结果分析

1.1 试验结果

据试验数据显示，用嫁接苗建园，第一年根系生长缓慢，分布范围小，上架率只有 49.2%（其中的 80% 以上只有单主蔓上架），弱苗率达到 89.9%。第二年，根系弱，分布范围小，毛细根少，上架率只有 61.3%，弱苗率达 73.6%，试挂果株率仅有 11.6%。第三年，根系生长不发达，分布范围小，上架率为 69.8%，挂果株率只有 42.7%，单株挂果量在 20 枚以上的植株占挂果树的比例只有 53.7%，弱树率达 54.2%。用本地美味猕猴桃实生砧木定植建园，第一年根系发达，地上部分生长势旺。第二年，根系发达，分布范围广，嫁接后伤口愈合快，接穗芽萌发迅速，最快时一天萌芽长度可达 15 cm 以上，当年上架率达 96.2%，且两主蔓都形成的比例达 95.6%，树势整齐，优势明显。第三年，果园整体生长势强旺，试挂果株率达 96.2%，单株挂果量在 20 枚以上的植株占挂果树的比例达 95.2%，年末上架率达 100%。

1.2 原因分析

嫁接苗，一般用一年生实生砧木嫁接，成苗后再用于果园建设定植时已是两年生苗，根系不发达，树势弱，成树期长。嫁接时于实生苗床起一年生实生苗作砧木在室内嫁接，由于茎部受到刀伤，嫁接排栽后：一方面嫁接口刀伤需要愈合，才能保障根系吸收土壤养分和叶片光合产物的运输；另一方面，根系要重新与土壤充分接触后才能萌发新根，吸收土壤养分。再有，嫁接砧木根系有限，贮存的养分不多，起苗后还会损伤部分根系，嫁接排栽后根系向上传输的养分不多，打通刀口接合处输导组织的能力弱；同样，接穗萌发的茎干上叶片光合产物向下运输的能力也不高，所以嫁接口处猕猴桃植株上下物质运输通过的速率低，影响了根系和接穗芽的正常生长。

本地实生砧木,定植时没有嫁接口刀伤,不需要愈合,叶上光合产物和根部贮藏吸收养分交互运输无障碍,所以砧木定植后根系生长旺盛,地上部分长势强。第二年嫁接后,由于根系强旺,数量多,分布范围广,贮存的养分充足,向地上部分运输的能力强,易于促进嫁接口的愈合,打通疏导组织,快速提高根系吸收水分、养分和叶部光合产物上下交互运输的能力,缩短了嫁接口愈伤周期,促进地上地下部分的快速生长。综上所述,用本地野生美味猕猴桃实生砧木定植,比用嫁接苗定植建园更具优势,目前已得到广泛认可,成功推广面积达到 10 万亩以上。

2 实生砧木定植建园技术

2.1 选地与园地规划

2.1.1 选地

水城县位于贵州西部,乌蒙山南麓,为典型的喀斯特地貌,山地特征十分明显,素有"一山有四季,十里不同天"之说,坝地较少。选地时宜选择背风向阳、排灌方便、土层深厚、土壤疏松肥沃、通透性良好、弱酸性(pH = 5.5 ~ 6.5),地下水位低,无工业污染的坝地缓坡地种植,切忌选择重黏土、沼泽地、陡坡地种植,避开冰雹带、冬季极端气温低于 -2℃ 的区域。

2.1.2 园地规划

果园规划,应同时对园地布局、果园运输道路、采摘便道、管理用房、物联网系统、排灌系统等作全面科学的规划,以尽量避免撤园建路、建房等情况的发生。路网系统要纵横交错、主次分明、布局科学,达到节约用地,便于果园运输的目的。蓄水池尽量考虑建在高于果园最高点 20 m 垂直高度以上位置,这样可以实现自然水压浇灌,节约灌溉成本。排水沟要做到纵横相连,尤其要与园内出水点连接,以免造成园地积水。坡地、缓坡地要进行水平梯化,以减少水土流失,提高土壤保水保肥能力。对自然连片的园地,必须按统一的行向规划,同线定植,同线搭架。

2.2 整地与基肥施用

对平整的坝地或水平梯化后的坡地、缓坡地,先按 2 t/亩左右农家肥(含土杂肥、铡碎的作物秸秆等)、100 kg 钙镁磷肥的标准,均匀铺施于地表后,用挖机深翻 60 ~ 80 cm,将肥料均匀地翻埋于土壤不同深度,整细耙平。

2.3 棚架搭建要点

整地完成后,根据确定的种植密度 111 株(株行距 2 m×3 m)或 56 株(株行距 3 m×4 m),配套选择 4 m×3 m 或 3 m×4 m 的水泥柱布局规格。3 m 或 4 m 的行一定要顺坡布置,以利于果园排水和采摘便道的修建。果园周围要合理布局边杆和坠线砣(锚石),中部要对重要位置的水泥柱进行"扎头"处理,把交叉穿过水泥柱顶部十字孔的主线进行绑扎固定,确保棚架稳定。棚面主线与辅线、辅线与辅线纵横交错形成 50 cm×50 cm 的网格,交叉点用细铝线或细塑包线进行绑扎,以便于枝条的绑缚固定。搭建完毕时棚面距地面的高度不低于 1.8 m,以方便工人在果园作业为最佳。

2.4 实生砧木选择

建园用的实生砧木,采用当地野生美味猕猴桃的种子,于春季播种,年末成苗的一年生实生苗,成苗快,且对当地自然环境适应性强,定植后生长势旺,根系发达。

2.5 砧木质量要求

根系发达，每株有根系 5 根以上，茎粗 0.5 cm 以上，芽眼饱满，无病虫害，避免使用独根苗、带病苗、弱苗定植。

2.6 定植技术

2.6.1 开定植穴

砧木定植宜选择 9 月上旬至 10 月中旬，或 12 月上旬至次年 2 月上旬。用锄头或薅刀挖直径 35 cm 左右，深度 30 cm 左右的浅定植穴。穴内泥土要求细碎，然后每穴施入 100 g 左右的钙镁磷肥与细土充分拌匀后。在定植穴中央设置一个锥形土堆（上尖下圆）等待定植，土堆顶尖部高度与地表平齐。

2.6.2 苗木定植

将实生砧木的根茎结合部骑在锥形土堆顶部，再将根系均匀分布于锥形土堆上，确保不同角度都有根系倾斜分布，以利于根系对土壤中不同深度、不同角度的水分、养分进行吸收。根系布好后，先用少量细土对根系进行覆盖固定，然后回填土壤压实，接着浇透定根水，待土面无明显积水后覆盖地膜，保证砧木茎干位于地膜中间孔的正中，并用细土将地膜中间孔沿及外沿全部压实密闭，提高保温、保水性能。

2.7 实生砧木管理

萌芽时，每株选留 1 个生长势强旺的幼芽向上生长，并在紧靠苗木位置插一根 1 m 以上的引苗杆，待幼茎具有一定的木质化程度后，先用包装带、布带等物固定于引苗杆上，然后套住幼茎扶苗，确保地面以上有 20 cm 以上茎干直立，以利于冬季嫁接，20 cm 以上部位，只要不出现藤蔓缠绕，枝叶越多越有利于根系的生长。从 3 月底开始，每隔 30～40 d，株施硫酸钾型复合肥（N：P：K＝17：17：17）50～100 g 进行提苗，促进根系生长。砧木生长期，尤其是高温高湿季节，主要注意防治灰霉病。

2.8 嫁接

选择健康无病虫害、芽眼饱满的接穗进行嫁接，嫁接部位要高出地面 10 cm 左右。嫁接时间宜选择在 11 月下旬至次年 1 月下旬，若嫁接失败的个别植株，可以在 5 月上旬至 6 月中旬补接，当年茎蔓亦可实现"一干二蔓"上架。

2.9 嫁接后管理

嫁接后，要及时施肥，为萌芽和嫩茎生长提供充足的养分。萌芽后，当嫩茎长至 30 cm 以上时，在苗旁及时插一根 2 m 以上的引苗杆，上部绑于棚面钢丝上，待嫩茎具有一定的木质化程度后，用包装带、布带等物先固定于引苗杆上，然后套住嫩茎扶苗，每 30 cm 左右位置套一个结扶苗。当嫩茎长至距棚面 25～30 cm 位置时，要及时断颠，促发两个二次枝作为主蔓培养上架。棚面平整的，主蔓方向尽量考虑与行向相同，若是坡地，要因地制宜，两主蔓要保持在同一水平高度，以后的结果母枝顺坡向上分布。从萌芽开始，每隔 30～40 d，株施硫酸钾型复合肥（N：P：K＝17：17：17）100～150 g，促进嫩茎健壮生长，及时形成两主蔓上架。冬季修剪前，要施足基肥（冬肥），株施农家肥 10～25 kg、油饼或豆饼 0.5 kg、硫酸钾型复合肥（N：P：K＝17：17：17）500 g。此阶段要注意防治根结线虫病、灰霉病、金龟子、叶蝉、蝙蝠蛾等。

2.10 挂果期果园管理

2.10.1 整形修剪

因地制宜，结合山地特征，综合利用"一杆二蔓""主杆伞形""顺坡布枝"整形修剪法，合理配套主施有机肥、生草栽培、人工授粉、疏花疏果、控枝促果、病虫害综合防治等技术，提高猕猴桃果园管理水平。修剪时，不能死搬硬套某一树形，既要依据规范模式，又要结合果园实际灵活运用，要遵循植物向上生长的特性和品种特征，更要结合坡地果园实际、棚架类型和空间利用等情况，科学修剪，合理布局，坚持"强树轻剪，弱树重剪"的原则，剪除病虫枝、弱枝、交叉重叠枝，对于生长势较旺的枝条，若棚面空间较大，只要芽眼饱满，要尽量留下把闲置的空间利用起来，提高土地空间利用率，达到当年产量可观，次年结果母枝充足的目标。冬季修剪，主要针对雌株，雄株修剪主要是在谢花后。

2.10.2 控枝促果

果实膨大期要处理好营养生长和生殖生长的关系，合理利用控枝促果技术，在优先满足果实膨大对养分需求的基础上，确保有足够的枝条作为次年的结果母枝。当新发枝条能满足次年生产需要时，要及时对新梢进行捏尖处理，确保大量养分集中供应满足果实膨大需要。从萌芽期开始，抹芽工作不能间断，尤其是砧木上新发的芽，应及时抹除，以免消耗养分。

2.10.3 施肥

基肥（冬肥），于 11 月底以前结束，提倡冬肥秋施，株施农家肥 10 ~ 25 kg、油饼或豆饼 0.5 ~ 1.0 kg、硫酸钾型复合肥（N∶P∶K = 17∶17∶17）0.50 ~ 0.75 g。壮果肥，于谢花后 7 ~ 10 d 施第一次壮果肥，促进果实膨大，单株用硫酸钾型多微量元素复合肥（N∶P∶K = 12∶10∶15）0.4 ~ 0.5 kg；谢花后 35 ~ 50 d 施第二次壮果肥，复合肥施用量与第一次基本相同，单株加施硫酸钾 0.3 ~ 0.4 kg，对于有机肥用量充足的果园此次可以不施复合肥。采果肥，也称"月子肥"。采果后，树体恢复营养生长，进入养分贮存阶段，要对果园施一次采果肥，株施硫酸钾型复合肥（N∶P∶K = 17∶17∶17）0.4 ~ 0.5 kg。

2.10.4 病虫害防治

水城红心猕猴桃病虫害主要有褐斑病、灰霉病、根结线虫病、根腐病、膏药病、花腐病、软腐病、金龟子、蚧壳虫、叶蝉、透翅蛾、蝙蝠蛾等。为了充分考虑绿色发展和食品安全，主张防病以预防为主，治虫必须达到防治指标才能用药，反对见虫甚至未见虫就大规模用药。未达到虫害防治指标就用药，不仅破坏生态，而且大量地施用农药会影响果品质量安全。

冬季修剪结束后，刮除粗老树皮，清除园内枝条、落叶、烂果等，集中深埋或烧毁。结合冬季基肥施用，全园翻土一次，以破坏越冬场所，杀死越冬病虫。全园喷施 3 ~ 5°Bé 石硫合剂或 20% 松脂酸钠 150 倍液防治越冬病虫。清园完成后用石硫合剂∶生石灰∶动物油脂∶盐∶水 = 1.0∶6.0∶0.5∶0.2∶10.0 比例制作涂白剂对树干进行涂白处理。

萌芽期，喷施一次石硫合剂，以防治猕猴桃花腐病、软腐病。展叶后现蕾前，全园喷施 3% 春雷霉素 1000 倍液 + 1.5% 金霉唑 1000 倍液，预防花腐病等。

对于金龟子严重区域，于 4 月初开始制作糖醋液诱杀金龟子成虫。对于能够全域安设太阳能杀虫灯进行统防统治的地方，可以用太阳能杀虫灯诱杀金龟子成虫，建议不要在可视区域较大的地方小范围使用杀虫灯。

5 月初，可选用 12% 苯醚·噻霉酮 2 000 倍液，或 23% 嘧菌·噻霉酮 2 000 倍液喷施一次防治软腐病、褐斑病、灰霉病等病害；可选用 12% 高氯·噻虫嗪 1500 倍液，或 75% 吡蚜·螺虫乙酯 2 000 倍液喷施一次防治叶蝉、蚧壳虫、蚜虫等虫害。蝙蝠蛾防治可用细铁丝刺死或用棉球蘸敌敌畏塞入树干后封蛀孔进行熏杀。注意观察蚧壳虫发生情况，在其低龄未分泌蜡质外壳时喷药防治。5 月中旬以后，全园悬挂粘虫黄板，并在黄板上喷布诱剂诱杀叶蝉和蝇类害虫。套袋前对果面、叶片正背面喷施一次杀菌剂（80% 苯甲·嘧菌酯 2 000 倍液 + 氨基酸叶面肥或 50% 异菌脲 800 倍液+适量氨基酸叶面肥），以防治果实软腐病、褐斑病等。

6 月下旬至 7 月下旬是叶蝉发生最严重季节，加上高温高湿，褐斑病也有不同程度发生，选用 75% 吡蚜·螺虫乙酯 2 000 倍液+32.5% 苯甲·嘧菌酯 2 000 倍液或 12% 噻虫·高氯氟 1 000 倍液+23% 嘧菌·噻霉酮 2 000 倍液进行叶片正背面喷药防治，每 7～10 d 一次，连喷两次。

采果后的 9 月上、中旬，选用 3% 中生菌素 1 000 倍液+1.5% 金霉唑 1 000 倍液+10% 苯醚甲环唑 1 000 倍液全园喷施预防软腐病。

致谢　在试验开展和本文撰写过程中，得到贵州大学农学院龙友华教授的精心指导与大力支持，在此表示诚挚的谢意。

Planting and Gardening Technology of Red–flesh Kiwifruit Rootstocks in Shuicheng

ZHANG Rongquan

（Guizhou Shuicheng County East Agricultural Industrial Park Management Committee　Shuicheng　553600）

Abstract　The use of grafted seedlings to build gardens or to build gardens with delicious kiwifruit rootstocks is a controversial issue in the Shuicheng red-flesh kiwifruit industry for many years. For this reason, the author has conducted a number of comparative experiments on this issue since 2010. The conclusion is that the use of local delicious kiwifruit rootstocks for planting gardens is more advantageous than grafting seedlings, and a set of solid rootstock planting and gardening techniques is summarized. The results of grafting planting and rootstock planting and gardening test results are analyzed. Rootstock planting and gardening technology.

Keywords　Shuicheng　Red-flesh kiwifruit　Rootstock　Planting　Gardening technology

四川猕猴桃产业发展现状与建议

杜奎 [1,*]　黄先明 [1]　庄启国 [1]　涂美艳 [2]　李明章 [1]　王永志 [1,**]

（1 四川省自然资源科学研究院　四川成都　610015；2 四川省农业科学院园艺研究所　四川成都　610066）

摘　要　四川猕猴桃产业基础雄厚、支撑力量强大和环境政策良好，但也存在盲目扩大规模、生产低效、加工不足等问题，针对上述瓶颈，笔者提出了明晰产业发展思路、加强产业技术创新、优化区域品种结构、改造低产低效果园、提升精深加工能力、拓展产品销售市场等六点建议。

关键词　猕猴桃产业　现状　建议　四川省

中国是世界猕猴桃第一大国，四川是全球最大的红肉猕猴桃生产基地[1-2]，是我国野生猕猴桃分布中心之一和最早开始猕猴桃经济栽培的省份之一[3]。四川猕猴桃产业起步于 20 世纪 80 年代[4]，经过近四十年的发展，四川猕猴桃产业取得了长足的进步。其中，四川选育的世界首个红肉猕猴桃'红阳'[5]，改写了全球猕猴桃市场格局，成为支撑区域经济发展的特色产业，谱写了水果产业发展新篇章。随着全球猕猴桃市场空间需求的快速增长，产品需求的多样化，以及产业发展全球化布局的加快，四川猕猴桃产业既面临绝佳的发展机遇，又遭遇空前的挑战。为支撑引领农业供给侧结构性改革，创新驱动四川省特色优势农业发展，调研组对全省猕猴桃种植重点市县进行了调研，对佳沃、华胜、华朴、果王等重点龙头企业进行了剖析，随机走访了部分专业合作社、专业种植大户及典型种植散户；同时，赴新西兰、意大利考察国外猕猴桃产业发展情况。

1　产业现状

1.1　发展规模

四川猕猴桃栽培面积和产量仅次于陕西，位居全国第二位；截至 2016 年底，全省种植面积 69.30 万亩，产量 29.77 万吨，产值 41.86 亿元，分别占全国的 27.72%、14.89%、29.07%。四川猕猴桃 91.34% 种植面积分布在龙门山区、成都平原、秦巴山区，主要涉及 14 个市（州）31 个县（市、区）（表 1）。全省规模化种植（≥200 亩）企业数量达 123 家，其中大于 1 000 亩的有 33 家；通过 GAP、有机（转换）、绿色、出口基地备案等认证达 10 万亩以上；12 个主产县大户（≥200 亩）种植面积比例达 23.75%。四川猕猴桃种植主产市县的种植规模见表 2。

表 1　四川猕猴桃种植区域分布

区域	市州	种植面积/万亩	投产面积/万亩	产量/×10⁴ t	产值/万元
龙门山区及成都平原	成都市	26.30	18.20	12.52	196 000
	德阳市	1.50	1.10	0.90	10 220
	绵阳市	0.60	0.40	0.19	2 100
	眉山市	0.20	0.10	0.06	500

---

* 第一作者，男，1987 年生，助理研究员，主要从事猕猴桃资源与育种研究。

** 通信作者，男，1979 年生，高级工程师，主要从事猕猴桃产业规划研究，E-mail：63415396@qq.com

区域	市州	种植面积/万亩	投产面积/万亩	产量/×10⁴ t	产值/万元
龙门山区及成都平原	雅安市	8.40	5.20	2.52	29 100
	阿坝州	0.30	0.20	0.20	1 400
	小计	37.30	25.20	16.39	239 320
秦巴山区	广元市	24.80	17.36	10.92	151 000
	巴中市	1.20	0.45	0.30	2 500
	小计	26.00	17.81	11.22	153 500
大小凉山地区	凉山州	0.30	0.05	0.03	500
	乐山市	4.30	2.20	1.80	21 000
	小计	4.60	2.25	1.83	21 500
其他地区	南充市	0.80	0.00	0.32	4 100
	达州市	0.10	0.00	0.00	0
	遂宁市	0.30	0.05	0.01	150
	宜宾市	0.20	0.00	0.00	0
	小计	1.40	0.05	0.33	4 250
合计		69.30	45.31	29.77	418 570

表 2　四川猕猴桃种植主产市县种植规模分析

序号	主产区	不同猕猴桃种植户种植面积占当地总面积比例/%		
		小户（1～20亩）	一定规模户（20～200亩）	大户（>200亩）
1	绵竹市	30	20	50
2	雅安市	30	20	50
3	都江堰市	40	30	30
4	江油市	15	60	25
5	剑阁县	2	75	23
6	兴文县	10	70	20
7	彭州市	30	50	20
8	蒲江县	57	25	18
9	苍溪县	55	30	15
10	什邡市	60	30	10
11	邛崃市	75	15	5
12	北川县	90	8	2

1.2　生产水平

四川红肉品种栽培面积占 80%、绿肉占 12%、黄肉占 8%，主要品种有'红阳''东红''金艳''海沃德''金实 1 号'。投产果园平均产量为 660 kg/亩，低于世界和全国平均水平，仅 36% 的高产果园亩产量与世界平均水平接近（表 3，表 4）。但四川红肉品种亩均产值达万元，远高于全国亩产 5 760 元的平均水平；种植户每亩年均增收 3 000 元以上。同时，以猕猴桃为主要原料开发了休闲食品类、发酵类、饮料类、提物类 4 大系列 16 种产品，其中果酒、果醋、天然果汁、冻干果粉片实现了规模化生产，年均产值在 2 亿元以上；维生素 C 含片、泡腾片、酵素、籽油等高端产品正在产业化中，提高了果品附加值和残次果利用率（表 5）。

表 3　不同地域猕猴桃亩产量

类别	四川	中国	新西兰	意大利	世界平均
平均亩产 / kg	660	800	1 430	1 230	1 053

表 4　四川猕猴桃不同产量水平园区比例情况

类型	亩产 / kg	面积 / 万亩	占总面积的比例/%
低产园	< 250	3.20	7.06
	250 ~ 500	6.31	13.93
中产园	500 ~ 1 000	19.50	43.04
高产园	> 1 000	16.30	35.97
合计		45.31	100.00

表 5　2008 ~ 2015 年四川省猕猴桃精深加工主要产品市场推广情况

产品	主要品牌	主要生产企业	产量/t	产值/万元	利税/万元
果酒	沃林、欣妙、陶兰加、妙伦牌	佳沃鑫荣懋集团、四川农兴源农业开发有限责任公司、四川依顿农业科技开发有限公司、四川省宜宾市兴文县石海酒业有限公司	850	40 670	8 134
果醋	弥恋、梁公子	四川伊顿农业科技开发有限公司、广元果王食品有限责任公司	11 200	25 000	5 049
天然果汁	蓝剑、沃林、弥恋、梁公子	四川蓝剑饮品集团有限公司、佳沃鑫荣懋集团、四川伊顿农业科技开发有限公司、广元果王食品有限责任公司	32 000	58 000	11 687
冻干果粉片	黄金奇异果酥	四川华胜农业股份有限公司	10	500	200
合　计				124 170	25 070

1.3　市场营销

全省涉足猕猴桃产业农民达 15 万余人、专业合作社 300 多家、企业 800 余家，其中，华胜、佳沃、华朴、伊顿等 30 多家企业年产值达千万元以上（表 6）。形成了龙门山猕猴桃、苍溪红心猕猴桃、都江堰猕猴桃等 14 个区域品牌，品牌价值超过 100 亿元；形成了柳桃、沃林、TINGO、EDON、猕恋、欣妙、陶兰加、梁公子等商业品牌；获得猕猴桃国家地理标志保护产品 14 个。目前，90% 的猕猴桃以鲜果销售，与国外基本一致。猕猴桃主要销往上海、广东、北京、深圳、重庆、武汉、西安、昆明等大中城市和欧盟、东南亚国家和香港、台湾地区。电商主要微商模式销售量占到总量的 20%，并以每年 10% 以上速度递增快速抢占市场。另外，从新西兰等国家进口 6.3 t。

1.4　技术创新

四川拥有省资源院、省农科院、川农大、川大、省食品院等优势科研机构 10 家以上，形成了全国一流水平的猕猴桃全产业链协同创新团队。四川猕猴桃资源和遗传育种水平国际领先，选育出中国第一个猕猴桃授权品种，率先在全球开展红肉猕猴桃商业化栽培，拥有审定和授权品种 15 个以上，初步形成了猕猴桃全产业链技术体系。建有习近平主席亲自揭牌的中国-新西兰猕猴桃联合实验室，以及猕猴桃高技术育种平台、省级重点实验室、产业技术研究院、工程技术研究中心、工程实验室、产业技术创新联盟等创新平台。

表6　四川省从事猕猴桃产业发展的相关企业

类别	企业数量	典型企业代表
种植企业	627	四川华胜农业有限公司、佳沃（成都）现代农业有限公司、四川华朴农业有限公司、成都佳惟他农业有限公司、成都欣耀农业有限公司
农技农资配套企业	46	四川国光农化有限公司、四川丰收农业有限公司、四川鑫隆康源农业有限公司、四川新朝阳农资连锁有限责任公司、成都稼兴农化有限公司
贮藏加工企业	34	广元果王食品有限责任公司、四川农兴源农业开发有限责任公司、都江堰古堰红酒业有限公司、四川三甲农业有限公司、四川天王农业有限公司
物流销售企业	78	四川华胜农业有限公司、佳沃（成都）现代农业有限公司、四川顶维彩色猕猴桃合作社、香港日升（农业）发展有限公司四川国际农产品交易中心

2 目前制约产业发展的瓶颈

2.1 盲目扩大规模

产业发展缺乏科学规划，区域自发、分散、非适宜区盲目种植现象突出，散户、小户种植面积占总面积 45% 以上；部分地区果园基础及配套设施落后，抗旱、抗涝等防灾抗灾能力弱；红肉、黄肉、绿肉种植面积比为 12：1：5，结构不合理；缺乏安全高效丰产栽培技术。

2.2 低产果园比重大

部分猕猴桃园区因选址、改土不科学，有机肥投入不足，实生苗定植当年长势弱、后期嫁接成活率低，苗木上架慢、投产迟、产量低；部分产区则因溃疡病、根腐病等重大病害频发，管理粗放，树形结构紊乱，长期产量偏低。全省低产低效猕猴桃园（亩产低于 500 kg）面积占 21% 左右，严重制约了四川省猕猴桃产量品质的整体提升。

2.3 溃疡病威胁严重

2016 年调查显示，溃疡病严重威胁四川省猕猴桃产业发展。秦巴山地区，71.43% 的调查地区及果园感染溃疡病，其中发病率大于 50% 的占 39.29%，发病率高达 80% 以上的占 14.28%。龙门山脉地区，48.23% 的调查地区及果园感染溃疡病，其中发病率大于 50% 的占 19.51%，发病率 80% 以上的占 9.76%。川南地区发病率相对较低。主要原因是，60% 种植面积栽培的是易感溃疡病的品种'红阳'、果园海拔较高、猕猴桃进入易感染期（5～7 年）。

2.4 加工严重不足

产业链条不长，商品化处理及精深加工弱，全省深加工产值不到猕猴桃鲜销额的 5%；深加工企业少且生产能力低，年加工产值千万元以上企业不足 10 家；规模化生产加工产品大多数是低附加值的果脯、果干、果酒等初级产品，且技术落后、竞争力较弱，缺乏高附加值的深加工产品；加工原料主要是野生猕猴桃，商业化栽培的不足 10%，且主要为残次果。

2.5 市场营销不强

大企业、有实力企业少，品牌多而小，缺乏统一的全省公共品牌、区域品牌、商业品牌和产品品牌。产品同质化现象严重，竞争力不强，特别是出口专用生产基地建设滞后。种苗等生产物资供应不规范，产品冷链物流及营销体系不健全。品种权等知识产权保护困难，影响了成果的大面积应用。

3 建议

3.1 明晰产业发展思路

四川猕猴桃布局正由龙门山区、成都平原、秦巴山区传统优势主产区，向新兴大小凉山及川南等地区发展，并逐步形成龙头企业带动，专合社、家庭农场、种植大户等新型经营主体专业化、适度规模的产业发展模式。四川猕猴桃产业基础、科技基础较好，处于快速发展阶段。当前，应以提质增效、稳步发展为基本思路，控制种植面积，打造市场品牌，强化技术保障，制定产业发展规划，引导产区错位发展。到 2020 年，全省猕猴桃种植面积控制在 80 万亩以内，形成合理的大中小户种植比例（3∶5∶2），年产量达 80×10^4 t，出口年均增长 10% 以上，实现产值 100 亿元以上。

3.2 加强产业技术创新

猕猴桃产业是创新驱动产业发展的成功典范。随着水果消费升级和国内外市场需求变化，猕猴桃产业科技创新加快向绿色方向深化。重点是培育高抗、优质、丰产、耐贮和风味浓郁的新品种，加快高效、省力、安全栽培技术及投入品研发，以及商品化安全处理、精深加工、冷链物流配送及质量可追溯共性关键技术创新，构建全产业链技术创新体系。大力推进习近平主席揭牌的中国-新西兰猕猴桃联合实验室建设，整合国内外资源，以产业链延伸和加工为重点，开展抗性优质品种培育、新产品研发，健全产业技术体系。健全基层科技服务体系，培育壮大一批高新技术企业，建设一批高技术示范园区。探索政府购买良种，加强成果大面积应用步伐。

3.3 优化区域品种结构

加快选育转化抗溃疡病的红肉品种，巩固四川红心猕猴桃在国内外的竞争优势。加大'金实'系列等抗性强、产量高、品质优的黄肉品种推广力度，满足当前溃疡病高发区对新品种的需求。加大抗溃疡病高甜型绿肉品种的选育与推广，为高海拔区产业发展和'海沃德'老产区品种换代提供保障；最终，实现全省红黄绿肉结构比例达 5∶3∶2。

3.4 改造低产低效果园

支持秦巴山区完善果园蓄排水基础设施建设，推广肥水药一体化管理、沃土培肥、抗旱节水等栽培技术，提高应对冬春季节性干旱的能力。支持龙门山产区开展避雨防冻栽培技术示范，减轻冬季霜冻、春季花期低温阴雨、采前持续强降雨等极端天气的影响。鼓励猕猴桃园兴建防风林带，支持四川猕猴桃产区建设猕猴桃雄花粉厂和溃疡病快速精准检测实验室，研制溃疡病综合有效防控技术体系，将全省优质果率由 50% 提高到 80% 以上。

3.5 提升精深加工能力

引进新西兰 Zespri、湖南老爹等国内外知名企业，扶持壮大联想佳沃、四川华胜、广元果王、四川伊顿等省内龙头企业，选育转化加工专用品种，扩大猕猴桃果酒、果醋、果味饮料、维生素 C 含片等精深加工产品产能，开展猕猴桃酵素、FD 果粉、籽油胶囊等产品中试，研发猕猴桃护肤品、美容品等，延长产业链条。

3.6 拓展产品销售市场

成立省猕猴桃产业协会，设立产业发展专项基金，打造"天府猕猴桃"公共品牌，做响"龙门山猕猴桃""苍溪红心猕猴桃"等区域品牌，培育'红阳''金实'等产品品牌，发展

"柳桃""沃林"等商业品牌。支持区域冷链物流体系建设，保障猕猴桃鲜果周年供应。举办产业发展高峰论坛暨产销对接会等系列展销活动，支持电商、微商等新型销售渠道和销售模式发展。

　　致谢　本论文研究得到四川省科技厅软科学项目"四川省'十三五'猕猴桃产业创新发展规划"（2016ZR0221）、"全球视野下猕猴桃产业发展路径研究"（2017ZR0047）和"四川猕猴桃产业发展路径"等经费支持。

参考文献　References

[1] BELROSE, INC. World kiwifruit review. Washington：Belrose, Inc., Pullman，2016：23-26，29.

[2] 上官王强. 中国猕猴桃产业发展报告 2017. 北京：中国农业出版社，2017：2-3.

[3] 黄宏文. 中国猕猴桃种质资源. 北京：中国林业出版社，2013：34-37.

[4] 王明忠. 四川猕猴桃产业发展的微观思考 // 黄宏文. 猕猴桃研究进展（VII）. 北京：科学出版社，2014：14-21.

[5] 王明忠，李明章. 红肉猕猴桃新品种'红阳'猕猴桃的选育研究 // 黄宏文. 猕猴桃研究进展. 北京：科学出版社，2000，128-133.

Status and Suggestions of Kiwifruit Industry in Sichuan Province

DU Kui[1]　HUANG Xianming[1]　ZHUANG Qiguo[1]
TU Meiyan[2]　LI Mingzhang[1]　WANG Yongzhi[1]

（1 Sichuan Provincial Academy of Natural Resource Sciences　Chengdu　610015；

2 Horticulture Research Institute, Sicuan Academy of Horticultural Sciences　Chengdu　610066）

Abstract　Kiwifruit industry in Sichuan has advantages of R&D and policy. However, there are some problems, such as blind expansion, inefficient production and insufficient processing. Based on the bottlenecks, six suggestions were made, including understanding industry development, strengthening technology innovation, optimizing varieties structure, updating low production and inefficiency orchards, promoting further processing and expanding market.

Keywords　Kiwifruit industry　Status　Suggestions　Sichuan

湘西猕猴桃产业发展回顾

刘世彪[1]　傅桂英[1]　向小奇[1]　田启建[1]　李加兴[1]　彭继淼[2]

（1 吉首大学武陵山猕猴桃研究中心　湖南吉首　416000；2 湘西土家族苗族自治州农业委员会　湖南吉首　416000）

摘　要　回顾了湘西的猕猴桃产业发展历程。湘西猕猴桃研发始于 1982 年的吉首大学猕猴桃研究组，1995 年选育出'米良 1 号'品种，至 2017 年该品种在湘西州种植面积达 15 万余亩。其后还选育出'米良 2 号''湘碧玉''贝木'等植物新品种，加上引种的外来品种，湘西州猕猴桃种植面积达 17 万余亩。在猕猴桃果品的精深加工方面，1997 年成立的湖南老爹农业科技开发股份有限公司作为猕猴桃精深加工的龙头企业，曾研发出果王素、祛斑油、果汁、果脯、果酒、果籽饼干等 4 大类 35 个系列产品，为消化本地猕猴桃果品、提升猕猴桃附加值做出了重要贡献。

关键词　湘西　猕猴桃　产业　回顾

湘西土家族苗族自治州（以下简称湘西州）位于湖南省西北部，地处湘鄂渝黔四省市交界的武陵山区中部，山原山地的平均海拔 200～800 m，中亚热带季风湿润气候，年平均气温 15.0～16.9℃，降水充沛，年降水量 1250～1500 mm，光热总量偏少，平均日照时数 1291～1406 h。湘西州辖七县一市，耕地 19.99×10^4 hm²、林地 110.47×10^4 hm²。湘西优良肥沃的土壤和丰富的野生猕猴桃资源，使其成为我国重要的猕猴桃生产基地。

2018 年是中国猕猴桃研发 40 周年，40 年间猕猴桃产业得到了快速发展。对湘西的猕猴桃研发历史做一回顾，具有重要的价值。湘西猕猴桃研发最早始于 20 世纪 80 年代初，当时桑植县（现属张家界市）即已有猕猴桃种植，1982 年曾报道从野生中华猕猴桃中选育出红果（红心）猕猴桃[1]，并推出了猕猴桃果汁和罐头；但规模性的猕猴桃研发始于 1982 年的吉首大学，1995 年推出的美味猕猴桃品种'米良 1 号'成为湘西的主栽品种。至 2017 年底，湘西州各品种猕猴桃的种植面积超过 17 万亩，其中'米良 1 号'达 15 万亩，形成了以永顺松柏、凤凰廖家桥等地为代表的主产区。1997 年由中国中小企业投资有限公司和吉首大学等单位筹资组建了湖南老爹农业科技开发有限公司，开始进行猕猴桃产品的精深加工，"老爹"猕猴桃果汁等系列产品曾风靡一时。30 多年来，湘西猕猴桃加工产业经历了发展、缓速和回暖阶段，但种植规模始终逐年增加，湘西州也始终为湖南省和全国重要的猕猴桃主产区和集散地。

1　湘西州猕猴桃的品种选育和栽培推广

1.1　米良 1 号（美味猕猴桃，1982～1995 选育）

被湘西人誉为"猕猴桃之父"的吉首大学生物系石泽亮教授，1981 年参加郑州"全国果树研究研讨会"，了解到新西兰猕猴桃'海沃德'的信息，萌生出研发本地猕猴桃的念头，遂与同事刘泓、裴昌俊组建了湘西猕猴桃研究组。通过在各县张贴"高价收购鸡蛋大小的野生猕猴桃"的告示，鼓励群众报优。1982 年在村民帮助下，于凤凰县米良乡东吉村一座悬崖边找到了大果实猕猴桃母株，并对之观察记录。1984 年初，研究组分别向湘西州科技局和吉首大学申请了 500 元和 1 500 元课题经费，建立了两亩试验园，成立了吉首大学猕猴桃研究所。

1985 年对该优株进行无性繁殖,年末建立栽培试验园。同时选择多个野生雄株作为授粉树。1986 年初在试验园定植母株'米良 1 号'和雄株无性系'帮增 1 号'子代,开始生产示范。1987 年部分始花,1988 年普遍结果,当年平均株产 13.9 kg,1989 年达 30.4 kg,1990 年达 37.4 kg。1988 年石泽亮个人贷款 5 万元对其深入研发。1989 年 10 月通过湘西州品系鉴定,1995 年 1 月通过湖南省品种审定[2]。这在当时填补了我国南方没有优良美味猕猴桃品种的空白,并因此成为农业部指定的全国猕猴桃基地重点推广的品种之一。

'米良 1 号'在品种研发早期即实行小规模试种和示范推广。1990 年在龙山里耶镇、吉首马颈坳镇开始区试与示范种植,1992 年扩至保靖毛沟镇,同年省内外科研单位开始从吉首大学引种苗木。1993 年后湘西州各县均有引种试种,龙山县面积达 500 余亩。常德、怀化、邵阳、长沙,以及浙江、江苏、上海、湖北、四川、广西等十多个省区市也开始引种'米良 1 号'。至 1995 年,湘西的种植面积已超过 1 万亩,遍及湘西州、怀化和常德地区。其中 1991~1995 年龙山的桶车、长潭等乡累计推广 6650 亩,至 1995 年挂果 1500 余亩,产量达 10 多万公斤,实现产值 40 余万元,获利 10 万元,产品远销广州、深圳等地。1996 年国务院扶贫办在花垣、永顺等县陆续投入 600 万元扶持发展猕猴桃。1997 年 10 月,凤凰县猕猴桃示范户丁清清等将 50 000 kg 猕猴桃销往广州,成为湘西猕猴桃大规模外销的首例。1997 年湘西猕猴桃得到联合国 1997~2000 年计划援助署中国项目"湖南农村可持续发展"项目的资助。2007 年'米良 1 号'猕猴桃通过了国家质量监督检验检疫总局颁布的"湘西猕猴桃地理标志产品保护",使其获得了知识产权保护。目前'米良 1 号'已被全国 10 多个省份引种,种植面积达 30 余万亩。石泽亮等还根据生产需要,于 1995~1999 年培育出富硒猕猴桃类型,2001~2006 年培育出用于提取猕猴桃籽油的多籽猕猴桃。'米良 1 号'先后获得国家"优秀新产品奖"、农业部"希望奖"、湘西自治州科技进步奖一等奖、湖南省科技进步奖三等奖等。

猕猴桃产业已成为湘西"富民强州"的支柱产业,如种植大县永顺县 2015 年产猕猴桃 55 000 t,销售收入 2.1 亿元,其中松柏镇种植户收入在 10 万元以上的即达 369 家。至 2017 年底,猕猴桃已涵盖湘西州 8 县市 40 个乡镇近 300 个村,面积达 171 145 亩,其中'米良 1 号'占 15 万余亩,带动了湘西州及周边武陵山区 20 多万农民脱贫致富。

表 1 湘西州猕猴桃种植现状(至 2018 年 1 月)

县 市 (总面积/亩)/(挂果面积/亩)	乡镇	面积/亩	乡镇	面积/亩	品 种	备 注
永顺县 95 000 / 60 000	松柏	35 000	高坪	31 000	米良1号、红阳、金艳	1995年最早种植800亩; 2017年总产量6×10⁴ t; 网络销售
	石堤	12 000	芙蓉	10 000		
	灵溪	1 000	其他	6 000		
凤凰县 55 400 / —	廖家桥	16 000	阿拉	9 500	米良1号(4.3万亩)、 红阳(1.2万亩)、 米良2号(2亩)、湘碧玉(2亩)、贝木(2亩)	旅游鲜销,外地厂商进货,网络销售
	落潮井	9 000	沱江	5 500		
	林峰	4 000	新场	2 600		
	山江	1 400	麻冲	1 000		
	腊尔山	1 000	吉信	1 000		
	竿子坪	1 000	木江坪	1 000		
	千工坪	700	禾库	700		
	两林	500	水打田	500		

县　市 (总面积/亩)/(挂果面积/亩)	乡镇	面积/亩	乡镇	面积/亩	品种	备注
保靖县 5 900 / —	毛沟	2 500	水田	200	米良1号, 翠玉, 红阳, 金艳	迁陵镇含陇木峒村300亩, 那铁村300亩, 扁朝村400亩
	复兴	1 000	阳朝	500		
	迁陵	1 200	碗米坡	500		
龙山县 4 000 / —	桶车	—	里耶	—	米良1号（3 500亩）、红阳（500亩）	
古丈县 3 800 / 800	数据暂缺				米良1号、红阳、黄肉、米良2号、湘碧玉、贝木	200～300亩水杨桃砧木; 2017年总产量15 t; 电商销售
花垣县 3 800 / 1 200	双龙	2 600	花垣	1 200	金梅 东红	2018年春种植2 600亩
	龙潭					
吉首市 1 845 / 1 730	寨阳	420	丹青	300	米良1号, 红阳, 米良2号、湘碧玉、贝木	鲜销、网络销售
	马颈坳	300	市区	245		
	白岩	400	双塘	200		
泸溪县 1 400 / 400	武溪	200	洗溪	200	红阳	鲜销、网络销售
	达岚	1 000				

1.2　米良2号、湘碧玉、贝木的选育和示范（2003～2017）

2012 年 12 月由刘世彪、向小奇、田启建等教授将吉首大学猕猴桃研究所重组为武陵山猕猴桃研究中心，在栽培技术、生理生态和分子生物学等方面开展工作，在课题立项、论文发表、专利获取等方面取得了一系列的成果。中心在石泽亮指导下选育出 3 个植物新品种并在湖南省内外初步推广；中心在猕猴桃种植技术服务和科技扶贫方面开展了大量工作，取得了显著的社会和经济效益。

1.2.1　米良2号（美味猕猴桃）

2004 年在永顺松柏镇'米良1号'园中发现芽变枝，其果实9月下旬成熟，比'米良1号'早熟 10～15 d。2005～2007 年从芽变枝上取接穗高位换接，2009 年又将嫁接苗定植于吉首市健身坡猕猴桃实验园，2012～2013 年进行系统观测记录。2014 年由田启建等向农业部申报植物新品种权，2017 年获得授权。该品种果实外形与'米良1号'相近似，长圆柱形，上下端收缩，果喙突起，但成熟期早，果肉绿色，甜度更高，适于鲜食。适于在低中海拔地区种植。

1.2.2　湘碧玉（美味猕猴桃）

2003 年秋在保靖吕洞山区发现'湘碧玉'猕猴桃的原始雌株。2004～2007 年嫁接并栽培于健身坡猕猴桃实验园。2011～2013 年进行观测记录。2014 由向小奇等申报植物新品种权，2017 年获得授权。该品种树势旺，抗逆性强，产量高，果实短圆柱形，果喙凹陷，刚毛明显，果实特大。果肉碧绿，适于加工。适于中高海拔地区种植。

1.2.3　贝木（中华猕猴桃）

2008 年初在保靖吕洞山区发现少毛黄肉猕猴桃，采集接穗后嫁接。2009 年将苗木定植于实验园，2011 年开始结果，从 2013 年起系统观测。2016 年由刘世彪等申报植物新品种权，

2017 年获得授权。该品种果实圆柱形，果皮绒毛弱，果实大，产量高，黄肉，中晚熟，耐贮藏，适于鲜食。适于在中海拔地区种植。

1.3 湘州 83802 少籽猕猴桃（美味猕猴桃，1983～1990）

湘西州农科所武吉生等[3]根据凤凰腊尔山乡岩坎村龙玉儒的报优，于 1983 年秋剪取接穗，以中华猕猴桃为砧木繁殖苗木，1985 年定植并配栽'T1426'雄株。经过 5 年观察，该品种结果早，种子少，27～33 粒/果。果实卵圆形至扁圆形，平均单果重 56.6 g，果肉黄绿，质地细果汁多，酸甜适度，香气浓郁，鲜食无种子感，适口性佳。10 月上旬成熟，采收后鲜果在室温下可贮存 15～25 d。1990 年 12 月通过湖南省级鉴定。多年来没有推广。

1.4 湘吉（美味猕猴桃，2000～2011）和湘吉红（中华猕猴桃，2006～2016）

吉首大学裴昌俊等选育的两个无籽猕猴桃品种。20 世纪 80 年代初在湘西野生猕猴桃中发现无籽株系，2000 年采取接穗高位嫁接，2002 年开始结果。其雌株不需要配雄株授粉，具有单性结实特性，果实无籽[4]。但若在花期授粉也会有籽。果实短圆形或卵圆形，果肉黄绿，肉质细嫩香甜，平均单果重 50 g。2008 年申报国家植物新品种权，2011 年授权。由于果实小产量低，贮藏期短，难以在生产中推广。笔者认为，'湘吉'无籽猕猴桃与'湘州 83802'少籽猕猴桃的原始母株本应属于同一株系或极近似株系，田间表现类似，生产价值低，但可作为选育种的种质资源。

1.5 水杨桃（对萼猕猴桃，2000～2010）

吉首大学石泽亮等人最先推出的抗水涝砧木品种。'水杨桃'果实不宜食用，但其根系发达，特耐水涝。以其作砧木嫁接猕猴桃的亲和性好，抗水淹促增产，使猕猴桃可以种植在原水田和低洼改造地中。这一技术已在湘西州及湖南省内外广泛推广，反响极好。

湘西州在推广'米良 1 号'的同时，也积极引入外来品种如'红阳''东红''翠玉''金艳''金梅''黄金果'等，整体表现不错，各有差异。其中'红阳'在凤凰、永顺和泸溪栽培较多，但其易感染溃疡病，在各地果园时有暴发，如 2006～2008 年由香港日升公司在永顺县石堤镇毛土坪村将 2 500 亩'米良 1 号'改接为'红阳'，挂果两年后果园染病毁灭，只得又改回'米良 1 号'。目前吉首大学和湘西职业技术学院正在从事抗溃疡病砧木的选育工作。

2 湘西猕猴桃的精深加工

2.1 湘西猕猴桃精深加工简史

随着猕猴桃种植面积的扩大，果实需要就地消化。湘西猕猴桃的精深加工和规模销售始于 1997 年，由中国中小企业投资有限公司、吉首大学等单位筹资组建了湖南老爹农业科技开发有限公司。1998 年湖南老爹农业科技开发有限公司采用"公司＋大学＋农户"的模式，在张永康、姚茂君、李加兴等教授指导下，生产出"老爹"和"绿也"猕猴桃全果、全汁、果片、果汁、金果、果王素等 10 多个品种。公司于 2000 年经湖南省政府批准为股份公司，注册资金 5212 万元，总资产 1.6 亿元，员工 297 人。2002 年 9 月，老爹公司在吉首举办了世界猕猴桃大会，多名外籍专家给予老爹公司高度评价。2003 年组建了湖南省猕猴桃产业化工程技术研究开发中心，研发实力进一步加强。公司鼎盛时期将猕猴桃开发成果王素、祛斑油、果汁、果脯、果酒、果籽饼干等 4 大类 35 个系列产品，建有 100 t 果王素，10 000 t 果汁，1 000 t 果脯、果籽饼干，10 t 猕猴桃祛斑油等多条生产线，精深加工水平国际领先。公司拥有自营进出口权，企业和相关产品通过了 ISO 9001:2000、GMP 等多种产品和名牌认证，多次获得国家和省级各类奖项，公司也发展成为农业产业化国家重点龙头企业、国家扶贫龙头企业、全国农产品加工示范企业、全国农产品加工创新机构、全国经济林产业化示范企业、全国工业旅游示范企业等，朱镕基等中央领导和 300 多位省部级领导相继来公司视察。

2011 年吉首大学从公司中退出股份，公司引入新的战略合作伙伴，重组为湘西老爹生物有限公司，注册资金 8 200 万元，经营业务从猕猴桃产业扩张至杜仲及其系列产品的生产、加工、销售、研发及相关技术成果的转让等。2015～2016 年公司实施代加工方式，与全盛时期相比，公司对猕猴桃的收购、加工和销售能力均有所下滑。2013 年以来湖南湘投控股集团有限公司等与老爹公司合作，相继向其注资 6 000 万元用于产业升级，以期进入新的发展时期。

2.2 湘西猕猴桃主要产品简介

2.2.1 富硒猕猴桃果汁

1998 年初开始猕猴桃果汁和果酒试制项目，11 月被列为全国光彩事业重点项目。1999 年 8 月果汁投入中试生产，产品独具风格。1999 年 10 月通过湖南省科技厅成果鉴定，产品填补了国内空白。2004 年 3 月，万吨果汁生产线建成投产。2005 年开发出猕猴桃果粒果汁，成为饮料市场主打产品。

2.2.2 猕猴桃果脯、果籽饼干

2004 年猕猴桃果脯、果籽饼干、果糕等系列休闲产品开发成功并投产，上市后获得消费者和旅游者的青睐。猕猴桃果脯加工新技术采用糖制新工艺，产品顺利通过了 QS 认证、ISO 9000 体系认证。

2.2.3 猕猴桃籽油

针对猕猴桃果汁利用后剩下的种子，1999 年即开始对猕猴桃籽油高效提取工艺、精炼工艺、成分分析、生物活性物质成分与保健功能、包装工艺等进行研究，当年利用小试设备生产出 1 500 kg 猕猴桃籽油软胶囊（果王素）。2001 年被卫生部正式批准为国产保健食品。此后相继研发出超微细猕猴桃籽油和猕猴桃籽油祛斑护肤产品，并获得护肤品生产许可证和卫生许可证，被批准为具有祛斑功能的特殊化妆品。

2.2.4 猕猴桃鲜果处理及深加工机械装置

2005 年，鲜果专用切片机械和猕猴桃取籽装置研制成功，自动切片机的单机切片能力达 3 000 kg/h，可取代近 230 个劳动力；取籽装置对果籽的提取率由传统手工劳动力的 6‰ 提高到 8‰，单机可取代劳动力 150 人。它们填补了国内外空白，提高了生产效率，降低了成本。

以上为近 40 年来湘西猕猴桃发展的简易回顾，其中既有显著的成绩，亦有明显的不足。今后发展猕猴桃产业，一要立足区位优势，科学合理布局种植地域和品种，二要规范培管技术，提高产品质量，三要政府重视支持，促进产业发展，四要依托龙头企业，延长产业链条，五要拓展销售渠道，宣传区域品牌。落实这些措施将有助于将湘西猕猴桃产业推上一个新的台阶。

参考文献　References

[1] 湖南省桑植县农业局. 红心猕猴桃. 植物杂志，1982（5）：27.

[2] 石泽亮，裴昌俊，刘泓. 美味猕猴桃优良品种'米良 1 号'的选育研究. 自治州科学技术进步奖申报书，1995.

[3] 武吉生，龙登云，刘意文. 少籽称猴桃新品种'湘州 83802'. 中国果树，1994（1）：22.

[4] 裴昌俊，向远平. 无籽猕猴桃新品系选育及其栽培技术. 吉首大学学报（自然科学版），2009，30（4）：107-108.

A Review of Kiwifruit Industry Development in Xiangxi

LIU Shibiao[1]   FU Guiying[1]   XIANG Xiaoqi[1]

TIAN Qijian[1]   LI Jiaxing[1]   PENG Jimiao[2]

（1 Kiwifruit Research Center of Wuling Mountain Area, Jishou University   Jishou   416000;

2 Agricultural Committee of Xiangxi Tujia & Miao Autonomous Prefecture   Jishou   416000）

Abstract   The kiwifruit industry development in Xiangxi in western Huan was reviewed in this paper. The kiwifruit research and exploitation was conducted initially in 1982 by the kiwifruit research team in Jishou University who selected and released the cultivar *Actinidia deliciosa* 'Miliang-1', which was planted extensively to 10 000 hectares in Xiangxi Tujia & Miao Autonomous Presfectur till 2017. Thereafter, new plant varieties including 'Miliang-2', 'Xiangbiyu' and 'Beimu' were released sequentially. The total planting area of the above cultivar and varieties, as well as some introduced cultivars arrived at 11 333 hectares. As for kiwifruit deep processing, Hunan Laodie agricultural technology Co., Ltd was found in 1997 and became the leading enterprise for producing 35 series products belongs to 4 types, such as kiwi essence, freckle-dispelling oil, fruit juice, preserved fruit, fruit ratafee, seed crackers ect, and made a contribution to the local kiwifruit production for removing fruit overstocking and increasing additional value.

Keywords   Xiangxi   Kiwifruit   Production   Review

永顺县猕猴桃产业发展现状与思考

彭俊彩

（永顺县人民政府　湖南永顺　416700）

摘　要　永顺县位于湖南省西北部，湘西土家族苗族自治州北部，为典型的山区农业生产大县和国家级贫困县。自 20 世纪 90 年代以来，永顺县委、县政府充分发挥本地资源优势，按照"规模化种植、标准化生产、产业化经营"的农业产业化发展思路，着力推进猕猴桃产业建设，猕猴桃产业已逐渐成为永顺县农业增效、农民增收及农村经济发展的重要支柱产业，其发展规模已成为湖南省猕猴桃产业第一大县、全国第九大县，在省内外具有一定的影响力。本文针对永顺县猕猴桃产业最新现状，分析产业优势与制约因素，就如何扬长避短，开创永顺猕猴桃产业振兴的新局面，更好发挥其在脱贫攻坚、乡村振兴中的支撑作用，提出意见与建议。

关键词　猕猴桃　永顺县　产业　现状

永顺县位于湖南省西北部，湘西土家族苗族自治州北部，土地面积 3 811.7 km²，辖 23 个乡镇 303 个村（居）委会，总人口 54 万，其中以土家族为主的少数民族人口占总人口的 91.9%，有耕地 58.8 万亩，为典型的山区农业生产大县及深度贫困县。自 20 世纪 90 年代以来，永顺县委、县政府充分发挥本地资源优势，按照"规模化种植、标准化生产、产业化经营"的农业产业化发展思路，着力推进猕猴桃产业建设，猕猴桃产业已逐渐成为永顺县农业增效、农民增收及脱贫致富的重要支柱产业。

1　永顺县猕猴桃产业发展现状

1.1　生产基地建设初具规模

自 1996 年以来，永顺县依托山区资源优势，先后与吉首大学、老爹公司、湖南省农科院及湖南农业大学联姻，采取"公司＋基地＋农户"的模式，在松柏、石堤、芙蓉、高坪 4 个乡镇开发种植猕猴桃 9.5 万亩，成为全国第九大猕猴桃主产县。永顺县猕猴桃种植面积拟在"十三五"末达到 12 万亩。全县已建立无公害猕猴桃基地认定 3.5 万亩，组建了乌龙山、鸿丰等猕猴桃专业合作社 46 家，建成 22 个猕猴桃专业村。

1.2　经济效益初步显现

2017 年，收获猕猴桃总产量 6.2×10^4 t，销售均价为 3.0 元/kg，最高销售价 4.2 元/kg，实现销售收入 1.9 亿元，带动近 1.5 万人稳定脱贫。

1.3　销售渠道较有保障

通过协会组织、产业大户、销售经纪人联络衔接，各地客商纷纷前来产地上门收购，永顺县猕猴桃销售形势逐年看好，产品深受消费者青睐，呈现供不应求局面。特别是近年来电商销售势头十分看好，进一步拓宽了猕猴桃销售渠道。永顺县猕猴桃鲜果外销占全县猕猴桃总销量的 90% 以上，产品加工约占 10% 左右，果品主要销往长沙，及上海、浙江等地。

1.4 农户种植热情高涨

近年来，猕猴桃逐步发展成为永顺县中高海拔地区"致富果"和"摇钱树"，许多农民通过种植猕猴桃实现了脱贫致富奔小康的目标。据调查，全县种植猕猴桃 100 亩以上大户有18 户、50 亩以上有 69 户，户均收入在 10 万元以上的 476 户，松柏镇心印村、坝古村猕猴桃种植面积均在 5 000 亩以上，户均猕猴桃收入达到 10 万元以上。随着猕猴桃种植效益的不断攀升，农户开发种植热情不断高涨，2010 年永顺县猕猴桃种植面积为 5.5 万亩，2012 年扩大到 6.3 万亩，2013 年扩大到 7.2 万亩，2015 年扩大到 8.3 万亩，2017 年扩大到 9.5 万亩，产业规模逐步壮大。

1.5 产业素质不断提升

（1）成立了永顺县猕猴桃研究所，建立了永顺县猕猴桃野生资源保护区与猕猴桃品种与技术试验示范基地；加入了全国猕猴桃产业技术创新战略联盟；与湖南省农科院、湖南农业大学、吉首大学等学术界、产业界建立了友好协作关系。

（2）引进国家级龙头企业湘西老爹生物有限公司总部进驻永顺县芙蓉镇。

（3）以高坪乡万亩猕猴桃生态示范园为首的猕猴桃标准示范园如雨后春笋，层出不穷。

（4）冷链物流体系建设与品牌打造正成为产业开发的重点予以强有力的推进，已形成两万余吨的冷链仓储能力，打造国家地理标志及绿色食品认证产品 4 个，产品多次获各级农产品博览会金奖。

（5）科技、电商、大数据、可视农业等为猕猴桃产业健康发展提供了强有力的支撑。

2 永顺县猕猴桃产业发展的优势及制约因素

2.1 发展优势

（1）永顺县气候适宜，有利于猕猴桃生长。国内外研究资料表明，猕猴桃在以北纬23° ~ 34° 的温暖地带和亚热带、海拔 400 ~ 800 m 的地区较为适宜，尤其以较高海拔和气温 16 ~ 28℃ 之间的温暖湿润地区最为适宜。永顺属中亚热带山地季风气候，具有温暖湿润、四季分明、冬无严寒、夏无酷暑、雨量充沛、热量充足的特点。

（2）土地资源丰富，猕猴桃发展潜力巨大。永顺县总面积 3 811.7 km^2，位居全省第七位，有耕地面积 58.8 万亩（稻田 45.1 万亩，旱地 13.7 万亩），在山地资源中可待开发的后备土地资源丰富，且地势平坦、土层深厚肥沃，有机质含量较高，pH 值在 5.5 ~ 7 之间，有效养分含量较多，且土壤富含有机硒，种植猕猴桃的土地条件好，有利于增产、丰产，形成特色地方经济。

（3）劳动力资源丰富，有利于扩大种植面积。根据统计数据表明，永顺县总人口 54 万，每年城镇新增劳动力约 2 000 人，农村新增劳动力约 5 000 人，全县外出务工 11 万多人，域内就地就近务工约 1.2 万人。但目前就业越来越难，因此进行猕猴桃产业开发，建立猕猴桃生产加工基地，不仅有充裕的劳动力保障，而且为解决贫困地区剩余劳动力就业找到可靠的出路。

（4）市场容量大，猕猴桃发展前景广阔。永顺县猕猴桃主推品种'米良 1 号'为利用本地野生资源选育的特有知识产权品种，具有丰产性好、猕猴桃风味浓郁、耐粗放管理、高抗溃疡病等突出特点。单果重 100 g 左右、长椭圆形、肉质黄绿、酸甜可口、风味浓，可溶性固形物≥16%，维生素 C 含量高达 118 ~ 207 mg/100 g。永顺土壤中富含人体需要的微量元素硒，在这里生长的猕猴桃含硒量可达到 8 μg/kg，远高于其他地区猕猴桃 0.78 μg/kg 的含硒量。

2007 年 8 月，"湘西猕猴桃"获国家地理标志产品保护认证。目前人们崇尚天然，追求营养、健康已成为主流，猕猴桃作为营养保健食品，已成为国内外消费者青睐的水果佳品。

2.2 制约因素

（1）基础设施条件差。永顺县猕猴桃开发由于资金紧张，道路、灌溉等一些必需的基础设施尚未作考虑，虽然近期政府及各部门陆续投入部分资金修建了一些园区内的基础设施，但还是杯水车薪。全县现有猕猴桃果园灌溉设施建设滞后，猕猴桃生长全靠雨水，遇到七、八月份干旱年份，往往造成树叶枯萎、落果严重，损失较大。

（2）品种结构单一。目前永顺县仅有'米良 1 号'一个品种，虽然'米良 1 号'表现良好，产量高、抗性好，但在全国市场上属于价格较低的品种，而且上市时间集中，猕猴桃又不耐贮藏，致使客商进行价格打压，严重损伤果农利益，挫伤果农的积极性。有的果农自发地从外地引入'红阳'等品种，但挂果两年就开始发溃疡病，3～4 年后基本死完，导致'米良 1 号'上也感染了溃疡病，给猕猴桃产业造成了一定损失。

（3）技术操作不规范，标准化生产意识不强。从 2010 年开始，猕猴桃销售形势逐年看好，市场一直供不应求，一些种植户为了片面追求产量，大量施用化肥及膨大剂，导致猕猴桃的品质呈逐年下降趋势。早采现象较严重，采摘从七月中旬就开始，果实还处于膨大期，不能后熟，没有食用价值，影响了全县猕猴桃的声誉。

（4）产业化经营程度与知名度不高。永顺县猕猴桃种植多以散户为主，户均种植面积较小，加工、贮藏、冷链运输等能力滞后，产品多以鲜果销售为主，且销售时间过于集中，产业发展存在较大的市场风险。

3 永顺县猕猴桃产业发展思考

3.1 猕猴桃产业关键技术攻关

（1）猕猴桃新品种、新技术引进与示范。在石堤镇建设猕猴桃新品种引进及技术示范基地 100 亩，引进国内外主栽猕猴桃品种达 10 个以上，以绿肉品种为主，筛选出 1～2 个适宜永顺县推广的高产、优质、耐贮藏、高抗溃疡病的替代品种；展示当今国内外先进生产技术。

（2）猕猴桃品质与效益提升技术研究。近年来，猕猴桃品质明显下降，主要表现为果实风味变淡、色泽不佳；品质下降的主要原因有果园密闭、授粉不良、过量挂果、施肥与病虫害防治不科学、基本无灌溉、除草剂与膨大剂过量使用及早采等。通过仔细分析猕猴桃果实品质下降原因，提出了一系列标准化提质增效技术措施。

（3）以猕猴桃溃疡病为主的病虫害绿色防控技术研究。猕猴桃溃疡病是一种严重威胁猕猴桃生长的细菌性病害。树体感病后，遇到低温冻害、风雨天气，加之现阶段还没有可以根治的特效药物，就会造成病害流行，甚至毁园。重点针对猕猴桃溃疡病的发病原因和传播途径进行探讨，提出绿色防控措施，促进猕猴桃产业健康发展。

（4）仓储物流技术研究。合理规划，新建两万吨高标准冷藏与物流设施，对现有仓储的保管条件和设施进行大力改造；加大贮藏技术研究与培训力度，打造一批冷链物流企业与专业队伍，形成统一采摘、统一验收、统一管理、统一品牌、统一销售的良好格局，提高市场抗风险能力与竞争力。

3.2 产业体系构建与全产业链配套

（1）猕猴桃资源圃与苗圃基地建设。在主产区边缘选择合适地点建设猕猴桃品种资源与良种繁育基地 100 亩。主要内容是猕猴桃品种资源保护、无病毒母本园建设、现代化育苗（无毒设施育苗）工厂等，推进猕猴桃无病毒（菌）良种化和苗木生产标准化，促进猕猴桃产业健康稳步发展。

（2）科研示范基地与示范园区建设。在石堤镇建设猕猴桃科研示范基地 100 亩；以石堤镇、松柏镇、高坪乡、芙蓉镇为中心建立高标准千亩示范园 4 个，园区致力探索创新农业发展模式。

（3）仓储物流体系建设。永顺县猕猴桃产业做大做强，必须充分发挥企业与市场的主体地位。拟依托湘西老爹生物有限公司在芙蓉镇新建一个占地 150 亩、仓储能力两万吨的县级现代物流信息中心及三个乡镇级次中心。

（4）市场推广体系建设。在附近中心城市及主要消费城市构建线下猕猴桃销售体系，通过形象店、委托代理商、直销等方式，打通产品进市场、进社区、进超市、进机关、进校园等最后一公里；培优培强电商企业，构建猕猴桃线上销售体系。

3.3 品牌文化创建与宣传

通过举办不同形式的大小节会等途径，加大永顺猕猴桃宣传报道力度。鼓励企业及新型经营主体创品夺牌。结合示范园区建设，打造猕猴桃文化主题公园，并与土司文化进行深度融合，将猕猴桃原产地与土家文化发源地结合，形成永顺猕猴桃文化特色。积极引进知名企业，培育本地营销大户，促进猕猴桃精深加工，进一步延长产业链和提高猕猴桃产品的附加值。积极探索猕猴桃不同时节的观花、赏绿、采果等旅游产品，打造特色文化观光带或者园区。

Development Status and Consideration of Kiwifruit Industry in Yongshun County

PENG Juncai

（Yongshun County People's Government　Yongshun　416700）

Abstract　Yongshun County is located in the northwest of Hunan Province and north of Xiangxi Autonomous Prefecture. It is a typical mountainous agricultural production county and a national poverty-stricken county. Since the 1990s, the Yongshun County Party Committee and the county government have given full play to the advantages of local resources, and in accordance with the development strategy of agricultural industrialization of "scale planting, standardized production, and industrialized operation", efforts have been made to promote the construction of the kiwifruit industry, and the kiwifruit industry has gradually become The important pillar industry of agricultural efficiency, farmers income and rural economic development in Yongshun County has become the largest county in the kiwifruit industry in Hunan Province and the ninth largest county in the country. It has certain influence in and outside the province. Based on the latest status of the kiwifruit industry in Yongshun County, this paper analyzes the industrial advantages and constraints, how to develop strengths and avoid weaknesses, and create a new situation for the revitalization of the Yongshun kiwifruit industry, and better play its supporting role in poverty alleviation and rural revitalization, and provide opinions and suggestions.

Keywords　Kiwifruit　Yongshun County　Industry　Status

周至县猕猴桃贮藏保鲜产业的发展历程与展望

段眉会 [1,*] 曹改莲 [2,3] 孟军政 [2] 朱建斌 [4]

（1 陕西省周至县制冷气调工程学会 陕西周志 710400；2 陕西省周至国家级保护区管理局 陕西周志 710400；

3 陕西省周至县果业局 陕西周志 710400；4 陕西省周至县农业局 陕西周志 710400）

摘　要　陕西省周至县是享誉国内外的"中国猕猴桃之乡"，猕猴桃产业是引导农民脱贫致富奔小康的新型产业。本文综述了周至县猕猴桃贮藏保鲜业的发展历程，包括贮藏库的发展、贮藏保鲜技术的发展、营销状况与策略。进一步从开展贮藏设施升级改造、重视贮藏保鲜技术研发推广以及加强品牌建设等几个方面提出了周至县猕猴桃贮藏保鲜业的发展策略。

关键词　猕猴桃　贮藏保鲜　发展历程　发展对策

享誉国内外的"中国猕猴桃之乡"的周至县，地处陕西省八百里秦川腹地，地理位置、土壤气候条件均为猕猴桃的最适生长区。1992 年周至县委、县政府决定将猕猴桃生产作为引导农民脱贫致富奔小康的新型产业，经过二十多年的艰苦努力，产业得到发展，依山、临路、沿河筑起了百里猕猴桃绿色长廊。现在全县种植猕猴桃面积已达 41.6 万亩，挂果面积 35 万亩，年鲜果产量 49 万吨，猕猴桃年产值 30 亿元。全县建成贮藏保鲜冷库 2600 座，其中千吨以上气调库 26 座，年贮藏能力 30 万吨，贮藏保鲜业已成为猕猴桃延长产业链提高附加值的新亮点。

1　周至县猕猴桃贮藏保鲜业的发展历程

1.1　贮藏库的发展

猕猴桃为多汁浆果，产后极易变软腐烂，果实采收借助贮藏保鲜技术，才能达到季产年销，延长供应期。1993 年，陕西省科技厅中华猕猴桃科技开发公司率先在周至县辛家寨建成800 t 猕猴桃专用冷库。1994 年该冷库在中国林业科学院贮藏保鲜专家王贵禧博士指导下，采用大帐对'秦美''海沃德'猕猴桃进行气调贮藏保鲜并获得成功。随后，县供销联社在猕猴桃产区司竹、青化、终南、马召等基层供销社内兴建冷库，进行低温＋大帐气调贮藏猕猴桃，总库容量约 8000t。同时期，县农业、林业、水电、商业等部门也积极投入资金纷纷建成较大规模的冷库，总库容量 15000t。冷库建设带动了猕猴桃种植业的快速发展，栽培面积逐年扩大，产量逐年上升，加之国内市场的逐渐开拓，消费需求进一步增加。周至县委、县政府专门制定了《关于兴办猕猴桃贮藏加工企业的优惠政策》，大力支持果库建设，极大地调动了投资兴建冷库的积极性。社会各界果商都不断投资兴建冷库，富裕起来的果农也积极参与冷库建设。最近几年，周至县政府有关部门扶持引导兴建现代化千吨冷库或气调库（CA）二十多座，分布在全县乡村。据调查，目前周至县贮藏保鲜库的现状是：冷藏库数量多，气调库少；中小型库多，大型库少；技术、设备一般（甚至较差）的多，技术、设备好的少。多数贮藏库的运营还没有真正取得很好的经济效益，而且硬件设施出现故障引发贮果质量损

---

*第一作者，男，1963 年生，大专毕业，西安市京秦猕猴桃技术服务部，高级农艺师，电话 13571993039，E-mail: duanmeihui@126.com

失率高达 35% 左右。

1.2 贮藏保鲜技术的发展

周至县猕猴桃贮藏业发展初期，虽然气调库和冷藏库发展迅速，但学习先进保鲜技术的意识不强，真正掌握并灵活运用的更少，简单地认为只要将猕猴桃收进库，自然就能达到保鲜的目的。不知贮藏保鲜是一项系统工程：果实入库前需要预先提前 2~3 d 降库温至 0~-2℃，果实采收还要测定成熟度指标；科学掌握采摘时期，采后果实要在 24 h 内入库降温预冷、杀菌、防腐以及针对不同贮藏时期（前、中、后）科学调控保鲜温度、湿度、气体浓度等关键工艺参数，等等。这些重要因素和控制技术不熟悉，甚至不了解，造成贮藏果实在库中发生软化腐烂。

贮藏猕猴桃初期由于以上技术和环节因素的管理不到位，贮藏库损失惨重，触目惊心，造成全县 80% 的冷库亏损。例如 1999 年猕猴桃入冷库后很快变软，出后很快腐烂，直接经济损失高达 8 000 万元；2002 年，猕猴桃贮藏的腐烂损耗率平均在 30%~40%，最高的达到60% 以上，最低也在 10% 左右；2005 年普遍提前采收，全县冷库在 10 月 9 日收购基本结束，而此时，正是通常年份开始收购的时节，结果有 50% 的冷库贮存果发生严重冻害，出现了"硬库"现象，在春节前后，多数冷库腐烂率高达 50% 以上，出现严重的经济亏损。以上的情况在 2007 年以前屡屡出现。

2007 年以后，大多数冷库开始重视保鲜技术学习和研究，不少冷库结合多年实际操作总结摸索出一整套自己管理方法和工艺参数，懂得贮藏保鲜是一项系统工程，设备和保鲜工艺技术必须配套使用才能收到理想效果。目前，全县 40% 的贮藏库采用低温（0℃±0.5℃）高湿冷藏保鲜技术；60% 的贮藏库采用冰温（果肉冰点 + 0.6℃）高湿保鲜技术；有些还采用冰温 + 大帐气调贮藏保鲜技术。

1.3 营销状况与策略

在猕猴桃产业中全县从事营销活动的经纪人约有 5 000 多人。因贮藏库缺乏自主营销能力，猕猴桃销售主要是靠等客商上门。针对国内猕猴桃消费热由北京、哈尔滨、上海等大城市兴起的实际情况，周至县委、县政府组织精兵强将先后在北京、天津、上海等城市举办猕猴桃促销信息发布会，走出去开展推介宣传，设立周至猕猴桃专营店，积极组织参加国内一系列展销会、博览会、评奖活动等，并成功举办了多届中国西安猕猴桃暨名优果品展销订货会。通过宣传促销，提高了猕猴桃的知名度，使周至成为全国最大的猕猴桃销售集散地，猕猴桃销售网点遍及全国各地，打开猕猴桃销路，摆脱地摊经营，走进了水果超市，由北方市场拓展到南方市场，由国内市场打入了国际市场。大型贮藏保鲜企业在国内批发专业市场及超市都设有销售网点，电子商务营销队伍逐渐形成。目前国内超市销量占总销量的 40% 以上，网上销售量约占总量 2%~3%，出口销售量约占总销量的 1% 左右。

2 周至县猕猴桃贮藏保鲜业的展望

2.1 开展贮藏设施升级改造，提高贮藏产品质量

随着人民生活水平的提高，国内市场对果品质量的要求越来越高。对国际市场而言，随着中央提出的"一带一路"建设，将加大猕猴桃进入国际市场的机会和份额。周至猕猴桃如何在国内外市场竞争中趋利避害，掌握主动，对猕猴桃贮藏业来说，提高贮藏技术，提供国内外市场认可的商品质量是关键。气调贮藏是目前世界公认先进贮藏技术，是保障贮藏产品保鲜质量的有效手段。果品气调库用于商业贮藏在国外已有 70 多年的发展史，在一些发达国

家已基本普及，欧美一些发达国家每年大约有 80%～90% 果品采用气调贮藏保鲜。新西兰猕猴桃气调贮藏为总产量的 30% 以上，而且经过气调贮藏的果品价格可上浮 30%～40%。1994 年，陕西省科技厅猕猴桃科技开发公司在周至辛家寨冷库采用大帐气调贮藏猕猴桃'秦美''海沃德'获得成功。随后扩建、新建冷库，采用在冷库中使用大帐的方式进行气调贮藏猕猴桃，年贮藏能力达 3 000 多吨，取得了较好的经济效益。20 世纪 90 年代，全县建成带有大帐气调贮藏的冷库 70 多座。由于缺乏贮藏保鲜知识和管理技术，使用过程中问题不断，后期基本都当作普通冷藏库使用。将这些贮藏库进行技术改造，更新设备，采用全自动气调设备，实现库内大帐气体成分智能化管理，升级成为猕猴桃贮藏保鲜的先进设施。充分发挥大帐气调和新建（CA）气调库的作用，是目前周至猕猴桃贮藏业与国际猕猴桃贮藏技术接轨，提高贮藏保鲜质量的行之有效的途径，应成为周至县近期猕猴桃贮藏保鲜业发展的方向。

2.2 重视贮藏保鲜技术研发推广

目前猕猴桃采后大批量商业贮藏保鲜方法主要有冷藏、气调贮藏（MA 或 CA 贮藏）。冰温贮藏是控制精准贮藏温度的冷藏技术，对猕猴桃贮藏保鲜效果明显。冰温贮藏猕猴桃在国内始于 2006 年，天津商学院与日本大青工业株式会社共同开展的"冰温技术运用"课题研究，猕猴桃的冰温贮藏保鲜试验研究获得了成功。随后 2007 年，周至县制冷气调工程协会课题组科研团队和陕西省猕猴桃科技开发公司冷库技术人员共同合作，历时 7 个贮藏年度，开展应用冰温与低温两种温度贮藏猕猴桃的对照试验探究。结果表明：利用冰温保鲜技术可以明显抑制果实病害发生，降低果实软腐率。冰温贮藏相对于普通冷藏有效地降低了果实呼吸强度，抑制了果实的新陈代谢，更好地保持了果实原有品质、风味，延长保鲜期。

2.2.1 冰温与低温贮藏对猕猴桃果实发病率的影响

普通低温冷藏果实病害发生早，一般出现两次发病高峰，第一次约在贮藏 35 d 左右，第二次约在 60 d 左右。以发病率 < 2% 为控制点，普通冷藏果实贮藏最多 3 个月。"冰温 +"大帐气调贮藏果实病害发生延迟，没有明显的发病高峰，一般每年贮藏期都可达 6 个月以上。

2.2.2 冰温与低温贮藏对猕猴桃果实软腐烂率的影响

图 1 说明，"冰温 +"大帐气调贮藏猕猴桃软腐烂率每年度均 < 5%，而低温普通冷藏这几年软腐烂率 8%～25%，而且贮藏期间"窝里烂"常有发生。课题组每年对普通低温冷藏库进行问卷调查质价比，从百座冷藏库主问卷调查结果的质价比统计分析，得出猕猴桃质价比的软腐烂率警界红线 < 8%。

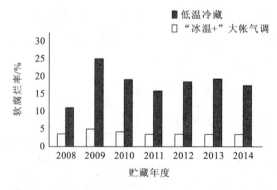

图 1 冰温与低温贮藏对猕猴桃果实软腐烂率的影响

2.2.3 冰温与低温贮藏对猕猴桃可溶性固形物和硬度的影响

果实可溶性固形物含量和硬度不仅可以作为果实采收成熟度的重要指标，而且也是反映果实在贮藏期内品质特性的关键监测指标。试验结果表明，果实在整个后熟过程中可溶性固形物（SSC）含量持续上升，而果实硬度逐渐下降。但不同贮藏温度的保鲜实验，对猕猴桃果实的可溶性固形物含量升高和果实硬度的下降速度不同，在冰温条件下贮藏的果实由生硬酸变成可食果（销售果）需要的时间比普通低温条件下可延缓 1.5 倍（图 2）。

2.2.4 冰温与低温贮藏对猕猴桃果实呼吸强度的影响

温度是影响贮藏鲜果生理变化的首要因素，在一定温度范围内，贮藏鲜果的呼吸强度随着环境温度的降低而减弱。由图 3 可见，冰温贮藏（预冷温度 0～-0.4℃，贮藏前期温度 -0.2～-0.6℃；中期温度 -0.4～-0.8℃，后期温度 -0.6～-1℃）比普通低温贮藏（0℃±0.5℃）明显抑制了果实的呼吸强度，降低果实体内一系列生理的变化和营养物质的消耗，从而延长果实的贮藏期。温度在贮藏保鲜所有措施中，占约 70% 以上的影响比重。科学测定：果品在适宜贮藏温度以上，温度每上升 1℃，呼吸强度增大 1～1.5 倍，温度偏离果实冰点温度以上越大，果实呼吸强度越大。普通低温贮藏果实的后熟作用比冰温贮藏快一倍左右。

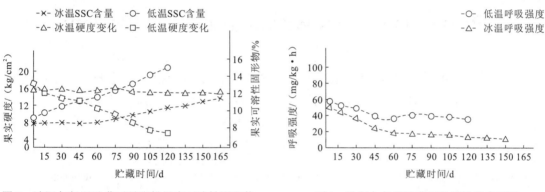

图 2　冰温与低温贮藏对猕猴桃果实可溶性固形物
　　　和硬度的影响

图 3　冰温与低温贮藏对猕猴桃果实呼吸
　　　强度的影响

2013 年，周至县农业机械化学校与周至县制冷气调工程协会以此项技术为主共同申报的"猕猴桃贮藏保鲜工艺研发推广"，获得陕西省农业技术推广成果奖三等奖。陕西省及周至县各级政府支持获奖单位推广贮藏保鲜技术，为猕猴桃产业的补短板贡献科技力量。强化周至猕猴桃试验站和周至县制冷气调工程协会的职能，加强产业研究合作，深化对猕猴桃产业中技术的研究，重视和加强新技术的示范推广应用，对推动周至乃至我国猕猴桃产业的良好发展具有重要意义。

2.3　加强品牌建设，提高经济效益

我国猕猴桃要以品牌取胜，目前无论从贮藏保鲜条件还是从果实品质来看，都没有优势可言。果农和果库都缺乏"标准化理念"和"质量意识"，所以果农"重产轻质"，果库"重收轻管"，西农大教授走访调查，周至猕猴桃果园优质果率 20%～30%；礼品标准果仅有 0.5% 左右，冷库出库商品果率 25% 左右。新西兰猕猴桃智能化精选分级商品果率达 90%，全部出口外销。世界各国都视猕猴桃品牌为生命，为了保证猕猴桃质量，新西兰出口猕猴桃日期由政府规定（一般在 5 月初），一定要在这天午夜后一分钟，猕猴桃才能装机运往欧洲各地。在荷兰还要特地为猕猴桃水果上市举行隆重的典礼。周至猕猴桃上市质量面临更严峻的挑战。

为此，县果业局与技术监督局都重新制定了与国际接轨的猕猴桃生产鲜果、贮藏、包装等标准，实施猕猴桃果实的标准化管理，对绿色有机猕猴桃走向世界水果市场尤为重要。

2.4 落实"一带一路"倡议，托起明天的朝阳

习主席提出"一带一路"倡议，为猕猴桃产业发展带来新的机遇。丝绸之路经济带沿线国家人口约占世界人口的 60%，市场规模和潜力独一无二，占全球经济总量的 30%。要落实"一带一路"建设的宏伟构想，让周至猕猴桃进入"一带一路"沿线各国水果市场。当务之急是尽快建立与实施猕猴桃果实全程质量控制的标准体系，密切注意沿线国家果品安全和质量标准变化动态，采取切实措施。开展 ISO 9000 等系列标准、GAP 标准和 HACCP 标准等认证，利用、维护、唱响周至"中国猕猴桃之乡"地方品牌，充分发挥品牌效益，促进猕猴桃产业的标准化、生态化、品牌化、产业化发展。抓住丝绸之路经济带各国贸易组织的大好机会，在国际市场真正地占有自己的一席之地，给猕猴桃产业带来更加可观的经济效益，让猕猴桃变成金周至养出的"金蛋蛋"，托起周至的美好明天。

Development Process and Prospect of Storage and Preservation of Kiwifruit in Zhouzhi County

DUAN Meihui[1]   CAO Gailian[2,3]   MENG Junzheng[2]   ZHU Jianbin[4]

（1 Institute of Refrigeration and Gas Transfer Engineering, Zhouzhi County   Zhouzhi   710400；

2 National Protection Zone Authority of Zhouzhi County   Zhouzhi   710400；

3 Bureau of Fruit Industry of Zhouzhi County   Zhouzhi   710400；

4 Agricultural Bureau of Zhouzhi County   Zhouzhi   710400）

Abstract   Zhouzhi County in Shaanxi Province is a 'hometown of Chinese kiwifruit', which enjoys a great reputation both at home and abroad. It is a new industry to guide farmers to get out of poverty and get rich to a well-off society. This article reviewed the development process of the storage and preservation of kiwifruit in Zhouzhi County, including the development of storeroom, the development of storage and preservation technology, the marketing situation and strategies. At the same time, it proposed the development strategy of the storage and preservation of kiwifruit in Zhouzhi County, upgrading the storage facilities, paying attention to the development and promotion of storage and preservation technology, strengthening brand construction.

Keywords   Kiwifruit   Storage and preservation   Development course   Development strategy

（二）猕猴桃种质资源与遗传育种

8个软枣猕猴桃在四川雅安的引种表现与标准化栽培技术

张勇[1]　范晋铭[2]　陈其阳[1]　祝进[3]　孔令灵[1]　汤浩茹[1,*]

（1 四川农业大学园艺学院　四川成都　611130；2 四川省益诺仕农业科技有限公司　四川雅安　625014；
3 四川省园艺作物技术推广总站　四川成都　610041）

摘　要　2012年，四川雅安开始从欧洲引种8个软枣猕猴桃品种，以期筛选出适应四川亚热带湿润寡日照气候的优良软枣猕猴桃品种。引进的软枣猕猴桃于2014年试花，2015～2017年连续三年观测各品种的物候期、生长结果习性、抗逆性和抗病性。结果表明，引进的8个软枣猕猴桃品种在四川雅安地区表现出丰产性好，果实品质优良，适应能力强，具有提早上市的优势。本研究总结并形成了该类软枣猕猴桃的标准化栽培技术，为四川及周边相似生态条件地区大面积种植和推广提供了依据。

关键词　软枣猕猴桃　引种表现　栽培技术

软枣猕猴桃（*Actinidia arguta*）为猕猴桃科猕猴桃属多年生落叶大藤本，雌雄异株。其典型特征是茎叶不具毛，浆果表面无斑点，属9种光果猕猴桃种类之一，具有很高的营养价值[1]。软枣猕猴桃广布于东北、华北、西北及长江流域，是猕猴桃属中在中国地域分布最广泛的种类之一，在朝鲜、日本、俄罗斯亦有分布[2-3]。我国软枣猕猴桃资源非常丰富，但一直以来有关猕猴桃属植物的研究多集中在新品种的选育及种间系统发育的研究[4-6]。由于软枣猕猴桃的营养、医疗、经济价值都很高，目前对软枣猕猴桃的开发与利用逐渐增多[7]。

四川省雅安市雨城区位于四川盆地西缘，青衣江中游，成都平原向青藏高原过渡带。全区地势西高东低，处于邛崃山脉二郎山支脉大相岭北坡，为中低山地带。年均气温14.1～17.9℃，年均降水量1800mm左右，湿度大，全年日照1005h，全市河谷带无霜期280～310d。除高寒山地外，一般冬无严寒，夏无酷暑，春季回暖早，降水集中于夏季，多夜雨，是众多专家认定的猕猴桃种质资源富集区和最佳适宜区，具有得天独厚的猕猴桃栽培气候条件。2012年，四川益诺仕农业科技有限公司在雅安开始从欧洲引种8个软枣猕猴桃品种进行栽培试验，以期筛选出适应四川亚热带湿润寡日照气候的优良软枣猕猴桃品种。通过多年观察和研究，引进的软枣猕猴桃品种在雅安地区表现良好，综合生长特性和果实品质均较优。本文进一步总结形成了软枣猕猴桃的标准化栽培技术，为其在雅安地区乃至四川省其他生态条件相似区域大面积生产栽培提供依据。

1　材料与方法

1.1　试验地点

试验地点位于四川省雅安市中里镇龙泉村（N 30.128 33°，E 103.053 72°），海拔914m，年均气温17.3℃，年降水量1387.9 mm，年日照总数856.6 h，最冷月气温1.5～2.1℃，年无霜期280～304d。试验地土壤为黏性土，灌溉条件良好。

---

*通信作者，E-mail：htang@sicau.edu.cn

1.2 供试材料

供试品种为 2012 年从欧洲进 8 个软枣猕猴桃品种，分别编号 EU-1、EU-2、EU-3、EU-4、EU-5、EU-6、EU-7、EU-8。选取长势基本一致的软枣猕猴桃每个品种各 3 株进行挂牌。

1.3 试验方法

软枣猕猴桃于 2014 年试花，2015 年产量基本稳定。2015~2017 年连续三年观测各供试品种的物候期、生长结果习性、抗逆性和抗病性。待果实可溶性固形物达到 8 mg/L 以上时，收获挂牌小区果实，每株选取树冠一周 30 个果，每个品种收获 90 个果，测定果实单果重、纵横径、可溶性固形物、可溶性糖、可滴定酸、维生素 C 及可溶性蛋白质含量。可溶性固形物含量用手持折光仪测定，可溶性糖含量采用蒽酮比色法测定[8]，可滴定酸含量采用酸碱滴定法[8]，维生素 C 含量采用 GB/T 6195—1986 方法测定，可溶性蛋白质含量采用考马斯亮蓝法测定[8]。数据分析采用 WPS Office 2012 和 SPSS 数据统计软件进行统计分析。

2 结果与分析

2.1 物候期

由表 1 可以看出，8 个软枣猕猴桃的伤流期均集中 2 月中旬到 3 月下旬。不同软枣猕猴桃的萌芽期在 2 月下旬到 3 月上旬，供试品种中，EU-2 和 EU-3 萌芽最早，EU-6 最迟。各品种展叶期均表现在 3 月中下旬，维持时间将近一周。花期在 5 月前后，持续两周左右。果实采收期在 7 月下旬到 8 月上旬，其中 EU-6 果实采收期比其他品种提前一到两周，EU-8 其次，比其余的 6 个品种提前 3~7 d。但总体来看，均比北方地区的物候期提早一个月以上，具有提前上市的优点。

表 1 8 个软枣猕猴桃品种在四川省雅安市的物候期（月/日）比较

Table 1 Comparison of phenophase among eight *A.arguta* cultivars in Yaan Sichuan

品种 （varieties）	伤流期 （bleeding SAP period）	萌芽期 （stages in germination）	展叶期 （leaf extension period）	新梢开始生长 （start growing of new shoot）	现蕾期 （budding period）
EU-1	02/15~03/28	03/01~03/10	03/15~03/22	03/24	04/06~04/09
EU-2	02/15~03/28	02/22~03/01	03/15~03/22	03/24	04/06~04/09
EU-3	02/15~03/28	02/22~03/01	03/15~03/22	03/24	04/06~04/09
EU-4	02/15~03/28	02/26~03/03	03/15~03/22	03/24	04/06~04/09
EU-5	02/15~03/28	03/01~03/08	03/13~03/18	03/22	04/06~04/09
EU-6	02/15~03/28	03/03~03/10	03/13~03/18	03/22	04/06~04/09
EU-7	02/15~03/28	02/26~03/03	03/13~03/18	03/22	04/06~04/09
EU-8	02/15~03/28	02/26~03/03	03/13~03/18	03/22	04/06~04/09

品种 （varieties）	初花期 （early blooming period）	盛花期 （full-blossom period）	落花期 （fading date）	果实采收期 （the fruit harvest time）
EU-1	04/27	05/02~05/06	05/06~05/09	07/28~08/05
EU-2	04/27	05/02~05/06	05/06~05/09	07/27~08/02
EU-3	04/27	05/02~05/06	05/06~05/09	08/01~08/07
EU-4	04/27	05/02~05/08	05/08~05/13	08/01~08/07
EU-5	04/27	05/02~05/08	05/08~05/13	08/01~08/07
EU-6	04/27	05/02~05/06	05/06~05/09	07/18~07/24
EU-7	04/27	05/02~05/06	05/06~05/09	08/01~08/07
EU-8	04/27	05/02~05/06	05/06~05/09	07/24~07/31

2.2 结果习性比较

由表 2 可以看出，从国外引进的这 8 个软枣猕猴桃品种在四川雅安表现出的萌芽率比较高，在 58.67%～81.27% 之间，萌芽率最好的为 EU-7，最差的为 EU-6。坐果率在 50.68%～73.36% 之间，其中 EU-5 坐果率最高，EU-7 次之。除 EU-7 的果枝率能够达到 80.33% 外，其余 7 个品种果枝率较低，仅有 20% 左右。软枣猕猴桃的主要结果部位集中在 5～10 节位的叶腋间，结果数量最好的是 EU-7，EU-3 次之，二者均能达到 1 000 果/株的结果量，表明 EU-3 和 EU-7 在试验地区具有较好的丰产性。

表 2　8 个软枣猕猴桃品种结果习性比较

Table 2　8 varieties of *A.arguta* results habits

品种 （varieties）	萌芽率 （germination rate） /%	坐果率 （fruit-set rate） /%	果枝率 （fruit branch rate） /%	每个果枝平均果数 （the average number）	雌花着生 节位 （node）	单株结果数 （number per plant）
EU-1	64.33 cd	50.68 e	12.40 e	8.7 d	5～12	61
EU-2	71.67 bc	57.36 de	18.48 d	10.3 bcd	6～12	482
EU-3	80.67 a	67.96 ab	39.17 b	14.0 a	3～9	1 000
EU-4	76.00 ab	64.75 bc	23.76 c	8.0 d	6～11	592
EU-5	64.67 cd	73.36 a	17.16 d	12.7 ab	5～12	476
EU-6	58.67 d	55.80 de	19.10 d	9.1 cd	5～10	410
EU-7	81.27 a	68.39 ab	80.33 a	11.5 bc	4～11	1 300
EU-8	78.67 ab	59.64 cd	18.69 d	10.1 cd	3～9	590

注：同列数字后不同小写字母表示差异达 0.05 显著水平（下同）。

Note: Different letters in the same column indicated 0.05 significant level. The same below.

2.3 果实外观性状

从表 3 可以看出，8 个软枣猕猴桃品种的单果重，EU-1 最高，为 12.70 g，显著高于其他品种，其次为 EU-2，单果重 9.06 g，其余品种单果重都较低，主要在 7 g 左右，EU-3 和 EU-7 两个品种最小（单果重在 5 g 左右）。供试品种中 EU-6 为卵圆形，其余均为长圆柱形。果皮和果肉颜色大部分为绿色，EU-2 果皮和果肉都为红色，EU-4 果皮颜色为红色，果肉为绿色。

表 3　8 个软枣猕猴桃品种果实外观性状

Table 3　Characteristics of fruit appearance of eight *A.arguta* cultivars

品种 （varieties）	单果重 （weight of single fruit）/g	横径 （vertical diameter） /mm	纵径 （horizontal diameter） /mm	果形指数* （fruit shape index）	果皮颜色 （peel color）	果肉颜色 （flesh color）
EU-1	12.70±0.46 a	2.40±0.04 ab	3.25±0.05 a	1.36±0.02 b	绿色	绿色
EU-2	9.06±0.37 b	2.40±0.04 ab	3.25±0.05 a	1.36±0.02 b	红色	红色
EU-3	4.94±0.18 f	1.77±0.03 f	2.87±0.04 b	1.63±0.02 a	绿色	绿色
EU-4	6.05±0.18 e	2.14±0.03 d	2.65±0.03 c	1.25±0.02 cd	红色	绿色
EU-5	6.74±0.21 d	2.22±0.03 cd	2.67±0.03 c	1.21±0.01 d	绿色	绿色
EU-6	8.03±0.25 c	2.42±0.03 a	2.68±0.07 c	1.11±0.03 e	绿色	绿色
EU-7	5.08±0.21 f	1.96±0.03 e	2.48±0.03 d	1.26±0.01 c	绿色	绿色
EU-8	7.10±0.28 d	2.31±0.04 bc	2.85±0.04 b	1.24±0.01 cd	绿色	绿色

* 果形指数大于 1.2 的猕猴桃属于长圆柱形，小于 1.2 的属于卵圆形。

* Kiwifruit with fruit shape index greater than 1.2 belongs to long cylindrical shape and less than 1.2 belongs to oval shape.

2.4 果实品质

香气和风味作为评价水果品质的直接感官品种，8 个软枣猕猴桃品种的香气差异不大，都表现出清香，而风味则具有显著的差异，EU-2、EU-4 和 EU-8 表现以甜为主，EU-5 表现为酸甜适中。各个品种的可溶性糖在 10% ~ 15% 之间，EU-4 最高，为 14.81%，显著高于其他品种。EU-7 的维生素 C 达到 305.04 mg/100 g，显著高于其他品种，EU-3 的维生素 C 含量也高达 281.41 mg/100 g，其余品种维生素 C 含量主要在 100 mg/100 g 左右，表现为 EU-6 > EU-5 > EU-1 > EU-2 > EU-4 > EU-8。从国外引进的这 8 个品种的可溶性固形物都比较高，均在 20% 左右，其中 EU-7 最高，为 23.84%，EU-8 最低，为 18.66%。可溶性蛋白质含量的范围在 0.81 ~ 1.77 内，EU-6 最高，EU-2 最低。糖酸比 > 9，固酸比 > 14，口感表现出酸甜适口或偏甜，糖酸比 < 9，固酸比 < 14，口感表现出酸甜偏酸。糖酸比与固酸比较高的品种 EU-2、EU-4 和 EU-8。

表 4 8 个软枣猕猴桃品种果实营养品质

Table 4 Comparison of main economic of eight *A.arguta* cultivars

品种 (varieties)	香气 (fragrance)	风味 (flavor)	可溶性糖 (soluble sugar content)/%	可滴定酸 (titratable acid content)/%	维生素 C (vitamin C content) /(mg/100 g)	可溶性固形物 (soluble solids content)/%	可溶性蛋白质 (soluble protein content)/(mg/g)	糖酸比 (sugar-acid ratio)	固酸比 (solid-acid ratio)
EU-1	清香	酸甜偏酸	10.51±0.21 e	1.42±0.01 d	91.59±0.36 e	19.54±1.07 bc	1.26±0.01 d	7.38±0.14 d	13.72±0.75 b
EU-2	清香	甜	13.80±0.13 b	1.21±0.01 e	81.28±0.31 f	21.62±0.31 ab	0.81±0.01 g	11.43±0.21 a	17.91±0.37 a
EU-3	清香	酸甜偏酸	12.21±0.11 c	2.21±0.08 b	281.41±0.71 b	20.36±1.11 bc	1.04±0.02 f	5.54±0.21 f	9.25±0.78 d
EU-4	清香	甜	14.81±0.12 a	1.28±0.04 e	77.80±0.29 g	23.40±1.12 a	1.74±0.01 b	11.64±0.48 a	18.33±0.47 a
EU-5	清香	酸甜适中	13.67±0.07 b	1.46±0.01 d	99.77±0.22 d	21.44±0.76 ab	1.11±0.01 e	9.34±0.04 c	14.65±0.57 b
EU-6	清香	酸甜偏酸	11.23±0.23 d	1.70±0.01 c	143.32±0.61 c	19.73±0.80 bc	1.77±0.01 a	6.61±0.17 de	11.60±0.45 c
EU-7	清香	酸甜偏酸	14.01±0.09 a	2.42±0.02 a	305.04±0.43 a	23.84±0.55 a	1.25±0.01d	5.79±0.07ef	9.85±0.22 d
EU-8	清香	甜	10.82±0.38 de	1.04±0.03 f	53.93±0.32 h	18.66±0.21 c	1.56±0.01c	10.44±0.66b	17.95±0.51 a

2.5 适应性及抗逆性

经过多年观察和研究，引进的 8 个软枣猕猴桃品种均表现出较强的适应性和抗病、抗逆性。雅安及周边区域中中高海拔地区（800 ~ 1 300 m）的气温、降水和光照等气候条件完全能满足软枣猕猴桃生长发育及开花结果的需要，且表现出连年稳产高产。同时，软枣猕猴桃与四川主栽品种'红阳'相比，软枣猕猴桃表现出极强的猕猴桃溃疡病抗性。因此，对于雅安市乃至四川省相似生态区域的猕猴桃种植者来说，若存在猕猴桃溃疡病导致毁园和经济损失等问题，可考虑适当引种软枣猕猴桃进行替换。

3 栽培技术要点

3.1 选址和建园

选土壤疏松、土层深厚、腐殖质含量高的半阴坡或半阳坡山地建园，或选山地中下腹和沟谷两侧缓坡建园，保证有较好的光照条件和排灌条件。按穴状或带状整地，深度 30 cm，使用生物有机肥，整地翻耕使土块细碎均匀，再施用微生物菌肥。选择根系发达、根茎粗壮的软枣猕猴桃种苗定植，定植深度以刚好覆盖根茎部位为准，栽植株行距 2.5 m×4 m，雌株与雄株的比例为 4：1。

3.2 整形修剪

一年生树体管理：搭设高 1.6～2 m 水平大棚架，定植后 6 个月，保留一根直径在 0.5 cm 以上的枝条作为主干，减掉其余全部枝条，待主干生长到棚架高度，棚架以下的主干粗细基本一致时，在棚架主线附近剪断主干，使剩下的主干顶端距离主干 30 cm 以内，减掉顶端的两片叶片；对于当年没有长出主干的植株，冬季修剪时距离地面 30 cm 短截，待第二年重新生长主干。

两年生及成龄树体管理：两年生软枣猕猴桃待主干上新梢生长到 10 cm 时留 2～3 个叶片短截，待主蔓长势减弱时进行摘心使其二次生长；冬季按每根母枝间距 25～30 cm 进行修剪，使其保持标准树形。三年生及三年以上结果的软枣猕猴桃树春季抹去主干上的芽和主蔓上的无用芽，夏季摘心 3～6 次，使新梢控制在 40 cm 以下，对于结果枝条，在结果部位以上留 6～7 片叶进行摘心，新梢长到 30 cm 以上并能辨认花序时按每平方米保留 9～11 个新梢，使结果的新梢达 40% 左右。延长新梢到 80～100 cm 时摘心，冬季修剪时截去无用枝、病虫枝和当年结果枝，保留 12～16 根次年结果枝。

3.3 肥水管理

施足基肥后，分别对幼苗和成龄果树施用一定量的含 N、P、K、Mg 元素的肥料。幼苗每年需肥量保持在 N 60 kg/hm^2，P 20 kg/hm^2，K 30 kg/hm^2，Mg 20 kg/hm^2，当新枝长到 20 cm 时一次性施入，N 肥分两次施入，第一次施用 30 kg/hm^2，第二次施用 30 kg/hm^2，第二次施肥时间在第一次施肥后的一个月；成龄果树每年续肥量保持在 N 80 kg/hm^2，P 50 kg/hm^2，K 110 kg/hm^2，Mg 40 kg/hm^2，后期分别在开花前一周、坐果后、果实膨大期、果实着色期、采果前一个月追施叶面肥。建园后每年在栽培穴周围结合除草进行松土 2～3 次，保持土壤湿润且不积水，入冬前灌防冻水。

3.4 病虫害管理

软枣猕猴桃在中高海拔地区种植的适应性和抗病性较强。目前危害该品种的主要害虫为蛾类、金龟子类、蚧壳虫类，主要病害为根腐病、灰霉病、叶斑病等，以及缺素引起的多种症状。对于一般的病虫害应以预防为主，可结合冬季修剪，剪口上涂上杀菌剂，剪除病虫枝、枯枝，彻底清扫果园，集中烧毁，冬季树干涂白，全园喷施 3～5°Bé 石硫合剂，铲除越冬病源及虫源。春季萌芽是喷施杀菌剂，半个月后喷施一次苏云金杆菌杀虫剂和印楝素，在坐果后半个月再喷施一次苏云金杆菌杀虫剂和印楝素。

参考文献　References

[1] 曹家树，秦岭. 园艺植物种质资源学. 北京：中国农业出版社，2005：140.

[2] 李坤明，胡忠荣，陈伟. 昭通地区野生猕猴桃资源及其利用评价. 中国野生植物资源，2006（2）：39-41.

[3] KATAOKA I, MIZUGAMI T, JINGOOK K, et al. Ploidy variation of hardy kiwifruit（*Actinidia arguta*）resources and geographic distribution in Japan. Scientia horticulturae, 2010, 124（3）：409-414.

[4] 李作洲. 猕猴桃属植物的分子系统学研究. 武汉：中科院武汉植物园，2006.

[5] 邹游，丁建，申瑛，等. 11 个猕猴桃品种间的遗传多样性分析. 应用与环境生物学报，2007，13（2）：172-175.

[6] 刘磊，姚小洪，黄宏文. 猕猴桃 EPIC 标记开发及其在猕猴桃属植物系统发育分析中的应用. 园艺学报，2013，40（6）：1162-1168.

[7] 朴一龙，赵兰花. 延边地区软枣猕猴桃资源分布和开发利用前景. 延边大学农学学报，2009，31（1）：32-35.

[8] 曹建康，姜微波，赵玉梅. 果蔬采后生理生化实验指导. 北京：中国轻工业出版社，2007：30-34.

The Performance and Cultivation Techniques of Eight Kiwiberry Cultivars in Ya'an Area

ZHANG Yong[1]   FAN Jinming[2]   CHEN Qiyang[1]
ZHU Jin[3]   KONG Lingling[1]   TANG Haoru[1]

(1 College of Horticulture, Sichuan Agricultural University   Chengdu   611130;

2 Sichuan Innofresh Agricultural Science and Technology Co., Ltd.   Ya'an   625014;

3 Sichuan Technology Extension Station of Horticultural Crops   Chengdu   610041)

Abstract   In order to select *Actinidia arguta* varieties which could adapt to the subtropical climate with humid and less sunny in Sichuan, 8 European varieties were introduced and evaluated in Ya'an, Sichuan Province. The performances of eight kiwiberry cultivars, including phenological period, adaptability to new environmental condition, resistance to disease, and the fruit characteristics, have been studied from 2015-2017. Our results indicated that eight varieties have good performance, including high and stable yields, good fruit quality and early ripen. The integrated cultivation techniques for kiwiberry were also concluded and summarized, to provide a basis for its cultivation in Sichuan and other ecologically similar areas.

Keywords   *Actinidia arguta*   Performances   Cultivation techniques

大果优质中华猕猴桃新品系'金丽'的选育初报

张慧琴　谢鸣　刘南祥　富连平　陆玲鸿　范芳娟

(浙江省农业科学院园艺研究所　浙江杭州　310021)

摘　要　'金丽'系自然杂交实生选育获得的四倍体猕猴桃。果实圆柱形,大小均匀,平均果重 100～110 g,最大可达 235 g。果皮黄绿色有浅褐色点状凸起,成熟时果面无毛,果喙微凸,果肩较平,外观漂亮。果肉黄色至金黄色,质细多汁,味香甜,可溶性固形物含量 15.8%～23.8%。果实较耐贮藏,常温下可贮 1～2 个月,低温下可贮 3～4 个月以上,软熟果货架期较长,常温下 15～20 d,低温下 1～2 个月。丰产性好,抗病能力较强。浙江产区 10 月上旬果实成熟。

关键词　中华猕猴桃　品种选育　大果　优质　多倍体

猕猴桃营养丰富,维生素 C 含量高,具有很高的营养和保健价值,是当今世界发展迅速的主要高档水果之一,是近代果树史上由野生到人工商品化栽培最成功的植物驯化范例[1]。中国是世界四大猕猴桃生产国之一,面积和产量均居世界首位。近年来,我国猕猴桃产业发展不仅仅局限于产量和面积的提升,在具自主知识产权的品种培育、标准化种植模式创新、国际知名品牌创建和营销模式改进等方面也都取得了很大的进步。但是猕猴桃产业仍然存在着优良栽培品种稀缺、品种更新缓慢两大问题。因此,选育出大果、香甜、不易感溃疡病和耐贮运猕猴桃新品种,是当前猕猴桃育种的主攻方向,也是猕猴桃生产者和消费者新的共同愿望,但现有的猕猴桃主栽品种尚难以满足这一新的更高需求。即便是猕猴桃王牌品种'海沃德',虽风味浓郁、极耐贮运,但果实偏酸,投产偏迟;而'太阳金(G3)'猕猴桃虽综合性状优良,但在栽培上仍需使用膨大剂才能表现出大果性状。加之,该品种受品种权保护,无法在生产中推广应用。'红阳'和'Hort16A(黄金果)'虽高糖低酸,口感鲜美,但果实小,且极易感溃疡病。

鉴于上述原因,浙江省农业科学院园艺研究所在前期猕猴桃种质资源调查、收集和挖掘的基础上,自 2000 年开展构建猕猴桃杂交(人工杂交和自然杂交)后代群体,先后培育出毛花猕猴桃'华特''玉玲珑'[2-3]、中华猕猴桃'金喜'等品种,以及'超华特''甜华特''金丽''红丽''少籽金义'等优系。本文主要介绍优系'金丽'的选育过程、品种特性及栽培要点。

1　选育过程

2000 年,在浙江省西南山区猕猴桃资源调查中,在丽水市中华猕猴桃自然杂交后代中,发现一棵果实大、综合性状优良的中华猕猴桃植株,并将其从山上移栽种植。2001 年 2 月,取其接穗高接于中华猕猴桃植株上,当年见花,自 2002 年开始挂果,所表现的优良性状与母株完全一致。2004 年进行嫁接扩繁和生产性试种。其无性后代经 2009～2015 年连续多年的雄株选配和性状观测,遗传性状稳定,具有果实大、丰产性好、品质优良、较抗溃疡病等特点,2015 年定名为'金丽'。

2　主要性状

猕猴桃具有丰富的倍性变异[4-7]，多倍体猕猴桃一般表现为抗逆性强、大果、生长速度快、少籽或无籽，多倍体猕猴桃比二倍体猕猴桃具有更优的耐贮性。以二倍体'红阳'猕猴桃为内参，经流式细胞仪快速鉴定，'金丽'为四倍体植株。

2.1　主要植物学特征

树势中等偏强，枝条粗壮，节间长 5～15 cm，一年生枝青灰色，两年生枝浅棕色，多年生枝深褐色，皮孔椭圆形略凸起，浅褐色。枝条平均萌芽率 65.23%，成枝率 100%，果枝率 85%，坐果率 95% 以上，无生理落果。平均每果枝有花序 4～7 个，在结果枝的 1～7 节。

叶片中等大小，质地厚实，叶柄向阳面淡红色，叶尖凸尖或微钝，叶缘锯齿明显，叶面颜色绿色，叶背叶脉凸明显，叶背被灰白色茸毛。花多为单生，耳花退化，花冠白色，花瓣 5～7 片，花冠直径 3.2～4.0 cm，萼片 3～5 片，花柱斜生，34～40 枚，花药 50～56 枚，花药大，淡黄色，雄蕊退化。果实长圆柱形，果肩圆，果喙微尖，果面无毛，果皮黄绿色有少量浅褐色点状凸起，果实横切面近圆形，中轴胎座小，质地软，可食用；果实萼片绿褐色，脱落。

2.2　果实经济性状

果实平均质量 100～110 g，最大果重 235 g，外观端正漂亮。果肉黄色至金黄色（图 1，彩图 1），肉质细嫩，汁水中等，味甜鲜美，品质优良，软熟果实可溶性固形物含量 15.8%～23.8%，总糖 11.0%～14.2%，总酸 1.18%～1.63%，维生素 C 138.8～168.7 mg/100 g。常温下后熟时间约 25～30 d（表 1）。

图 1　猕猴桃新品系 '金丽'

Fig. 1　A new kiwifruit cultivar 'Jinli'

表 1　'金丽' 与 '黄金果' 果实主要性状比较

Table 1　Comparision of main characteristics of 'Jinli' and 'Hort16A'

品　种（cultivar）	'金丽'（'Jinli'）	'黄金果'（'Hort16A'）
果形（fruit shape）	圆柱形	卵形
果喙形状（shape of fruit depression apex）	微凸	鸭嘴状凸起
平均单果质量（average fruit weight）/g	100～110	79～92
果肉颜色（fruit color）	黄色至金黄色	黄色至金黄色
维生素 C（vitamin C content）/（mg/100 g）	138.8～168.7	98.0～129.5
可溶性固形物（soluble solid matter content）/%	15.8～23.8	15.1～19.2

品　种（cultivar）	'金丽'（'Jinli'）	'黄金果'（'Hort16A'）
可溶性固形物（soluble solid matter content）/%	15.8～23.8	15.1～19.2
总酸（total acid content）/%	1.18～1.63	1.12～1.58
常温下后熟时间（ripening time at room temperature）/d	25～30	25～30

2.3　产量表现

2016 年'金丽'品种比较试验结果表明，江山、丽水、泰顺等试验点的每 667 m² 产量分别为 1 635.6 kg、1 694.6 kg、1 699.5 kg，平均亩产比对照'黄金果'高 355.4 kg。2017 年试验结果表明，江山、丽水、泰顺等试验点的每 667 m² 产量分别为 1 687.3 kg、1 727.5 kg、1 723.8 kg；平均亩产比对照'黄金果'高 374.8 kg。两年 3 点的品种比较试验表明（表 2），'金丽'两年平均产量 1 694.7 kg/667 m²，比对照'黄金果'产量高约 27.45%。'金丽'生产试验表现为丰产、稳产、优质，面上示范推广产量各地平均达 1 630 kg/667 m²。

表 2　'金丽'历年品比产量表现

Table 2　Comparision of annual output of 'Jinli' and 'Hort16A'

年份 （year）	试点 （planting area）	'金丽' 'Jinli'/（kg/667 m²）	'黄金果'（CK） 'Hort16A'/（kg/667m²）
2016	江山	1 635.6	1 326.6
	丽水	1 694.6	1 317.4
	泰顺	1 699.5	1 319.6
	平均（average）	1 676.6	1 321.2
2017	江山	1 687.3	1 343.3
	丽水	1 727.5	1 321.3
	泰顺	1 723.8	1 349.7
	平均（average）	1 712.9	1 338.1
平均（average）		1 694.7	1 329.7
增加（increase）/%			27.45

注：以上产量均未使用果实膨大剂等植物生长调节剂。

Note: No plant growth regulators such as fruit enlargers were used for the above yields.

2.4　溃疡病抗性表现

在品比试验及示范推广的基础上，经离体鉴定和田间抗性比较，'金丽'比'黄金果'猕猴桃抗溃疡病，其抗病性与'海沃德'猕猴桃相当，不易感溃疡病（表 3）。

表 3　猕猴桃溃疡病抗性表现

Table 3　The resistance evaluation of different cultivars to bacterial canker of kiwifruit

品　种 （cultivar）	离体鉴定（in vitro identification）		田间发病率 （field incidence rate）/%
	病情指数（disease index）/%	抗性水平（resistance level）	
'金丽''Jinli'	22.12	R	10.10
'黄金果''Hort16A'	85.19	S	91.50
'海沃德''Hayward'	29.96	R	11.57

2.5 物候期

在浙江温州、丽水、衢州几个试验点，'金丽' 2 月上中旬树液开始流动，3 月上中旬萌芽，3 月中下旬至 4 月上中旬展叶和现蕾，4 月下旬开花，5 月中旬至 6 月中下旬为果实迅速膨大期，10 月上旬果实成熟（可溶性固形物含量≥8%），配套雄性品种为 '磨山 4 号'（表 4）。

表 4 '金丽' 与 '黄金果' 物候期（月/日）比较

Table 4 Comparison of the phenological periods of 'Jinli' and 'Hort-16A'

品种 (cultivar)	试验点 (area)	年份 (year)	伤流期 (bleeding date)	萌芽期 (germinating date)	始花期 (first-blooming date)	盛花期 (full-blooming date)	果实成熟期 (fruit ripe date)
'金丽' 'Jinli'	温州	2016	2/11	3/12	4/26	4/28	10/06
		2017	2/09	3/10	4/25	4/27	10/04
	衢州	2016	2/10	3/11	4/25	4/28	10/07
		2017	2/09	3/09	4/24	4/26	10/05
	丽水	2016	2/11	3/12	4/27	4/29	10/07
		2017	2/07	3/13	4/27	4/30	10/06
'黄金果' 'Hort16A'	温州	2016	2/09	3/10	4/17	4/19	9/29
		2017	2/08	3/06	4/15	4/17	9/28
	衢州	2016	2/08	3/09	4/17	4/19	9/28
		2017	2/06	3/08	4/13	4/16	9/26
	丽水	2016	2/09	3/10	4/14	4/16	9/29
		2017	2/08	3/07	4/13	4/15	9/28

3 栽培技术要点

3.1 合理密植与整形修剪

该品种的生产量较大，栽植密度以（3～4）m×4 m 的株行距为宜。山坡地以采用 T 形架效果最好，平地可采用大棚架，有利于生长结果和整形修剪。冬剪采用短截加疏删的修剪方法，以便更新复壮。

3.2 肥水管理

园地务必排水良好，特别是梅雨季应及时排水防涝。重施基肥和有机肥，重视大量元素、中量元素和微量元素的配比，特别要注意对高磷、高钾的需肥特点，要求基肥（有机肥）的施肥量占全年的 60% 以上。

3.3 充分授粉与适时采收

该品种对授粉的要求较高，要配足授粉树，雌雄株比例（6～8）∶1，同时做好人工授粉工作。当果实可溶性固形物含量达 8% 以上时开始采收。

参考文献 References

[1] 黄宏文，等. 猕猴桃属：分类 资源 驯化 栽培[M]. 北京：科学出版社，2013：26-28.

[2] 谢鸣，吴延军，蒋桂华，等. 大果毛花猕猴桃新品种 '华特' [J]. 园艺学报，2008，35 （10）：1555.

[3] 张慧琴，谢鸣，张庆朝，等. 毛花猕猴桃新品种 '玉玲珑' [J]. 园艺学报，2015，42 （S2）：2841-2842.

[4] MERTTON D，TSANG G，MANAKO K, et al. A strategy for genetic mapping of polyploidy kiwifruit (*Actinidia*) species[C]. XIII Eucarpia symposium on fruit breeding and genetics，2011，976：493-453.

[5] 曾华，李大卫，黄宏文. 中华猕猴桃和美味猕猴桃的倍性变异及地理分布研究[J]. 武汉植物学研究，2009（3）：14.

[6] WU J H，FERGUSON A R，MURRAY B G，et al. Induced polyploidy dramatically increases the size and alters the shape of fruit in *Actinidia chinensis*[J]. Annals of botany，2012，109（1）：169-179.

[7] 韩礼星，张海璇. 猕猴桃多倍体诱导研究[J]. 果树科学，1998，15（3）：273-276.

Breeding of a New Large–Sized and Excellent Quality Strain 'Jinli' from *Actinidia chinensis*

ZHANG Huiqin   XIE Ming   LIU Nanxiang   FU Lianping
LU Linghong   FAN Fangjuan

（Institute of Horticulture, Zhejiang Academy of Agricultural Sciences   Hangzhou   310021）

Abstract   'Jinli' is a tetraploid kiwifruit strain selected by natural hybrid breeding. The fruit is beautiful and uniform, with cylindrical shape, slightly convex fruit beak and flat fruit should. The fruit weight is 100-110 grams in average and 235 grams in maximum (no use CPPU). The fruit skin presents yellowish green and hairless with a light brown point-like bulge. The fruit flesh is yellow to golden yellow, with fine texture and sweet taste , and the soluble solids content is 15.8%-23.8%. The fruit has good storage quality: storage life 1-2 months at ambient temperature and 3-4 months at cool store. The shelf life of softening fruit at room temperature is 15-20 days and 1-2 months under cool-stored condition. The inheritance character of 'Jinli' is stable, with the characteristics of large fruit, good yield, good quality and less susceptible to bacterial canker. It matures in early October in Zhejiang Province.

Keywords   *Actinidia chinensis*   Breeding   Large size   Excellent quality   Polyploid

黄肉猕猴桃新品种'璞玉'的选育*

雷玉山 [1,**]　徐明 [1,2]　雷靖 [1,2]

(1 陕西省农村科技开发中心　陕西西安　710054；2 陕西佰瑞猕猴桃研究院有限公司　陕西周至　7104001)

摘　要　'璞玉'猕猴桃是以'华优'为母本,'K56'为父本进行杂交选育成的中熟黄肉新品种。果实圆柱形,果皮浅褐色,被金黄色短茸毛;平均单果重 95 g、最大果重 138 g。果肉深黄色,味道浓郁香甜,肉质细腻,汁液多、具芳香味、可溶性固形物 18%～20%,总糖 11.5%,可滴定酸 1.5%,维生素 C 172.4 mg/100 g。'璞玉'猕猴桃树势强,丰产性好,果形一致性好,挂果整齐,在陕西省关中地区 10 月上旬成熟,盛果期 27 450 kg/hm²。2017 年获得新品种权证书(品种权证书号 CNA20151824.1)。

关键词　猕猴桃　'璞玉'　新品种

目前,国内外主栽猕猴桃有绿肉品种、黄肉品种和红肉品种。陕西省是全国猕猴桃的主产区之一,也是种植面积最大的省份。然而,陕西主要以绿肉猕猴桃为主,且绿肉猕猴桃占到整个陕西省猕猴桃的 90% 以上。黄肉猕猴桃因口感香甜而深受消费者的喜爱,陕西引进和推广的黄肉猕猴桃能够被市场认可的却很少。陕西省种植的黄肉猕猴桃品种有'华优''黄金果''金艳''金桃'等[1-4],其中,'华优'口感沙甜,但果实存在细腰果现象,'黄金果',口感佳,但抗病性较差,'金艳''金桃'风味较淡,冷库贮藏后口感不佳。因此,选育出适宜陕西省种植的黄肉猕猴桃刻不容缓。

1　选育过程

'璞玉'是陕西省农村科技开发中心育种课题组在 2008 年 5 月上旬,于陕西省周至猕猴桃试验站进行杂交实验,对四年生'华优'(母本)授五年生'K56'(父本)花粉,2008 年 10 月果实成熟,淘洗杂交种子并砂藏;2009 年 3 月份将杂交种子于陕西省周至县陕西佰瑞猕猴桃研究院有限公司试验田播种,出苗良好;2010 年将播种后杂交苗(约 2 300 株)种植于陕西佰瑞猕猴桃研究院有限公司试验田。2012 年部分杂交苗结果,其中一株果实圆柱形、果形美观、大小整齐一致、果皮浅褐色、被极稀黄色短茸毛、果肉中黄色、含糖量高、肉质细腻,汁液多、具芳香味、酸甜适度、品质上等。随即采集当年生枝条砂藏,2013 年 3 月枝条嫁接于陕西佰瑞猕猴桃研究院有限公司试验田三年生美味猕猴桃实生苗砧木上,开始对其生长特性、物候期、经济性状、抗性及生产性能等进行观察(按生产栽培种进行整形修剪、施肥、灌水、防治病虫等栽培管理);2013 年春季选点秦岭北麓周至县、渭河北岸武功县,秦岭南麓城固县。高接在三年生美味猕猴桃实生苗上进行区域适应性试验,开展选育研究。经过 2014～2016 年三年时间对'璞玉'与目前生产上推广的中华猕猴桃主栽品种'华优''金艳''红阳'等品种的植物学特征、生物学特性、物候期、开花结果性状进行比较,经过观察、

* 基金项目:陕西省科技统筹创新工程计划项目(2017TSCL-N-5-1);国家科技支撑计划项目(2014BAD16B05-3)。
** 通信作者,男,研究员,电话 13892826686,E-mail: leiyush@163.com

试验及果实品尝、测试，发现其基本性状一致，遗传性状稳定，特异性状表现明显，为中华猕猴桃优株系。'璞玉'肉质细腻、多汁、风味酸甜、清香可口、含糖量高、中熟、丰产稳产、抗性强、耐贮运，主要经济性状优于现行栽培品种，符合选育优质中熟品种的育种方向。通过 2014～2016 年连续三年调查结果表明，'璞玉'树势健旺，抗逆性较强，果实品质极佳，适应地域较广。2015 年向农业部品种保护办申请品种保护，2017 年获得新品种权，品种权号为 CNA20151824.1。

2 主要性状

2.1 植物学特征

一年生枝深褐色粗糙，被短灰褐色糙毛，具较密椭圆形褐色皮孔，芽体饱满，茎髓片状。叶片心脏形（图 1，彩图 2），纸质至厚纸质，叶片长 9～13 cm、宽 7～12.5 cm，叶片基部心形，尖端凹尖，叶面深绿色、有光泽，叶缘近波状，叶背浅绿色、被浅黄色茸毛，背面叶脉明显突起，叶柄平均长度 11.38 cm；二歧聚伞花序，花序花朵数较少，花柄平均长 8.8 cm，萼片 6 片绿褐色，花冠直径 4.2～5.0 cm，花瓣基部相接，花瓣顶部波皱程度弱，花瓣白色（图 2，彩图 3）花丝淡绿色，花药黄色，花柱不规则、数量 30～38，雄蕊退化，无授粉能力。果实圆柱形兼椭圆形（图 3，彩图 4）、果皮灰褐色、被黄褐色短茸毛、果实横截面近圆形（图 4，彩图 5），果实喙端微钝凸，果实皮孔突出程度强，外层果肉深黄，相对果心较小。

图 1 璞玉叶片照片

图 2 璞玉花朵照片

图 3 璞玉果实照片

图 4 璞玉果实横切面

2.2 果实经济性状

'璞玉'猕猴桃果实圆柱形兼椭圆形、果形美观整齐一致、果皮灰褐色、被黄褐色短茸毛、平均单果重 95 g、最大果重 138 g、果肉深黄色、细腻、多汁、风味酸甜、清香可口、含糖量高，可溶性固形物 18%～20%，总糖 11.5%，可滴定酸 1.5%，维生素 C 172.4 mg/100 g；树势强，丰产性好，果形一致性好，挂果整齐，在陕西产区成熟期 10 月上旬，在室内常温下，后熟期 20～25 d，货架期 30 d 左右。在 0.5～1℃ 条件下，可贮藏 4～5 个月。

2.3 开花结果习性

'璞玉'植株树势强健，萌芽率 73.3%～79.2%，成枝率 85.4%～91.0%，结果枝率约 89.6%～93.4%，以中果枝结果为主，结果枝从基部第 2～3 节开始着果，平均每果枝有花序 3～5 个，花序类型以二歧聚伞状花序为主，同时有少量单花。

两年生实生苗嫁接后第三年每亩产量 400 kg，第四年每亩产量 800 kg，丰产期每亩产量可达 1 800 kg。

2.4 物候期

在陕西关中地区'璞玉'2 月下旬树液开始流动，3 月中旬萌芽，4 月上旬展叶和现蕾，4 月下旬开花，花期 4～7 d，5 月上旬坐果，6 月下旬至 7 月上旬第一次果实膨大期，9 月下旬、10 月上旬果实成熟。果实生长期为 140 d 左右，11 月中下旬开始落叶，全年生育期 260 d 左右，休眠期 100 d 左右。

2.5 适应性

2014～2017 年在陕西关中周至县、武功县、秦岭腹地汉中市城固县、西乡县等猕猴桃产区开展品种区域试验，研究表明该品种生物学特性稳定，且丰产性稳定、果实一致性良好，品质优良，果肉深黄色，味道浓郁香甜。汉中地区气候条件'璞玉'长势更旺，且丰产性优于关中地区。

3 栽培技术要求

3.1 高标准建园

高标准建园时，首先要考虑猕猴桃生长发育对气温、水分、土壤等环境因素的要求。年均气温 11.0～18.5℃，极端最高气温不超过 40℃，极端最低气温不低于 -12℃，年均降水量 600～700 mm，降水量较大地区需起垄栽植或修排水沟，海拔 450 m 左右，地形平坦，土层深厚、土壤肥沃疏松，pH 值 6.5～7.0，且灌溉条件便利、交通方便，远离污染性企业，规模化建园须根据当地气候特点建防风林带。采用全园撒施起垄栽植的方式，施足有机肥。做好园区排水系统，防止果园积水。株行距 2 m×3.5 m 或者 1.5 m×3.5 m，即每亩定植 87～116 株。开挖定植沟（穴）深宽 60 cm×100 cm，宜采用分层管理的大棚架型。

3.2 整形修剪

'璞玉'树势中等偏旺，苗木定植后，在嫁接口以上留 3～5 个饱满芽剪截定干，从新梢中选一生长强壮的壮梢作为主干培养；整形选用大棚架，采用单主干双主蔓上架。提倡大棚架和改良大棚架型，有利于果实充分一致成熟和增加产量。冬季修剪采用短截和疏剪相结合，长、中、短枝合理分配的原则。疏除过密枝、重叠枝、交叉枝、并生枝、病弱枝及无空间利用的徒长枝。

夏季修剪以疏除过密枝和摘心为主，在最上端果实前留 2～3 片叶摘心，不可摘心过重；冬季修剪主要采用短截与疏剪相结合的方法，轻剪长放，疏除过密枝、细弱衰老枝和病虫枝。结果母枝应选留强壮发育枝或结果枝，采用中长枝修剪，剪留 8～15 芽，每 2 年更新一次；结果母枝在主蔓两侧选留，间隔 25 cm 左右且均匀分布。

架面牵引的使用，'璞玉'成枝率高，营养枝生长快，架上牵引有利于预防二次枝的产生，同时，'璞玉'树势旺，营养枝的长放有利于下一年更多的挂果。

3.3 疏花疏果

4月中旬，花蕾分离后及时疏除侧蕾，保留主蕾，疏除弱果枝花蕾、畸形花蕾和丛状花蕾，结果枝留3～5个花蕾。花后7～10 d开始疏果定果，根据结果枝的强弱，先疏除畸形果、扁平果、小果、病虫危害果等，保留果梗粗壮、发育良好的幼果。根据不同结果母枝类型保留不同的挂果量，一般强壮结果枝留果5～6个，中等强壮枝留果3～4个，短果枝留1个。隔半月后再检查定果情况。成龄园每平方米架面留果60～70个。

3.4 土肥管理

'璞玉'猕猴桃对肥水要求较高。土肥管理以重视在采果后基肥的施入，萌芽肥和壮果肥的施入根据树势强弱和土壤肥力等而定。基肥一般在采果后至落叶前表施于树下1 m范围内。每株施30～40 kg腐熟有机肥和1～2 kg过磷酸钙。壮果肥一般在落花后10～15 d施入，每株树施肥1.0～1.5 kg。要注意氮肥的施用，全年所需氮肥主要在萌芽期、第一次膨大期前施入。

3.5 采收

'璞玉'为中华猕猴桃，果实主要在可溶性固形物7.0%～7.5%，干物质达到18%以上，同时果肉颜色由绿转白时采收，既可以保证果实的糖度、风味同时保证果肉的颜色。秦岭北麓地区一般于9月下旬、10月上旬成熟，采收鲜果上市或收购入库贮藏。

3.6 病虫害防治

在'璞玉'猕猴桃病虫害防治过程中，应遵循"预防为主、综合防治"的植保原则，药剂使用，萌芽前喷一次5°Bé石硫合剂，预防溃疡病及越冬病虫；5月上中旬，坐果后及时防治虫害的发生，可选用25%绿色功夫乳油2 000～3 000倍或10%联苯菊酯乳油（天王星）3 000倍。5月下旬至6月上旬，套袋前喷一次低毒低残留药剂，预防褐斑病、小薪甲、金龟子等病虫危害。

溃疡病为细菌性病害，很难通过药物治疗，因此，需加强预防工作，从苗木、环境防治、药物预防等方面重点开展防治工作。同时，要采取加强栽培管理、平衡施肥、增施有机肥和磷钾肥、合理负载、增强树势等综合措施提高树体的抗病力，尽量避免树体造伤，减少溃疡病传播途径。

参考文献　References

[1] 雷玉山，王西锐，刘运松，等. 猕猴桃中熟新品种'华优'的选育[J]. 果树学报，2007，24（6）：869-870.

[2] MUGGLESTON S，McNEILAGE M，LOWE R，et al. Breeding new kiwifruit cultivars: the creation of Hort16A and Tomua[J]. Orchardist NZ，1998，71：38-40.

[3] 钟彩虹. 极耐贮藏的种间杂交黄肉猕猴桃新品种'金艳'[C]. 中国园艺学会猕猴桃分会第四届研讨会论文摘要集，2010：6.

[4] 张忠慧，黄宏文，王圣梅，等. 猕猴桃黄肉新品种金桃的选育及栽培技术[J]. 中国果树，2006（6）：57-71.

Breeding of a New Yellow Cultivar of 'Puyu' Kiwifruit

LEI Yushan[1]　XU Ming[1, 2]　LEI Jing[1, 2]

（1 Shaanxi Rural Science and Technology Development Center　Xi'an　710054；

2 Shaanxi Bairui Kiwifruit Research Centre　Zhouzhi　7104001）

Abstract　'Puyu' is a new yellow-fleshed kiwifruit cultivar, which is selected from the crossing of 'Hua

You'×'K56'. The fruit shape is cylindrical, while the fruit skin is light brown with short hairs. The average fruit weight is 95 g, and maximum fruit weight can reach 138 g. The flesh color is yellow. The meat is delicate, with lots of sap, aromatic flavor. The soluble solids content is 18%-20%, total sugar content is about 11.5%, titratable acid content is 1.5% and vitamin C content is 172.4 mg/100g. The ripening date is the early of October. The yield is up to 27 450 kg/hm^2.

Keywords   Kiwifruit   'Puyu'   Cultivar

'翠玉'猕猴桃在浙江泰顺县的生物学特性研究

张庆朝　吴时武　翁国杭　张立华

(泰顺县林业局　浙江泰顺　325500)

摘　要　中华猕猴桃绿肉品种'翠玉'是湖南省园艺研究所从中华猕猴桃野生资源中选出的优良品种,于2011年引种到泰顺县多个海拔段试种,对其开展生物学特性研究。连续3年结果表明:'翠玉'萌芽期较迟,一般在春分前后萌芽,避开高山地区倒春寒的冻害;果柄短而粗,能够减缓台风对果实的伤害;人工授粉期比其他品种缩短2~3 d,可以节省50%的劳动力投入及花粉喷施量;结果母枝易于培养成形,萌芽率、成枝率比'红阳'分别提高23%和9%,单枝平均结果数达4.6个,保持植株丰产稳产;果实品质和风味优于'布鲁诺',贮藏期可达157 d,常温下货架期达12 d,低温下可长达2~3个月,商品性极佳;植株对溃疡病、黑斑病等抗性强,适合泰顺县及浙南山区推广种植。

关键词　'翠玉'　引种　生物学特性　适应性

猕猴桃为猕猴桃科猕猴桃属落叶藤本果树,果实营养丰富,具有极高的营养和保健价值,素有"水果之王"的美誉。20世纪80年代以来,我国相继开展了猕猴桃良种选育、杂交育种研究[1]与品种引种试验[2-9]。由于不同省份的气候条件存在差异,不同品种的猕猴桃在不同省份的适应性和果实品质会有所改变[8],许多学者报道了不同品种的猕猴桃引种试验研究[2-8]。我国栽培的猕猴桃品种数量众多[10-11],但主栽品种数量有限[8]。泰顺县猕猴桃始种于1984年,现种植面积1 000 hm², 分布在海拔200~800 m, 形成了'布鲁诺''红阳'两个主栽品种。这两个品种有各自优良特性,但又存在明显的缺陷。'布鲁诺'易种植、产量高,但果实品质欠佳、贮藏性差等;'红阳'果实品质好、价格高,但近几年出现溃疡病大暴发,有60%左右的植株感染发病。张慧琴等[12]在江山、上虞等5个市县调查表明,'红阳'极易感染溃疡病,2010年、2011年、2012年发病率分别达到32.10%、45.30%、66.67%。'红阳'发生严重溃疡病的情况在其他省份也存在[13-20]。据报道,陕西省'红阳'猕猴桃因溃疡病而全军覆没,浙江省猕猴桃溃疡病呈逐年加重趋势,特别对'红阳'具有潜在的毁灭性危害[21]。田间调查表明'红阳'感病率最高,溃疡病病菌接种也验证了'红阳'表现为高感[12,21],秦虎强等[22]研究认为'红阳'较其他品种发病重。选育和推出抗猕猴桃溃疡病的优良品种是预防或减少猕猴桃溃疡病的有效的途径之一[14,21]。因此,在泰顺县引进和推广新的主栽品种,是猕猴桃品种结构调整的首要任务。

中华猕猴桃绿肉品种'翠玉'是湖南省园艺研究所选育出的优良新品种[23]。果实圆锥形,单果重85~95 g, 最大单果重129 g。果皮绿褐色,果面光滑无毛。果肉绿色,肉质细密,细嫩多汁,风味浓甜,品质上等。可溶性固形物含量14.5%~17.3%,维生素C 930~1 430 mg/kg。其优良性状表现在果实品质特优、极耐贮藏,且果形较大,丰产稳产,适应性和抗病能力强。本试验对泰顺引进的猕猴桃翠玉进行生物学特性、结果性状等观察研究,以期为该品种在浙南地区的推广应用提供参考依据。

1 材料与方法

1.1 研究地概况

研究地位于浙江省泰顺县筱村镇枫林村黄步岗自然村,119°54′33″E,27°35′27″N,属亚热带海洋型季风气候,四季分明,气候温和,雨量充沛。年平均气温16.2℃,极端最高气温为39.2℃,最低气温为−10.5℃,一月平均气温6.1℃,七月平均气温25.9℃,年平均降水量2 047 mm,平均相对湿度82.1%,年平均日照时数1 628.7 h,年平均无霜期251.3 d。海拔590 m,土壤属黄壤土,有机质含量40.17 g/kg,全氮17.8 mg/kg,速效氮18.8 mg/kg,有效磷38.7 mg/kg,速效钾48.1 mg/kg,pH = 5.4。

试验地于2011年春季种植猕猴桃,有'翠玉''布鲁诺''红阳'三个品种,面积分别为1.0 hm^2、4.5 hm^{2}和3.0 hm^2,总面积8.5 hm^2。主要管理措施:

(1)修剪。果园棚架架式以大棚架为主,植株采用"一干两蔓"整形修剪方式。12月中旬~翌年1月下旬,进行冬季更新修剪;3月下旬~9月下旬,进行抹芽、摘心、剪除徒长枝、疏除过密营养枝等辅助修剪。

(2)授粉。花粉即采即授,采用猕猴桃花药采集器收集花药,花药干燥后采集花粉,用授粉枪喷粉。

(3)疏果。5月中旬~5月下旬,花后1~2周内,按照6:1的叶果比例留果,疏去发育不良的小果、畸形果、病虫果和伤果。一个叶腋留1个果实,同一个结果枝留2~7个。

(4)除草施肥。10月中旬~11月下旬,结合施有机肥进行深翻,每年施有机肥1.5 t/hm^2。萌芽前10 d,施萌芽肥,以高氮肥为主;谢花后7 d,施壮果肥,以氮钾肥为主;谢花后40 d,施果实膨大肥,以磷钾肥为主。采用割草机一年割草3~4次。

1.2 研究方法

在同一片猕猴桃果园内,随机选择四年生的'翠玉'(中熟品种)、'红阳'(早熟品种)、'布鲁诺'(晚熟品种)三个品种的植株各50株,作为观察样株,并对标记编号。2015~2017年连续三年对挂牌的样株进行观察:从萌芽至开花前每2 d观察记录一次,确定萌芽期(指全树5%的芽开始膨大,鳞片裂开微露绿色)、展叶期(指全树5%芽的叶片开始展开);开花期间每天定时观察记录一次,确定初花期(指全树有5%的花朵开放)、终花期(指全树75%的花朵花瓣凋落);从9月中旬~11月中旬,用手持测糖仪每5 d测定一次可溶性固形物,确定果实成熟期(果实的可溶性固形物含量达到6.5%~7.0%为成熟期,'红阳'和'翠玉'为7%,'布鲁诺'为6.5%);从11月中旬至落叶期(指全树5%~75%的叶片脱落的时期),每7 d观察记录一次;同时,分别观察各品种的生长状况和果实经济性状等指标[20,24-25],以及低温冻害、风害、病虫害发生情况。在每个品种的50株观察样株中随机选择3株,作为性状测定样株。每个测定样株选4个不同方向的结果母枝挂牌标记,按结果枝长度分别调查长果枝(50~150 cm)、中果枝(30~50 cm)、短果枝(10~30 cm)及徒长果枝(>150 cm)数量;调查萌芽率(枝条上萌发的芽占总芽数的百分率,即萌芽率=萌芽数/总芽数)、成枝率(以萌芽中抽生长枝的比例,即成枝率=抽生长枝数/萌芽数)、果枝率(结果新梢数占抽生长枝数的比例,即果枝率=结果新梢数/抽生长枝数)、坐果率(植株上结果数占开花数总数的比例,即坐果率=结果数/开花总数);使用游标卡尺测定果实纵径和横径[24-25]、果柄长度和粗度、叶片纵面和横面、叶柄长度和粗度;使用数显测厚规测定叶片厚度;用粗天平测定果实单果重;维生素C检测参照GB 5009.86—2016食品安全国家标准食品中抗坏血酸的方法测定；总糖检测参照 GB 5009.8—2016 食品安全国家标准食品中果糖、葡萄糖、蔗糖、麦芽糖、乳糖的方法测定。

2 结果与分析

2.1 物候期

从表 1 可看出，'翠玉'物候期有明显特点：萌芽期比'红阳'迟 8～9 d，初花期比'红阳'迟 13～14 d，均在春季倒春寒之后，新芽和花器可以避开冷空气的冻害；萌芽期（开绽）至初花期时隔 48 d 左右，介于'红阳'和'布鲁诺'之间；开花期一般为 5 d，比'红阳''布鲁诺'缩短 2～3 d，其人工授粉期一般 3～4 d 时间，不仅可以节省 50% 左右的劳动力投入，而且可减缓因人工授粉对果园土壤的踩踏。

表 1 '翠玉''布鲁诺''红阳'猕猴桃各年份物候期（月/日）对照

| 年份 | 品种 | 萌芽期 | 展叶期 | 开花期 | | 果实成熟期 | 落叶期 |
				初花	终花		
	翠玉	3/16	3/23	5/01	5/06	10/14	11/27
2015	红阳	3/07	3/12	4/18	4/25	9/27	11/27
	布鲁诺	3/18	3/25	5/10	5/17	10/25	11/27
	翠玉	3/17	3/24	5/03	5/08	10/16	12/09
2016	红阳	3/09	3/14	4/20	4/27	9/30	12/09
	布鲁诺	3/20	3/26	5/12	5/20	10/27	12/09
	翠玉	3/27	4/02	5/12	5/17	10/20	12/09
2017	红阳	3/18	3/22	4/28	5/04	10/03	12/09
	布鲁诺	3/29	4/03	5/20	5/27	10/31	12/09

2.2 植物形态特征

由表 2 可知，'翠玉'的叶片面积较小，而且果柄短而粗，具有较强的抗台风能力，适宜沿海地区栽植；叶片厚度比'红阳'厚 0.02 mm，表现出较强的耐热和耐旱能力；果实匀称美观，平均单果重 84 g，比'红阳'大 30%，与'布鲁诺'接近。这与湖南各地试栽表现基本一致[26]。由于'翠玉'叶片面积比'布鲁诺'小 26% 左右，所以在结果枝摘心时应多留些叶片，适当提高叶果比例数。

表 2 '翠玉''布鲁诺''红阳'猕猴桃植物形态观察测定结果

| 品种 | 花器 | | 叶片 | | | 果实 | | |
	花冠直径/cm	花柄粗度/mm	长度/cm	宽度/cm	厚度/mm	果形	果柄粗度/mm	果柄长度/cm
翠玉	5.40±0.26	2.20±0.19	11.90±0.71	11.00±0.63	0.19±0.01	圆锥形	0.35±0.99	4.00±0.49
红阳	3.90±0.41	2.00±0.23	13.50±0.88	12.40±0.72	0.17±0.01	长圆柱形	0.32±0.28	5.50±0.59
布鲁诺	5.70±0.48	2.30±0.29	14.20±0.81	14.10±0.48	0.18±0.01	长椭圆形	0.37±0.35	6.20±0.58

2.3 丰产性

2.3.1 生长结果习性

根据连续三年对'翠玉''红阳''布鲁诺'的物候期与开花结果习性的对比观察记录，三者的开花期、花器大小、果实形态特征都有较大差别（表 1，表 2），各个品种的结果习性和各类结果枝比例也有优劣之分。三者结果习性对比见表3。

表3 '翠玉''红阳''布鲁诺'三个品种结果习性对比观察数据

品种	萌芽率/%	成枝率/%	结果枝率/%	坐果率/%	每枝平均结果数/个	短果枝结果数/个	短果枝占比例/%	中果枝结果数/个	中果枝占比例/%	长果枝结果数/个	长果枝占比例/%	徒长果枝结果数/个	徒长果枝占比例/%
翠玉	83	86	93	95	4.6	2.00±0.67	17	4.10±0.74	36	6.10±0.74	43	1.00±0.67	4
红阳	60	77	94	96	3.7	2.00±0.47	34	4.00±0.47	46	5.90±0.57	19	0.90±0.99	1
布鲁诺	55	80	87	96	3.7	2.00±0.63	11	3.90±0.74	38	5.10±0.74	38	0.20±0.42	13

'翠玉'的萌芽率、成枝率最高,分别达到83%、86%。平均每枝结果数4.6个,比'红阳'和'布鲁诺'高0.9个,这是'翠玉'稳产又丰产的重要原因。这与湖南试验情况基本相同[26]。'翠玉'在冬季修剪时应严格控制枝条数和枝芽数,以减轻疏花蔬果的压力。'翠玉'以中、长果枝为主,二者之和占79%,不易萌发徒长果枝,营养生长与繁殖生长的平衡易于控制,结果母枝易于培养。

2.3.2 果实品质产量

从表4可知,'翠玉'的维生素C比'红阳''布鲁诺'分别高近1倍和2倍,可溶性固形物比'布鲁诺'高2.4%,与'红阳'接近。与相关报道基本类似[2,9,23,26-27]。贮藏性相比,'翠玉'较为明显,尤其是货架期长3~4倍;果实产量比'红阳'高6 000 kg/hm²,比'布鲁诺'略低1 500 kg/hm²。

表4 '翠玉''红阳''布鲁诺'果实品质和产量对照

品种	可溶性固形物/%	维生素C含量/(mg/kg)	含糖量/%	含酸量/%	果实货架期/d	果实贮藏期/d	单果重/g	平均株产/kg	平均单产/(t/hm²)
翠玉	15.40±1.25	1 287.00±23.09	11.30±1.05	12.43±0.65	12.00±1.33	157.00±10.65	84.00±9.20	26.00±2.72	21.00±1.91
红阳	15.30±0.95	696.00±12.07	12.20±0.26	10.06±0.29	3.90±1.67	97.00±5.68	59.00±6.65	18.50±2.35	15.00±1.38
布鲁诺	13.00±0.04	374.00±10.61	10.00±0.01	11.45±0.61	2.50±0.63	121.00±9.27	88.00±12.82	28.00±4.30	22.50±2.55

2.4 抗逆性

以2017年的生长周年为例,三个品种中,'翠玉'的抗逆性最强,夏季高温只有发生轻微的日灼病和黑斑病,冬季不会因低温冻害而引起树皮冻裂或花腐病,尤其是在本年猕猴桃溃疡病大暴发时,'翠玉'感染率为0,表现出极强的抗溃疡病性能,见表5。'翠玉'在重庆开州区引种和在湖南栽培也表现出较强的抗逆性[26,28]。

表5 '翠玉''红阳''布鲁诺'抗逆性对比观察数据

品种	观察株数/株	树皮冻裂(−10℃以下)病株/株	树皮冻裂(−10℃以下)发病率/%	日灼病(35℃以上)病株/株	日灼病(35℃以上)发病率/%	黑斑病病株/株	黑斑病发病率/%	花腐病病株/株	花腐病发病率/%	溃疡病病株/株	溃疡病发病率/%
翠玉	50	0	0	3	6	5	10	0	0	0	0
红阳	50	16	32	27	54	41	82	13	26	46	92
布鲁诺	50	6	12	3	6	37	74	4	8	2	4

3 结论与讨论

连续三年对'翠玉'猕猴桃的引种试验观察表明，在浙江泰顺'翠玉'的开花物候期与湖南、重庆等地区的猕猴桃的开花物候期规律基本一致[26,28]。'翠玉'萌芽、开花期较迟，可以避开高山地区倒春寒的危害；叶片小而厚实，果柄短而粗，能够抵御浙南沿海地区台风的危害；人工授粉期仅 3~4 d，比其他猕猴桃品种可以节省 50% 左右的花粉量和用工量；萌芽率、成枝率高于现有主栽品种，结果母枝易于培养，单枝结果数 4.6 个，产量稳产在 21.0 t/hm^2 左右；果实品质和风味优于'布鲁诺'，贮藏期可达 157 d，货架期达 12 d 以上。

溃疡病是猕猴桃的毁灭性病害，其发生具有适生范围广、发生迅猛、致病性强、根除难度大等特点，可在短期内造成大面积树体死亡，是目前猕猴桃生产中面临的重大问题[29-30]。不同猕猴桃品种对溃疡病的抗性存在显著差异[12,29]。抗病性是果树引种推广的重要依据之一[20]，尤其对溃疡病的抗性情况，更是其在浙江高温、多雨气候环境下必须考虑的首要条件。'翠玉'猕猴桃于 2011 年引种到泰顺县的罗阳、筱村、泗溪等乡镇，在高中低的多个海拔段试种，2013 年开始挂果投产，经过近三年的试验观察表明：'翠玉'性状稳定、品质优良、丰产稳产，且适应性和抗病能力强，适合泰顺县及浙南山区推广种植。

参考文献 References

[1] 钟彩虹，韩飞，李大卫，等. 红心猕猴桃新品种'东红'的选育[J]. 果树学报，2016，33（12）：1596-1599.

[2] 刘旭峰，姚春潮，樊秀芳，等. 猕猴桃品种引种试验[J]. 西北农林科技大学学报（自然科学版），2005，33（4）：35-38.

[3] 陈绪中，李丽，王圣梅，等. 4个猕猴桃新品种生物学特性的观察比较[J]. 安徽农业大学学报，2007，34（1）：117-119.

[4] 金方伦，黎明，韩成敏，等. 五个猕猴桃新品种的引进筛选研究[J]. 北方园艺，2011（4）：12-16.

[5] 潘德林，黄胜男，张计育，等. 猕猴桃在南京地区开花物候期的观察[J]. 农学学报，2016，6（10）：63-66.

[6] 刘景超，高扬，郭兴科，等. '桓优1号'软枣猕猴桃引种表现观察[J]. 天津农林科技，2017（6）：5-6.

[7] 陈利娜，李好先，牛娟，等. 3个猕猴桃农家品系在郑州的引种表现初报[J]. 落叶果树，2017，49（6）:35-37.

[8] 王涛，张计育，王刚，等. 4个猕猴桃品种在南京地区引种栽培表现[J]. 中国南方果树，2018，47（2）：130-139.

[9] 李林，李庆红，苏俊，等. '红阳'猕猴桃在云南的引种表现及栽培技术[J]. 中国南方果树，2017，46（1）：123-129.

[10] 钟彩虹，张鹏，韩飞，等. 猕猴桃种间杂交新品种'金艳'的果实发育特征[J]. 果树学报，2015，32（6）：1152-1160.

[11] 钟彩虹，李大卫，韩飞，等. 猕猴桃品种果实性状特征和主成分分析研究[J]. 植物遗传资源学报，2016，17（1）：92-99.

[12] 石志军，张慧琴，肖金平，等. 不同猕猴桃品种对溃疡病抗性的评价[J]. 浙江农业学报，2014，26（3）：752-759.

[13] 王成洲，周彤，朱宝飞. 猕猴桃溃疡病的发生与防治[J]. 西北园艺，2004（12）：25-26.

[14] 申哲，黄丽丽，康振生. 陕西关中地区猕猴桃溃疡病调查初报[J]. 西北农业学报，2009，18（1）：191-193，197.

[15] 王俊峰，王西锐，李永武，等. 红阳猕猴桃溃疡病防治技术[J]. 陕西农业科学，2013（1）：248-249.

[16] 张毅，庞孟阁，徐进，等. 猕猴桃溃疡病调查研究[J]. 生物灾害科学，2013，36（1）：69-71.

[17] 钱东南，凌士鹏，钭凌娟. 浙中地区红阳猕猴桃根腐病的发生原因及防治对策[J]. 现代园艺，2014（12）：83-84.

[18] 胡容平，叶慧丽，夏先全，等. 四川猕猴桃溃疡病发生规律及防控对策[J]. 四川农业科技，2016（1）：30-31.

[19] 裴红波，张耀宏. 陕西关中地区猕猴桃溃疡病的调查与防治[J]. 杨凌职业技术学院学报，2017，16（3）：36-38.

[20] 钱亚明，赵密珍，于红梅，等. 5个猕猴桃品种在江苏地区的引种表现[J]. 江苏农业科学，2017，45（22）：143-145.

[21] 张慧琴，王和孟，冯健君，等. 浙江省猕猴桃溃疡病发病现状及影响因子分析[J]. 浙江农业学报，2013，25（4）：832-835.

[22] 秦虎强，高小宁，赵志博，等. 陕西猕猴桃细菌性溃疡病田间发生动态与规律[J]. 植物保护学报，2013，40（3）：225-230.

[23] 钟彩虹，王中炎，卜范文. 优质耐贮中华猕猴桃新品种'丰悦''翠玉'[J]. 园艺学报，2002，29（6）：592.

[24] 张望舒，贺坤，凡改恩，等. 猕猴桃引种表现及树势对果实品质的影响[J]. 浙江农业科学 2017，58（2）：201-204.

[25] 朱立武，张如峰，丁士林. 美味猕猴桃新品种皖翠生物学特性研究[J]. 安徽农业大学学报，2002，29（1）：74-77.

[26] 钟彩虹，王中炎，卜范文，等. 优质耐贮中华猕猴桃新品种'翠玉'[J]. 中国果树，2002（5）：2-4.

[27] 韩明丽，张志友，吴志广，等. 浙北地区红阳猕猴桃引种表现及栽培技术初探［J］. 浙江农业科学，2014（1）：57-60.

[28] 魏静萍，卿德权，邓仕美. '翠玉'猕猴桃在重庆开州区的引种表现及其栽培技术[J]. 中国果业信息，2017（7）：62-63.

[29] 高小宁，赵志博，黄其玲，等. 猕猴桃细菌性溃疡病研究进展[J]. 果树学报，2012，29（2）：262-268.

[30] 李瑶，承河元，钱子华，等. 猕猴桃溃疡病防治研究[J]. 安徽农业大学学报，2001，28（2）：139-143.

The Performance of Kiwifruit Cultivar 'Cuiyu' in Taishun County

ZHANG Qingchao   WU Shiwu   WENG Guohang   ZHANG Lihua

（Taishun Forestry Bureau of Zhejiang   Taishun   325500）

Abstract   The kiwifruit variety 'Cuiyu' is a fine variety selected from the wild kiwifruit germplasm resources in China. It was introduced to several elevation sections in Taishun County in 2011. A three years continuous observation survey showed that germination time of 'Cuiyu' is later compare to other varieties, generally around 'vernal equinox'.The late germination time help 'Cuiyu' to avoid the frost injury during spring in the mountain area. The fruit stalk of 'The green Jade' is short and coarse, which can reduce the damage of typhoon. The 3-4 days shorter artificial pollination period can save 50% of labor input and quantity of pollen spraying. It was easy to culture and form fruit cane. Compare to variety 'Hongyang', the germination rate and branching rate was increased by 23% and 9% respectively.The yield was stable and the average number of fruit per branch was 4.3. Fruit quality and flavor is superior to 'Bruno'.Storage period of 'Cuiyu' is up to 157 days, and the shelf life is more than 12 days, which are excellent commodity nature.The plant has strong resistance to canker, black spot and so on. It is suitable for Taishun County and mountain areas in South Zhejiang Province.

Keywords   'Cuiyu'   Introduction   Biological characteristics   Adaptability

猕猴桃的性别进化历程

王明忠

（四川省自然资源科学研究院　四川成都　610015）

摘　要　在有花植物中，原始形态的两性花植物占大多数，高级形态的雌雄异株植物很稀少，猕猴桃就属于这稀少的高级类型。专家认为猕猴桃的性别进化过程是：两性花→雄全异株→典型雌雄异株。到目前为止，所有栽培品种的猕猴桃都是雌雄异株。雄全异株在栽培'海沃德'品种时，在所配的授粉雄株中偶有发生。我们选育出的猕猴桃新品种'龙山红'，则是完全的两性花品种，这一品种的诞生，完善了猕猴桃的性别进化历程。

关键词　猕猴桃性别进化　两性花　雌雄异株　雄全异株

根据对植物性别的研究报告，在有花植物中，原始形态的两性花（hermaphrodite）植物，约占有花植物的 72%，应为大多数。而高级形态的雌雄异株（dioecy）植物，约占有花植物的 6%，应为稀少数。猕猴桃就属于这稀少的高级类型。按照恩格勒植物分类系统 12 版，把猕猴桃科（Actinidiaceae）分为四个属（Genus），即猕猴桃属（*Actinidia* Lindl.）、水东哥属（*Saurauia* Willd.）、藤山柳属（*Clematoclethra* Maxim.）和毒药树属（*Sladenia* Kurz.）。这四个属中猕猴桃属的植物是雌雄异株，而其他属的植物也有两性花。这说明在同一个科中的植物，性别进化的程度也是大相径庭的。

1　文献资料对猕猴桃性别的描述

到目前为止，所有栽培品种的猕猴桃都是雌雄异株。但在一些经典著作中，对野生猕猴桃的形态特征描述，却不完全是雌雄异株。俞德浚的《中国果树分类学》，对猕猴桃属植物的性别描述为"花雌雄异株或两性花雄雌杂株"。崔志学的《中华猕猴桃》，认为"猕猴桃多为雌、雄异株，近年来也发现中华猕猴桃有雌、雄同株的"。《四川植物志》第 4 卷，张泽荣对猕猴桃科猕猴桃属植物的性别描述为"花单性，雌雄异株或杂性"，对美味猕猴桃（*Actinidia deliciosa*）植物的性别描述为"花单性，雌雄异株，有时为杂性"。

从上述著作对猕猴桃性别的描述可知，他们一致确认猕猴桃为"雌雄异株"外，还有"两性花雄雌杂株""雌雄同株""有时为杂性"的性别存在。但是，对"雌雄异株"以外的其他性别特征不见详细记叙。自然界的猕猴桃有可能实际存在着除"雌雄异株"以外的其他性别类型，比如"雄全异株"（androdioecy）、"两性花"等。

弗格森（Ferguson）在《猕猴桃的植物学评述》中认为，猕猴桃为功能性的雌雄异株。但雌雄异株并不是绝对的，一些雄株可产生小果，套袋实验表明，这些雄株的花是自花授粉。这意味着两性花品种的发育是可能的。

里泽（Rizet）指出，解剖中华猕猴桃（*A.chinensis*）具有一些雄全异株种的特性，即雄性性别通过产生有活力的花粉提供基因，雌性性别通过产生胚珠提供基因。猕猴桃属的进化过程是：两性花→雄全异株→典型雌雄异株。然而，雌株是否产生有活力的花粉尚无证据。

至今为止所观察到的雌雄同体植株为雄株，尽管它们的花柱发育不良，但亦可产生小果。

在 20 世纪 80 年代，我们栽培'海沃德'（'Hayward'）品种时，在所配的授粉雄树'汤姆利'（'Tomuri'）中曾偶然观察到一株中的一朵雄花结果，充分证明猕猴桃存在以雄全异株的的两性花。

2 对猕猴桃两性花的研究

2.1 两性花的发现和育种

本文从野生种群中去寻找"杂性花"或"两性花"的猕猴桃，在 21 世纪初从龙门山脉深处海拔 1 200 m 的地方发现了一株疑似猕猴桃两性花植株并引种栽培。经分类学鉴定，该植株的形态特征与美味猕猴桃一致，同时果肉沿中轴部分呈现放射状淡红色，其余果肉为绿色，该植株属于美味猕猴桃变种彩色猕猴桃（*Actinidia deliciosa* var.*coloris*）。通过对花的解剖、套袋、花粉萌发和结果习性的进一步观察，认定该植株是雌雄同花的两性花猕猴桃。

按照育种程序，从 2004 年开始，对其进行品种比较试验、生产栽培试验和多点生态适应性试验，并无性繁殖三代以上，均表现出特征和特性一致，遗传性状稳定，从而选育出独具特色的彩色猕猴桃两性花新品种，命名为'龙山红'（'Longshan red'）。2014 年 2 月 21 日，该品种通过四川省农作物品种审定委员会的新品种审定。2016 年 3 月 1 日，该品种获得中国农业部颁发的"植物新品种权证书"，品种权号 CNA20120952.0。

2.2 两性花鉴定

为了鉴定该品种的两性花特性，主要开展了三项最直接最有效的试验。

2.2.1 花蕾套袋试验

2006 年与 2007 年，分别在三个不同地方、不同海拔的试验地，对'龙山红'花蕾套袋共计 82 个，坐果以后脱袋观察。共获得 67 个正常果，结果率 81.71%，这与通常的自然授粉结果率一致。未结果的花蕾是由发育不良未形成花、意外受损和授粉不良等多种原因造成。

2.2.2 花粉生活力测定

用花粉发芽法来测定'龙山红'花粉生活力。2010 年 5 月 25 日分别采集'龙山红'和对照品种'海沃德'花朵，26 日在实验室取出两个品种的花粉，分别置于含有微量硼酸的蔗糖溶液中，在 20～25℃ 温度条件下培养花粉 4 h 后，在显微镜下观察花粉萌芽情况。

试验结果表明，'龙山红'有一部分花粉萌发并长出花粉管，而对照品种'海沃德'的花粉，均无发芽现象。充分证明'龙山红'是具有自花授粉能力的两性花品种。

2.2.3 隔离栽培试验

将两性花猕猴桃'龙山红'品种栽植在不与任何猕猴桃花期相遇的园地里，无任何人工授粉，完全靠自花授粉可产生果实获得好收成。

3 两性花猕猴桃的植物学形态特征

两性花猕猴桃'龙山红'生长在野生美味猕猴桃种群之中，它的外部形态特征与美味猕猴桃很相似，但仔细观察仍有自身的植物学特征。

3.1 花、果特征

花单生，极少有侧花。花梗长 2.0～2.8 cm，平均 2.38 cm。花冠直径 5.0～5.7 cm，平均 5.39 cm。花瓣白色，轻微反卷，外周稍皱，后期变黄，花瓣数 5～7 枚，平均 6.06 枚，花瓣长宽比值 1.16，为中。花萼数 5～7 枚，平均 5.5 枚，萼片背面茸毛黄褐色。花柱数 26～34

根，平均 30.9 根，花柱长平均 7.4 mm。花柱姿态为水平分布并略斜向花药，柱头扁平多茸毛。子房球形，外被白色茸毛，纵切面无花色素。花药深橙黄色，数量 130～180 个，平均157 个左右。花丝长 7.0 mm 左右，与花柱长近一致。花丝上的花药与扁平的柱头紧贴，花无香气，几乎无昆虫来访，表现为自花授粉的特征性状。

果实长椭圆形，果皮褐色，无缢痕，果面密被棕色硬毛，果毛比'海沃德'更发育完整，脱落较易，果顶部平坦或稍凸。果实纵径 7.1 cm，最长达 9 cm，横径 3.95 cm，侧径 3.47 cm，扁平率大，横径/侧径为 1.14。果梗短，长度 2.53 cm，粗度 3.16 mm，相对果梗长度极小，果梗长/果实纵径为 0.36。果实外形具普通美味猕猴桃特征，但果实横切（或纵切）面的果肉颜色，即种子外侧果肉成淡红色，具彩色猕猴桃的典型特征。

3.2 枝、叶特征

新梢黄绿色，表面生灰褐色糙毛，嫩梢红色或紫红色，阳面红色素更深。皮孔短梭形，黄白色。一年生枝皮红褐色，皮孔短梭形至椭圆形，黄褐色，枝条表面密生黄褐色硬毛。开花期幼叶叶腋紫红色，花色素着色极强。

幼叶圆形，先端钝尖，叶基相接，叶柄深红色，花色素着色强。成叶平均单叶面积较小，为 170.8 cm^2，叶面深绿，凹凸状态强，叶背灰绿，叶脉较突，叶尖钝尖，个别凹尖，叶缘锯齿稀少，叶基相接，个别重叠。平均叶长 14.1 cm，叶宽 14.98 cm，叶形指数中，叶长/叶宽为 0.94。成叶叶柄花色素着色强，叶柄长平均 11.39 cm，叶柄比率大，叶柄长/叶片长为 0.81。

4 两性花猕猴桃的农业生物学特性

4.1 生长结果习性

两性花猕猴桃'龙山红'树体长势强健，当年生枝可达 2～3 m，成枝力强。结果以中短枝为主，花着生于结果枝 2～5 节，一般单花结果，疏花疏果量小，成熟期无落果现象。高接第二年可试花结果，第四年以后可进入盛期。嫁接在实生苗上，第三年结果，第五年进入盛果期。丰产性较好，株产 20～30 kg，亩产 1 500～2 000 kg。

4.2 果实经济性状

'龙山红'果实长椭圆形，单果重 50～80 g，平均 65.59 g；种子外侧的果肉颜色淡红色，最外层果肉绿色，中柱白色，果肉香气浓；心皮 30 个左右，单果种子数 640 粒左右，种子很大，千粒重 1.73 g；鲜果可溶性固形物含量 14.6%，总糖 10.2%，总酸 1.87%，维生素 C 651 mg/kg；磷（P）196.6 mg/kg，钾（K）2 700 mg/kg，钙（Ca）306 mg/kg，镁（Mg）112 mg/kg，钠（Na）39.4 mg/kg，铜（Cu）0.92 mg/kg，铁（Fe）2.8 mg/kg，锌（Zn）1.2 mg/kg，硒（Se）8.4 μg/kg，碘（I）0.04 mg/kg。果实易剥皮，较耐贮运。

4.3 物候期

通过多年对海拔 1 200 m 处'龙山红'猕猴桃原植株的连续观察，其物候期是：伤流期二月中下旬，芽萌动期三月上中旬，展叶期四月中下旬，现蕾期四月中下旬，开花期五月中下旬，果实成熟期十月中下旬，落叶期十二月上中旬。果实的生长发育期（从开花到采收）150 d 左右。营养生长期（从芽萌动到落叶）共计 270～280 d。开花期比同地的'海沃德'早 7～9 d。

4.4 抗逆性

'龙山红'猕猴桃来自野生，原始植株生长在海拔 1 200 m 处。在四川龙门山一带，这个海拔是猕猴桃野生种类最丰富的地带，但也是猕猴桃栽培品种（指'海沃德'）栽培的海拔上限。'龙山红'猕猴桃在较为恶劣的高海拔环境条件下，形成了适应不良环境的特征特性，因此抗逆性能极强。据多年观察，在周围其他猕猴桃栽培品种感染溃疡病和根腐病情况下，也从未受到过传染，说明该两性花品种'龙山红'具有显著的抗寒、抗病和抗湿能力。

5 小结

（1）两性花'龙山红'猕猴桃，完全能自花授粉结果，是雌雄同时得到充分发育的完全的两性花品种。此前，人们所观察到的雌雄同花猕猴桃皆为雄株，即雄株开花后偶有结出小果的现象。我们也曾在'海沃德'的授粉雄株'汤姆利'中发现过这种现象，这又被称为"雄全异株"特性，雌株是否产生有活力的花粉尚无证据。

（2）两性花'龙山红'猕猴桃是雌雄同花植株中的雌株，表明了猕猴桃雌株能够产生有活力的花粉，验证了此前学者对猕猴桃的性别进化过程的猜想：两性花→雄全异株→典型雌雄异株。

（3）本发现找到了性别进化过程的初始阶段即"两性花"阶段，佐证完整了猕猴桃性别进化链。

（4）生产上解决了许多问题：无须栽植雄株、大大节省土地；无须人工或昆虫授粉节省劳动力成本；无须扩大面积而大幅增加产量和经济效益。

（5）中国的野生猕猴桃种群，藏身于深山野坞，是内容丰富的基因库，有你想象不到的惊喜在等着你，去发现，去研究，去利用！

The Evolutionary History of the Sexuality of Kiwifruit

WANG Mingzhong

（Sichuan Academy of Natural Resource and Science　Chengdu　610015）

Abstract　In the flowering plants, the primitive forms of hermaphrodite accounted for the majority, while the advanced forms of dioecy are rare, and kiwifruit belongs to this rare advanced type. Experts believed that the process of sexuality evolution of kiwifruit is that hermaphrodite to androdioecy, and then to dioecy. So far, all kiwifruit cultivars are dioecy. Androdioecy occasionally occurs in the pollinated male 'Hayward' plants. We have bred the new kiwifruit variety 'Longshan Red', which is a complete hermaphrodite variety, and this variety has completed the evolution process of the sexuality of kiwifruit.

Keywords　Sexuality evolution of kiwifruit　Hermaphrodite　Dioecy　Androdioecy

猕猴桃属种质资源的收集、创制及鉴定研究

钟彩虹[1]　黄宏文[1,2]　李大卫[1]　张琼[1]
韩飞[1]　李黎[1]　姜正旺[1]

(1 中国科学院植物种质创新与特色农业重点实验室,中国科学院种子创新研究院,中国科学院武汉植物园　湖北武汉　430074;
2 中国科学院华南植物园　广东广州　510650)

摘　要　中国科学院武汉植物园从 1978 年开始从事猕猴桃资源普查和收集利用工作,历经 40 年,已建成世界上猕猴桃属植物种质资源最丰富的基因库,保存了包含 63 个种或变种、变型及创新种质的绝大部分资源。基于收集的种质资源,重点开展了物种的果实性状特征鉴定、主要品种(系)的花果形态特征及遗传多样性评价,并采用多种方法创制新种质,目的是为对资源的综合利用提供科学依据。

关键词　猕猴桃资源　收集鉴定　种质创制

猕猴桃属植物(*Actinidia* Lindl.)是我国特有珍贵的果树资源,曾经历了 4 次修订,按最近分类修订,该属全世界有 54 个种、21 个变种,共约 75 个分类单元(Li et al., 2007),除尼泊尔猕猴桃和白背叶猕猴桃 2 种外,原产中国的就有 73 个分类单元,占世界猕猴桃物种总数的 97%。目前成功商业化栽培的种类主要是中华猕猴桃(*Actinidia chinensis* Planch. var. *chinensis*)及美味猕猴桃(*A. chinensis* var. *deliciosa* A.Chevalier),它们的果实大,营养丰富、风味优良,是世界重要的保健水果;还有一种是软枣猕猴桃(*A.arguta*),近几年全球有多个国家大面积栽培生产,并有果品上市销售。但其他丰富的猕猴桃种类中,具有特殊利用价值的物种,长期处于野生状态,没有很好地开发利用。国外近年来大量收集猕猴桃种质资源,我国面临资源优势逐渐削弱的困境。为了加强种质资源的保护,中国科学院武汉植物园于 2009 年向农业部申报国家猕猴桃种质资源圃建设项目,并于 2010 年获批,2015 年顺利验收。随着国家猕猴桃种质资源圃的建设、自 2012 年,猕猴桃种质资源收集保护进入中国农科院作物研究所承担的农业部(现农业农村部)种业管理局的全国农作物种质资源保护项目中,种质收集保存基础设施条件得以大幅改善。本研究单位加大了猕猴桃种质资源鉴定与利用的研究,建立了较完善的保育及鉴定体系。本文重点总结中国科学院武汉植物园近十年,在种质资源的收集、创制及鉴定方面的研究结果,为猕猴桃属植物资源的种质创新和可持续利用提供科学依据。

1　材料与方法

1.1　实验地点及所处的自然条件

实验在武汉植物园国家猕猴桃种质资源圃内进行。该园地处南部亚热带与北部暖温带的过渡地带,北纬 30°33′,东经 114°03′,属北亚热带季风性湿润气候,一般年均气温 15.8 ~ 17.5℃,1 月平均气温 0.4℃,7 ~ 8 月平均气温 28.7℃。无霜期 240 d;年降水量 1 200 mm 左右;≥10℃有效积温 4 500 ~ 5 200℃。黄棕壤土,pH 值 6 ~ 6.5。

1.2 材料

园内收集保存的已有猕猴桃属各类种质资源、从国内不同省份山区收集的不同类型物种枝条或种子、国内外科研院所交换的种质枝条。

1.3 方法

保存：根据收集种质的形态，采取不同的保存方法。果实，鉴定后清洗种子，砂藏层积处理，于12月至次年1月播种，培育幼苗，再下一年冬季定植；成熟枝条，则直接嫁接育苗或嫁接到园中多年生大树上；半成熟枝条，则水培发嫩芽，经组织培养，培育苗木，冬季定植保存。

创制：自1983年以来武汉植物园开始了猕猴桃远缘种间杂交，特别是2007年以后，以中华猕猴桃、美味猕猴桃、山梨猕猴桃、毛花猕猴桃、软枣猕猴桃、繁花猕猴桃等物种或前期获得的杂种F_1为亲本，共进行了45个种间杂交组合、51个中华猕猴桃（含美味猕猴变种）种内杂交。杂交方法按常规进行，将开花前1~2 d用硫酸纸袋套母本的花蕾，花期比母本早的父本花粉当年收集，花期比母本晚的父本花粉前一年收集，露瓣期用毛笔重复授粉2~3次。其次是收集资源圃内优良的开放式授粉获得的中华猕猴桃、繁花猕猴桃、白背叶猕猴桃、陕西猕猴桃、软枣猕猴桃、狗枣猕猴桃等种质的种子，播种培育实生苗，获得新种质。

鉴定：对枝、叶、花、果开展形态鉴定，检测果实内在营养成分，调查开花结果习性及物候期，检测染色体倍性，挖掘优异资源。

2 结果分析

2.1 种质资源引进与保存

中国由于复杂的生境及猕猴桃长期的自然异花授粉，后代形成了多种多样变异的类型，通过到猕猴桃野生资源分布广泛的云南、贵州、四川、湖北、广西、广东等省份及东北地区的山区进行资源调查收集，武汉植物园在1999年保存48个种或变种、变型的基础上（王圣梅 等，1999），至今已保存了63个种、变种或变型，新增加了20个种、变种或变型。其中，前期收集的48个种或变种、变型有5个因不适应武汉气候条件而死亡（表1）。此外，武汉植物园从其他科研单位或产区引进鉴定或审定的新品种73个，新品系41个。

表1　武汉植物园保存的猕猴桃属植物的种、变种或变型（2018.9）

编号	中文名	学名
1	软枣猕猴桃	*Actinidia arguta*（Siebold & Zuccarini）Planchon ex Miquel
2	陕西猕猴桃	*A.arguta* var. *giraldii*（Diels）Voroshilov
3	硬齿猕猴桃	*A.callosa* Lindley
4	毛叶硬齿猕猴桃	*A.callosa* var. *strigillosa* C. F. Liang
5	京梨猕猴桃	*A.callosa* var. *henryi* Maximowicz
6	毛枝京梨猕猴桃	*A.callosa* Lindl. var. *pubipamula*
7	异色猕猴桃	*A.callosa* var. *discolor* C. F. Liang
8	中华猕猴桃	*A.chinensis* Planchon
9	中华猕猴桃变型：红肉猕猴桃	*A.chinensis* f. *rufopulpa* C. F. Liang & R. H. Huang
10	中华猕猴桃变型：井冈山猕猴桃	*A.chinensis* f. *Jinggangshanensis* C. F. Liang
11	美味猕猴桃	*A.chinensis* f. *deliciosa* A. Chevalier

编号	中文名	学名
12	刺毛猕猴桃	*A.chinensis* var. *setosa* H. L. Li
13	美味猕猴桃变型：绿果猕猴桃	*A.deliciosa* f. *chlorocarpa* C. F. Liang
14	美味猕猴桃变种：彩色猕猴桃	*A.deliciosa* var. *coloris* T. H. Lin & X. Y. Xiong
15	金花猕猴桃	*A.chrysantha* C. F. Liang
16	柱果猕猴桃	*A.cylindrica* C. F. Liang
17	网脉猕猴桃	*A.cylindrica* var. *reticulata* C. F. Liang
18	毛花猕猴桃	*A.eriantha* Bentham
19	毛花猕猴桃变种：秃果毛花猕猴桃	*A.eriantha* var. *calvescens*
20	毛花猕猴桃变型：白花毛花猕猴桃	*A.eriantha* f. *alba*
21	毛花猕猴桃变种：棕毛毛花猕猴桃	*A.eriantha* var. *brunea*
22	圆叶猕猴桃	*A. fasciculoides* var. *orbiculata* C. F. Liang
23	黄毛猕猴桃	*A. fulvicoma* Hance
24	黄毛猕猴桃变型：绵毛猕猴桃	*A. fulvicoma* f. *lanata* Hemsley
25	大花猕猴桃	*A. grandiflora* C. F. Liang
26	长叶猕猴桃	*A.hemsleyana* Dunn
27	全毛猕猴桃	*A.holotricha* Finet & Gagnepain
28	湖北猕猴桃	*A.hubeiensis* H. M. Sun & R. H. Huang
29	中越猕猴桃	*A.indochinensis* Merrill
30	卵圆叶猕猴桃	*A.indochinensis* var. *ovatifolia* R. G. Li & L. Mo
31	狗枣猕猴桃	*A.kolomikta*（Maximowicz & Ruprecht）Maximowicz
32	小叶猕猴桃	*A.lanceolata* Dunn
33	阔叶猕猴桃	*A.latifolia*（Gardner & Champion）Merrill
34	桂林猕猴桃	*A. guilinensis* C. F. Liang
35	长绒猕猴桃	*A.latifolia* var. *mollis*（Dunn）Handel-Mazzetti
36	漓江猕猴桃	*A.lijiangensis* C. F. Liang & Y. X. Lu
37	临桂猕猴桃	*A.linguiensis* R. G. Li & X. G. Wang
38	长果猕猴桃	*A.longicarpa* R. G. Li & M. Y. Liang
39	大籽猕猴桃	*A.macrosperma* C. F. Liang
40	梅叶猕猴桃	*A.macrosperma* var. *mumoides* C. F. Liang
41	黑蕊猕猴桃	*A.melanandra* Franchet
42	桃花猕猴桃	*A. persicina* R. G. Li & L. Mo
43	葛枣猕猴桃	*A. polygama*（Siebold & Zuccarini）Maximowicz
44	融水猕猴桃	*A.rongshuiensis* R. G. Li & X. G. Wang
45	红茎猕猴桃	*A.rubricaulis* Dunn
46	革叶猕猴桃	*A.rubricaulis* var. *coriacea*（Finet & Gagnepain）C. F. Liang
47	山梨猕猴桃	*A.rufa*（Siebold & Zuccarini）Planchon ex Miquel
48	清风藤猕猴桃	*A.sabiifolia* Dunn

编号	中文名	学 名
49	花楸猕猴桃	*A.sorbifolia* C. F. Liang
50	安息香猕猴桃	*A.styracifolia* C. F. Liang
51	对萼猕猴桃	*A.valvata* Dunn
52	显脉猕猴桃	*A.venosa* Rehder
53	葡萄叶猕猴桃	*A.vitifolia* C. Y. Wu
54	浙江猕猴桃	*A.zhejiangensis* C. F. Liang
55	繁花猕猴桃	*A. persicina* R. H. Huang & S. M. Wamg
56	白背叶猕猴桃	*A.hypoleuca* Nakai
57	粗叶猕猴桃	*A. glaucophylla* var. *robusta*
58	团叶猕猴桃	*A. glaucophylla* var. *rotunda*
59	华南猕猴桃	*A. glaucophylla* F.Chun
60	宛田猕猴桃	*A.wantianensis* R.G.Li & L. Mo
61	五瓣猕猴桃	*A. pentapetala* R.G.Li & J.W.Li
62	红丝猕猴桃	*A.rubrafilmenta* R.G.Li & J.W.Li
63	江西猕猴桃	*A. jiangxiensis*

2.2　种质创制

因不同物种间的亲缘关系远近不同，种间杂交亲和性差异较大，仅 2005～2017 年间，就开展了 110 余个种间种内杂交，获得了 68 个杂交组合的种苗，一半进入结果期，完成初步鉴定。目前，初步鉴定到具有多抗、多糖、高维生素 C、红花、连皮食用等优良特性且风味佳的类型及多抗特性的优良砧木类型。此外，从野外或园内收集了 75 份优良种质的种子，获得 75 个实生群体，其中已有 1 000 余株结果，特别是从软枣猕猴桃、黑蕊猕猴桃和陕西猕猴桃中初选出大量的连皮食用类型。近十年，已从上述创制种质中初步筛选出优良品系 385 份，进入子代鉴定和复选中；还有一半未结果，待后续 3～5 年系统鉴定。

2.3　种质鉴定

2.3.1　物种鉴定

连续 3 年对 34 个种或变种（型）进行了果实的外观与内在品质的鉴定，外观主要是果实的大小、形状、果面毛被、果皮颜色等，内在品质重点是软熟后的干物质、可溶性固形物含量、总糖及总酸含量、风味品质等。根据鉴定结果，可将 34 个物种分为两大类：一类为可食用类型，共有 18 个；另一类为不能食用类型，共有 16 个，仅作砧木或其他用途。

1）可食用类型

18 个可食用类型的种和变种（型）是毛花猕猴桃、白花毛花猕猴桃、秃果毛花猕猴桃、棕毛毛花猕猴桃、狗枣猕猴桃、黑蕊猕猴桃、陕西猕猴桃、白背叶猕猴桃、繁花猕猴桃、红肉猕猴桃、山梨猕猴桃、长果猕猴桃、井冈山猕猴桃、绿果猕猴桃、大花猕猴桃、湖北猕猴桃、浙江猕猴桃、江西猕猴桃。这些类型果实风味酸或微甜，有的还有青草香味，但都可以食用，没有难以下咽的异味。对这些进行多方面综合分析，发现均可以作为育种亲本加以利用，有的稍加改良，也可以直接推广。18 个类型中，从维生素 C、果实风味、果肉颜色、果皮与果肉分离、耐贮性等方面进行了系统鉴定，结果表明：

果肉维生素 C 含量最高的为江西庐山引进的大果型的毛花猕猴桃，软熟果实仍有 808.8 mg/100 g；第二是狗枣猕猴桃，软熟果实达 793 mg/100 g；第三和第四是白花毛花猕猴桃和秃果毛花猕猴桃，分别为 695.1 mg/100 g 和 479.1～513.3 mg/100 g。这四个可以作为培育高维生素 C 的亲本材料。此外较高的还有棕毛毛花猕猴桃、繁花猕猴桃、浙江猕猴桃、江西猕猴桃、长果猕猴桃、绿果猕猴桃和红肉猕猴桃，在 200～500 mg/100 g 之间，最低的是山梨猕猴桃，仅 10.10～11.22 mg/100 g。

果实风味纯正无异味的有繁花猕猴桃、山梨猕猴桃、红肉猕猴桃、井冈山猕猴桃、狗枣猕猴桃、黑蕊猕猴桃和大花猕猴桃，有青草气味的有毛花猕猴桃及变型、浙江猕猴桃、江西猕猴桃、长果猕猴桃等，绿果猕猴桃、湖北猕猴桃和白背叶猕猴桃均有一些其他的杂味。

果肉颜色主要是绿色，除了中华红肉猕猴桃、井冈山猕猴桃（现归并为中华猕猴桃）和大花猕猴桃的果肉为黄色、黑蕊猕猴桃的果肉有紫色外，其余均为绿色或深绿色。

果皮与果肉易剥离的主要有毛花猕猴桃及变型、繁花猕猴桃、长果猕猴桃、浙江猕猴桃和江西猕猴桃等，果皮与果肉难分离的有大花猕猴桃和井冈山猕猴桃，其余处在中间。

果实最耐贮的有毛花猕猴桃及其变型、山梨猕猴桃、繁花猕猴桃、湖北猕猴桃、长果猕猴桃。特别是山梨猕猴桃，果实成熟后果柄处不形成离层，果实软熟了也不脱落，可实现即采即食而其他类型过了采摘期均会脱落。果实耐贮性较差的是中华红肉猕猴桃、大花猕猴桃、狗枣猕猴桃、黑蕊猕猴桃及陕西猕猴桃等类型，其他的居中。

这些可食用类型的种质，可应用于改良现有的栽培品种，培育更多特色的新品种，有的可直接作为特异类型进行新品种培育，如陕西猕猴桃、狗枣猕猴桃等。

2）不能食用类型

16 个不能食用的种类包括长绒猕猴桃、安息香猕猴桃、黄毛猕猴桃、桃花猕猴桃、网脉猕猴桃、中越猕猴桃、卵圆叶猕猴桃、异色猕猴桃、红茎猕猴桃、漓江猕猴桃、京梨猕猴桃、革叶猕猴桃、小叶猕猴桃、对萼猕猴桃、大籽猕猴桃、葛枣猕猴桃。这些物种果肉风味均极酸、有苦味、怪味、异味或麻辣味，难以下咽。同时这些种类的果实均小或极小，但其中有许多生长势旺，耐粗放管理，可考虑间接利用，如作砧木或抗性材料来研究，或结合花、叶的其他特性作观赏品种来培育或开发利用。

这 16 个类型中，以长绒猕猴桃果实的维生素 C 含量最高，软熟果实达 1 198.8 mg/100 g，其次是安息香猕猴桃，达 553.1 mg/100 g，其他的均在 50 mg/100 g 以下，最低的是京梨猕猴桃，仅 9.75 mg/100 g.

果肉与皮的分离程度，以安息香猕猴桃的果实最易剥离，中等的是漓江猕猴桃，黏性重的是网脉猕猴桃、中越猕猴桃和贡山猕猴桃。

这 16 个种类主要用作观赏性、抗逆砧木或功能成分的挖掘研究来考虑，如果作育种亲本的话，可以考虑挖出这些物种的优良性状（高维生素 C、高可固、皮易剥等）的相关联基因，采用转基因的手段将优异基因用于改良现有栽培品种，目的性更强。如果采用传统方法利用这些种类育种，则有可能利用其优异性状的同时，将不良性状（不良风味、果小等）遗传到子代，难以达到育种目的。

2.3.2　品种鉴定

1）染色体倍性鉴定

通过对 81 个人工培育的品种（系）用流式细胞仪检测，共检测出 29 个二倍体、28 个四倍体和 24 个六倍体，分别占总数的 35.8%、34.6% 和 29.6%，与野外从二倍体到八倍体频率逐步减少的网状自然分布格局相似（黄宏文，2009）。在测定的59个雌性品种中，四倍体品种有24个，六倍体品种19个，二倍体品种16个，这是因为多倍体果实性状（果实大小、果实耐贮性、对外抗逆性等）更符合人们的需求，导致人工选育的雌性品种（系）中多倍体所占比例高于二倍体品种。

在美味猕猴桃品种（系）中检测出3个四倍体品种（系）：'湘麻6号''楚红''东玫'。其中，'楚红''东玫'的母本均来自湖南雪峰山脉中华猕猴桃和美味猕猴桃的野外杂交带内，有可能是中华猕猴桃与美味猕猴桃的天然杂交种。

2）花性状鉴定

对60个品种（系）的初花时间、花期长短、形态特征等进行了系统测定与分析，用SPSS 17.0统计软件分析33个雌性品种的8个花性状主成分，结果表明，起主要作用的性状是初花时间、花萼片大小、花冠直径、雄蕊数、柱头数，其中区别各品种起主要的花性状因子是初花期和花的大小。而其中四倍体美味品系'湘麻6号'的花性状中雄蕊数完全与中华四倍体品种有显著性差异，而与六倍体美味品种差异性极小，可能花的雄蕊数是区别2个变种的一个有效形态特征，这需要进一步对其他的四倍体美味品系进行鉴定分析验证。

通过分析花性状与品种倍性的相关性，结果表明，品种的初花时间与品种倍性有显著相关性，即二倍体品种、四倍体品种与六倍体品种的初花时间逐步推迟，特别是二倍体品种，所有测定的二倍体品种其初花时间均早于四倍体和六倍体品种，相差时间约为8 d；而四倍体品种虽比六倍体品种早7 d，但四倍体品种与六倍体品种间有部分品种的花期重叠。花的大小与品种倍性也有显著性相关，即二倍体品种、四倍体品种与六倍体品种的花大小是由小到大，其中六倍体品种的花显著大于二倍体与四倍体品种，花瓣数和雄蕊数也是六倍体品种显著多于二倍体品种、四倍体品种，而花的柱头数是以二倍体品种最少，四倍体品种和六倍体品种的柱头数相近。

3）果实性状鉴定

对44个雌性选育品种进行了果实性状、果实成熟期、果实营养成分的鉴定，并采用SPSS 17.0统计分析软件对9个果实性状进行主成分分析，选取了3个特征值在1.0以上的主成分，主成分1的特征向量主要是果实成熟时间、果肉质地、果面毛被、果实后熟天数及果肉颜色。表明成熟时间越晚的品种，则果实越耐贮、果肉质地越粗、果面毛被越密、越糙，果肉颜色偏绿，即果实成熟时间、果肉质地、果面毛被及果实后熟天数是区分品种的主要因子。

以主成分1和2为纵横坐标，进行聚类分析，44个品种按染色体倍性相对集中，四倍体品种介于二倍体和六倍体之间，相邻的二倍体和四倍体品种间、四倍体与六倍体品种间有重叠，而二倍体和六倍体品种间却相隔很远，表明二倍体品种与六倍体品种间的果实特征有极显著性差异，且从整体上看，二倍体、四倍体和六倍体的品种间果实性状呈现连续的变异（图1）。

2.3.3 种质抗性鉴定

猕猴桃果实软腐病是近年来在猕猴桃果实贮藏期表现非常严重的一种病害，主要在花蕾至幼果期田间感染，而在采后表现快速腐烂或采前表现落果，影响果实风味、降低果实贮藏性，资源圃内几乎所有的种质均有感染。在鉴定出系列致病菌基础上，以国家猕猴桃种质资源圃中32个具有重要经济价值的主栽品种作为接种对象，运用KFRD-3、KFRD-1、KFRD-9及KFRD-2菌株，分别对其进行抗性初步筛选，在第十天统一观察果实的发病情况，对感病指数进行分级，根据各品种的总感病指数对其抗性进行综合评价。31个品种的抗性由强到弱

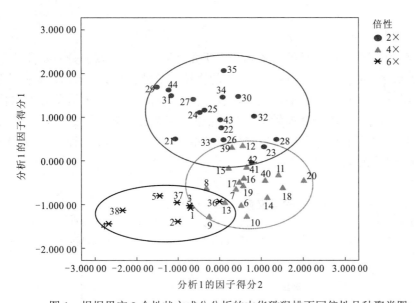

图 1　根据果实 9 个性状主成分分析的中华猕猴桃不同倍性品种聚类图

Fig. 1　The clustering graph of ploidy culivars of *Actinidia chinensis* on the 9 fruit traits PCA.

注：1、金农，2、金水 III，3、川猕 3 号，4、红阳，5、桂海 4 号，6、夏亚 15 号，7、夏亚 1 号，8、通山 5 号，9、金阳，10、金早，11、魁蜜，12、金丰，13、庐山香，14、早鲜，15、华光 3 号，16、金桃，17、华优，18、湘麻 6 号，19、金霞，20、武植 3 号，21、川猕 1 号，22、川猕 2 号，23、新观 2 号，24、米良 1 号，25、华美 1 号，26、徐香，27、徐冠，28、沁香，29、香绿，30、布鲁诺，31、Khomer，32、西选 1 号，33、长安 1 号，34、金魁，35、海沃德，36、华光 2 号，37、丰悦，38、红华，39、翠玉，40、素香，41、建科 1 号，42、秦美，43、三峡 1 号，44、和平 1 号。

依次为'川猕 2 号' > '东红' = '和平 1 号' = '建科 1 号' = '金桃' > '金霞' = '金圆' = '武植 3 号' > '长安 1 号' = '桂海 4 号' = '金丰' = '米良 1 号' > '川猕 1 号' = '金魁' = '夏亚 1 号' = '徐香' > '金梅' = '金玉' = '金艳' = '魁蜜' = '西选 1 号' > '布鲁诺' = '夏亚 15 号' = '新观 2 号' = '通山 5 号' > '龙山红' = '满天红' > '秦美' > '川猕 3 号' = 'M2' > '红阳' = '香绿'（图 2）（李黎 等，2018）。

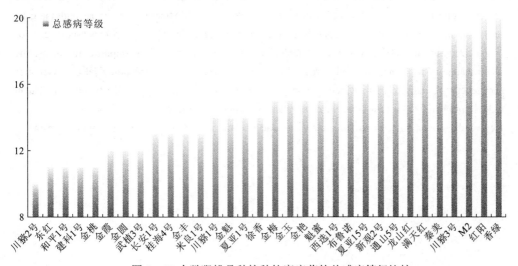

图 2　32 个猕猴桃品种接种软腐病菌的总感病等级比较

Fig. 2　Comparison of sensitive levels in 32 kiwifruit varieties inoculated with soft rot bacteria

3 小结

    猕猴桃资源是中国特有的珍稀果树资源，本研究立足于我国丰富的野生猕猴桃资源，开展了系统的收集和保育工作,进一步通过对收集的物种资源果实性状及栽培品种的花果性状、染色体倍性及 AFLP 分子标记遗传多样性、抗病性等系统评价，多层面地了解了猕猴桃种质资源的本质特征，为育种亲本选择提供了可靠的依据。特别是，本单位采用种间种内杂交和实生播种，创制大量的新种质，从中鉴定出优良类型，为最终培育新品种、推动我国猕猴桃产业进步奠定了坚实的基础。

参考文献　References

黄宏文，2009. 猕猴桃驯化改良百年启示及天然居群遗传渐渗的基因发掘[J]. 植物学报，44：127-142.

李黎，潘慧，陈美艳，钟彩虹，2018. 中国猕猴桃果实软腐病菌的分离鉴定及抗性种质资源筛选[M] // 黄宏文. 猕猴桃研究进展（VIII）. 北京：科学出版社：249-258.

王圣梅，张忠慧，黄宏文，1999. 猕猴桃属植物资源保存及开发利用[C]. 植物引种驯化集刊：1-9.

LI J Q，LI X W，SOEJARTO D D，2007. Actinidiaccae[M] // WU Z Y，RAVEN P H，HONG D Y. Flora of China Vol 12. Beijing: Science Press：334-360.

Collection, Identification and Creation of Germplasm Resources of *Actinidia*

ZHONG Caihong[1]　　HUANG Hongwen[1, 2]　　LI Dawei[1]

ZHANG Qiong[1]　　HAI Fei[1]　　LI Li[1]　　JIANG Zhengwang[1]

（1 Key Laboratory of Plant Germplasm Enhancement and Specialty Agriculture, The Innovative Academy of Seed Design, Wuhan Botanical Garden, Chinese Academy of Sciences　Wuhan　430074；

2 South China Botanical Garden / South China Institute of Botany, Chinese Academy of Sciences　Guangzhou　510650）

Abstract　　The Wuhan Botanical Garden of the Chinese Academy of Sciences has been engaged in the survey，collection and utilization of kiwifruit resources since 1978. After 40 years, it has built the gene bank with the richest kiwifruit germplasm resources in the world. There are 63 species / subspecies, or new germplasm and varieties Wuhan Botanical Garden. Based on these germplasm resources, the identification of fruit traits of species, the evaluation of flower and fruit morphological characteristics and genetic diversity of main varieties (lines) were proceeded, and new germplasms were created in order to provide scientific basis for the comprehensive utilization of resources.

Keywords　　*Actinidia* germplasm resources　Collection and identification　Creation of germplasm

软枣猕猴桃新品种'LD133'

张明瀚[1]　王彦昌[2]　满玉萍[2]　雷瑞[2]　姜正旺[2]　黄国辉[3]

(1 丹东北林经贸有限公司农业研究所　辽宁丹东　118006;

2 中国科学院植物种质创新与特色农业重点实验室,中国科学院种子创新研究院,中国科学院武汉植物园　湖北武汉　430074;

3 辽东学院　辽宁丹东　118003)

摘　要　'LD133'是由丹东北林经贸有限公司农业研究所与中国科学院武汉植物园、辽东学院等多家单位协作,利用野生猕猴桃群体的优良单株,进行无性繁殖选育而成的软枣猕猴桃新品种。'LD133'果实呈扁圆形、个大、表面略有棱,果皮绿色、光滑,平均单果重19.2 g,最大单果重35 g,果肉翠绿色,质地细腻多汁,酸甜适中,风味独特,口感极好。含糖量18%,维生素C含量高达412.2 mg/100 g。采摘后,常温下可贮藏35 d,在低温条件下可贮藏70 d以上。在我国辽宁丹东,吉林长春,新疆石河子、伊利、哈密,以及甘肃、陕西等的其他地区具有良好的适应性。此外,在我国秦岭及以南高山地区海拔2 000 m以下均可栽培。该品系在丹东地区的成熟期在9月中下旬,属中晚熟种。

关键词　软枣猕猴桃　品种　'LD133'

国际、国内猕猴桃产业正在进入一个快速发展期,红肉猕猴桃、软枣猕猴桃等具有突出特色的产品类型上市给消费市场注入新的活力,经济潜力巨大。软枣猕猴桃是猕猴桃属的第二大栽培种,极抗寒,食用方便,是我国北方尤其东北地区猕猴桃发展的首选类型。但我国软枣猕猴桃育种迟缓,缺乏优良品种,尤其缺乏具有加工/鲜食多用途的新品种(品系),这已成为软枣猕猴桃商业化的限制性因素。项目组在开展软枣猕猴桃野生资源评价的基础上,进行了'LD133'的选育。

1　选育过程

1.1　亲本来源

'LD133'是2006年从辽宁省宽甸满族自治县蒲石河地区收集的野生软枣猕猴桃资源中筛选出的优良株系,该品系在丹东地区的成熟期在9月中下旬,属中晚熟种。该品系果实呈扁圆形、个大、表面略有棱,果皮、果肉颜色翠绿,多汁,酸甜适中,口感极好。父本为邻近的野生雄株。

1.2　选育过程

项目组成员自2006年开始对野生软枣猕猴桃资源进行收集评价及筛选鉴定,并获得了一批软枣猕猴桃的优良株系,对这些优良株系的植物学性状、栽培性状及果实品质数据进行比较,发现来自辽宁省宽甸满族自治县蒲石河地区编号为LD133的单株果实综合性状突出。于是从2008年开始在北林经贸有限公司农业研究所实验室进行组培扩繁,苗木生根后定植于研究所内基地。2012~2015年连续三年对其进行调查评价,获得该株系完整的植物学性状、栽培性状及果实品质数据。2018年,对'LD133'与近似品种'魁绿'进行了分子遗传鉴定,获得这两个品种不同的分子指纹图谱,表明'LD133'在遗传上与近似品种'魁绿'完全不同，具有独特性。

从 2011 年开始，项目组分别在辽宁省丹东市振安区汤山城镇龙泉村、丹东市宽甸县石湖沟乡老道排村、大连市金州区华家镇杜屯及鞍山市岫岩县杨家堡镇邓家堡村等地进行了'LD133'多点区试，区试面积分别为 100 亩、80 亩、120 亩、100 亩。经过对每个区试点的田间观察、采样进行室内检测，评估果实的贮藏性和丰产性，连续评价树体的长势及连续结果能力等。'LD133'在区试点果实多年平均大小 17.8～19.2 g，八年生以上树龄平均株产在 100 kg 左右，果皮、果肉颜色翠绿，多汁，最佳食用期可溶性固形物能达到 18.5%～21%。

2 品种特征特性

一年生枝条为白褐色，有明显的皮孔，多年生枝条为褐色至白褐色，并伴有脱皮现象，脱皮之后茎干发白、光滑；叶片呈椭圆形，平均长度 13.6 cm，宽度 7.1 cm，质地较厚，表面光滑，有蜡质层，叶缘呈明显的锯齿状，叶柄黄绿色。

果实呈扁圆形，表面略有棱，果皮绿色、光滑（图 1，彩图 6），平均单果重 17.8～19.2 g，最大单果重 35 g，果肉翠绿色，质地细腻多汁，酸甜适中，风味独特，口感极好。含糖量 18.5%～20%，维生素 C 含量 321.3～412.2 mg/100 g。采摘后，常温下可贮藏 35 d，在低温条件下可贮藏 70 d 以上。

图 1 'LD133'果实

在丹东地区表现为 4 月中旬萌芽，5 月上旬展叶，6 月上旬开花，花期大约 7～10 d，7 月上旬到中旬为果实膨大期，9 月下旬果实成熟，成熟期大约 15 d 左右，10 月中旬落叶。高产、稳产、性状稳定，生产管理简单。在我国辽宁丹东，吉林长春，新疆石河子、伊利、哈密，以及甘肃、陕西等的其他地区具有良好的适应性，此外，在我国秦岭及以南高山地区海拔 2 000 m 以下均可栽培。

3 栽培技术要点

3.1 果园建设

选择山区交通便利、光照充足、靠近水源、雨量适中、湿度稍大地带，有疏松、通气良好的砂质壤土或富含腐殖质的疏松土类的丘陵山地作建园地为佳。场地确定后，先规划道路、排灌系统以及肥料管理房等，然后规划种植地通气暗沟。

软枣猕猴桃种植主要采用的搭架方式有 T 形架、篱架、大棚架等。多采用平顶大棚架，可就地利用原有的小径树作活桩，再加一些可替换的竹木桩，关键部位使用混凝土桩。就地架高 1.8 m，用 10～12 号铁丝纵横交叉呈"井"字形网络，铁丝间距 60 cm 左右。

3.2 日常管理

种植前坑槽内每株可一次施入果木肥或有机肥 2.5 kg。其后一般每年施肥三次，基肥一次，追肥两次。基肥也即冬肥，在 10 月上中旬施入，每株施有机肥 20 kg，并混合施入 1.5 kg 磷肥。第一次追肥在萌芽后施入，每株施氮磷钾复合肥 2 kg，以充实春梢和结果树；第二次追肥在生长旺期前施入，可施入果木肥或复合肥。因软枣猕猴桃的根是肉质根，要在离根稍远处挖浅沟施入化肥并封土，以免引起烧根。旱季施肥后一定要进行灌水。

3.3 整形修剪

植株整形根据搭架方式而定，要充分利用架面，使枝条分布均匀，从而达到高产优质的目的。

软枣猕猴桃修剪分为冬剪和夏剪。冬剪在落叶 1 个月后至翌年 1 月底前进行。以疏剪为主，适量短截；多留主蔓和结果母枝，应剪去过密大枝、细弱枝、交叉枝和病虫枝。夏剪主要是在 5 月中旬至 8 月上旬进行除萌、摘心、疏剪及绑缚，及时抹去主干上的萌芽，安排枝蔓空间。

3.4 适期采收

软枣猕猴桃果实的贮藏寿命和品质受其收获时的成熟度影响很大。软枣猕猴桃果实采收过早或过迟都会影响果实的品质和风味，且必须通过品质形成期才能充分成熟。

采收宜在无风的晴天进行，雨天、雨后以及露水未干的早晨都不宜采收。采摘时间以上午 10 点前气温未升高时为佳。采收时要轻采、轻放，小心装运，避免碰伤、堆压，最好随采随分级进行包装入库。用来盛放的箱、篓等容器底部应用柔软布料作衬垫，轻采轻放，不可拉伤果蒂、擦破果皮。初采后的果实坚硬、味涩，必须经过 7 ~ 10 d 后熟软化方可食用。后熟的果实一般能存放 10 ~ 15 d，要及时出售。

A New Cultivar of *Actinidia arguta* 'LD133'

ZHANG Minghan[1]　WANG Yanchang[2]　MAN Yuping[2]

LEI Ru[2]　JIANG Zhengwang[2]　HUANG Guohui[3]

（1 Dandong Beilin Economic and Trade Co. LTD. Agricultural Research Institute　Dandong　118006；

2 Key Laboratory of Plant Germplasm Enhancement and Specialty Agriculture, The Innovative Academy of Seed Design,

Wuhan Botanical Garden, Chinese Academy of Sciences　Wuhan　430074；

3 Eastern Liaoing University　Dandong　118003）

Abstract　'LD133', selected from Dandong beilin economic and trade co. LTD. Agricultural research institute, Wuhan Botanical Garden, Chinese Academy of Sciences and Eastern Liaoing University, is a new cultivar of *Actinidia arguta* that selected from the superior individual of *Actinidia* germplasm by asexual reproduction. The fruit is oblateness, big with slight edge on the surface. The skin is green and hairless, the average fruit weight is 19.2 g and the biggest fruit can reach to 35 g. The flesh is green, juicy, moderate sweet and sour. The flavor is unique and taste good. The total sugar content is about 18% and vitamin C content is 422.2 mg/100 g FW. Firm fruits can be kept 35 days at room temperature and more than 70 days in the refrigerator. Fruit can be harvested in mid-late September in Dandong and belonged to middle-late mature cultivar.

Keywords　*Actinidia arguta*　Cultivar　'LD133'

软枣猕猴桃新品种'小紫晶'

王彦昌[1] 满玉萍[1] 雷瑞[1] 高祖平[2] 姜正旺[1] 李作洲[1]

(1 中国科学院植物种质创新与特色农业重点实验室,中国科学院种子创新研究院,中国科学院武汉植物园 湖北武汉 430074;
2 湖北省五峰县牛庄乡 湖北五峰 443409)

摘 要 '小紫晶'是由中国科学院武汉植物园与高祖平合作,利用野生猕猴桃群体的优良单株,进行无性繁殖选育而成的软枣猕猴桃新品种。已申报国家植物新品种保护,申请号为20160445.1,目前进入等待现场考察阶段。'小紫晶'平均单果重 12~16 g,可溶性固形物 16.5%~17%,干物质含量 18%,维生素 C 156 mg/100 g,总酸 3 g/100 g。果实圆柱形,成熟后果面光洁无毛,果皮、果肉和果心均为红紫色,果实端正美观,风味酸甜,浓香适口,不仅可以带皮鲜食,还可加工成红色果酒、果醋、果汁等。在冬季最低气温为 -5℃ 以上的北方及南方高山区、华中及西南海拔 ≥500 m 的高山区均可栽培。在湖北五峰地区,5 月下旬至 6 月上旬开花,临近成熟时果皮、果肉开始着色,8 月下旬至 9 月上旬成熟。

关键词 软枣猕猴桃 品种 '小紫晶'

软枣猕猴桃(*Actinidia arguta*)是除中华猕猴桃之外的第二大栽培种,是猕猴桃属中自然分布最广的特色种,从我国西南、华北、华中、华东、东北的各大山脉一直到朝鲜半岛、日本与俄罗斯远东地区和库页岛西南山区,分布区域之广为猕猴桃属下物种所罕见。果皮光滑无毛,果实从翠绿到紫红色,变异丰富,风味浓厚,适合加工酿酒。与当前的中华猕猴桃主栽品种相比,软枣猕猴桃外观小巧、干净美观,全果可食、无须剥皮,对猕猴桃溃疡病抗性强、耐涝、极抗寒,是一种全新的特色水果,也是满足猕猴桃市场需求多样化的绝佳类型。

软枣猕猴桃是一种新型水果产品,其中的绿肉类型已有多个新品种问世,新西兰、波兰等还选出了紫红色类型的新品系。我国目前紫红色软枣猕猴桃新品种较少。项目组在开展软枣猕猴桃野生资源评价的基础上,进行了'小紫晶'的选育。

1 选育过程

1.1 亲本来源

'小紫晶'是项目组成员于 2008 年选自湖北省五峰山区的野生软枣猕猴桃优株,经扦插,扩大繁殖成无性系。

1.2 选育过程

自 2008 年开始,项目组成员开始集中进行软枣猕猴桃野生资源的收集评价工作,先后调查、采集了跨越东北、西北、西南、华中及华东等地区共 11 座山系(脉)11 个野生软枣猕猴桃居群 256 个野生个体样本,获得了一些优良株系,对这些优良株系的植物学性状、栽培性状及果实品质数据进行比较,发现来自湖北五峰山区的'小紫晶'最为突出。于是从 2009 年开始对其进行扩繁,在湖北五峰、鹤峰,四川苍溪等地进行了该株系的多点区试,经过对每个区试点的生长特性、物候期、经济性状、抗性及生产性能等进行观察,并采样进行室内检测。'小紫晶'在区试点果实多年平均单果重 12～16 g，可溶性固形物 16.5%～17%，成熟时整个果实均呈红紫色。性状一致，遗传性状稳定，特异性状表现明显，抗逆性较强，果实品质极佳，适应地域较广，为软枣猕猴桃优株系。

2 品种特征特性

'小紫晶'属软枣猕猴桃，一年生枝表皮光滑，阳面红褐色，皮孔较小，褐色，呈短梭形。新梢无茸毛，呈紫红色，叶卵圆形，正面绿色，背面浅白色，光滑无毛，叶片基部圆形，叶柄红色。花瓣基部绿白色，相接排列，顶部白色，萼片红褐色；花丝白色，花药黑色，花柱白色，呈平行或斜生状态。

果实圆柱形，果肩方形，果顶突出成喙，平均单果重 12～16 g，可溶性固形物 16.5%～17%，干物质含量 18%，维生素 C 156 mg/100 g，总酸 3 g/100 g。成熟后果面光洁无毛，果皮、果肉和果心均为紫红色，果实端正美观，风味酸甜，浓香适口，不仅可以带皮鲜食外，还可加工成红色果酒、果醋、果汁等（图 1，彩图 7）。

图 1 '小紫晶'果实剖面（左）及坐果状（右）

在气温 -5～25℃ 的北方及南方高山区、华中及西南海拔≥500 m 的高山区均可栽培。在湖北五峰地区，5 月下旬至 6 月上旬开花，临近成熟时果皮、果肉开始着色，8 月下旬至 9 月上旬成熟。表现抗逆性强，适应性广，树势较旺，丰产稳产；采后果实性状表现耐贮运，0℃ 左右可贮藏 3 个月，常温下贮存 13～18 d。

3 栽培技术要点

3.1 适于生长的区域或环境

选择山区交通便利、光照充足、靠水源，雨量适中、湿度稍大地带，疏松、通气良好的砂质壤土或砂土，或富含腐殖质的疏松土类的丘陵山地作建园地为佳。适应性广，抗寒力强，在架上可安全越冬，无任何冻害，且抗病性强。在无霜期 120 d 以上，≥10℃ 有效积温达 2 500℃ 以上的地方均可栽培。

3.2 栽培技术

适于棚架栽培，架面高 1.8 m，行株距 2.5～5 m，繁育方法以嫁接繁殖和扦插繁殖为主。修剪为冬夏结合，冬剪在落叶后至早春萌芽前 1 个月期间进行，以疏剪为主，适量短截。多留主蔓和结果母枝，应剪去过密大枝。细弱枝、交叉枝和病虫枝。夏剪主要是在 5 月中旬至 7 月上旬进行除萌、摘心、疏剪及绑缚，及时抹去主干上的萌芽，安排枝蔓空间。

3.3　水肥管理

种植前坑槽内每株可一次施入果木肥或有机肥 2.5 kg。其后一般每年施肥三次，基肥一次，追肥两次。基肥也即冬肥，在 10 月上中旬施入，每株施有机肥 20 kg，并混合施入 1.5 kg 磷肥。第一次追肥在萌芽后施入，每株施氮磷钾复合肥 2 kg，以充实春梢和结果树；第二次追肥在生长旺期前施入，可施入果木肥或复合肥。因软枣猕猴桃的根是肉质根，要在离根稍远处挖浅沟施入化肥并封土，以免引起烧根。旱季施肥后一定要进行灌水。

3.4　病虫防治

预防为主、防治结合。以农业防治为基础，以生物防治为核心，科学使用化学防治等综合防治技术，有效控制病虫危害。农业防治要及时剪除病枝、病叶、病果等，采用清除果园枯枝落叶、科学施肥、合理负担、壮树稳产等措施，控制病虫害的发生。生物防治采取高效低毒低残留的生物农药，注意保护害虫天敌，充分发挥天敌的自然控制作用。化学防治的用药原则是，在实际应用中任何一种化学药剂要减少单独重复使用次数，最好要交替使用，或混合使用。软枣猕猴桃抗性强，病虫害较少，如出现病害要用人工方法或生物农药防治。

3.5　动物危害防护

修建围栏，设置防虫网等。

A New Cultivar of *Actinidia arguta* 'Xiao Zijing'

WANG Yanchang[1]　　MAN Yuping[1]　　LEI Rui[1]
GAO Zuping[2]　　JIANG Zhengwang[1]　　LI Zuozhou[1]

（1 Key Laboratory of Plant Germplasm Enhancement and Specialty Agriculture, The Innovative Academy of Seed Design,
Wuhan Botanical Garden, Chinese Academy of Sciences　Wuhan　430074;
2 Niuzhuang Township, Wufeng County, Hubei Province　Wufeng　443409）

Abstract　'Xiao Zijing', selected from Wuhan Botanical Garden, Chinese Academy of Sciences and Gao Zuping，is a new cultivar of *Actinidia arguta* that selected from the superior individual of *Actinidia* germplasm by asexual reproduction. 'Xiao Zijing' has been applied for protection of new variety plant in China (Application number: 20160445.1) and a follow-up site investigation will be scheduled by examiners. The average fruit weight is 12-16 g，the soluble solid content is 16.5%-17% and dry matter contents is about 18%. The fruit is cylindrical, the skin, flesh and fruit core change to purple red when matured. The fruit skin is smooth and hairless. The fruit shape is beautiful and uniform, and the flavor is sweet with slight sour and aromatic. The fruit can be used to make red fruit wine, fruit vinegar and juice. In mountain areas around Wufeng, Hubei, flowering begins in late May to early June and fruit harvest from late August to early September.

Keywords　*Actinidia arguta*　Cultivar　'Xiao Zijing'

（三）猕猴桃栽培与生物技术

'红实 2 号'和'金实 1 号'猕猴桃果实发育过程转录组分析及其成色机理研究[*]

孙淑霞 [1,**]　　涂美艳 [1]　　李明章 [2]　　陈其阳 [3]

李靖 [1]　　陈栋 [1]　　宋海岩 [1]　　江国良 [1,***]

(1 四川省农业科学院园艺研究所,农业农村部西南地区园艺作物生物学与种质创制重点实验室　四川成都　610066;

2 四川省自然资源科学研究院　四川成都　610015; 3 西南大学园艺园林学院　重庆北碚　400715)

摘　要　为探讨红肉猕猴桃('红实 2 号')与黄肉猕猴桃('金实 1 号')在果实发育过程中果肉色素形成差异的分子机理。采用高通量测序技术(Illumina Hiseq 2500)对两个不同果肉颜色类型猕猴桃果实内果皮与外果皮 4 个不同发育时期('红实 2 号'花后 0 d、28 d、75 d、157 d 和'金实 1 号'花后 0 d、44 d、81 d、189 d,均标注为 T1 ~ T4 时期)共 16 个样本进行转录组测序,获得的原始数据(raw reads)范围在 26.50 G ~ 41.68 G,有效数据(clean reads)占比高于 98.27%。'金实 1 号'外果皮 T1 与 T4 时期差异表达基因数量最多(9 293 个),分别归类于 49 个 GO term和 135 条代谢途径。在所有的差异基因中,筛选得到了 26 个花青素代谢相关的功能基因(Unigenes)、110 个叶绿素代谢相关的功能基因、91 个类胡萝卜素代谢相关的功能基因和 162 个类黄酮代谢相关的功能基因。虽然两种猕猴桃果实果肉颜色类型不同,但是随着果实的生长发育,色素的形成与积累差异都主要发生在 T2 和 T3 时期,其中外果皮相比内果皮色素相关基因表达丰度更高。本研究进一步丰富了猕猴桃基因信息,可以在一定程度上解析猕猴桃果实成色差异机理。

关键词　'红实 2 号'　'金实 1 号'　猕猴桃　转录组测序　色素形成

猕猴桃是一种原产于我国的重要经济水果,其果实有非常高的维生素 C 含量[1]。其中中华猕猴桃富含多种花青素、类黄酮和类胡萝卜素,具有提高人体免疫力、抗氧化、抗衰老等多种功效[2]。猕猴桃果实在整个生长发育过程,色素物质会随着果实发育而发生改变[3],进而形成红心猕猴桃、黄心猕猴桃甚至果肉全红型猕猴桃等不同果肉颜色类型的猕猴桃。因此猕猴桃深受广大消费者的喜爱,其果实品质形成机制尤其是色素形成与积累机理一直是科研工作者研究的重点和热点。

高通量测序(Illumina 测序)是近年来新兴的技术,具有数据量大、准确性好、灵敏度高、运行成本低等优点。它不仅促进我们对基因挖掘,也拓宽我们对基因网络的理解,特别是在具有未知基因组的非模式生物中[4]。高通量测序技术能够从整体水平上掌握植物生长发育过程中基因表达规律,进而协助我们揭开果实品质形成过程中的分子机制。本文利用高通量 Illumina 测序技术,对两个成熟期不同果肉色泽的猕猴桃果实内果皮与外果皮 4 个不同发

------

* 基金项目:四川省财政创新能力提升工程项目(2016GXTZ-003);成都市猕猴桃产业集群项目(2015-cp03 0031-nc);四川水果创新团队猕猴桃栽培技术岗位专家经费;四川省育种攻关专项(2016NYZ0034);四川省科技支撑计划(18ZDYF1292)。

** 第一作者,女,1977 年生,山东济宁人,博士,副研究员,主要从事果树分子生物育种技术研究,电话 028-84504786,E-mail:343146915@qq.com

*** 通信作者,1962 年生,四川都江堰人,博士,研究员,主要从事果树遗传育种和栽培技术研究工作,E-mail:jgl22@hotmail.com

育时期（'红实2号'花后0 d、28 d、75 d、157 d和'金实1号'花后0 d、44 d、81 d、189 d，以下均标注为T1~T4时期，图1，彩图8）共16个样本进行转录组测序，通过生物学技术手段对不同时期、内外果皮不同果肉部位两两比较的功能基因进行功能注释与分类，筛选与色泽（类胡萝卜素、花青素和叶绿素）积累相关的差异基因，进一步掌握猕猴桃果实发育过程中的成色机制。

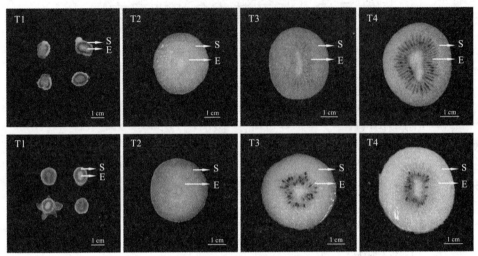

图1　'红实2号'与'金实1号'采样时期与对应果肉颜色表型

Fig. 1　Color phenotype of 'Hongshi 2' and 'Jinshi 1' during different periods

注：第一排从左到右分别为'红实2号'T1~T4采样时期果肉颜色表型；第二排从左到右分别为
'金实1号'T1~T4采样时期果肉颜色表型。S为中果皮；E为内果皮。

Note: The first row, from left to right, is the color phenotype of 'Hongshi 2' from T1 to T4 during different periods, and the second row, from left to right, is the color phenotype of 'Jinshi 1' from T1 to T4 during different periods. S stands for sarcocarp, E stands for endocarp.

1　材料与方法

1.1　试验地点

本试验地位于四川省什邡市湔底镇下院村四川省自然资源研究院猕猴桃科研基地（N 31°13′35.66″，E 104°01′12.72″，海拔609 m）。土壤为砂壤土，栽培管理条件良好。年平均气温15.7℃，≥10.0℃积温全年为5 000~6 500℃；最冷月平均气温4.0~10.0℃；年平均降水量1 053.2 mm，年日照时数多年平均为1 011.3 h，年平均无霜期为285 d。

1.2　试验材料

本试验选择由四川省自主选育且极具发展潜力的2个猕猴桃新品种作为研究材料。

（1）'红实2号'是当前国内红肉品种中红色素表现最稳定，颜色最深的品种，极具市场潜力。果实后熟后果皮浅红绿色，后熟后果皮剥离的难易程度中，果肉浅黄色，沿果心呈放射状鲜红色，着色面大；果心大小中等、呈黄白色。品种盛花期4月中旬，果实成熟期9月中旬，发育期150 d左右。

（2）'金实1号'是当前国内黄肉品种中，黄色度最高的品种之一，抗溃疡病能力较强。果实后熟后果肉金黄色，果心黄白色。该品种盛花期4月下旬，果实成熟期10月中旬，发育期170 d左右。

1.3 试验方法

分别选取 2 个品种生长势中等、无病虫害感染的植株 5 株，单株为 1 个生物学重复。生产上采取常规人工辅助授粉、疏花疏果、肥水管理、整形修剪等工作，但试验植株果实不套袋。于 2016 年 4 月起对两个成熟期不同的猕猴桃品种果实内果皮与外果皮 4 个不同发育时期（'红实 2 号'花后 0 d、28 d、75 d、157 d 和'金实 1 号'花后 0 d、44 d、81 d、189 d，均标注为 T1～T4 时期）进行花青素、类胡萝卜素和叶绿素代谢相关生理生化指标进行测定。花青素总量采用盐酸甲醇浸提法测定，叶绿素含量采用丙酮浸提法测定，参照李合生[5]的方法。二氢黄酮醇还原酶（DFR）参照 J.Murray 等[6]的方法，略有改动。叶绿素酶的提取参照 Minguez-Mosquera 等[7]的方法。叶绿素代谢相关酶活性测定参照 Fang 等[8]的方法，略有改动。苯丙氨酸解氨酶（PAL）的测定使用南京建成生物科技有限公司 PAL 酶活性测定试剂盒进行测定。

2 结果与分析

2.1 测序结果与从头组装

经测序后获得的原始数据（raw reads）范围在 26.50～41.68 G，过滤后得到有效数据（clean reads）占比高于 98.27%；所有样本中，Q20（测序错误率小于 1%）大于 95%，Q30（测序错误率小于 0.1%）大于 86%，GC 含量在 45.26%～51.32%（表 1）。因此，所获得的转录组测序结果质量和数据量都较高，为后续的组装提供了很好的原始数据。

表 1 数据产出质量统计

Table 1 Statistics of data output quality

样本 （sample）	原始数据 （raw data）	有效数据 （clean data）	有效数据率 （clean data ratio）/%	Q20/%	Q30/%	GC 含量 （GC content）/%
HSI-T1-1	27 786 972	27 639 796	99.47	96.80	92.23	49.08
HSI-T1-2	40 753 184	40 323 792	98.95	97.09	92.83	51.32
HSI-T2-1	36 093 808	35 819 290	99.24	95.68	90.31	46.19
HSI-T2-2	34 273 988	33 934 468	99.01	97.22	93.22	49.82
HSI-T3-1	43 704 998	43 311 348	99.10	97.03	92.81	49.62
HSI-T3-2	38 047 388	37 732 426	99.17	97.15	93.07	49.07
HSI-T4-1	33 328 060	33 068 360	99.22	95.09	89.28	46.08
HSI-T4-2	39 417 494	39 157 346	99.34	94.31	86.95	46.61
HSO-T1-1	22 064 304	21 918 580	99.34	96.69	91.71	47.36
HSO-T1-2	39 728 242	39 408 172	99.19	96.99	92.45	50.05
HSO-T2-1	40 920 590	40 645 334	99.33	95.40	89.89	46.46
HSO-T2-2	40 320 018	39 925 120	99.02	97.17	93.16	49.47
HSO-T3-1	42 772 102	42 283 524	98.86	97.09	92.75	49.95
HSO-T3-2	37 297 166	36 951 788	99.07	97.16	93.12	48.38
HSO-T4-1	32 740 764	32 484 288	99.22	95.28	89.18	46.37
HSO-T4-2	38 679 530	38 356 562	99.17	95.42	89.93	46.41
JSI-T1-1	19 726 808	19 618 486	99.45	96.28	91.19	48.54
JSI-T1-2	25 000 856	24 860 288	99.44	96.33	91.06	48.51

样本 （sample）	原始数据 （raw data）	有效数据 （clean data）	有效数据率 （clean data ratio）/%	Q20/%	Q30/%	GC 含量 （GC content）/%
JSI-T2-1	35 335 718	35 024 554	99.12	97.09	92.95	48.95
JSI-T2-2	32 586 022	32 275 616	99.05	97.19	93.00	48.94
JSI-T3-1	34 377 098	34 133 562	99.29	96.84	92.52	47.22
JSI-T3-2	36 216 230	35 931 962	99.22	96.95	92.72	47.93
JSI-T4-1	32 353 468	31 793 032	98.27	96.33	90.97	45.65
JSI-T4-2	35 959 774	35 649 666	99.14	95.66	90.41	45.39
JSO-T1-1	26 774 076	26 640 410	99.50	96.51	91.67	49.34
JSO-T1-2	26 268 216	26 114 064	99.41	96.62	91.88	48.85
JSO-T2-1	43 322 010	42 890 866	99.00	96.80	92.11	49.23
JSO-T2-2	41 943 844	41 545 366	99.05	96.78	92.00	50.38
JSO-T3-1	38 585 720	38 284 490	99.22	97.00	92.69	49.45
JSO-T3-2	43 433 860	42 947 666	98.88	96.50	91.53	47.90
JSO-T4-1	33 338 692	32 994 542	98.97	95.22	88.78	45.26
JSO-T4-2	35 410 458	35 099 084	99.12	95.50	89.15	45.68

使用 Bowtie 2 软件将有效数据比对到参考基因序列上，比对结果统计分别见表 2。各样本与参考基因读本匹配率差异（19.15%～50.05%）虽然较大，但总的基因数量大部分在 26 000 个上下波动，而'红实 2 号'内果皮在 T2 时期最多，达 29 170；值得注意的是，'红实 2 号'外果皮在该时期的基因数量也高达 28 228，仅次于内果皮。

表 2 数据与参考基因的比对结果

Table 2 Comparison of reads and reference genes

样本 （sample）	净测序片段数 （total clean reads）	匹配测序片段数 （total mapped reads）	匹配率（total mapping ratio）/%	特异匹配率（uniquely mapping ratio）/%	总基因数（total gene number）
HSI-T1-1	27 639 796	10 576 722	38.27	24.79	27 486
HSI-T1-2	40 323 792	20 181 794	50.05	34.42	27 942
HSI-T2-1	35 819 290	8 031 012	22.42	13.39	29 170
HSI-T2-2	33 934 468	15 245 772	44.93	27.05	24 818
HSI-T3-1	43 311 348	18 450 852	42.60	26.20	25 861
HSI-T3-2	37 732 426	14 984 234	39.71	24.50	26 308
HSI-T4-1	33 068 360	6 611 124	19.99	13.61	24 607
HSI-T4-2	39 157 346	7 498 120	19.15	13.12	24 997
HSO-T1-1	21 918 580	5 161 280	23.55	13.78	26 595
HSO-T1-2	39 408 172	15 641 624	39.69	25.98	27 608
HSO-T2-1	40 645 334	9 128 600	22.46	12.98	28 228
HSO-T2-2	39 925 120	16 895 058	42.32	25.20	25 271
HSO-T3-1	42 283 524	18 570 522	43.92	28.16	25 443
HSO-T3-2	36 951 788	12 331 280	33.37	20.36	25 668

样本 （sample）	净测序片段数 （total clean reads）	匹配测序片段数 （total mapped reads）	匹配率（total mapping ratio）/%	特异匹配率（uniquely mapping ratio）/%	总基因数（total gene number）
HSO-T4-1	32 484 288	6 807 982	20.96	14.27	24 756
HSO-T4-2	38 356 562	7 860 026	20.49	14.02	25 075
JSI-T1-1	19 618 486	6 593 854	33.61	20.93	26 394
JSI-T1-2	24 860 288	8 339 688	33.55	21.08	27 038
JSI-T2-1	35 024 554	12 780 012	36.49	21.59	25 731
JSI-T2-2	32 275 616	12 570 070	38.95	23.62	26 105
JSI-T3-1	34 133 562	7 960 316	23.32	13.71	25 759
JSI-T3-2	35 931 962	9 861 950	27.45	16.65	25 326
JSI-T4-1	31 793 032	7 047 584	22.17	13.19	25 504
JSI-T4-2	35 649 666	7 435 396	20.86	12.88	25 983
JSO-T1-1	26 640 410	10 571 184	39.68	25.33	26 907
JSO-T1-2	26 114 064	9 422 660	36.08	22.40	26 824
JSO-T2-1	42 890 866	15 743 486	36.71	23.28	26 276
JSO-T2-2	41 545 366	18 745 500	45.12	29.86	26 708
JSO-T3-1	38 284 490	15 392 610	40.21	26.03	24 848
JSO-T3-2	42 947 666	10 321 962	24.03	15.37	25 806
JSO-T4-1	32 994 542	7 680 944	23.28	14.00	26 005
JSO-T4-2	35 099 084	7 592 126	21.63	12.86	25 588

2.2 差异基因及功能注释

根据之前每个样本中所有基因的定量结果，我们使用 DESeq2 软件筛选样品间的差异表达基因，并根据 $|\log_2 FC| \geqslant 1$、同时 fdr<0.05 的阈值过滤显著差异表达基因，对过滤到的差异基因，应用超几何检验分别进行 GO 分类及富集分析，通过 Pathway 显著性富集分析确定差异表达基因参与的最主要的代谢途径和信号通路（表 3）。'金实 1 号'外果皮 T1 与 T4 时期差异表达基因数量最多（9293 个），分别归类于 49 个 GO term 和 135 条代谢途径。'红实 2 号'内果皮在 T2 和 T3 时期没有差异基因，说明该品种在这两个时期表达模式基本一致。而'红实 2 号'在 T2 时期内果皮与外果皮差异基因仅 7 条，归类于 4 个 GO term 和 13 条代谢途径。

表 3 差异基因及功能注释

Table 3 Differentially gene and functional annotation

样本（sample）	差异基因 DEGs		GO 注释 （GO term）	KEGG 途径 （KEGG pathway）
	上调（up-regulated）	下调（down-regulated）		
HSI-T1-VS-HSI-T2	160	271	36	92
HSI-T1-VS-HSI-T3	627	866	41	113
HSI-T1-VS-HSI-T4	2 426	5 274	50	132
HSI-T1-VS-HSO-T1	346	251	39	101
HSI-T1-VS-JSI-T1	725	1 031	43	123
HSI-T2-VS-HSI-T3	0	0	0	0

样本（sample）	差异基因 DEGs		GO 注释（GO term）	KEGG 途径（KEGG pathway）
	上调（up-regulated）	下调（down-regulated）		
HSI-T2-VS-HSI-T4	559	1 909	45	129
HSI-T2-VS-HSO-T2	7	0	4	13
HSI-T2-VS-JSI-T2	152	129	32	85
HSI-T3-VS-HSI-T4	1 026	2 498	46	131
HSI-T3-VS-HSO-T3	63	214	30	64
HSI-T3-VS-JSI-T3	415	567	42	110
HSI-T4-VS-HSO-T4	33	14	18	35
HSI-T4-VS-JSI-T4	1 592	1 931	46	133
HSO-T1-VS-HSO-T2	695	1 185	45	121
HSO-T1-VS-HSO-T3	1 717	3 082	48	130
HSO-T1-VS-HSO-T4	2 325	5 021	50	133
HSO-T1-VS-JSO-T1	438	1 031	44	116
HSO-T2-VS-HSO-T3	490	1 086	43	118
HSO-T2-VS-HSO-T4	1 320	3 332	47	131
HSO-T2-VS-JSO-T2	835	1 288	44	120
HSO-T3-VS-HSO-T4	1 745	2 934	48	132
HSO-T3-VS-JSO-T3	924	902	45	127
HSO-T4-VS-JSO-T4	1 542	2 009	47	132
JSI-T1-VS-JSI-T2	2 416	2 594	49	131
JSI-T1-VS-JSI-T3	2 621	2 903	49	132
JSI-T1-VS-JSI-T4	3 348	5 842	49	135
JSI-T1-VS-JSO-T1	393	348	41	110
JSI-T2-VS-JSI-T3	460	614	43	112
JSI-T2-VS-JSI-T4	2 421	4 338	50	134
JSI-T2-VS-JSO-T2	162	286	34	91
JSI-T3-VS-JSI-T4	2 078	3 800	48	133
JSI-T3-VS-JSO-T3	194	288	36	99
JSI-T4-VS-JSO-T4	13	12	19	17
JSO-T1-VS-JSO-T2	2 431	3 234	50	132
JSO-T1-VS-JSO-T3	2 878	3 410	50	133
JSO-T1-VS-JSO-T4	3 440	5 853	50	135
JSO-T2-VS-JSO-T3	514	573	42	118
JSO-T2-VS-JSO-T4	2 245	3 956	50	134
JSO-T3-VS-JSO-T4	2 218	3 604	50	133

2.3 不同时期猕猴桃果实不同部位花青素含量比较

由表4可知，花青素含量在T1时期表现最高，'红实2号'猕猴桃内外果皮随着果实生长时期表现出一致的下降后上升的变化规律，而'金实1号'在后期的含量极少，不足0.2 nmol/g。

两个猕猴桃品种在 T1 时期内外果皮花青素含量基本相同，外果皮显著高于内果皮的含量；到了 T4 时期，内外果皮含量相反。

表4 同一时期不同品种、部位间花青素含量比较

Table 4　Comparison of anthocyanin contents between different varieties in the same period

样本（sample）	T1 / (nmol/g)	T2 / (nmol/g)	T3 / (nmol/g)	T4 / (nmol/g)
HSI	52.241±4.220	3.974±1.776	8.104±0.280	41.724±5.974
HSO	101.126±1.403	1.824±0.036	3.183±1.555	7.308±0.318
JSI	50.940±4.207	0.799±0.166	2.553±1.526	0.150±0.111
JSO	102.097±5.467	3.051±1.581	0.030±0.007	0.070±0.060

2.3.1 花青素相关糖基转移酶表达

根据转录组测序获得的信息，获得 24 个花青素相关的糖基转移酶（UGT，UFGT）。由图 2（彩图 9）可以看出，'红实 2 号'和'金实 1 号'内外果皮随着果实发育的成熟，大部分糖基转移酶基因表现为下调的趋势，但有部分基因在 T2 和 T3 时期表现上调，而在 T4 时

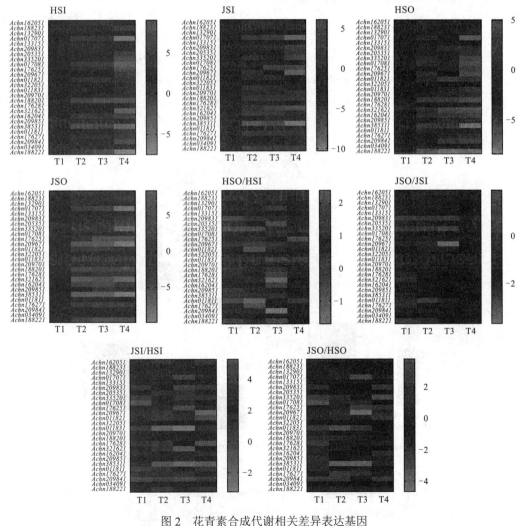

图 2　花青素合成代谢相关差异表达基因

Fig. 2　DGEs in the expression of anthocyanin anabolism

期下调。只有 *Achn176271*、*Achn011821* 和 *Achn176251* 这三个基因在'金实1号'相比'红实2号'内外果皮均随着时间推移显著上调，推测与果实发育有关。两个品种的外果皮在前三个时期基因上调明显，而'金实1号'相比'红实2号'内外果皮在前三个时期表现下调，在 T4 时期有所增加。

2.3.2 猕猴桃花青素类黄酮途径相关基因表达

'金实1号'和'红实2号'内外果皮在 T1 时期，大部分花青素合成相关基因表达量较

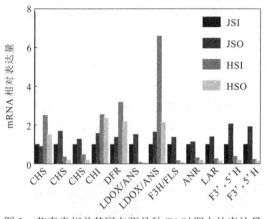

高，随后急剧下降。花青素的合成基因，如查尔酮合成酶（CHS）、查尔酮异构酶（CHI）、类黄酮 3',5'-羟化酶（F3',5'H）二氨黄酮醇还原酶（DFR）和花青素合成酶（ANS）整个时期的表达与花青素含量的变化较一致，其中 ANS 中的 *Ac002351* 和 *Ac257901* 基因表达表现上升后下降的趋势。原花青素途径中的无色花青素还原酶（LAR）和花青素还原酶（ANR）有多个转录本，且表达不一致，如 ANR 中的 *Ac111861* 随着果实发育表达量持续下调，而 *Ac107071* 则表现为升高的趋势。通过对 T4 时期两个品种的不同部位进行 qPCR 验证，结果与转录组结果一致（图3，图4，彩图10）。

图3 花青素相关基因在两品种 T4 时期中的表达量

Fig. 3 Expression of anthocyanin-related genes at T4 stage in two varieties

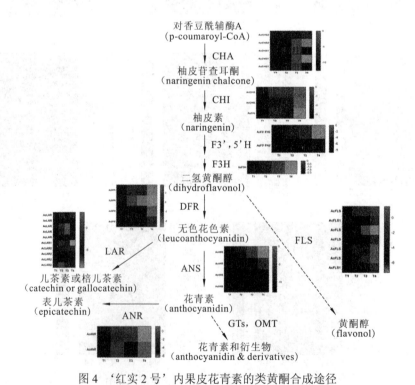

图4 '红实2号'内果皮花青素的类黄酮合成途径

Fig. 4 Flavonoid synthesis pathway of endocarp anthocyanins in 'Hongshi 2'

3 讨论

我们对红肉猕猴桃和黄肉猕猴桃果肉 4 个不同时期的不同部位进行了测序,测序质量高。大部分代谢途径的基因以下调为主,表明猕猴桃果实中的代谢物质在 T1 时期最高,随着生长发育而逐渐下降。在花后子房形成时期'红阳'猕猴桃花青素含量很高,并且相关的合成基因表达量也很高,随后在花后 30～70 d,花青素含量以及相应的基因表达持续下降。

本研究发现,黄肉猕猴桃和红肉猕猴桃内外果皮在 T1 时期花青素含量基本相同,是果实整个生长发育过程中的最大值;与此同时,花青素大部分合成基因从 T1 时期的表达量远高于其他三个时期,表明该结果与'红阳'猕猴桃花青素变化具有一定的相似性[9]。'红实 2 号'内果皮花青素合成相关基因高于外果皮的基因表达,这也是导致该猕猴桃果实中内果皮的花青素含量始终高于外果皮花青素含量的原因。而'金实 1 号'在 T2 时期外果皮花青素含量高于内果皮,这可能与该时期查耳酮合成酶、查耳酮异构酶等合成相关基因在外果皮中的表达量高于内果皮有关。而'金实 1 号''红实 2 号'内果皮与外果皮花青素含量的差异也与相关合成基因的表达量高低有关。

黄酮醇合酶(FLS)在果实生长发育过程表达量有所增加,这直接导致了花青素的前体合成物质含量减少,这也印证了 Chassy 等[10]发现的黄酮醇和原花青素是果实成熟前的主要物质。花青素在自然界中主要以花色苷的形式存在,这就需要类黄酮 3-葡糖基转移酶(UFGT/3GT),将无色花色素变为有色的花青素[11]。本研究发现大部分糖基转移酶随着果实的发育表达量逐渐下降,这也表明了猕猴桃总体代谢物质与活力的下降,但也有部分类黄酮 3-葡糖基转移酶表达量提高,这可能是决定花色苷含量的关键基因。有研究表明,'红阳'猕猴桃主要为矢车菊素而显现红色[12],而本试验中的两个猕猴桃品种的色泽到底由什么花色苷决定还需要进一步的研究。

本研究在一定程度上阐明了猕猴桃果实色泽变化的分子调控机制,也反映了果实代谢物质的变化过程。此外本研究对两个品种猕猴桃不同时期与不同部位的测序对已有的猕猴桃基因数据库进行了补充。但植物花青素的积累合成还受多种因素的调控,如光照、温度和转录因子等的调控。虽本研究为猕猴桃的有关色泽提供了大量的分子信息,但仍需要进一步细化有关研究。特别要综合考虑各方面的因素,才能真正可能解决猕猴桃果实色泽与花色素相关的联系。

参考文献 References

[1] DENG D. Draft genome of the kiwifruit *Actinidia chinensis*[J]. Nature communications,2013,4(4):2640.

[2] 赖娟娟. 高温抑制红肉猕猴桃果肉着色的相关基因及软枣猕猴桃野生居群遗传学研究[D]. 武汉:中南民族大学,2014.

[3] 高洁. 黄肉猕猴桃果实发育过程中色素变化及转录组与转色期 DGE 分析[D]. 南昌:江西农业大学,2013.

[4] MARDIS E R. The impact of next-generation sequencing technology on genetics[J]. Trends in genetics,2008,24(3):133-141.

[5] 李合生. 植物生理生化实验原理和技术[M]. 北京:高等教育出版社,2000:1.

[6] MURRAY J R,HACKETT W P. Dihydroflavonol reductase activity in relation to differential anthocyanin accumulation in juvenile and mature phase *Hedera helix* L.[J]. Plant physiology,1991,97:343-351.

[7] MINGUEZ-MOSQUERA M I,GANDUL-ROJAS B,CALLARDO-GUERRERO L. Measurement of chlorophyllase activity in olive fruit[J]. J. biochem,1994,116(2):263-268.

[8] FANG Z Y,BOUWKAMP J C,SOLOMOS T. Chlorophyllase activities and chlorophyll degradation during leaf senescence in non-yellowing mutant and wild type of *Phoseolus vulgaris*[J]. Journal of experimental botany,1996,49:503-510.

[9] 李文彬. '红阳'猕猴桃果实发育转录组及花青素累积机理研究[D]. 武汉:中国科学院研究生院(武汉植物园),2015.

[10] CHASSY A W,ADAMS D O,LAURIE V F,et al. Tracing phenolic biosynthesis in *Vitis vinifera* via in situ C-13 labeling and liquid

chromatography-diode-array detector-mass spectrometer/mass spectrometer detection[J]. Analytica Chimica Acta，2012，747（747）：51-57.

[11] 贾赵东，马佩勇，边小峰. 植物花青素合成代谢途径及其分子调控[J]. 西北植物学报，2014，34（7）：1496-1506.

[12] 杨俊. '红阳' 猕猴桃 DFR 基因的克隆和表达分析[D]. 北京：中国科学院研究生院，2010.

Transcriptome Analysis and Coloring Mechanism Study on Fruit Development Process of 'Hongshi 2' and 'Jinshi 1' Kiwifruit

SUN Shuxia[1]   TU Meiyan[1]   LI Mingzhang[2]   CHEN Qiyang[3]
LI Jing[1]   CHEN Dong[1]   SONG Haiyan[1]   JIANG Guoliang[1]

（1 Horticulture Research Institute of Sichuan Academy of Agricultural Sciences, Key Laboratory of Horticultural Crop Biology and Germplasm Creation in Southwestern China of the Ministry of Agriculture and Rural Affairs　Chengdu　610066；

2 Sichuan Provincial Academy of Natural Resource Sciences　Chengdu　610015；

3 College of Horticulture and Landscape Architecture，Southwest University　Chongqing　400715）

Abstract   To explore the molecular mechanism of the difference in the pigmentation of flesh between red-fleshed kiwifruit ('Hongshi 2') and yellow-fleshed kiwifruit ('Jinshi 1') during fruit development. The high-throughput sequencing technology (Illumina Hiseq 2500) was used to conduct the transcriptome sequencing for totally 16 samples from the endocarp and epicarp of two different flesh colors of kiwifruits at four different development stages (0 day, 28 days, 75 days and 157 days after flowering of 'Hongshi 2' and 0 day, 44 days, 81 days and 189 days after flowering of 'Jinshi 1', both were marked as T1-T4 periods), and the raw data obtained (Raw reads) ranged from 26.50 G to 41.68 G, and the ratio of valid data (Clean reads) was more than 98.27%. The number of differentially expressed genes in the 'Jinshi 1' epicarp at the T1 and T4 stages was the highest (9 293), which were classified into 49 GO terms and 135 metabolic pathways respectively. Among all the differential genes, 26 anthocyanin metabolism-related Unigenes, 110 chlorophyll metabolism-related Unigenes, 91 carotene metabolism-related Unigenes and 162 flavonoid metabolism-related Unigenes were found after screening. Although the color types of the two kiwifruits are different, the difference in the formation and accumulation of pigments mainly occurred in T2 and T3 periods with the growth and development of fruits, and the expressive abundance of the pigment-related genes in the epicarp was higher than that in the endocarp. This study further enriched the kiwifruit gene information, from which the mechanism of color formation difference of kiwifruit fruits can be analyzed to some extent.

Keywords   'Hongshi 2' 'Jinshi 1' Kiwifruit Transcriptome sequencing Pigmentation

'金艳'猕猴桃组织培养技术研究

吕海燕 李大卫 钟彩虹

（中国科学院植物种质创新与特色农业重点实验室,中国科学院种子创新研究院,中国科学院武汉植物园 湖北武汉 430074）

摘 要 本文以毛花猕猴桃×中华猕猴桃杂交选育品种'金艳'为试材，研究其诱导成苗、细胞再生及生根技术，初步建立了'金艳'猕猴桃快速繁殖体系，为猕猴桃产业化生产提供良好的技术支撑，为猕猴桃资源保存及现代化育种等创造新种质资源奠定基础。以'金艳'植株顶芽、带腋芽茎段、叶片、叶柄为材料进行离体培养诱导，获得无菌苗。以获得的无菌苗叶片为外植体，探讨了不同植物生长调节剂种类及质量浓度组合对不定芽诱导形成的影响，并对组培苗不定根诱导做出初步探究。结果表明，资源离体保存最佳外植体为带腋芽茎段。叶片不定芽再生最佳培养基为 MS + TDZ 1.0 mg/L + IAA 0.25 mg/L，不定芽平均再生率为74.6%。不定芽经过伸长生长，取 2～3 cm 高幼苗进行生根诱导，不定根再生率分别为82.5%，平均根数为4条。初步建立了'金艳'猕猴桃高效再生体系，为猕猴桃快速的产业化种苗生产提供有力保证，也为后期猕猴桃育种研究提供理论依据。

关键词 '金艳' 微体繁殖 再生 叶片

'金艳'猕猴桃由中国科学院武汉植物园杂交选育而成，2010年获得国家品种审定，因其优异的品质和极佳的耐储性能，目前已成为国内黄肉猕猴桃主栽品种，种植面积不断扩大[1]。随着中国猕猴桃新品种选育速度的加快，为了快速地推广新品种和保留新品种优良品质，采用猕猴桃的组织培养技术进行繁殖是最快速和有效的方法之一[2-5]，目前'金艳'猕猴桃在国内的产业化推广种植种苗来源主要是嫁接苗，组培育苗技术研发及组培苗的应用领域暂时薄弱，嫁接繁殖中接穗与砧木的亲和性高低、嫁接口愈合程度都直接影响嫁接成活率及后期品种接穗的生长势及丰产性，另外接穗质量及数量的限制也成为'金艳'大面积推广、产业化生产的一个瓶颈。本文通过研究'金艳'的离体组培快速繁育方法，即以'金艳'当年萌发嫩梢各部位为外植体，消毒后进行组织培养，获得无菌苗，以无菌苗叶片为再生组织来源，进行诱导分化、生根培养。短期内可快速获得大量优质品种种苗，实现'金艳'种苗工厂化快速育苗。

1 材料与方法

1.1 实验材料

新萌发的'金艳'嫩枝采自中科院武汉植物园内国家猕猴桃种质资源圃。于试验当天上午九点左右露水干后采集。

1.2 方法

1.2.1 外植体的消毒处理

摘取的嫩枝于流水下冲洗表面，吸水纸上晾干后，于超净工作台上置于灭菌的空瓶内，75%的酒精浸泡45 s，倒出酒精，加入质量体积比为0.1%的升汞，充分摇晃12 min，取出嫩枝，置于另一灭菌空瓶中，无菌水冲洗 4～5 次，于灭菌滤纸上晾干水分后，叶片切成 0.5 cm×0.5 cm 大小的叶盘，叶柄切成 0.5 cm 长短，嫩茎取下 0.5～1.0 cm 的茎尖后，剩余切成单个带腋芽的茎段，所有外植体分别置于再生培养基上，光下培养。

1.2.2 再生诱导

以 MS 为基本培养基，添加不同浓度的 6-BA（1.0 mg/L、0.5 mg/L、0.25 mg/L）、NAA（0.1 mg/L、0.2 mg/L、0.4 mg/L）、TDZ（2.0 mg/L、1.0 mg/L、0.5 mg/L）、IAA（1.0 mg/L、0.5 mg/L、0.25 mg/L）两两组合对'金艳'无菌苗幼嫩叶片进行再生诱导，培养基中蔗糖 3%，琼脂 0.8%，pH 值 5.8。试验共 18 个处理组合，每个处理接种叶盘 10～15 个，重复 3 次。接种后的外植体置于光下诱导培养，光照时间 8 h/d，温度 26℃±2℃，光照强度 3 000 Lux。一个月后统计外植体愈伤及不定芽再生、生长情况。诱导率＝再生愈伤组织（不定芽）个数 / 接种的外植体数×100%。

1.2.3 壮苗培养

将再生获得的不定芽切下，置于不定芽再生率最高的再生培养基进行增殖及壮苗培养。

1.2.4 生根诱导

以 1/2 MS 为基本培养基，添加不同浓度的 NAA，取 2～3 cm 高的不定芽转移到生根培养基进行生根诱导，研究不同浓度的生根素对'金艳'组培苗生根的影响。接种后的不定芽置于光下诱导培养，光照时间 8 h/d，温度 26℃±2℃，光照强度 3 000 Lux。两周后统计不定根再生、生长情况。生根率＝再生不定根的芽个数 / 接种的不定芽数×100%。

2 结果与分析

2.1 '金艳'不同外植体再生的情况

通过对四种外植体的离体消毒、再生培养，结果显示，'金艳'所有外植体经过离体消毒处理后，无菌外植体的获得率均能达到 90% 以上，其中茎顶端的萌动率最高，但细胞再生且直接再生获得不定芽的最佳外植体为叶片。茎段和茎顶端是本身腋芽原基萌发，属于离体快繁，但后期芽生长状况不佳，且后期萌发的嫩芽叶片基部褐化而逐渐脱落，后期整个植株死亡（图 1，彩图 11）。叶柄萌动率也较高，但本研究中大部分叶柄伤口两端形成不易分化的愈伤组织。具体萌发及再生情况见表 1。

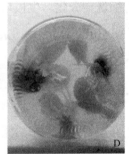

图 1　A.茎顶端离体快繁；B.茎段离体萌发；C.叶片再生；D.不定根再生

Fig. 1　A. buds propagation from stem tip；B. propagation of stem segments；

C. regeneration from leaves；D. root regeneration

表 1 不同外植体离体萌发一览表

表 1 不同外植体离体萌发一览表

Table 1 Germination of different explants *in vitro*

外植体类型 （explants）	无菌外植体获得率 （rate of sterile explants）/%	外植体萌动率 （germination rate）/%	再生类型 （regeneration type）
茎段（stem segment）	95.0	85.0	芽快繁（propagation of buds）
茎顶端（stem tip）	92.1	90.0	芽快繁 + 基部愈伤化（buds propagation，basal callus）
叶片（leaf）	90.0	84.5	愈伤 + 不定芽（callus with few adventitious buds）
叶柄（petiole）	90.0	88.6	愈伤，少量不定芽（callus，few adventitious buds）

2.2 不同浓度组合植物生长调节剂对'金艳'叶片再生的影响

表 2 显示，TDZ 和 IAA 组合对'金艳'叶片愈伤再生及不定芽的分化效果显著优于 6-BA、NAA 组合，两周后即可形成愈伤，三周后有芽点出现，且所产生的愈伤绿色颗粒状，分化能力强，不定芽中畸形芽数量少。其中 TDZ 浓度在 1.0 mg/L 时，再生率最高，组合中，随着 IAA 浓度的降低，不定芽分化率有显著的提升，高浓度比例的 IAA 能够促进愈伤形成，但在分化出芽的过程中显得尤为缓慢，甚至不出芽，所以我们比较得出了诱导'金艳'叶片愈伤再生和不定芽分化最佳的植物生长调节剂浓度为 TDZ 1.0 mg/L、IAA 0.25 mg/L，再生率达 74.6%。

表 2 不同植物生长调节剂对'金艳'叶片再生的影响

Table 2 Effects of different plant growth regulators on regeneration bud induction from leaves of 'Jinyan' *in vitro*

处理 （treatment）	6-BA /（mg/L）	TDZ /（mg/L）	NAA /（mg/L）	IAA /（mg/L）	再生率 （regeneration rate）/%	再生情况描述 （description）
1	1.00	—	0.1	—	37.3	愈伤组织（callus）
2	1.00	—	0.2	—	35.7	愈伤组织（callus）
3	1.00	—	0.4	—	42.9	芽 + 愈伤（buds and callus）
4	0.50	—	0.1	—	37.6	不分化的愈伤团（callus hard to differentiate）
5	0.50	—	0.2	—	22.2	膨大的愈伤团（expanded callus）
6	0.50	—	0.4	—	40.0	切口膨大（叶柄叶脉部位）（incisional swelling）
7	0.25	—	0.1	—	26.3	畸形芽 + 愈伤（lot's of deformity bud and callus）
8	0.25	—	0.2	—	29.9	混合芽（buds with callus）
9	0.25	—	0.4	—	27.7	小块愈伤（small callus）
10	—	2.0	—	1.00	71.3	混合芽（可分化的愈伤多于芽）（callus with buds）
11	—	2.0	—	0.50	62.1	混合芽（buds with callus）
12	—	2.0	—	0.25	69.8	致密的愈伤团，深绿，可分化（callus density，dark green，differentiable）
13	—	1.0	—	1.00	77.4	可分化的致密愈伤团（callus density，differentiable）
14	—	1.0	—	0.50	69.4	分化中的愈伤（较慢）（callus in differentiation）
15	—	1.0	—	0.25	74.6	愈伤出芽（callus germinate）

处理 (treatment)	6-BA /（mg/L）	TDZ /（mg/L）	NAA /（mg/L）	IAA /（mg/L）	再生率 (regeneration rate)/%	再生情况描述 (description)
16	—	0.5	—	1.00	55.3	愈伤，很少的芽（callus, few buds）
17	—	0.5	—	0.50	60.4	愈伤多于芽（mainly callus）
18	—	0.5	—	0.25	57.4	小的致密的愈伤，也能出芽 （small compact callus）

2.3 不同浓度的 NAA 对'金艳'不定根再生的影响

表 3 显示，当 NAA 浓度为 0.5 mg/L 时，'金艳'不定芽生根率可达 82.5%，根数稳定，根形态健壮。

表 3 不同浓度 NAA 对'金艳'不定根再生的影响
Table 3 Effects of different concentration of NAA on the adventitious roots regeneration from stem segments of 'Jinyan'

NAA 浓度 （concentration） /（mg/L）	根数量 （number）	平均根长 （length）/cm	再生率 （regeneration rate)/%	根部描述（description）
2.00	1.50	3.5	19.2	基部膨大，产生大量白色不分化的愈伤团 （white, undifferentiated callus）
1.00	1.98	3.2	61.2	基部形成少量愈伤（few callus at the basal）
0.50	4.00	3.7	82.5	基部膨大后直接产生不定根，根泛白色，较粗壮 （directly regeneration of adventitious roots, sturdy）
0.25	2.00	4.0～4.5	67.8	根数量少，黄绿色，较长 （few yellow green roots，longer）

3 讨论与结论

3.1 外植体的选择

可供猕猴桃组织培养的外植体类型较多，常用的有叶片、叶柄、茎段及花部各器官等，涉及组织再生用到最多的为叶片、叶柄，而涉及离体快繁的最佳外植体为幼嫩茎段[6-9]。本研究直接采用叶片、叶柄、带腋芽茎段、茎为外植体，实验结果显示离体快繁最佳外植体为茎段和茎顶端，叶片的细胞离体再生能力较强，获得了较好的再生效果。

3.2 猕猴桃再生诱导外源激素的选择

愈伤组织和不定芽的诱导是组织培养中最关键的一步，如何在最短的时间、利用最低的成本获得最高的再生效率是组培育苗的重要研究内容，而外源激素的选择、浓度调整及组合利用对愈伤组织和不定芽再生与增殖起着至关重要的作用[10-11]。猕猴桃常用的外源激素种类很多，如 6-BA、GA、ZT、TDZ、2,4-D、NAA、IAA、IBA 等。本研究选择了两种细胞分裂素和两种生长素组合处理试验发现，TDZ 和 IAA 组合对'金艳'叶片不定芽再生具有显著的诱导效果。

3.3 猕猴桃愈伤组织及不定芽、不定根诱导分化培养

生长素和细胞分裂素的比值大小，决定细胞再生的方向，即愈伤组织再生往根或芽的方向进行。本研究中，采用 TDZ 和 IAA 组合虽然能够促进'金艳'不定芽的分化，且效果稍好于 6-BA、NAA 组合，但分化效率不高，可能还需在激素浓度上做相应调整，再生体系有

待进一步优化。生长素和细胞分裂素比值越小，则诱导不定根的分化，本试验中'金艳'不定根再生所需的生根素浓度为 NAA 0.5 mg/L，根数多，粗壮，有利于后期的移栽。

参考文献　References

[1] 黄宏文. 中国猕猴桃种质资源[M]. 北京：中国林业出版社，2013：108.
[2] 黄宏文，龚俊杰，王圣梅，等. 猕猴桃属（Actinidia）植物的遗传多样性[J]. 生物多样性，2000，8（1）：1-12.
[3] 刘小刚，焦晋，赵宇，等. 野生软枣猕猴桃组织培养及褐变处理[J]. 中国农学通报，2013，29（19）：113-119.
[4] 朱学栋，刘奕清，赵荣隆，等. 红阳猕猴桃快速繁殖体系的建立[J]. 湖北农业科学，2012，51（11）：2369-2371.
[5] 刘铮，张太奎，张汉尧. 猕猴桃组织培养研究现状与展望[J]. 福建林业科技，2013，40（4）：231-235.
[6] 张玉杰，杨忠，顾德峰. 狗枣猕猴桃叶片离体培养的研究. 北方园艺，2014（10）：97-101.
[7] 隆前进，吴延军，谢鸣. '红阳'猕猴桃叶片和带芽茎段的组织培养快繁技术[J]. 浙江农业学报，2010（4）：429-432.
[8] 张远记，钱迎倩. 软枣猕猴桃试管苗叶片和茎段的愈伤组织诱导及植株再生[J]. 西北植物学报，1996（2）：137-141.
[9] 尚霄丽，马春华，冯建灿，等. 中华猕猴桃叶片再生体系的建立[J]. 江西农业学报，2010（4）：50-52.
[10] 毕静华，刘永立，SYED A. 阔叶猕猴桃叶片离体器官发生和植株再生[J]. 果树学报，2005，22（4）：405-408.
[11] 谢志兵，鲁旭东. 猕猴桃组织培养中适宜激素组合的筛选[J]. 北方果树，2003（3）：7-8.

In Vitro Culture of Kiwifruit (*Actinidia chinensis* 'Jinyan')

LÜ Haiyan   LI Dawei   ZHONG Caihong

（Key Laboratory of Plant Germplasm Enhancement and Specialty Agriculture, The Innovative Academy of Seed Design,

Wuhan Botanical Garden, Chinese Academy of Sciences   Wuhan   430074）

Abstract Development of a stable and high-efficient regeneration system of *Actinidia chinensis* 'Jinyan', which can provide a good technical support for kiwifruit industry production and lay a foundation for polyploid breeding and transgenic breeding to create new germplasm resources of kiwifruit. Various explants from kiwifruit (*Actinidia chinensis* 'Jinyan') were used for *in vitro* regeneration. Young leaves from sterile seedlings were chose as explants, the effects of different plant growth regulators on frequencies of callus formation and adventitious bud regeneration were investigated by culturing on the induction medium, which used MS medium as the basic medium with different concentrations of 6-BA(0.25 mg/L, 0.5 mg/L, 1.0 mg/L), TDZ(0.5 mg/L, 1.0 mg/L, 2.0 mg/L), IAA(0.25 mg/L, 0.5 mg/L, 1.0 mg/L) and NAA (0.1 mg/L, 0.2 mg/L, 0.4 mg/L). Moreover, the influence of different concentration of plant growth regulator on the induction of adventitious root was also analyzed. The results indicated that the optimal medium for adventitious shoot regeneration from leaves of 'Jinyan' was MS + 1.0 mg/L TDZ + 0.25 mg/L IAA. The frequency of adventitious shoot regeneration was 74.6%. The adventitious shoots were cultured with the same medium for two cycles, then transferred to the MS supplemented with 0.5 mg/L NAA. The rate of adventitious root regeneration was 82.5%. The average number of roots was 4. An efficient regeneration system from leave of 'Jinyan' which lays the foundation for the genetic transformation of kiwifruit was established in this study.

Keywords 'Jinyan' Micropropagation Regeneration system Leave

不同采收期对软枣猕猴桃果实品质的影响

张勇[1] 范晋铭[2] 陈其阳[1] 祝进[3] 孔令灵[1] 汤浩茹[1]

（1 四川农业大学园艺学院 四川成都 611130；2 四川省益诺仕农业科技有限公司 四川雅安 625014；
3 四川省园艺作物技术推广总站 四川成都 610041）

摘 要 本试验探究了 6 个不同采收期（采收日期分别为 7 月 15 日、7 月 20 日、7 月 25 日、7 月 30 日、8 月 4 日和 8 月 9 日）对'益香''紫迷一号''益绿''绿迷一号''红迷一号'5 个软枣猕猴桃品种果实品质的影响，分别对单果重、硬度、维生素 C（Vc）含量、可滴定酸（TA）含量、可溶性固形物（TSS）含量等指标进行测定，以期筛选出各品种的最适采收期。结果表明：随着采收期的延迟，单果重逐渐增加，各品种的单果重基本上都在 7 月 30 日达到最大值，后期则趋于稳定。随着采收期的延迟，各品种果实硬度快速下降，且降低趋势逐渐加快，同一品种不同采收期的差异达到显著水平。不同采收期的维生素 C 含量变化不大，基本趋于稳定，表明采收期对软枣猕猴桃果实维生素 C 含量影响不大。TSS 含量总体增加，增加趋势递减；'益香''益绿''绿迷一号''红迷一号'的 TSS 含量在 7 月 30 日达到最大值，分别为 20.39%、19.86%、23.54% 和 19.85%，'紫迷一号'则在 8 月 4 日达到最大值，为 21.41%。然而，TA 的含量则随采收期的延迟而有少量的上升，且各品种的 TA 含量基本上都在 7 月 25 日开始上升。随着采收期的延迟，各品种的固酸比呈现先增加后降低的趋势。综合评价发现，'益香'和'绿迷一号'适宜采收期是 7 月 25 日~7 月 30 日，'益绿'和'红迷一号'的适宜采收期是 7 月 20 日~7 月 25 日，'紫迷一号'的适宜采收期是 7 月 30 日~8 月 4 日。

关键词 采收期 软枣猕猴桃 果实品质

软枣猕猴桃（*Actinidia arguta*），又称软枣子、猕猴梨，为猕猴桃科（Actinidiaceae）、猕猴桃属（*Actinidia*）多年生大型落叶藤本。雌雄异株，具有茎叶不具毛，浆果表面无斑点的典型特征，属 9 种光果猕猴桃种类之一，有很高的营养价值[1]。猕猴桃属于呼吸跃变型果实，采收后只有通过后熟软化才能表现出其固有品质。其采收成熟度与果实后熟品质及货架期密切相关。如何准确地判断软枣猕猴桃果实的采收成熟度，目前仍没有一个普遍可采用的标准。

软枣猕猴桃果实成熟后仍保持绿色，成熟期间外观性状的变化无法直观反映其果实的成熟度，人们不易通过果实表现特征变化来准确判断适宜的采收时期[2]。不同品种在不同地区的采收期不一样，也常因采收时间的不当影响果实采后后熟品质，从而造成巨大的经济损失。为了使软枣猕猴桃发挥最大的经济效益，我们需要确定科学合理的采收期。现对 5 个软枣猕猴桃品种不同采收期的果实品质进行了研究，对果实品质在同品种间的纵向比较，以期确定适宜采收期，提高果实品质，为软枣猕猴桃科学合理采收提供理论依据。

1 材料与方法

1.1 试验材料

软枣猕猴桃种植于四川省雅安市中里镇龙泉村猕猴桃基地，该试验地位于东经 104°04′，北纬 38°39′，海拔 907 m，年均气温 14.1~17.9℃，年均降水量 1 800 mm 左右，湿度大，全年日照 1 005 h。选取 5 个软枣猕猴桃品种（'益香''紫迷一号''益绿''红迷一号''绿迷一号'），分别编号为 K1、K2、K3、K4、K5。

1.2 试验方法

本试验于 2016 年 7 月至 8 月进行，根据对软枣猕猴桃的物候期观察，此次试验共设 6 个采收期，每 5 天采收一次，分别为 7 月 15 日、7 月 20 日、7 月 25 日、7 月 30 日、8 月 4 日、8 月 9 日，分别标为采收 I、II、III、IV、V 和 VI 期。各品种每个采收期在果园内随机选定多株正常结果植株，随机在树冠中部采摘无伤、残、次、病虫害的果实 100 个。果实采后用聚乙烯保鲜袋包装，并于当日运至实验室，进行单果重、果实硬度、可溶性固形物含量、可滴定酸含量、维生素 C 含量的测定。每个处理每次随机取 30 个果实进行测定，重复三次。

1.3 果实性状测定

软枣猕猴桃属于呼吸跃变类型的皮薄多汁浆果，采收后只有通过后熟软化才能表现出其固有品质，其采收成熟度与果实后熟品质密切相关[3]。从采收的果实中，随机选择 30 个果进行指标的测定，重复三次。单果重采用天平测量；果实硬度采用 GY-3 型果实硬度计测定；可溶性固形物采用手持糖度计测定；可滴定酸采用酸碱滴定法；维生素 C 含量采用高俊凤的钼兰比色法[4]测定；固酸比用可溶性固形物/可滴定酸表示。

1.4 数据分析

采用 SPSS 数据处理系统软件对试验数据进行差异显著性检验，采用 Microsoft Excel 软件对数据进行处理和绘图。

2 结果与分析

2.1 不同采收期对软枣猕猴桃单果重的影响

如图 1 所示，5 个软枣猕猴桃品种在 6 个采收期中果实重量随着采收期的延迟逐渐增加，增重趋势整体上先急后缓，采收前期单果重差异显著，后期不显著，表明果实已经达到固定的大小。K1 在采收期 VI 时的单果重已经达到 5.57 g，与 V、IV 时期差异不显著；K2 在采收期 IV 时的单果重达到 9.20 g，与 VI 时的无显著差异；K3 在采收期间，单果重持续增加，各个采收期的重量差异显著，最后达到 12.45 g，是 5 个品种中单果重最大的品种，K4 在采收期 IV 时的单果重达到 6.20 g，与 VI 期时的差异不显著。而 K5 在采收期间单果重的指标只有少量增加，差异不显著，VI 期时单果重达到 11.97 g，位居第二。

2.2 不同采收期对软枣猕猴桃果实硬度的影响

果实硬度直接影响果实后期贮藏时间和品质。如图 2 所示，随着采收期的延迟，软枣猕

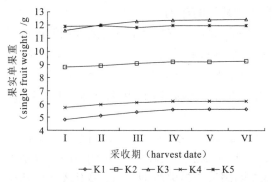

图 1 不同采收期对软枣猕猴桃单果重的影响

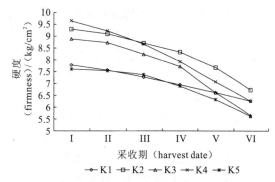

图 2 不同采收期对软枣猕猴桃果实硬度的影响

猴桃的硬度逐渐降低，且降低趋势逐渐加快。各品种的硬度在与前一个采收期相比较都明显降低，差异显著。采收期 I ~ VI，K1 硬度下降了 1.51 kg/cm²，K2 硬度共下降了 2.56 kg/cm²，K3 的硬度下降了 3.21 kg/cm²，K4 果实硬度降低了 3.38 kg/cm²，是降低最多的品种；K5 在 I ~ II 期果实硬度下降较为平缓，在采收期 II ~ VI 下降明显加快，硬度共下降了 2.02 kg/cm²。

2.3 不同采收期对软枣猕猴桃果实可溶性固形物含量的影响

由图 3 可以看出，5 个软枣猕猴桃品种果实 TSS 随着采收期的推迟逐渐升高，上升趋势逐渐平缓，总量增加。其中，K1、K5 在采收期 I ~ IV 的含量差异达到显著水平，K1 从 18.19% 升高到 20.36%，升高了 2.17 个百分点；K5 从 18.78% 升高到 19.85%，只升高 1.07 个百分点；采收期 IV ~ VI 差异不显著，K5 还有少量降低。K2、K4 在采收期 V 和采收期 VI 间差异不显著，其中 K4 在采收期 VI 还有少量降低，其余各时期（I ~ V）的 TSS 含量差异达到显著水平，K2 从 18.16% 到 19.87%；K4 从 21.47% 到 23.54%。K3 在采收期 I ~ III 时差异显著，从 18.96% 到 19.86%，后期差异不显著。

2.4 不同采收期对软枣猕猴桃果实维生素 C 含量的影响

维生素 C 含量是软枣猕猴桃果实品质的重要指标之一。从图 4 可比较看出，K1 果实维生素 C 含量最高，最高可达 282.79 mg/100 g，K5 次之，为 145 mg/100 g 左右，K4 最低，在 77 mg/100 g 左右，其他 2 个品种的维生素 C 含量均在 90 ~ 100 mg/100 g 之间。5 个品种中除 K4 的维生素 C 含量在采收期缓慢降低之外，都呈上升趋势，且基本上在采收前期（I ~ III）显著上升，后期（IV ~ VI）增加不明显。总体上各个品种的果实维生素 C 含量变化幅度不大，在采收期基本趋于稳定，采收期对于此 5 个品种软枣猕猴桃果实维生素 C 的含量影响不大。

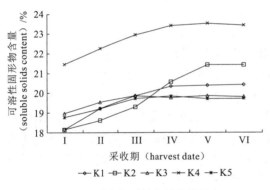 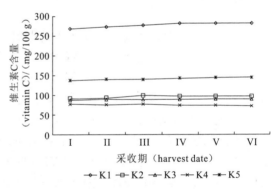

图 3 不同采收期对软枣猕猴桃果实可溶性固形物含量的影响　　图 4 不同采收期对软枣猕猴桃果实维生素 C 含量的影响

2.5 不同采收期对软枣猕猴桃果实可滴定酸含量和固酸比的影响

如图 5（a）所示，随着采收期的延迟，软枣猕猴桃果实的 TA 含量随着采收期的推迟逐渐上升。上升期间越接近最高含量增加量越小，说明软枣猕猴桃对 TA 的累积速度逐渐减慢。K1 在采收期 IV 的 TA 含量累积达到最高 2.52%，K2 在采收期 III 最高达到 1.63%，K3 在 IV 期间达到最高 1.47%，K4 的 TA 含量是 5 个品种中最低的，最高是在 III 期时达到的 1.43%，K5 的最高含量在 III 期时达到 1.87%。

从图 5（b）可以看出，随着采收期的推迟，5 个品种的固酸比均先上升后下降，但总体变化不大。采收前期增加量小于采收后期降低量，K1 和 K2 在采收期 II 达到最高，分别为 9.07 和 13.72，K1 的固酸比为 5 个品种中最低。K3 的固酸比在采收期 I ~ IV 变化不大，从采收期 IV 开始下降。K4 的固酸比在采收期 III 达到最高，为 17.94，也是 5 个品种中固酸比最高的。K5 的固酸比在采收期 II 达到最高，为 11.45。

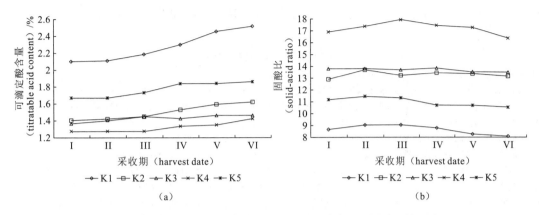

图 5　不同采收期对软枣猕猴桃果实可滴定酸含量和固酸比的影响

3　讨论与小结

软枣猕猴桃果实在猕猴桃属中属于小型果，果实单果重的增加意味着生长的程度，单果重增加缓慢、单果重趋于稳定时，意味着果实生长成熟。果实未成熟时，由于原果胶含量较多，果实坚硬，食用口感不佳。果实成熟过程中，在果胶酶的作用下，原果胶分解为可溶性果胶、果胶酸酯等，淀粉则在淀粉酶的作用下转化为单糖，使细胞结构受损，果实硬度下降，果实变软[4]。因此，果实变软意味着成熟。维生素 C 是果实的营养成分，软枣猕猴桃果实高含维生素 C，但在贮藏过程中酶促分解、物理溶解及暴露空气受热氧化分解使猕猴桃果实维生素 C 极易损失[5]，因此，后熟过程中猕猴桃果实维生素 C 含量均一直呈下降趋势，采收时的维生素 C 含量在一定意义上能反映出软枣猕猴桃的后熟品质。果实中 TSS 是重要的营养指标，主要成分是糖，随着果实成熟度的提高，糖分含量逐渐增加[6]，可溶性固形物高低决定软枣猕猴桃的品质和鲜食口感。果实含酸量是果实风味品质的重要体现，当果实含酸量过多时，会导致酸味偏重，影响果实口感；而含酸量太低时，其风味也会受到一定的影响[7]，也影响着果实口感的关键因素固酸比，可以通过 TA 来体现果实的含酸量。

适期采收是保证果实品质优质的前提之一，大部分水果成熟时会有大小、形状和色泽等外观状态的变化为人们确定适宜的采收期提供了依据。但软枣猕猴桃成熟时大小、形状和色泽等外观状态无变化，给确定适宜采收期带来困难[3]。采收过早，果实无法表现品种固有的品质。采收过晚，不耐贮藏。适宜的采收期对保持果实良好的风味品质及延长贮藏时间具有十分重要的意义。目前，中华猕猴桃和美味猕猴桃品种多以可溶性固形物含量作为采收指标。不同品种的采收标准不同，对'海沃德'而言，新西兰以可溶性固形物含量 6.2% 为最低采收指标[8]，中华猕猴桃和美味猕猴桃各品种统一按可溶性固形物含量 6.5% 为最低采收指标[3]；'金艳'在蒲江地区适宜长贮藏期的采收时间为 10 月 22 日～10 月 29 日，短贮藏期的采收时间为 11 月 5 日～11 月 12 日[9]；'桓优 1 号'软枣猕猴桃可溶性固形物含量达到 7.2% 时即可采收[10]。

本次试验通过对 5 个品种软枣猕猴桃果实在不同采收期收获后的果实品质比较，发现随着采收期的推迟，果实单果重均有增加，各个采收期的增加量呈递减趋势；果实硬度均在下降，下降幅度递增；维生素 C 含量变化幅度不大，这与刘铭[11]和魏丽红[12]的研究结果不同，这可能与地区和品种有关；TSS 含量总体增加，增加量递减，到采收后期基本趋于稳定，这与前人的研究结果一致；同时 TA 含量上升，导致固酸比随着采收期的延后先增大后减小。综合评价发现，'益香'和'绿迷一号'适宜采收期是 7 月 25 日~7 月 30 日，'益绿'和'红迷一号'的适宜采收期是 7 月 20 日~7 月 25 日，'紫迷一号'的适宜采收期是 7 月 30 日~8 月 4 日。

参考文献 **References**

[1] 曹家树，秦岭. 园艺植物种质资源学[M]. 北京：中国农业出版社，2005：140.

[2] 马书尚，韩冬芳，等. 1-甲基环丙烯对猕猴桃乙烯产生和贮藏品质的影响[J]. 植物生理通讯，2003，39（6）：567-570.

[3] 汤佳乐，黄春辉，冷建华. 不同采收期对'金魁'猕猴桃果实品质的影响[J]. 中国南方果树，2012，41（3）：110-113.

[4] 高俊凤. 植物生理学实验技术[M]. 西安：西安地图出版社，2000：203.

[5] 吴彬彬. 几个猕猴桃主栽品种适宜采收期研究[D]. 杨凌：西北农林科技大学，2008.

[6] 阎瑞香，刘兴华，关文强. 猕猴桃贮藏保鲜技术[M]. 北京：中国农业科学出版社，2004：154-156.

[7] 刘科鹏，黄春辉，冷建华，等. '金魁'猕猴桃果实品质的主成分分析与综合评价[J]. 果树学报，2012，29(5)：867-871.

[8] 龙翰飞，陈建学，彩屏. 中华猕猴桃最佳采收期指标研究[J]. 果树科学，1988，5（2）：65-69.

[9] 刘旭峰，樊秀芳，张清明，等. 采收期对猕猴桃果实品质及其耐贮性的影响[J]. 西北农业学报，2002，11（1）：72-74.

[10] 杨丹. 采收成熟度对'金艳'猕猴桃品质的影响[J]. 北方园艺，2018（2）：141-145.

[11] 刘铭，郭梦玉，刘香苏，等. 采收期对软枣猕猴桃果实品质及贮藏性的影响[J]. 延边大学农学学报，2018，40（1）：41-45.

[12] 魏丽红. 软枣猕猴桃果实发育与营养成分变化规律研究[J]. 湖北农业科学，2017，56（11）：2069-2072.

Effects of Different Harvest Date on *Actinidia arguta* Fruit Quality

ZHANG Yong[1]   FAN Jinming[2]   CHEN Qiyang[1]

ZHU Jin[3]   KONG Lingling[1]   TANG Haoru[1]

（1 College of Horticulture, Sichuan Agricultural University   Chengdu   611130；

2 Sichuan Innofresh Agricultural Science and Technology Co., Ltd.   Ya'an   625014；

3 Sichuan Technology Extension Station of Horticultural Crops   Chengdu   610041）

Abstract   This experiment studied on the fruit quality of 'Yixiang', 'Zimi NO.1', 'Yilü', 'Lümi NO.1' and 'Hongmi NO.1' five varieties of *Actinidia arguta* fruit with six different harvest dates (the harvest dates were July 15th, July 20th, July 25th, July 30th, August 4th and August 9th respectively). The indexes such as single fruit weight, hardness, vitamin C (Vc) content, titratable acid (TA) content, and soluble solids (TSS) content were measured to obtain the optimal harvest time for each cultivar. The results showed that: With the delay of harvesting period, the single fruit weight gradually increased, and the single fruit weight of all varieties basically reached the maximum value on July 30th, and later it became stable. With the delaying of harvesting period, the hardness of fruits of all varieties declined rapidly, and the decreasing trend gradually accelerated, and the difference in harvesting period of the same variety reached a significant level. The variation of Vc content in different harvest periods was not significant and basically stabilized, indicating that the harvest period had little effect on the Vc content of. The TSS content increased overall, and the increasing trend decreased; the TSS contents of 'Yixiang', 'Yilü', 'Lümi No. 1' and 'Hongmi No. 1' reached the maximum on July 30, which was 20.39%, 19.86%, 23.54% and 19.85% respectively, which 'Zimi No. 1' reached the maximum on August 4th, which was 21.41%. However, the content of TA increased slightly with the delaying of the harvesting period, and the TA content of all cultivars basically began to rise on July 25th. With the delaying of harvesting period, the ratio of solid and acid of each cultivar showed the trend of increasing first and then decreasing. The comprehensive evaluation found that the suitable harvesting period of 'Yixiang' and 'Lümei No.1' was from July 25th to July 30th, and the suitable harvesting period of 'Yilü' and 'Hongmi NO.1' was from July 20th to July 25th, the suitable harvesting period of 'Zimi NO.1' was from July 30th to August 4th.

Keywords Harvest date *Actinidia arguta* Fruit quality

不同环割处理对'Hort16A'猕猴桃枝叶营养和果实品质的影响*

陈栋[1,**]　涂美艳[1]　刘春阳[2]　李靖[1]

孙淑霞[1]　宋海岩[1]　江国良[1,***]

(1 四川省农业科学院园艺研究所,农业农村部西南地区园艺作物生物学与种质创制重点实验室　四川成都　610066;

2 达州市茶果技术推广站　四川达州　635000)

摘　要　本试验以六年生'Hort16A'为试验材料,设置不同部位、时期及程度的环割处理,测定其果实品质相关指标和结果蔓中可溶性糖、淀粉、蛋白质及功能叶中叶绿素含量,以期找出最适环割方法,为制定该品种配套栽培技术提供理论依据。结果表明:(1)从不同环割部位处理结果来看,初花期在主干嫁接口上方 5～10 cm、双主蔓分支点上方 2 cm 或直径≥1.5 cm 的结果母蔓分支点上方 2 cm 处环割一周均可显著提高果实纵经、横径和单果重,但主干环割还可显著提高结果蔓可溶性蛋白质、可溶性糖含量;两主蔓环割可显著提高果实叶黄素、可溶性固形物、总糖和维生素 C 含量;结果母蔓环割可显著提高叶片叶绿素 a、叶绿素 b 及总量。(2)从不同环割时期处理结果来看,主干上初花期环割比花后 10 d、20 d 环割的增产作用更显著,但主干上花后 20 d环割的果实叶黄素、可溶性固形物、总糖、总酸含量最高。(3)从不同环割程度处理结果来看,初花期主干环割 1 周的单果重最大,环割 2 周的果实叶黄素含量最高,环割 3 周在降酸增糖并提高结果蔓可溶性蛋白质、可溶性糖含量上效果最显著。(4)灰色关联度分析后的排名结果显示,初花期两主蔓环割 1 周和结果母蔓环割 1 周分别位于第 1、第 2 位,而初花期主干上环割 1 周、2 周、3 周分别位于第 8、第 7、第 6 位。

关键词　'Hort16A'　环割　枝条　果实品质

环割是除去木质部周围的树皮和韧皮部组织,导致从树冠到树根的糖类运输停止,影响光合产物的分配,但环割不会对木质部产生影响[1]。环割可以促进结果,提高坐果率,增加产量。但环割要求有针对性,适时性和程度适当,才能促进营养生理平衡,实现高产稳产[2]。如在开花期,适当环割枝干,可暂时阻碍有机物质向下输送,增加伤口上部养分积累,促进花芽分化和提高果实品质[3-4]。木质部主要是负责水分、养分和细胞分裂素从根部向枝条的运输,环割后较多的光合产物分配给上部枝条的花和果实,进而促进果实的丰产[5]。Verreynne等[6]的研究表明环割可以提高柑橘的 TSS 2%～10%,但对单果重和酸含量的影响不明显。而在开花前环割处理可以增加柑橘叶片中的叶绿素含量增加[7]。Yang 等[8]表示,在侧枝中部环割可以增加柑橘果皮和果肉的抗坏血酸含量以及果肉的可溶性糖含量。孙益林等[9]对苹果主枝

---

*基金项目:成都市猕猴桃产业集群项目(2015-cp03 0031-nc);四川水果创新团队猕猴桃栽培技术岗位专家经费;四川省财政能力提升专项(重点实验室 2016GXTZ-003);四川省育种攻关专项(2016NYZ0034);四川省科技支撑计划(18ZDYF1292)。

** 第一作者,男,1976 年生,四川平昌人,博士,研究员,主要从事果树新品种选育及栽培技术研究,电话 028-84504786,E-mail: 455478962@qq.com

*** 通信作者,1962 年生,四川都江堰人,博士,研究员,主要从事果树遗传种和栽培技术研究工作,E-mail: jgl22@hotmail.com

与侧枝分支点下方 3 cm 处环割发现,环割两圈处理叶片中的可溶性糖和淀粉含量随着环割天数的增加而逐渐上升,同时环割会降低叶片叶绿素和蛋白质含量。Cotrut 等[10]对枣树的枝条和枝干环割处理发现,枝条环割对枝条生长量以及结果数的效果更明显。因此,不同环割部位、时期和程度对不同果树的影响差异较大。

'Hort16A' 是 1991 年由新西兰园艺与食品研究院杂交选育而成,目前在四川省大量种植[11]。'Hort16A' 果实为卵形,具有突出的顶端,成熟时果肉为金黄色,与'海沃德'相比,干物质含量高,营养物质丰富[12]。猕猴桃根系分布较广,枝梢生长旺盛,且冬夏季修剪量大,秋季果实采收带走较多树体养分,故猕猴桃对营养的需求水平较高[13-14]。通过合理的技术手段(施肥、环割和环剥等),可以有效提高树体营养水平与光合产物的积累,增加果实品质与果树产量[15]。目前有研究表明环割会导致对中华猕猴桃 'Hort16A' 气孔导度和光合作用显著降低[16],可以有效增加绿肉品种'海沃德'的果实大小[17],但这些研究关于环割对于猕猴桃果实品质的影响还不够全面,且对猕猴桃最适的环割方法还有待探究。

本研究通过对中华猕猴桃 'Hort16A' 进行不同部位、程度以及时期的环割处理,比较不同环割处理对中华猕猴桃 'Hort16A' 的植株养分状况和果实品质的影响,为猕猴桃的高产高效栽培和植株养分管理提供理论依据。

1 材料与方法

1.1 试验材料

供试树种为生长势一致的六年生'Hort16A'猕猴桃植株,栽培株行距 2.5 m×3 m,架型为 T 形架。除本试验环割处理外,其余管理措施(包括人工辅助授粉、疏花疏果、套袋、肥水管理、病虫害防治等)一致。试验地点位于彭州市磁峰镇佳惟他农业有限公司猕猴桃生产基地(E 103.80°, N 31.12°,海拔 860~900 m),年平均气温 15.7℃,年平均相对湿度 82%,年平均降水量 924.7 mm。于 2016 年春季,对试验材料设置不同环割部位,时期及程度共 7个处理进行全周长环割,具体环割方式见表 1 和图 1。不进行环割处理的猕猴桃植株为 CK对照。单株为一个小区,设置 5 个重复。

表 1　猕猴桃不同环割处理方式

Table 1　Different girdling ways in kiwifruit

处理 (treatment)	环割部位 (girdling site)	环割时期 (girdling period)	环割程度 (girdling degree)
CK	不环割	—	—
A1	主干上约嫁接口上 5~10 cm(图 1 左)	初花期	环割一周
A2	双主蔓上距离主蔓与主干分支点以上 2 cm 处(图 1 中)	初花期	环割一周
A3	直径≥1.5 cm 的结果母蔓分支点以上 2 cm 处(图 1 右)	初花期	环割一周
A4	主干上约嫁接口上 5~10 cm(图 1 左)	花后 10 d	环割一周
A5	主干上约嫁接口上 5~10 cm(图 1 左)	花后 20 d	环割一周
A6	主干上约嫁接口上 5~10 cm(图 1 左)	初花期	环割两周
A7	主干上约嫁接口上 5~10 cm(图 1 左)	初花期	环割三周

1.2 试验方法

单果重采用电子天平进行称重;果形指数为纵径/横径,采用游标卡尺分别测定果实横径

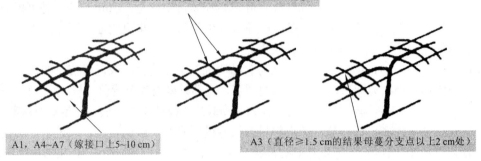

A2（双主蔓上距离主蔓与主干分支点以上2 cm处）

A1，A4~A7（嫁接口上5~10 cm）

A3（直径≥1.5 cm的结果母蔓分支点以上2 cm处）

图 1　不同环割部位处理

Fig. 1　Different treatments of the girdling position

和纵径；果实硬度采用硬度计（浙江托普云农公司 GY-4 型）测定；可溶性固形物采用 TD45 手持数显式测糖仪测定；可溶性糖含量测定采用蒽酮比色法[18]；可滴定酸含量测定采用 NaOH 滴定法[18]，然后计算糖酸比；可溶性蛋白质含量测定采用考马斯亮蓝法[18]；维生素 C 含量测定采用 2,6-二氯靛酚滴定法[18]；叶绿素含量测定采用丙酮法[18]；果实叶黄素测定方法参照[19]。落叶后，取结果枝粉碎后用于测定其可溶性糖、淀粉和蛋白质含量。果实品质的灰色关联度分析按照孙锦[20]的方法计算。

1.3　数据处理

采用 Excel 2007 和 GraphPad Prism 7 进行数据整理和作图，SPSS 19.0 统计分析软件进行单因素方差分析（one-way ANOVA），采用最小显著差数法（LSD）进行多重比较。

2　结果与分析

2.1　不同环割处理下 'Hort16A' 猕猴桃果实外观品质比较

由表 2 可知，不同部位进行环割处理（A1 ~ A3）的果实纵、横径和单果重均显著（$p < 0.05$）高于对照组 CK，其中 A2 和 A3 处理的果实纵、横径均大于 A1，但 A2 和 A3 之间的差异不显著。A2 处理下获得的猕猴桃单果重最大为 117.37 g，其次为 A3 处理为 112.56 g，相比对照增加了 35.9% 和 30.3%。而不同环割时期或不同环割程度的结果与对照组差异不大，其中 A4 的果实横径最低且显著（$p < 0.05$）低于对照组，导致其平均单果重也为最低值（但与对照组差异不显著）；A5 与对照无显著差异。不当的环割措施甚至会导致猕猴桃养分供应不足，果实横径变小，单果重降低；而初花期对 'Hort16A' 猕猴桃植株不同部位轻度环割（环割一周）的三个处理均能够一定程度上提高果实的大小。

表 2　不同环割处理下猕猴桃果实外观品质比较

Table 2　Comparison of appearance quality of kiwifruit under different girdling treatments

处理 （treatment）	纵径 （vertical diameter）/mm	横径 （diameter）/mm	果形指数 （fruit index）	单果重 （single fruit weight）/g
A1	75.79±1.02 b	50.89±1.19 ab	1.02±0.03 d	100.28±11.30 ab
A2	81.68±1.36 a	51.44±1.07 a	1.59±0.03 ab	117.37±17.90 a
A3	83.77±1.03 a	51.62±0.88 a	1.63±0.03 a	112.56±33.80 ab
A4	70.07±1.48 c	44.81±1.35 d	1.57±0.03 ab	73.50±10.50 bc

处理 （treatment）	纵径 （vertical diameter）/mm	横径 （diameter）/mm	果形指数 （fruit index）	单果重 （single fruit weight）/g
A5	68.83±3.03 c	47.98±1.31 bc	1.43±0.04 c	86.68±10.20 bc
A6	70.41±1.21 bc	46.48±0.85 cd	1.52±0.03 ab	78.34±10.70 bc
A7	69.66±2.71 c	45.39±0.76 cd	1.53±0.05 ab	79.56±3.70 c
CK	70.83±1.83 c	47.06±0.78 c	1.51±0.03 b	86.37±4.70 bc

注：不同小写字母表示差异显著（$p < 0.05$），下同。

Note: Different small letters indicate significant difference at 0.05 level. The same as below.

2.2 不同环割处理下'Hort16A'猕猴桃叶片叶绿素和果实叶黄素含量比较

叶绿素是绿色植物进行光合作用必不可少的有机物。由图 2 可知：A3 处理下的猕猴桃叶片总叶绿素为 2.61 mg/g 显著（$p < 0.05$）高于其他几个处理，见图 2（d）；A2 处理的果实叶黄素含量也显著（$p < 0.05$）高于对照组。叶黄素是一种重要的抗氧化物质，在黄肉猕猴桃中含量较高。图 2（c）表明，不同时期环割处理下，A5 的叶黄素含量最高（0.27 mg/g）且显著（$p < 0.05$）高于对照组。不同环割程度处理下，A6 处理的叶黄素含量比对照组增加了 31.3%，差异显著（$p < 0.05$），但不同程度的各个环割处理的叶绿素含量与对照组差异不显著。这一结果再次表明，环割时期和环割部位比环割程度对猕猴桃植株的生长与果实品质调控影响更为明显。

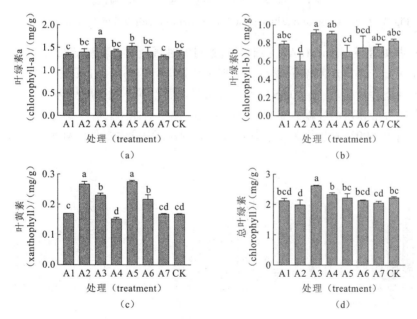

图 2 不同环割处理下猕猴桃叶片叶绿素和果实叶黄素含量比较

Fig. 2 Comparison of chlorophyll and xanthophyll content in kiwifruit with different girdling treatments

2.3 不同环割处理下'Hort16A'猕猴桃果实内在品质比较

由图 3 可知，不同环割部位处理下，A2 的可溶性固形物含量、可溶性糖含量、可滴定酸含量和维生素 C 含量均显著（$p < 0.05$）高于对照组，而 A3 处理下可溶性固形物、可溶性糖和可滴定酸含量均为最低，甚至显著低于对照组。不同环割时期处理下，A4 处理的可溶性固

形物、可溶性糖含量、可滴定酸含量和维生素 C 含量均显著（$p<0.05$）高于 A1、A5 和 CK。从不同环割程度处理的结果来看，A7 处理的可溶性固形物含量及糖酸比均显著（$p<0.05$）高于对照组。

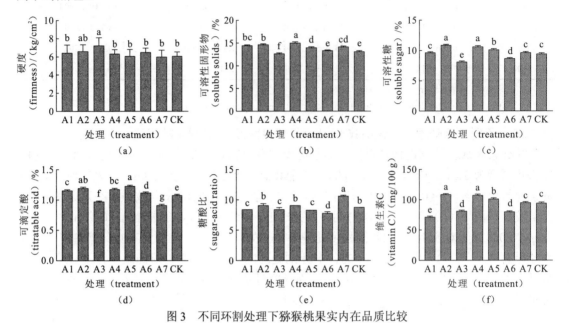

图 3 不同环割处理下猕猴桃果实内在品质比较

Fig. 3 Comparison of nutritional quality in kiwifruit with different girdling treatments

2.4 不同环割处理下'Hort16A'猕猴桃枝条可溶性蛋白质、糖和淀粉含量比较

由图 4 可知，不同环割部位或不同环割时期处理下，均是 A1 处理的枝条可溶性蛋白质含量和可溶性糖含量显著（$p<0.05$）高于对照组。而不同环割程度处理下，A7 处理的枝条可溶性蛋白质含量和可溶性糖含量显著（$p<0.05$）高于对照组。从枝条可溶性淀粉含量来看，对照含量最高为 4.99% 并且显著高于其他 6 个处理，其中含量最低的处理为 A3，见图 4（c）。

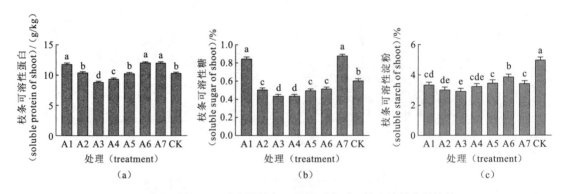

图 4 不同环割处理下猕猴桃枝条可溶性蛋白质、糖和淀粉含量比较

Fig. 4 Comparison of soluble protein, sugar and starch contents in kiwifruit branches with different girdling treatments

2.5 不同环割处理下猕猴桃品质的灰色关联度分析

采用灰色关联度法综合评价了不同环割处理下猕猴桃植株营养状况及果实品质的影响（表 3）。结果表明，不同环割部位处理下，A2 处理的猕猴桃果实品质最佳，关联度值达 0.822，

其次为 A3 处理；不同环割时期处理下，A4 处理效果最好；而不同环割程度处理下，A1、A6 和 A7 处理甚至较对照组出现了品质下降的现象，可能与这一时期环割造成大量养分堵塞在主干上有关，关于猕猴桃初花期主干环割出现品质下降现象的原因还有待进一步探索。

表3 不同环割处理下猕猴桃品质的灰色关联度分析
Table 3 Grey correlation coefficient analysis of kiwifruit with different girdling treatment

处理（treatment）	A1	A2	A3	A4	A5	A6	A7	CK
单果重（single fruit weight）	0.562	1.000	0.820	0.360	0.367	0.334	0.417	0.415
果形指数（fruit index）	0.333	0.884	1.000	0.735	0.753	0.836	0.604	0.718
硬度（firmness）	0.618	0.694	1.000	0.614	0.544	0.653	0.531	0.541
可溶性固形物（soluble solids）	0.825	0.876	0.541	1.000	0.739	0.624	0.779	0.611
可溶性糖（soluble sugar）	0.627	1.000	0.428	0.910	0.743	0.479	0.627	0.591
可滴定酸（titratable acid）	0.498	0.449	1.000	0.472	0.418	0.559	0.747	0.637
糖酸比（sugar-acid ratio）	0.698	1.000	0.707	0.988	0.680	0.560	0.529	0.849
维生素C（vitamin C）	0.351	1.000	0.419	0.936	0.731	0.415	0.597	0.578
叶绿素（chlorophyll）	0.508	0.441	1.000	0.627	0.553	0.504	0.470	0.555
叶黄素（xanthophyll）	0.328	0.880	0.544	0.295	1.000	0.482	0.326	0.324
灰色关联度（grey relational grade）	0.535	0.822	0.746	0.694	0.653	0.545	0.563	0.582
排名（rank）	8	1	2	3	4	7	6	5

3 讨论与结论

环割是果树生产上常用的调控措施，用来控制营养生长、促进花芽分化、增产和提高品质，并已取得了良好的效果[21-22]。通过主干和主枝环割，切断树体的韧皮部，暂时中断了地上部分向根部的有机营养运输，提高地上树体的养分，满足果树开花结果所需生长发育条件[23]。环割由于部位、时期和程度的不同，对果树的影响也不同，故选择合适的环割处理，对植株果实的生长发育，提高果实品质有重要作用。目前对于不同环割条件对猕猴桃植株的影响研究不够深入，评价体系也未建立起来。由于果蔬品质本身包括多种因素，在其评价中往往只是以部分因素为指标，容易出现指标亏缺，刘录祥等[24]认为灰色系统理论克服了以往"性状加权法"的主观性和粗放性，提高了综合评估的准确性和有效性。因此，本试验采用灰色关联度分析法对不同环割处理对猕猴桃植株的影响进行了深入分析，获得了较为综合的评价。

从不同环割部位处理的结果来看，A2 处理的叶黄素含量较高，可能是因为环割距离结果部位较近，而矿质元素运输与叶绿素叶黄素合成有正相关[25]，矿质元素吸收后在叶片合成大量有机物质并在结果枝和结果母蔓上部大量积累。此外，A2 环割处理的果实纵经、横径、平均单果重、可溶性固形物含量、可溶性糖含量、可滴定酸含量、维生素 C 和糖酸比含量均显著高于对照组，单果重在所有处理中最大。结合灰色关联度分析结果认为 'Hort16A' 猕猴桃初花期在双主蔓上距离主蔓与主干分支点以上 2 cm 处进行环割最有利于提高其树体养分状况和果实品质。

在开花和果实发育过程中，植物体内的内源激素和营养物质变化很大，海沃德果实细胞分裂主要集中在花后 10～20 d，果实的膨大集中在花后 20～40 d[26]。从不同环割时期处理的结果来看，A4 处理即花后 10 d 在主干上约嫁接口上 5～10 cm 进行环割使其果实可溶性固形物含量、可溶性糖含量、可滴定酸含量和维生素 C 含量显著高于对照组，但果实横径显著低于对照组。这一时期环割能够显著提高果实的品质，但可能一定程度上阻碍了猕猴桃果实的膨大，导致其果实横径低于对照组，具体原因还有待进一步研究。结合灰色关联度分析结果认为 'Hort16A' 猕猴桃花后 10 d 在主干上约嫁接口上 5～10 cm 处进行环割一定程度上能够提高果实品质。

从不同环割程度处理的结果来看，'Hort16A' 猕猴桃随着环割程度的加重品质逐渐提高，但仍然比对照组的品质差。可溶性蛋白质是重要的渗透调节物质和营养物质，对细胞的生命物质及生物膜起到保护作用[27]。环割降低了枝条中的可溶性淀粉，可溶性蛋白质增加，这与张永福等的研究结果[28]不一致，但可能是由于猕猴桃初花期主干环割后，猕猴桃枝条的营养物质积聚在主干剥口上方从而抑制了主枝的延长生长和花的养分供应，直接导致花期授粉效果差。过度的环割增加了丛枝的数量，养分更多分配于营养生长，最终导致果实品质差，枝条可溶性淀粉含量降低[29]。

综上所述，'Hort16A' 猕猴桃在初花期不适合对主干进行环割，而初花期在主蔓上或结果母蔓上环割可以一定程度上提高果实品质和单果重。结合灰色关联度分析结果认为 'Hort16A' 猕猴桃初花期在双主蔓上距离主蔓与主干分支点以上 2 cm 处进行环割最有利于提高其树体养分状况和果实品质。'Hort16A' 猕猴桃花后 10 d 在主干上约嫁接口上 5～10 cm 处进行环割一定程度上能够提高果实品质。这一时期环割能够显著提高果实的品质，但可能一定程度上阻碍了猕猴桃果实的膨大，导致其果实横径低于对照组，具体原因还有待进一步研究。

参考文献　References

[1] CHEN D，YANG Z，LIN Y. Changes in belowground carbon in *Acacia crassicarpa*, and *Eucalyptus urophylla*, plantations after tree girdling [J]. Plant & soil, 2010, 326 (1/2): 123.

[2] 陈佰鸿. 苹果花果管理技术[M]. 兰州: 甘肃科学技术出版社, 2011: 41-48.

[3] NIE L, LIU H X, CHEN L G. Effects of girdling and ringing on the growth and fruiting of Shatianyou pummelo variety [J]. South China fruits, 2000, 29 (1): 7-8.

[4] DI VAIO C, PETITO A, BUCCHERI M. Effect of girdling on gas exchanges and leaf mineral content in the "independence" nectarine [J]. Journal of plant nutrition, 2001, 24 (7): 1047-1060.

[5] WANG W J, YING H U, WANG H M, et al. Effects of girdling on carbohydrates in the xylem wood and phloem bark of Korean pine (*Pinus koraiensis*) [J]. Acta ecologica sinica, 2007, 27 (8): 3472-3481.

[6] VERREYNNE J S, RABE E, THERON K I. The effect of combined deficit irrigation and summer trunk girdling on the internal fruit quality of 'Marisol' clementines [J]. Scientia horticulturae, 2001, 91 (1/2): 25-37.

[7] RIVAS F, GRAVINA A, AGUSTÍ M. Girdling effects on fruit set and quantum yield efficiency of PSII in two *Citrus cultivars* [J]. Tree physiology, 2007, 27 (4): 527-535.

[8] YANG X Y, WANG F F, TEIXEIRA da SILVA J A, et al. Branch girdling at fruit green mature stage affects fruit ascorbic acid contents and expression of genes involved in l-galactose pathway in citrus [J]. New Zealand journal of crop & horticultural science, 2013, 41 (1): 23-31.

[9] 孙益林, 李宁宁, 刘鲁玉, 等. 环割与环剥对苹果幼树树体营养的影响[J]. 中国果树, 2014 (1): 17-21.

[10] COTRUT R, STANICA F. Effect of tree girdling on some varieties of Chinese date (*Ziziphus jujuba* Mill.) [J]. Horticulture, 2015, 55: 37-42.

[11] 徐小彪. 新西兰 Hort16A 猕猴桃的主要特性及其夏季 "零叶" 修剪技术[J]. 中国南方果树, 2005, 34 (6): 57-57.

[12] LOWE R G, MARSH H D, MCNEILAGE M A. Kiwi plant named 'Hort16A': US, US PP11066 P[P], 1999.

[13] CLARK C J, SMITH G S. Magnesium deficiency of kiwifruit (*Actinidia deliciosa*) [J]. Plant & soil, 1987, 104 (2): 281-289.

[14] ROMBOLÀ A D，TOSELLI M，CARPINTERO J，et al. Prevention of iron-deficiency induced chlorosis in kiwifruit（*Actinidia deliciosa*）through soil application of synthetic vivianite in a calcareous soil [J]. Journal of plant nutrition，2003，26（10/11）：2031-2041.

[15] 彭永宏，章文才. 猕猴桃异常落果的原因及防御对策研究[J]. 中国农业气象，1994，15（2）：5-7.

[16] BLACK M Z, PATTERSON K J, GOULD K S. Physiological responses of kiwifruit vines（*Actinidia chinensis* Planch. var. *chinensis*）to trunk girdling and root pruning [J]. New Zealand journal of crop and horticultural science，2012，40（1）：31-41.

[17] WOOLLEY D，CRUZ-CASTILLO J G. Stimulation of fruit growth of green and gold kiwifruit [J]. Acta horticulturae，2006，727（727）：291-294.

[18] 李合生. 植物生理生化实验原理和技术[M]. 北京：高等教育出版社，2000：160-170.

[19] 张学杰，黄善武. 色素万寿菊不同品种叶黄素含量的综合评价[J]. 北方园艺，2005（6）：74-75.

[20] 孙锦. 菠菜对海水胁迫响应的生理机制研究[D]. 南京：南京农业大学，2009.

[21] OLESEN T，MENZEL C M，MCCONCHIE C A，et al. Pruning to control tree size，flowering and production of litchi [J]. Scientia horticulturae，2013，156（3）：93-98.

[22] LI C B，XIAO Y. Girdling increases yield of 'Nuomici' litchi [J]. Acta horticulturae，2001（558）：233-235.

[23] 李彩霞，於丽. 枣树开甲的技术环节[J]. 农村科技，2009（6）：26-27.

[24] 刘录祥，孙其信，王士芸. 灰色系统理论应用于作物新品种综合评估初探[J]. 中国农业科学，1989，22（3）：22-27.

[25] 刘庆，董元杰，刘双，等. 外源 SA 对盐胁迫下棉花幼苗生长、叶绿素含量及矿质元素吸收的影响[J]. 水土保持学报，2013，27（6）：167-171.

[26] 方金豹，李绍华. 授粉和 CPPU 对猕猴桃内源激素水平及果实发育的影响[J]. 果树学报，2000，17（3）：192-196.

[27] 苍晶，王学东，桂明珠，等. 狗枣猕猴桃果实生长发育的研究[J]. 果树学报，2001，18（2）：87-90.

[28] 张永福，刘佳妮，任禛，等. 主干一次和二次环剥对葡萄树体营养及其分配规律的影响[J]. 贵州农业科学，2013，41（11）：2763-2768.

[29] 唐志鹏，潘介春，陆贵锋. 环割对鸡嘴荔成花及坐果影响的研究[J]. 基因组学与应用生物学，2005，24（2）：127-129.

Effect of Different Girdling Treatment on the Nutrition of Branches and Leaves and the Fruit Quality of 'Hort16A' Kiwifruit

CHEN Dong[1]   TU Meiyan[1]   LIU Chunyang[2]   LI Jing[1]
SUN Shuxia[1]   SONG Haiyan[1]   JIANG Guoliang[1]

（1 Horticulture Research Institute of Sichuan Academy of Agricultural Sciences, Key Laboratory of Horticultural Crop Biology and Germplasm Creation in Southwestern China of the Ministry of Agriculture and Rural Affairs   Chengdu   610066；

2 Tea and Fruit Technology Popularizing Station of Dazhou   Dazhou   635000）

Abstract   In this test, 6-year-old 'Hort16A' was used as the sample and the girdling treatment at different parts, periods and degrees was set. The relevant indicators of fruit quality and the soluble sugar, starch and protein in fruiting canes and the chlorophyll content in functional leaves were determined, so as to find out the suitable method of girdling at optimum period and provide theoretical basis of cultivation for this variety. The results showed that: (1) In respect of the girdling position, if one circle was girdled at 5-10 cm above the grafting cut of the trunk, 2 cm above the branch point of double main canes or 2 cm above the branch point of the fruiting canes with diameter greater than or equal to 1.5 cm at the initial flowering period, the fruit longitudinal diameter, transverse diameter and single fruit weight all increased; however, the girdling of trunk could significantly improve the contents of soluble protein and soluble sugar, the girdling of double main canes can greatly increase the contents of xanthophyll, soluble solids, total sugar and vitamin C in the fruits, and the girdling of fruiting canes can remarkably increase the chlorophyll a, b and the total chlorophyll content in leaves. (2) In respect of the girdling period, the yield of the girdling on trunk at initial flowering period was significantly higher than that of the girdling on the 10th day and 20th day after flowering, but the contents of xanthophyll, soluble solid, total sugar and total acid in the fruits after girdling on trunk 20 days after flowering were the highest. (3) In respect of girdling degree, the mean fruit weight of the treatment with one circle of girdling on trunk at initial flowering period was the heaviest, the xanthophyll content in the fruits of the treatment with two circles of girdling on trunk was the highest, and the effect of the treatment with three circles of girdling on acid reduction and sugar increase and the increase of the soluble protein and soluble sugar contents was most significantly higher than the others. (4) The rank with the gray correlation analysis showed that one circle of girdling on two main canes at initial flowering period and one circle of girdling on fruiting canes ranked the 1st and 2nd respectively, and one, two and three circles of girdling on trunk at initial flowering period ranked the 8th, 7th and 6th respectively.

Keywords 'Hort16A' Girdling Shoot Fruit quality

'东红''金艳''华特'猕猴桃果实采后生理和品质变化研究

黄文俊 刘小莉 张琦 陈美艳 钟彩虹

(中国科学院植物种质创新与特色农业重点实验室,中国科学院种子创新研究院,中国科学院武汉植物园 湖北武汉 430074)

摘 要 以中华猕猴桃红肉品种'东红',毛花猕猴桃×中华猕猴桃杂交黄肉品种'金艳'及毛花猕猴桃绿肉品种'华特'为研究对象,通过常温贮藏和低温贮藏实验系统分析三个不同品种的果实采后生理及果实品质变化,为后期果实软化成熟分子生物学研究奠定基础,并为猕猴桃贮藏规范与销售策略的制定提供理论依据。结果表明,'东红'果实品质优良,具有更高的可溶性固形物含量、总糖含量和更低的总酸含量;低温贮藏6个月内还能较好的保持果实品质,且果实腐烂率极低;不过果实易失水,果实失重率明显高于'金艳'和'华特'。'金艳'果实中可溶性固形物含量、总糖及总酸含量基本处于三者中间位置,而维生素C含量最低;果实极耐贮藏,在低温贮藏下可保存近8个月之久;不过贮藏后期有果肉木质化现象发生,可能与冷害相关。'华特'果实常温下极耐贮藏,可以存放2个月之久;其维生素C含量超高,并且在常温贮藏中呈现逐渐增加之势,最大可达717 mg/100 g;但是,其总酸含量最高,即使在果实软化成熟时也维持在1.3%水平。另外,'华特'果实在低温贮藏下腐烂率较高,疑似受到软腐病病菌感染。就果实糖酸口感来看,'东红'最甜,'华特'最酸,而'金艳'基本处于中间位置。就果实采后生理变化来说,常温贮藏2或3周后和低温贮藏6或9周后果实主要生理指标变化趋势发生明显转折,果实进入可食用状态。就果实耐贮性来说,三个猕猴桃品种果实均具有极高的耐贮性,不过在贮藏中应该注意预防软腐病和冷害的发生。

关键词 '东红' '金艳' '华特' 采后生理 果实品质 贮藏

猕猴桃以其独特的风味,富含维生素C、膳食纤维和多种矿物质等而受到人们的广泛关注和喜爱,现已成为重要的水果种类之一[1]。据统计,我国已审定、鉴定或保护的猕猴桃品种或品系高达120余个,但是主栽品种不到20个[2],并且这些品种或品系绝大部分来自野生选优、实生选育等育种方式[3]。众所周知,杂交,特别是种间杂交(或远缘杂交)是一种培育新品种的重要手段,它可以将不同物种的优点整合起来。猕猴桃属种间杂交最出名的莫过于第一个商业化种植的种间杂交黄肉晚熟耐贮品种'金艳'[4]。'金艳'是以毛花猕猴桃作为母本,中华猕猴桃作为父本,从F_1代杂交群体中选育而出,并于2010年通过国家级品种审定(国S-SV-AE-019-2010)[4]。'金艳'因其出众的果实综合商品性和丰产稳定性,特别是极高的耐贮性,一经推出便得到迅速发展,目前已成为国内外第一大黄肉猕猴桃主栽品种,国内种植面积超过20万亩[2]。随着黄肉红心猕猴桃'红阳'的成功选育,极大地推动了我国猕猴桃种植面积的扩大,并使得世界猕猴桃果品市场呈现"绿-黄-红"三色果肉并存的格局。不过,因其具有不耐贮藏、产量低、适应性差及易感溃疡病等缺陷严重限制了它的快速扩张。'东红'作为第二代黄肉红心猕猴桃品种,从'红阳'种子后代实生选育而成,不仅有着与'红阳'相媲美的果实风味,而且贮藏性更好,低温下可贮藏5~6个月[5]。毛花猕猴桃'华特',由浙江省农科院园艺研究所从野生毛花猕猴桃中选育而成,属于绿肉品种,耐贮藏[6]。

猕猴桃果实采后生理和品质分析是判断果实品质高低、制定贮藏规范与销售策略的重要依据。作为种间杂交新品种'金艳'，已有几篇关于其采后生理和品质分析的报道，主要涉及不同采收时期及贮藏温度对果实品质和贮藏性的影响[7-9]。但是，目前还未见'金艳'与其他品种，特别是中华猕猴桃品种和毛花猕猴桃品种在果实采后生理方面的横向比较分析研究，尽管钟彩虹等研究了'金艳'与其母本毛花猕猴桃品系'6113'和父本中华猕猴桃对应的雄株品种'金桃'在树上的果实发育特征[10]。相对于'金艳'来说，'东红'和'华特'的采后生理和品质分析研究报道较少。张佳佳等研究了20℃常温贮藏下'华特'的采后生理和品质变化，但整个贮藏检测周期仅有12 d，不能完全覆盖'华特'的后熟软化时期[11]。基于'金艳'作为中华猕猴桃和毛花猕猴桃杂交的黄肉品种和'绿-黄-红'三色果肉并存格局的考虑，我们以黄肉红心中华猕猴桃品种'东红'、黄肉杂交品种'金艳'和绿肉毛花猕猴桃品种'华特'为研究对象，通过常温贮藏和低温贮藏实验系统分析三者的采后生理和品质变化，以期全面了解三者的果实品质和贮藏性差异，为猕猴桃贮藏规范和销售策略的制定提供理论依据，也为后期果实软化成熟分子生物学研究的开展奠定基础。

1 材料与方法

1.1 植物材料

中华猕猴桃'东红'于2017年9月上旬采自四川省成都市蒲江县猕猴桃果园。毛花猕猴桃×中华猕猴桃杂交品种'金艳'于2017年10月底采自河南省南阳市西峡县果园。毛花猕猴桃'华特'于2017年10月底采自浙江省温州市泰顺县猕猴桃果园。以果实可溶性固形物含量在8~9°Brix之间作为果实采收标准，果实采收后快递运回武汉实验室待用。

1.2 方法

选取果形端正、大小均匀、无病虫害和机械损伤、成熟度相对一致的果实置于塑料果框中，用聚乙烯（PE）薄膜覆盖，不扎紧封口。果框分别置于空调房模拟常温贮藏（温度20℃±1℃）和冷库低温贮藏（温度1~2℃，相对湿度90%~95%），直至果实随腐烂变质。常温贮藏和低温贮藏分别每隔1周和3周全面检测一次果实生理和品质指标。每次机取样10个果实，先单独测量每个果实的硬度和可溶性固形物含量，随后将10个果实剩下的果肉混合打浆，用于维生素C、总糖及总酸含量的测定，每个指标重复测量三次。

1.3 测定指标及方法

果实硬度测量采用GY-4型台式果实硬度计，所用探头直径大小为7.9 mm，测量单位kg/cm²。可溶性固形物含量用ATAGO PR-32α手持折光仪测定，测量单位°Brix。果实中维生素C含量采用国标（GB 5009.86—2016）中的2,6-二氯靛酚滴定法测定，测量单位mg/100 g。果实中总糖含量按照国标（GB 5009.7—2016）直接滴定法中的反滴定法测定，先用盐酸加热水解蔗糖为还原性单糖，然后按照还原糖的滴定方法进行测定和计算，以葡萄糖的质量百分浓度表示。果实中总酸含量按照国标（GB/T 12456—2008）酸碱滴定法测定，以柠檬酸的质量百分浓度表示。

失重率用称量法测定，按照（入库时果重 − 检测时果重）/入库时果重×100%计算。腐烂率以腐烂果数/检查总果数×100%计算。测定失重率和腐烂率共用100个实验用果，其中50个果实单独编号、称重，用于果实失重率统计分析。

1.4 数据分析

所有实验数据均用Excel 2010进行统计分析和作图，果实生理及品质指标结果以平均值±标准差表示。对于三种不同猕猴桃品种贮藏时间的说明，'东红'常温贮藏周期为7周，低温贮藏周期为33周；'金艳'果实常温贮藏下果实腐烂严重，仅检测到第5周，但低温贮藏正常，达到36周；'华特'常温贮藏周期为12周，不过低温贮藏下果实腐烂严重，仅检测到第12周。

2 结果与分析

2.1 果实硬度及可溶性固形物的变化

猕猴桃果实在采后软熟过程中最显著的变化就是果实硬度下降、果实变软，以及可溶性固形物含量的上升、果实变甜。在常温和低温贮藏下，'东红''金艳''华特'三者的果实硬度均随贮藏期延长而逐渐下降，下降阶段明显可划分为两个阶段，快速下降阶段和缓慢下降阶段（图1）。常温贮藏2周或3周内和低温贮藏6周或9周内为果实硬度快速下降阶段，随后缓慢下降或稳定在较低水平内（图1）。在常温贮藏下，'华特'的果实硬度在同一个检测点上大于其他两个品种（图1（a））；然而在低温贮藏下，'华特'的果实硬度曲线与'东红'和'金艳'高度相似（图1（b））。常温贮藏下，'金艳'果实硬度下降速率高于'东红'，不过在低温贮藏6周后，'金艳'果实硬度高于'东红'（图1）。我们发现，'华特'果实硬度在低温贮藏下第一个时期内下降速率明显高于另外两个，直接从W0时的10.27 kg/cm^{2}跌至W3时的2.81 kg/cm^2（图1（b））。不过值得说明的是，'华特'果实硬度在常温贮藏后期一直维持在1.0 kg/cm^{2}左右，这很可能与'华特'果心较硬有关，按照果实硬度计的标准插入深度测量时，探头会直接插入到果心而非果肉，而此时果肉已经很软（图1（a）），在以后的测量中要注意这点。

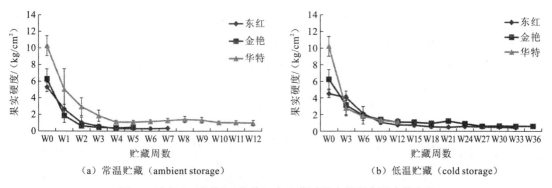

（a）常温贮藏（ambient storage）　　　　　（b）低温贮藏（cold storage）

图1 '东红''金艳''华特'在贮藏过程中的果实硬度的变化

Fig. 1 Change of fruit firmness of 'Donghong', 'Jinyan' and 'Huate' kiwifruits during storage

与果实硬度曲线相反，三者的可溶性固形物含量基本上呈现先快速上升后稳定在较高水平或者继续小幅上升（图2）。从图2可以看出，'东红'果实可溶性固形物含量明显高于'金艳'和'华特'。常温贮藏下，'东红'软熟时可溶性固形物含量基本维持在17~18°Brix水平，而在低温贮藏下基本在15~16°Brix之间波动（图2），这可能与'东红'在常温下失水严重有关。'金艳'与'华特'在常温和低温贮藏前期下有着相似的变化曲线，大致在常温贮藏2周内和低温贮藏6周内为可溶性固形物含量快速上升时期（图2）。'华特'在常温贮藏后期的可溶性固形物维持在14.5~15.2°Brix（图2（a）），而'金艳'在整个低温贮藏后期的可溶性固形物稳定在13~14°Brix（图2（b））。

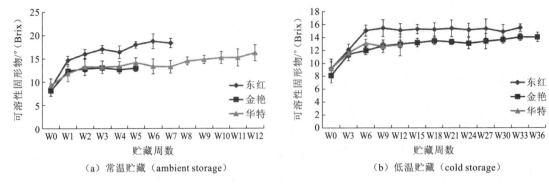

（a）常温贮藏（ambient storage）　　　　（b）低温贮藏（cold storage）

图2　'东红''金艳''华特'在贮藏过程中的可溶性固形物含量的变化

Fig. 2　Change of soluble solids content (SSC) of 'Donghong', 'Jinyan' and 'Huate' kiwifruits during storage

2.2　总糖、总酸及维生素 C 含量的变化

　　果实糖酸含量及其比值是决定果实的口感和品质的重要因素。'东红''金艳''华特'三个品种的总糖变化趋势在常温和低温贮藏下基本相似，均表现为先快速上升后稳定在较高水平（图3），而总酸含量基本上则是逐渐下降，但是下降幅度相对较小（图4）。具体来看，'金艳'在常温和低温贮藏下的总糖含量更接近于'华特'，果实软熟后基本稳定在8%～9%，明显低于'东红'10%～11%的总糖含量（图3）。不过，'东红'总糖含量变化趋势在常温贮藏下表现出一定的差异，在贮藏后期还保持小幅上升，最高可达 12.29%（图 3（a）），而在低温贮藏后期则表现出轻微下降（图 3（b））。对于总酸而言，'华特'果实中的总酸含量明显高于'金艳'和'东红'，即使果实软熟时总酸含量也在1.2%以上（图4）。'金艳'果实中总酸含量及其变化趋势更接近于'东红'，两者总酸含量在果实软熟时基本稳定在1%水平，而且'东红'总酸含量还略低于'金艳'，尤其是在低温贮藏后期（图4）。

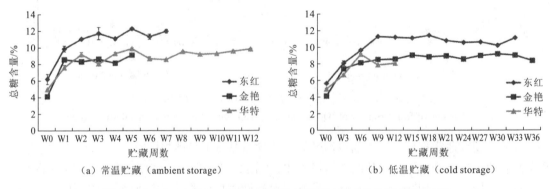

（a）常温贮藏（ambient storage）　　　　（b）低温贮藏（cold storage）

图3　'东红''金艳''华特'猕猴桃在贮藏过程中的总糖含量的变化

Fig. 3　Change of total sugar content of 'Donghong', 'Jinyan' and 'Huate' kiwifruits during storage

　　维生素 C 含量决定猕猴桃果实营养品质的关键因素之一。不难发现，'华特'果实中维生素 C 含量极其丰富，高达 600～700 mg/100 g，大约是'东红'和'金艳'的 5～8 倍（图5）。在常温贮藏下，'华特'和'东红'的维生素 C 含量呈现逐渐增加之势，不过后者的增加速率略低于前者；而'金艳'在贮藏 5 周内变化幅度很小，基本在 71～78 mg/100 g

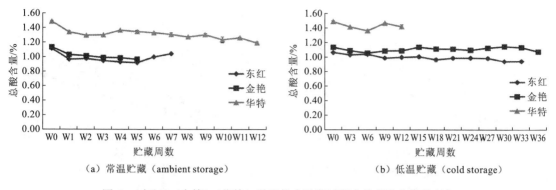

（a）常温贮藏（ambient storage）　　　　（b）低温贮藏（cold storage）

图 4 　'东红''金艳''华特'猕猴桃在贮藏过程中的总酸含量的变化

Fig. 4　Change of total acid content of 'Donghong', 'Jinyan' and 'Huate' kiwifruits during storage

之间波动（图 5（a））。在低温贮藏下，'东红'和'金艳'果实中的维生素 C 含量变化非常平缓，不过'金艳'中维生素 C 含量明显低于'东红'（图 5（b））。由于'华特'低温贮藏周期短，且在 W6 时期表现出异常值，不便于同其他两个品种横向比较。

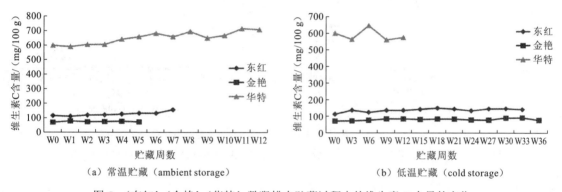

（a）常温贮藏（ambient storage）　　　　（b）低温贮藏（cold storage）

图 5 　'东红''金艳''华特'猕猴桃在贮藏过程中的维生素 C 含量的变化

Fig. 5　Change of vitamin C content of 'Donghong', 'Jinyan' and 'Huate' kiwifruits during storage

2.3　果实失重率和腐烂率的变化

果实失重率（也叫自然损耗率）和腐烂率是衡量品种是否耐贮和综合品质的重要指标之一。不论在常温贮藏还是低温贮藏下，'金艳'果实的失重率大小及其变化趋势更接近于'华特'，而'东红'的果实失重率明显高于同一时期的'金艳'和'华特'（图 6）。'东红'常温贮藏 1 周后，失重率高达 5.5%，2 周后就达到 8.4%；低温贮藏 9 周后接近 6%（图 6），这时'东红'失重速率快，而且相对严重，容易导致果实表面皱缩，影响外观品质。'华特'果实在常温贮藏末期失重率也高达 20% 以上，'金艳'在低温贮藏末期失重率也高达 10%（图 6）。对于果实这种自然损耗来说，果实腐烂率就显得尤为重要。常温贮藏下，'金艳'果实腐烂较早较快，从贮藏 3 周的 16.7% 快速上升到 W5 时期的 77.8%；而'东红'和'华特'到贮藏后期才开始腐烂，在贮藏 5 周后两者的腐烂率分别为 22.2% 和 18.3%（图 7（a））。在低温贮藏下，'东红'和'金艳'果实腐烂率非常低，在贮藏 27 周后腐烂率也控制在 3% 以下（图 7（b））。不过'华特'在低温贮藏第 12 周腐烂率突然飙升到 95%，而贮藏前期果实腐烂率极低（图 7（b）），可能是因'华特'为毛花猕猴桃，不适于在过低的温度下长期贮藏。

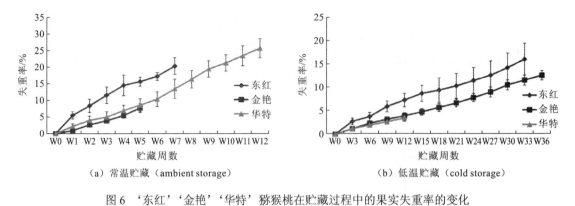

图6 '东红''金艳''华特'猕猴桃在贮藏过程中的果实失重率的变化

Fig. 6　Change of fruit weight-losing rate of 'Donghong', 'Jinyan' and 'Huate' kiwifruits during storage

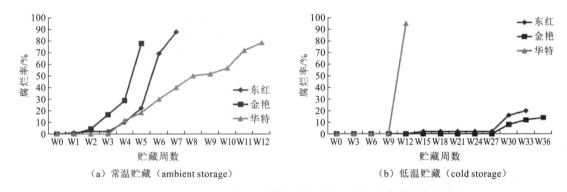

图7 '东红''金艳''华特'猕猴桃在贮藏过程中的果实腐烂率的变化

Fig. 7　Chang of fruit rot rate of 'Donghong', 'Jinyan' and 'Huate' kiwifruits during storage

3　讨论

研究表明，随着猕猴桃果实软化成熟可溶性固形物含量及总糖含量通常会快速上涨然后稳定在较高水平或小幅下降，而维生素C和总酸含量总体表现为逐渐小幅下降或维持在较高水平[12]。在本研究中也得到类似的结果，特别是'金艳'的果实品质变化，包括可溶性固形物、总糖、总酸和维生素C。不过有两点与此结论显著不同：一是'东红'的主要采后生理指标在常温贮藏后期还在逆势小幅上涨，如可溶性固形物、总糖、总酸和维生素C（图2~图5）；二是'华特'果实中维生素C含量的变化，它在常温贮藏下还呈现逐渐增加之势（图5）。'东红'的这种异常表现，我们初步推测可能与果实失水严重有关。'东红'果实在常温贮藏后期失水严重，贮藏4周后失水率达到15%，然后持续上升到第7周最大值20%（图6）。这意味果实失水越多，则干物质含量越大，如果以相同鲜重计算，'东红'果实中干物质含量多，导致以鲜重为单位的生理指标偏高。据文献考证，果实中维生素C含量能在后熟过程中逐渐增加的品种凤毛麟角，通常表现为逐渐下降，只是下降速率不同而已。不过，'华特'品种可能是个例外，钟雨在研究'华特'采后果实抗坏血酸代谢时发现抗坏血酸（维生素C）的确在后熟过程中逐渐增加，这可能与抗坏血酸合成和再生协同作用有关[13]。

尽管'东红'和'金艳'的低温贮藏检测周期分别高达33周和36周，但是我们发现'东红'果实在贮藏24周后和'金艳'果实在贮藏30周后部分果实出现外果肉木质化现象，随着贮藏期延长，木质化现象逐渐加重，严重影响果实品质。研究表明，果肉木质化通常与冷害相关[14]。例如，王玉萍等在研究三个品种果实耐冷性差异时发现果实冷害症状通常表现为果肉木质化、近果柄处褐变、表皮凹陷或和果肉组织水渍状[14]。尽管'华特'的常温贮藏检测周期为12周，但是贮藏8周后果实腐烂率已经高达50%，失水率达到16.36%（图6，图7），因此，我们建议'华特'常温贮藏8周（2个月）较为合理。另外，需要说明的是'华特'在常温贮藏下表现出极高的耐贮性，但是低温贮藏9周后似乎突然暴发的软腐病几乎摧毁了所有实验果（图7）。而'金艳'在常温贮藏下也发生严重腐烂，但是低温贮藏正常（图7），可能是由于低温环境严格控制了病菌的生长。这也表明，'华特'和'金艳'所感的软腐病病菌种类可能不同。最后，综合考虑到果实品质和腐烂率及木质化等因素，我们建议'东红'和'金艳'低温贮藏期限分别设定为24周和30周比较合理。

杂交作为一种重要的育种手段，它利用杂种优势通常可创造出优于杂交亲本的杂交后代。钟彩虹等在研究'金艳'与其父母本的果实发育规律时发现'金艳'果实生长规律更偏向于母本毛花猕猴桃'6113'，而果实重量和总酸含量表型出典型的超亲效应[10]。由于我们所使用的中华猕猴桃'东红'和毛花猕猴桃'华特'并不是'金艳'的真正杂交亲本，'金艳'并没有表现出很好的超亲优势。结果表明在果实后熟过程中，'金艳'果实的可溶性固形物含量及总糖含量更接近于'华特'，而维生素C含量显著低于'东红'和'华特'，不过总酸含量居于两者之间（图2~图4）。在大多数情况下，'金艳'的果实综合表现居于'东红'和'华特'之间，类似于一种中间类型。

本研究中，系统比较分析了三个典型猕猴桃品种的采后生理和品质变化。就糖酸决定的口感而言，'东红'最甜，'华特'最酸，'金艳'居中。'东红'果实软熟时可溶性固形物和总糖含量明显高于其他两者，而总酸含量则低于其他两者；'华特'软熟时总酸含量最高，其可溶性固形物与总糖含量与'金艳'相似。就维生素C含量来说，'华特'最高，'金艳'最低，'东红'居中。就果实失水程度来看，'东红'最易失水，其他两者不分伯仲。就果实腐烂程度来说，三者在贮藏过程中的果实腐烂率均较低，不过'华特'在低温贮藏下和'金艳'在常温贮藏下易发生软腐病，导致两者在此情况下的果实腐烂率极高。就果实耐贮性来说，三者均表现出极高的耐贮性，'东红'和'金艳'在低温贮藏下可分别保存6个月和7个月，'华特'在常温贮藏下可保存2个月。不过值得我们注意的是，在以后的果实贮藏保鲜中要提前预防果实软腐病和冷害的发生。

参考文献 References

[1] 黄宏文. 猕猴桃驯化改良百年启示及天然居群遗传渐渗的基因发掘[J]. 植物学报，2009，44（2）：127-142.

[2] 钟彩虹，黄宏文. 中国猕猴桃科研与产业四十年[M]. 合肥：中国科学技术大学出版社，2018：5-6.

[3] 黄宏文，等. 猕猴桃属：分类 资源 驯化 栽培[M]. 北京：科学出版社，2013：225.

[4] ZHONG C，WANG S，JIANG Z，et al. 'Jinyan', an interspecific hybrid kiwifruit with brilliant yellow flesh and good storage quality [J]. HorSci，2012，47（8）：1187-1190.

[5] 钟彩虹，韩飞，李大卫，等. 红心猕猴桃新品种'东红'的选育[J]. 果树学报，2016（12）：1596-1599.

[6] 谢鸣，吴延军，蒋桂华，等. 大果毛花猕猴桃新品种'华特'[J]. 园艺学报，2008（10）：1555，1561.

[7] 杨丹，王琪凯，张晓琴. 贮藏温度对采后'金艳'猕猴桃品质和后熟的影响[J]. 北方园艺，2016（2）：126-129.

[8] 王琪凯，杨丹，张晓琴，等. '金艳'猕猴桃果实生长动态规律和贮藏性能[J]. 食品科学，2016（9）：129-133.

[9] 钱政江，刘亭，王慧，等. 采收期和贮藏温度对金艳猕猴桃品质的影响[J]. 热带亚热带植物学报，2011，19（2）：127-134.

[10] 钟彩虹，张鹏，韩飞，等. 猕猴桃种间杂交新品种'金艳'的果实发育特征[J]. 果树学报，2015，32（6）：1152-1160.

[11] 张佳佳，郑小林，励建荣. 毛花猕猴桃'华特'果实采后生理和品质变化[J]. 食品科学，2011，32（8）：309-312.

[12] 王绍华，杨建东，段春芳，等. 猕猴桃果实采后成熟生理与保鲜技术研究进展[J]. 中国农学通报，2013，29（10）：102-107.

[13] 钟雨. 毛花猕猴桃'华特'采后果实抗坏血酸代谢的研究[D]. 杭州：浙江工商大学，2017.

[14] 王玉萍，饶景萍，杨青珍，等. 猕猴桃 3 个品种果实耐冷性差异研究[J]. 园艺学报，2013（2）：341-349.

The Changes of Postharvest Physiology and Fruit Quality of 'Donghong', 'Jinyan' and 'Huate' Kiwifruits

HUANG Wenjun   LIU Xiaoli   ZHANG Qi

CHEN Meiyan   ZHONG Caihong

（Key Laboratory of Plant Germplasm Enhancement and Specialty Agriculture, The Innovative Academy of Seed Design, Wuhan Botanical Garden, Chinese Academy of Sciences Wuhan 430074）

Abstract Three different cultivars of kiwifruit, 'Donghong', a red-fleshed fruit from *Actinidia chinensis*, 'Jinyan', a yellow-fleshed hybrid from *A.eriantha* × *A.chinensis* and 'Huate', a green-fleshed from *A.eriantha* were used to investigate their changes of postharvest physiologies and fruit qualities during ambient and cold storages, paving a way for further study about the molecular mechanism of fruit softening and ripening and also providing guidelines for kiwifruit storage and marketing. The results indicated that 'Donghong' fruit had a good quality and a higher soluble solids content (SSC), total sugar content and a lower total acid content. The fruit quality can be maintained well for six months under cold storage and the fruit decay rate was very low. However, the fruit was easy to lose water, leading to a higher rate of weight loss than that of other two cultivars. As for 'Jinyan', the contents of SSC, total sugar and total acid in fruits were basically in the middle position among three cultivars, while the vitamin C (Vc) content is lowest. Moreover, 'Jinyan' also revealed a very good storability and can be stored for approximately eight months under cold storage. However, the lignification of fresh occurred at the later stage of cold storage, which may be related to chilling injury. 'Huate' also showed a good storability and can be stored well for up to two months under ambient storage. The Vc content was extremely high and gradually increased during ambient storage, up to 717 mg/100 g. However, the total acid content was highest, even remaining at 1.3% in ripen fruits. In addition, 'Huate' showed a high decay rate during cold storage, which may be suspected to be infected by soft rot disease. In term of sugar-acid-based taste of fruits, 'Donghong' is sweetest, 'Huate' is sourest, and 'Jinyan' is moderate. In term of postharvest physiological changes of fruits, two or three weeks after ambient storage and six or nine weeks after cold storage are the turning points of trends of these main physiological indices, and fruits became into the edible state. In term of storability, all three cultivars had a long storage period, but more attentions should be paid to preventing the occurrence of soft rot and chilling during storage.

Keywords 'Donghong' 'Jinyan' 'Huate' Postharvest physiology Fruit quality Storage

环割对'徐香'猕猴桃果实产量及品质的影响[*]

郭慧慧[1,3,**]　　索江涛[1,2,***]　　雷玉山[1,2]　　徐明[1,2]

邴昊阳[1,2]　　雷靖[1,2]　　米宝琴[1,2]

(1 陕西省农村科技开发中心　陕西西安　710054；2 陕西省猕猴桃工程技术研究中心　陕西西安　710054；

3 陕西佰瑞猕猴桃研究院有限公司　陕西周至　710400)

摘　要　以七年生'徐香'猕猴桃树为试材，在花后采用整株主杆环割和结果母枝环割两种方式。整株环割在花后 18 d 在主杆上进行环割，结果母枝环割在花后 18 d、32 d、46 d、84 d 在结果枝根部进行 4 次环割，以无任何处理为对照，研究环割对猕猴桃果实大小及品质的影响，旨在为改进'徐香'猕猴桃的栽培技术，为提高产量和果实品质提供理论依据。结果表明：整株主杆环割和结果母枝环割都增加了猕猴桃果实大小，整株环割果实单果重较对照平均增加 5.82 g；不同时间的结果母枝环割中以花后 18 d 环割果实大小增加最显著，平均单果重较对照增加 10.92 g，增幅 15%；花后 46 d 环割果实干物质含量最高，较对照增加 1.15 个百分点，其他处理干物质含量较对照降低；花后 46 d 环割显著提高了可溶性固形物含量，较对照提高 1.01 个百分点。

关键词　猕猴桃　环割　单果重　果实品质

　　猕猴桃属多年生雌雄异株落叶藤本果树，是 20 世纪人工进行果树驯化栽培成功的四个树种之一，具有很高的营养价值和保健价值，被称为"果中珍品"[1]，猕猴桃产业也具有极高的经济效益和社会效益。猕猴桃发源于中国，发展于新西兰[2]，目前新西兰是全球最大的猕猴桃出口国，而种植面积目前世界居第一的是中国，2016 年中国猕猴桃产量达 243×10^4 t 左右，虽然我国猕猴桃产量在不断增加，但是进口量却依然未减。究其原因是我国猕猴桃种植水平参差不齐，果农普遍对膨大剂的依赖性高，果品质量有待提高。

　　环割技术是为了协调叶片光合产物的分配，让光合作用产生的营养物质更多地分配给果实生长，暂时减少根系对营养物质的消耗。在不伤及树主干或主蔓枝条木质部的同时，割断韧皮部，阻断光合有机产物向根部运输，使其光合有机产物更多分配给果实生长，而木质部完好，果树能够从土壤继续吸收水分和矿质养分，参与果树的光合作用。目前果树方面关于环割的研究报道，主要集中在柑橘[3-5]、葡萄[6-7]、龙眼[8-9]等果树，猕猴桃环割的研究报道较少，本试验旨在探讨环割对果实产量及品质的影响，为生产上选择合适的环割方式及环割时间提供依据。

1　材料方法

1.1　试验点概况及试验材料

　　2017 年在西安市猕猴桃试验站进行试验，试验站位于陕西省西安市周至县九峰镇猕猴桃

---

* 基金项目：国家科技支撑计划项目（2014BAD16B05-3）。

** 第一作者，女，硕士，电话 18792584706，E-mail: guohuihui0801@163.com

*** 通信作者，男，博士，电话 18066566569，E-mail: 254152983@qq.com

主栽区，地理位置 N 34°03′49.54″，E 108°26′41.44″，该地区年均降水量 660 mm，年平均气温 13.2℃，年日照时数 1 867.5 h，该地区属暖温带大陆性季风气候。土壤养分状况较肥沃，为砂壤土。以主栽品种'徐香'为材料，选择长势一致，生长健康的植株，株行距为 4 m×5 m，搭建大棚架型，管理水平一致。

1.2 试验方法

选择 10 株进行主干环割，在 5 月 24 日（花后 18 d）进行。结果母枝环割共选择 20 株，每株选择 5 个长度一致，粗细一致的结果母枝，分别在 5 月 24 日（花后 18 d）、6 月 7 日（花后 32 d）、6 月 21 日（花后 46 d）、8 月 16 日（花后 84 d）进行环割，1 个枝条为对照。主干环割宽度为 5.44 mm，结果母枝环割宽度为 3.88 mm，环割深度为剥去韧皮部，刚到达木质部为准。环割时注意伤口边缘要平整光滑，力道要均匀，转换时不能出现轻重力道，交接口要吻合。环割时要对环割工具进行消毒，环割后伤口立即消毒，每处理完一棵树都要进行消毒（75% 酒精），否则容易造成果树之间病害的传播。

1.3 采样方法

'徐香'猕猴桃属于晚熟品种，于 10 月份进入成熟期，试验于 10 月 10~13 日，在成熟期（可溶性固形物含量 >6.5%）采收试验树果实，整株环割试验树采用盲取法在树的东西南北中各随机采摘 4~5 个果实，每株采收 20 个果实。结果母枝环割每个枝条随机采收 10 个果实。

1.4 测定指标

（1）单果重：对所有采收的果实用 0.01 分析天平测定果实单果重。

（2）可溶性固形物：用 PAL-1 型手持折射仪进行测定（以质量分数%表示）。

（3）干物质含量：用烘干法测定，干物质 = 干质量 / 鲜质量×100%。

1.5 数据分析

采用 Excel 2010 进行数据处理，SPSS 17.0 进行方差分析，显著性分析。

2 结果分析

2.1 不同环割对'徐香'单果重的影响

研究发现整株环割 2 周后伤口愈合，结果母枝环割 3 周后伤口愈合。不同环割对'徐香'单果重的影响见图 1。由图 1 可知结果母枝环割和整株环割较对照均能显著增加果实单果重，其中以花后 18 d，即 2017 年 5 月 24 日结果母枝环割效果最显著，平均单果重较对照可增加 10.92 g，增幅 15%。其次以整株环割和花后 32 d 较显著，整株环割较对照单果重增加 6.95 g，花后 32 d，即 2017 年 6 月 21 日环割，单果重增加 7.08 g，平均增幅 9.6%。花后 46 d 和花后 84 d 环割单果重分别增加 2.24 g 和 3.51 g。可见花后越早环割对果实单果重提高越显著，因为在果实生长发育前期是果实膨大的关键期，环割后更多的养分可积累到果实。

2.2 不同环割对'徐香'干物质含量的影响

干物质含量是猕猴桃的一个重要品质指标，这个参数包括可溶性（糖和氨基酸）和不溶性固体（结构性碳水化合物和淀粉）。由图 2 可知，6 月 21 日进行结果枝环割（花后 46 d），果实干物质含量最高，可达 18.44%，较对照增加 1.15 个百分点，6 月 7 日（花后 32 d），8 月 16 日环割干物质含量为 17.59%、17.88%，均高于对照 0.31~0.60 个百分点，差异显著（$p \leqslant 0.05$）。5 月 24 日结果母枝环割与整株环割干物质含量与对照无显著性差异。可见花后早期环割对干物质含量影响不大，但花后 32~84 d 环割均能增加干物质含量。

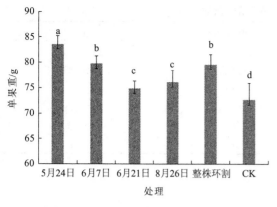

图1　不同环割对单果重的影响

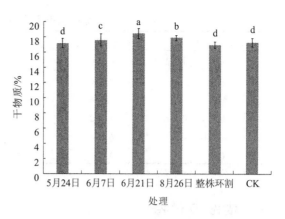

图2　不同环割对干物质含量的影响

2.3　不同环割对'徐香'果实可溶性固形物的影响

可溶性固形物主要是指果实可溶性糖类，包括单糖、双糖，多糖（除淀粉，纤维素、壳多糖、半纤维素不溶于水），测定可溶性固形物可以衡量果实成熟情况，以便确定采摘时间。由图3可知，不同环割处理果实可溶性固形物含量变化趋势与干物质相似，以花后6月21日环割果实可溶性固形物最高，为12.66%，较对照高1.01个百分点，与其他处理差异显著（$p \leq 0.05$）。而6月7日环割、8月26日环割与整株环割之间差异不显著。5月24日结果枝环割低于对照0.38个百分点，差异显著。由此可见6月21日环割由有助于提高'徐香'猕猴桃可溶性固形物含量。

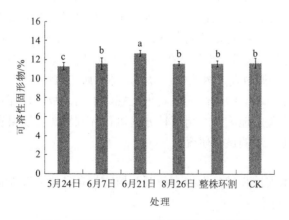

图3　不同环割对可溶性固形物含量的影响

2.4　环割技术对'徐香'猕猴桃的经济效益评估

从表1可以看出，不同环割处理后，果实单果重均有显著增加，相对于单果重每亩总产量增加更为显著，5月24日结果母枝环割每亩产量可增加265.4 kg，净增加收入2 654.11元。而同时在5月24日进行的整株环割较对照处理每亩产量可增加168.9 kg，净增加收入1 702.2元。6月7日环割每亩可增产172.1 kg，经济收入净增加1 720.79元。其他环割处理较对照均可带来显著的经济效益。

表1 不同环割对果园经济效益的影响

处理（月/日）	单果重增加/g	每亩总产量提高/kg	每亩净增加经济效益/元
5/24	10.92 b	265.4 b	2 654.11 b
6/07	7.08 c	172.1 c	1 720.79 c
6/21	2.24 e	54.4 e	544.43 e
8/26	3.51 d	85.3 d	853.11 d
整株环割	6.95 c	168.9 c	1 702.20 c
CK	0.00	0.0	0.00

注：不同小写字母表示差异显著水平（$p < 0.01$）。

3 结论与讨论

本研究结果表明，不同时间、不同方式的环割处理对'徐香'猕猴桃果实的影响较大，能够显著提高果实单果重，以5月24日环割平均单果重增加最高，平均单果增重达10.92 g。6月21日进行的环割处理果实干物质和可溶性固形物含量增加最显著，因为此期之后果实进入了积累糖分和干物质的关键时期，环割之后促进光合养分向果实积累，使果实干物质和可溶性固形物显著提高。可见在果实生长发育的不同时期进行环割处理，能够不同程度地提高果实单果重、干物质和可溶性固形物等指标，这是因为在果实生长的关键期进行环割，能够更加有效地阻断光合养分向地下部运输，使更多的养分积累到果实，从而起到增大果实，提高品质的效果。

环割技术是新西兰一项很成功的、应用广泛的调控猕猴桃养分管理的技术，一年之中通常会进行3~4次环割。Mike Currie博士等学者在新西兰就这方面做了很多研究，但是中国的气候环境与新西兰差距很大，该技术引进到中国还有很多方面需要探索和进一步的试验。例如新西兰花前环割用于调控花蕾的萌芽状况，而我国受气温限制，花前树体生长量小，伤口不易愈合，不易进行环割操作。8月份在果实成熟前期，环割可以提高果实干物质含量，但我国陕西关中地区正是高温时期，树体生长缓慢，环割后伤口难以愈合，进行环割时要慎重。

猕猴桃树体在一年中不同的物候期果实生长规律不同，故进行环割操作会产生不一样的效果，究竟在中国陕西关中地区何时用何种方式进行环割对树体及果实带来最好的效果，其经济效益最佳，仍需进一步的试验研究。

致谢 本研究技术支持和试验指导为新西兰植物与食品研究院Mike Currie博士，在此表示特别感谢！

参考文献 References

[1] WARRINGTON I J, WESTON G C. Kiwifruits: science and management[M]. Auckland: Ray Riehards Publisher, 1990: 183-204.
[2] 黄琳琳. 新西兰猕猴桃产业发展与营销模式[J]. 中国果业信息, 2013（2）: 32-34.
[3] 齐秀娟. 猕猴桃新优品种配套栽培技术[M]. 北京: 金盾出版社, 2015: 1-5.
[4] 甘霖, 陈梦龙, 李顺望, 等. 环割促进柑桔花芽分化的生理机制研究[J]. 中国柑桔, 1990, 19（3）: 10-13.
[5] 吴黎明, 蒋迎春, 周民生, 等. 环割对金水柑树体生长、树体营养及果实品质影响[J]. 湖北农业科学, 2009, 48（11）: 2762-2766.
[6] 陈锦永, 方金豹, 顾红, 等. 环剥和GA处理对红地球葡萄果实性状的影响[J]. 果树学报, 2005, 22（6）: 610-614.
[7] 晁无疾, 周敏, 伊海龙. 葡萄环剥效应观察[J]. 中国果树, 2001（6）: 21-24.
[8] 吴定尧, 邱金淡, 张海岚, 等. 环割促进龙眼成花的研究[J]. 中国农业科学, 2000, 33（6）: 40-43.
[9] 黄治远, 李隆华, 张义刚, 等. 螺旋环剥对龙眼幼树的促花增产效应与可溶性糖的相关性[J]. 西南农业学报, 2006, 19（1）: 112-115.

Effect of Girdling Technology on Yield and Quality of 'Xuxiang' Kiwifruit

GUO Huihui[1, 3]   SUO Jiangtao[1, 2]   LEI Yushan[1, 2]   XU Ming[1, 2]

BING Haoyang[1, 2]   LEI Jing[1, 2]   MI Baoqin[1, 2]

(1 Shaanxi Rural Science and Technology Development Center   Xi'an   710054;

2 Shaanxi Kiwi Engineering Research Center   Xi'an   710054;

3 Shaanxi Bairui Kiwifruit Research Center   Zhozhi   710400)

Abstract   The 7-year-old 'Xuxiang' kiwi tree was used as the test material, after the flowering used the truck girdling and the cane girdling. The truck girdling was done 18 days after flowering, the cane girdling was done 18 days, 32 days, 46 days, 84 days after flowering at the root of the cane, set the comparison. To study the effects of circumcision on the size and quality of kiwifruit, aiming at improving the cultivation techniques of 'Xuxiang' kiwifruit and providing a theoretical basis for improving yield and fruit quality. The research effect showed that both truck girdling and cane girdling can increase the size and quality of kiwifruit, the fruit weight of truck girdling can increased 5.82 g compared with the control. The result of the cane girdling at different time the most significant increase in the size of the girdling is at 18 days after flowering. The average fruit weight increased by 10.92 g, an increase of 15% over the control. The fruit of cane girdling at 46 days after flowering has the highest dry matter content, which was 1.15 higher than that of the control. The dry matter content of other treatments was lower than that of the control. The cane girdling at 46 days after flowering significantly increased the soluble solids content, higher 1.01 compared to the control.

Keywords   Kiwifruit   Girdling   Fruit weight   Fruit quality

基于全基因组重测序的'金艳'猕猴桃种间杂交特征分析

张蕾[1]　陈庆红[1]　李大卫[2]

(1 湖北省农业科学院果树茶叶研究所　湖北武汉　430064；2 中国科学院武汉植物园　湖北武汉　430074)

摘　要　本研究采用基因组重测序方法发掘物种特异性单核苷酸多态性（SNP）分子标记，验证了'金艳'的种间杂交特征。结果表明：'金艳'具有 232 061 个中华猕猴桃（A.chinensis Planchon）特异性 SNP 位点，27 571 个毛花猕猴桃（A.eriantha Bentham）特异性 SNP 位点，证实了'金艳'显著的偏父系遗传，毛花猕猴桃基因渐渗进入'金艳'猕猴桃基因组。进一步对 6 个近缘或同域分布猕猴桃物种和 6 个中华猕猴桃品种的测序验证发现，'金艳'具有父母本中华猕猴桃及毛花猕猴桃的特异性 SNP 位点，此类位点可阐明'金艳'种间杂种特征并清晰区分'金艳'和中华猕猴桃品种差异。本研究不仅证实了'金艳'猕猴桃的种间杂交特征，也为果树种间杂交品种鉴定提供了可借鉴方法。

关键词　'金艳'　种间杂交　全基因组重测序　单核苷酸多态性分子标记

种间杂交突破不同种间的隔离机制，在试验条件下将不同种的优异基因重新组合，产生种内杂交所不易获得的优良特性[1]。利用种间杂交手段，作物育种学家已经在大麦、玉米等作物的育种及科研实践中取得显著进展[2-4]。然而，种间杂交因育种周期长、杂交不亲和、受精后的育性障碍[5-6]等原因成功率仍然较低。研究表明选择适当的亲本[7]，采用混合花粉[8]、花粉辐射[9]、植物激素或生长素处理[10]和体细胞融合[11]等手段处理能够增加种间杂交成功率。种间杂交育种已在猕猴桃、仁果类、核果类、杨梅和枇杷等果树上取得了较大进展[11-12]。

种间杂交因重组的雌雄配子分别来自两个不同的物种，通常在配子融合、胚胎发育和植株生长的细胞分裂过程中出现异常的染色体行为，导致细胞内非预期的染色体组成[13-14]。例如，孤雌生殖在受精过程中精子未能与卵核融合而解体，由卵细胞发育形成单倍体卵细胞胚[15]；半配合的雄配子核不与卵核融合而独立分裂，形成有雄核和雌核混合组成的嵌合胚[16]；多倍体或混倍体组织回复到亲本之一，导致原有染色体数的消减[17]；亲本染色体组中的染色体分离包含在两个子细胞中[16]等。染色体的重组和可能发生的异常行为导致了种间杂交后代的性状多样化，呈现父母本综合性状类型、单亲本性状类型或者新种质类型[11]。针对不同类型的种间杂种后代，简单的花、果、叶等直观的形态鉴别方式往往不足以完全确认种间杂交后代。特别是杂种的不稳定性，随着不断加代繁殖，将继续发生分离，有的可能向双亲性状分化，也有的可能形成新种类型。

分子标记技术为杂种鉴定提供了新方法，分子标记因其稳定性、不受表型及环境变异影响，已成为种间杂交品种特异性、一致性及稳定性测试的重要手段。单核苷酸多态性（SNP）作为第三代分子标记，目前已广泛应用于遗传多样性分析[18]、品种鉴定[19]、遗传连锁图谱构建[20]和重要性状的基因定位[21]等相关研究中。SNP 标记在冬、春大麦等品种测试中的成功运用[22-23]，为猕猴桃等多年生物种进行种间杂交分子标记鉴定提供了有据示例[24]。

基因组学的发展为猕猴桃种间杂交鉴定提供了技术支撑。中华猕猴桃的参考基因组草图的公布和 39 040 个基因序列的注释[25]，为开展猕猴桃种间杂交品种鉴定提供了数据基础。本研究以'金艳'猕猴桃为研究对象，通过重测序发掘'金艳'与双亲中华猕猴桃和毛花猕猴桃特有的单核苷酸多态性（SNP）分子标记，验证'金艳'猕猴桃的种间杂交特征，并进一步在猕猴桃同域分布或近缘物种和栽培品种进行验证，为果树种间杂交品种鉴定提供了可参考的方法途径。

1 材料与方法

1.1 实验材料

实验材料'金艳'为猕猴桃种间杂交新品种，选自武汉植物园用多株中华猕猴桃（*A.chinensis* Planchon）混合花粉为毛花猕猴桃（*A.eriantha* Bentham）授粉杂交形成的育种群体[26]。'金艳'于 2009 年获得植物新品种权。本研究的实验样本'金艳'、母本毛花猕猴桃和父本中华猕猴桃均取自国家猕猴桃种质资源圃（武汉）。

为更广泛验证种间杂交品种特征的单核苷酸多态性位点，本研究选取了与中华猕猴桃和毛花猕猴桃同域或近缘分布的 6 个猕猴桃物种样本，分别为刺毛猕猴桃（*A.chinensis* var. *setosa* H. L. Li）、京梨猕猴桃（*A.callosa* var. *henryi* Maximowicz）、湖北猕猴桃（*A.hubeiensis* H. M. Sun and R. H. Huang）、中越猕猴桃（*A.indochinensis* Merrill）、漓江猕猴桃（*A.lijiangensis* C. F. Liang and Y. X. Lu）和浙江猕猴桃（*A.zhejiangensis* C. F. Liang）。为验证'金艳'与中华猕猴桃品种（非种间杂交）的区别，选取了 6 个中华猕猴桃栽培品种，分别为'金农''丰悦''东红''桂海 4 号''川猕 3 号''Hort16A'。

1.2 测序及分析方法

本研究基于北京诺禾致源公司 Illumina HiSeq 2000 测序平台，通过构建 500 bp 小片段文库，开展'金艳'及其父母本中华猕猴桃和毛花猕猴桃 5 倍以上的基因组重测序分析。对获得的'金艳'猕猴桃及其父母本物种序列进行过滤，筛除 N 碱基含量超过 5%、低质量碱基（质量值小于 5）、有测序接头污染和大量重复的低质量序列。用 FastQC 软件进行重测序数据质量评估，获得用于 SNP 发掘的基因组数据。

'金艳'猕猴桃及其父母本物种特异单核苷酸多态性位点发掘方法如下：使用 Stampy 软件将测序片段比对到猕猴桃参考基因组，采用 Picard 软件去除比对结果中的重复；使用 GATK 软件对每样本分别进行 SNP 和 Indel 检测；最后统计'金艳'猕猴桃与母本毛花猕猴桃和父本中华猕猴桃的特异性位点、'金艳'与父母本的共有位点。

1.3 实验验证

对参试样本采用重测序方法验证'金艳'与母本毛花猕猴桃和父本中华猕猴桃的特异性 SNP 位点，验证的 SNP 具备如下特点：①位点多态性高，PIC 值≥0.40；②染色体位置已知；③目标 SNP 位点上、下游有 150 bp 可读，且 GC 含量在 30%～70%，进行 PCR 扩增、测序及分析。

2 结果与分析

猕猴桃的叶片含有大量的多糖多酚及易氧化类物质，提取的 DNA 通常含有大量的糖分且被氧化成褐色。本研究采用改良 CTAB 法提取的 DNA 无明显多糖类物质污染，符合高精度的基因组重测序要求。此外，采用 Illumina HiSeq 2000 测序平台获得了测序深度大于 6.8 倍的基因组重测序数据。质量评估发现测试样本的基因组序列质量较高：GC 含量为 36.3%～

39.7%；序列碱基正确识别率在 99% 以上（Q20）的比例高于 96%，正确率在 99.9%（Q30）的比例高于 90%（表 1）。

表 1 ‘金艳’及其双亲物种的 DNA 及测序基因组质量

样本名称	DNA 质量		碱基总数	GC 含量/%	Q20/%	Q30/%
	OD260/280	OD260/230				
毛花猕猴桃	1.92	2.15	24 744 078 000	36.3	96.6	90.8
中华猕猴桃	1.91	2.24	12 299 788 000	39.7	96.6	90.8
‘金艳’	1.92	2.14	10 393 762 200	37.8	97.3	92.4

基于猕猴桃参考基因组，本研究共发掘 6 000 462 738 个 SNP 位点，剔除测序深度及多倍体位点杂合等不符合质量标准及分析要求的 435 305 244 个 SNP 位点，共获得可判别种间杂交的 165 157 494 个 SNP 位点（表 2）。进一步分析发现，‘金艳’与母本共有 27 571 个毛花猕猴桃特异性 SNP 位点（图 1，表 2），与父本共有 232 061 个中华猕猴桃特异性 SNP 位点，表明‘金艳’猕猴桃基因组具有明显的毛花猕猴桃特征位点，但总体来看‘金艳’呈现偏父系遗传特征。

表 2 ‘金艳’及其双亲物种单核苷酸多态性标记分析

概况	单核苷酸多态性位点类别	数目
不能判别种间杂交 SNP 位点 435 305 244 个	位点的覆盖深度小于 5，或者是序列质量值小于 30 区域发掘的 SNP	417 266 687
	杂合位点发掘的 SNP	18 038 557
可判别种间杂交 SNPs 位点 165 157 494 个	毛花猕猴桃、中华猕猴桃、‘金艳’三者共有的 SNP 位点	164 880 815
	中华猕猴桃、‘金艳’共有 SNP，但毛花猕猴桃不具备的 SNP 位点	232 061
	毛花猕猴桃、‘金艳’共有 SNP，但中华猕猴桃不具备的 SNP 位点	27 571
	毛花猕猴桃、中华猕猴桃共有 SNP，但‘金艳’不具备的 SNP 位点	14 100
	毛花猕猴桃、中华猕猴桃、‘金艳’各不同相同的 SNP 位点	2 947
发掘的 SNP 总数		6 000 462 738

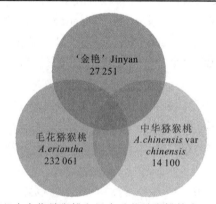

图 1 ‘金艳’及其父本中华猕猴桃和母本毛花猕猴桃特有 SNP 位点韦恩图

利用‘金艳’和父母本特异性 SNP 位点，本研究在 6 个中华猕猴桃品种和 6 个近缘的猕猴桃物种中检验此类位点的有效性和特异性。在‘金艳’猕猴桃第 4、11、13 和 29 号染色体上随机选取大于 100 bp 的测序片段，PCR 扩增测序后发现：‘金艳’与毛花猕猴桃特异性位点碱基完全一致，但'金艳'与 6 个中华猕猴桃品种及其他 6 个猕猴桃物种在这些位点上存在显著差异（表 3，表 4）。例如，'金艳'与毛花猕猴桃同位置序列（第 4 号染色体）第 55 个碱基位点均为 A，而中华猕猴桃所有品种碱基均为 G。基于筛选的特异性 SNP 位点，进一步开展单倍型分析可知，'金艳'既具有毛花猕猴桃（haplotype-1，表 3）特有单倍型、同时又存在中华猕猴桃品种（haplotype-α，表 4）共同的单倍型，呈现显著的种间杂种遗传特征；明显区别于中华猕猴桃品种和其他近缘的猕猴桃物种（表 3，表 4）。

表 3 '金艳'与 6 个猕猴桃物种和 6 个中华猕猴桃品种单倍型分析 a

物种/品种	单倍型	4 号染色体 SNP 位点		13 号染色体 SNP 位点				29 号染色体 SNP 位点			
		L55	L134	L25	L26	L38	L71	L56	L60	L85	L88
'金艳'	haplotype-1	A	G	G	C	A	A	G	C	T	G
毛花猕猴桃	haplotype-1	A	G	G	C	A	A	G	C	T	G
'川猕 3 号'	haplotype-2	G	G	A	C	A	A	A	C	G	G
'丰悦'	haplotype-2	G	G	A	C	A	A	A	C	G	G
'金农'	haplotype-2	G	G	A	C	A	A	A	C	G	G
'桂海 4 号'	haplotype-2	G	G	A	C	A	A	A	C	G	G
'东红'	haplotype-2	G	G	A	C	A	A	A	C	G	G
'金果'	haplotype-2	G	G	A	C	A	A	A	C	G	G
刺毛猕猴桃	haplotype-3	A	G	G	T	C	A	A	C	G	G
京梨猕猴桃	haplotype-4	A	G	G	C	A	G	G	T	T	G
湖北猕猴桃	haplotype-5	G	G	G	C	A	A	A	C	T	G
中越猕猴桃	haplotype-6	G	G	G	C	A	A	A	C	T	G
漓江猕猴桃	haplotype-7	A	G	G	C	A	A	A	C	G	G
浙江猕猴桃	haplotype-8	A	T	G	C	A	A	G	C	G	A

表 4 '金艳'与 6 个猕猴桃物种和 6 个中华猕猴桃品种单倍型分析 b

物种/品种	单倍型	11 号染色体 SNP 位点							
		L22	L24	L41	L57	L58	L92	L99	L108
'金艳'	haplotype-α	C	G	T	C	A	G	A	A
毛花猕猴桃	haplotype-β	T	G	G	T	G	A	A	C
'川猕 3 号'	haplotype-α	C	G	T	C	A	G	A	A
'丰悦'	haplotype-α	C	G	T	C	A	G	A	A
'金农'	haplotype-α	C	G	T	C	A	G	A	A
'桂海 4 号'	haplotype-α	C	G	T	C	A	G	A	A
'东红'	haplotype-α	C	G	T	C	A	G	A	A
'金果'	haplotype-α	C	G	T	C	A	G	A	A
刺毛猕猴桃	haplotype-α	C	G	T	C	A	G	A	A
京梨猕猴桃	haplotype-γ	C	T	G	C	A	G	A	A
湖北猕猴桃	haplotype-δ	C	T	T	C	G	G	A	A
中越猕猴桃	haplotype-ε	C	G	T	C	G	G	A	A
漓江猕猴桃	haplotype-ζ	C	T	T	C	G	G	T	A
浙江猕猴桃	haplotype-η	T	G	G	T	G	G	A	A

3 分析与讨论

种间杂交在种质创新方向优势突出,已被广泛应用于各种植物的育种实践。由于种间杂交在杂交亲和性和受精后染色体融合时呈现复杂的遗传过程,往往需要对杂种后代进行进一步鉴定以判断杂交子代的真伪并为杂交亲本组合选配提供科学依据。形态学鉴定因其直观和简便性,经常被用于种间杂交品种鉴定[11]。然而,形态学方法容易忽视因基因渐渗等导致的偏父本或偏母本类型的真实种间杂交个体。分子标记将种间杂种分析深入到分子水平,RAPD、SSR、AFLP、SRAP 等标记已经广泛辅助应用于杂交后代鉴定和筛选[27]。全基因组测序技术从个体的全基因组水平解析种间杂交父母本和子代的基因组变异,相对形态学的表观性和分子标记的数量局限性,能更客观和深入地鉴定种间杂交个体基因型。本研究利用基因组重测序技术,通过发掘种间杂交品种'金艳'及其父母本中华猕猴桃和毛花猕猴桃的特异的单核苷酸多态性分子标记,鉴定了'金艳'的种间杂交品种特性,为果树的种间杂交品种鉴定提供了新的方法和可借鉴途径。

研究通过全基因组重测序证实了'金艳'猕猴桃的种间杂交特征。通过对'金艳'与父母本中华猕猴桃和毛花猕猴桃特异性单核苷酸多态性位点分析发现,'金艳'的基因组尽管呈现显著的偏父本遗传,但仍有相当数量母本毛花猕猴桃的单核苷酸多态性位点。前期研究发现,杂交除产生异源多倍体外,更多的情况可能是一个亲本的一条或多条染色体整合到另一个亲本的染色体组,形成具有双亲特性的第三类型,即"渐渗杂交"(introgressive hybridization)或者称"渐渗"(introgression)[28]。在'金艳'猕猴桃选育过程中,采用了不同基因型中华猕猴桃的混合花粉为毛花猕猴桃授粉以提高育种成功率;从其四倍体的性质及基因组分析推断,源于二倍体母本毛花猕猴桃染色体在配对过程中并未形成严格的异源多倍体,而更可能是母本毛花猕猴桃的染色体渐渗进入中华猕猴桃基因组形成区段异源的种间杂种。基于杂交渐渗理论推测[29-31],'金艳'猕猴桃种间杂种的性状在童期并未完全稳定,随着染色体的融合和固定,其表型性状逐步偏向父本,但在幼果时期的表型、嫩枝形态、果实的生长发育规律、耐贮性等性状'金艳'仍表型出明显的毛花猕猴桃性状[26]。

'金艳'与毛花猕猴桃和中华猕猴桃特异性碱基位点是种间杂交的重要特征。检验其第4、13 和 29 号染色体片段的 SNP 位点发现,'金艳'与毛花猕猴桃一致,与'金农'和'Hort16A'等 6 个中华猕猴桃常见栽培品种的碱基位点不同,证实'金艳'的基因组具有毛花猕猴桃基因渐渗。同样,在 11 号染色体上,可以鉴定出'金艳'猕猴桃与中华猕猴桃品种一致的碱基序列,证实'金艳'基因组具有中华猕猴桃基因组分。本研究仅利用 4 段序列构建的'金艳'猕猴桃特有单倍型,即可清晰鉴别全部参试猕猴桃品种和物种。利用重测序发掘的大量种间杂交品种和父母本物种的特异性位点,可迅速转化为一批标记应用于品种鉴定,此途径在转化效率和标记的数目上具有极大的优势。应用此途径,建立猕猴桃新品种鉴定和保护体系对保护育种者权益、促进植物品种创新、有效利用植物种质资源及促进果业产业发展具有重要意义。

猕猴桃属有 54 个物种及 21 个种下分类单元,目前商业化利用的主要是中华猕猴桃复合体。然而猕猴桃属物种资源是一个极具潜力的种质资源库,蕴藏着大量高抗、高营养价值及耐贮性等基因资源[32]。中国的猕猴桃育种学家立足本地丰富的物种资源,利用毛花猕猴桃、山梨猕猴桃、软枣猕猴桃和中华猕猴桃等类群开展了卓有成效的种间杂交育种试验和科学研究,获得了诸多对猕猴桃种质创制和育种方法学创新大有裨益的研究成果[33]。中国过去 30 年的猕猴桃属种质资源评价和育种实践已经证明,猕猴桃属大多数物种作为育种材料单一性状突出，而综合性状较差[33]。猕猴桃种间杂交选育过程中倾向于选择商品性状突出的子代个体。因而相对于优劣性状兼具的'中间类型'，目标基因渐渗进入的商业化物种所在亲本（如中华猕猴桃）形成偏单亲性状的种质材料，更易受到育种家的青睐。猕猴桃属因其复杂的倍性和基因组差异，往往在杂交中可能与其他物种类似出现染色体消除和亲本染色体组分开等异常染色体行为，仅根据表型性状筛选猕猴桃的种间杂交子代容易遗漏优异的种间杂交材料。加强对猕猴桃属植物杂交中的染色体行为和遗传机理的深层次研究，才可能深入了解种间杂交创制新种的基因组融合、形成和固定行为。本研究基于猕猴桃全基因组测序、生物信息学分析和实验验证，证实了'金艳'猕猴桃的种间杂交特征，为猕猴桃属的种间杂交鉴定及其性状解析提供了坚实的支撑。在此研究基础上，开发出遗传背景清楚、简单可靠、快速检测的功能性分子标记，将是下一步种间杂交品种筛选和选育的重要工作。

参考文献　References

[1] KUMAR S，IMTIAZ M，GUPTA S，et al. Distant hybridization and alien gene introgression：biology and breeding of food legumes[M]. Oxfordshire：CABI，2011：81-110.

[2] BOTHMER R，von FLINK J，JACOBSEN N，et al. Interspecific hybridization with cultivated barley（*Hordeum vulgare* L.）[J]. Hereditas，1983，99：219-244.

[3] LAURIE D A，BENNETT M D. Wheat × maize hybridization [J]. Canadian journal of genetics and cytology，1986，28：313-316.

[4] 钟冠昌，穆素梅，张正斌. 麦类远缘杂交[M]. 北京：科学出版社，2003：26-27.

[5] KHUSH G S，BRAR D S. Overcoming the barriers in hybridization：distant hybridization of crop plants[M]. Berlin：Springer-Verlag，1992：47-61.

[6] ANCREIM G M，van WENT J L，KERCKHOFFS D. Interspecific crosses in the genus *Tulipa* L.：identification of pre-fertilization barriers[J]. Sexual Plant Reproduction，1997，10（2）：116-123.

[7] 沈德绪. 果树育种学[M]. 北京：农业出版社，2000：98-105.

[8] NIKIFOROVA G G，KHROMOVA N J. Increasing the effectiveness of distant hybridization in stone fruit crops[J]. Byulleten' nauchnoi informatsii tsentral'noi ordena trudovogo krasnogo znameni geneticheskoi laboratorii imeni I. V. michurina，1987，45：24-26.

[9] 李玉花. 草莓辐射生物学效应及应用的研究[D]. 沈阳：沈阳农业大学，1994.

[10] BROWN A G. Proceedings of Eucarpia fruit section symposium[G]. Tree fruit breeding France，1979.

[11] 王永清，杜奎，杨志武，等. 果树远缘杂交育种研究进展[J]. 果树学报，2012，29（3）：440-446.

[12] 齐秀娟，徐善坤，张威远，等. 美味猕猴桃'徐香'与长果猕猴桃远缘杂交亲和性的解剖学研究[J]. 园艺学报，2003，40（10）：1897-1904.

[13] ADAMS K L，CRONN R，PERCIFIELD R，et al. Genes duplicated by polyploidy show unequal contribution to the transcriptome and organ-specific reciprocal silencing[J]. Proceedings of the national academy of sciences of the United States of America，2003，100：4649-4654.

[14] GLEBA Y Y，PAROKONNY A，KOTOV V，et al. Spatial separation of parental genomes in hybrids of somatic plant cells[J]. Proceedings of the national academy of sciences of the United States of America，1987，84：3709-3713.

[15] 胡适宜. 被子植物胚胎学[M]. 北京：人民教育出版社，1982：216-220.

[16] TURCOTTE E L，FEASTER C V. Semigamy in cotton[J]. Journal of heredity，1967，58：54-57.

[17] JRGENSEN C A. The experimental format ion of heteroploid plants in the genus Solanum[J]. Genetics，1928，19：133-211.

[18] van INGHELANDT D，MELCHINGER A E，LEBRETON C，et al. Population structure and genetic diversity in a commercial maize breeding program assessed with SSR and SNP markers[J]. Theoretical and applied genetics，2010，120（7）：1289-1299.

[19] DONG Q H，CAO X，GUANG Y，et al. Discovery and characterization of SNPs in Vitis vinifera and genetic assessment of some grapevine cultivars[J]. Scientia horticulturae，2010，125（3）：233-238.

[20] TREBBI D，MACCAFERRI M，de HEER P，et al. High-throughput SNP discovery and genotyping in durum wheat（*Triticum durum* Desf.）[J]. Theoretical and applied genetics，2011，123（4）：555-569.

[21] SINGH A，SINGH P K，SINGH R，et al. SNP haplotypes of the BADH1 gene and their association with aroma in rice（*Oryza sativa* L.）[J]. Molecular breeding，2010，26（2）：325-338.

[22] COCKRAM J，JONES H，NORRIS C，et al. Assessment of diagnostic molecular markers for DUS phenotypic assessment in the cereal crop, barley（*Hordeum vulgare*）[J]. Theoretical and applied genetics，2012，125：1735-1749.

[23] JONES H, NORRIS C, SMITH D, et al. Evaluation of the use of high-density SNP genotyping to implement UPOV Model 2 for DUS testing in barley[J]. Theoretical and applied genetics, 2012, 126 (4): 901-911.

[24] KIM S, MISRA A. SNP genotyping: technologies and biomedical applications[J]. Annual review of biomedical engineering, 2007, 9: 289-320.

[25] HUANG S, DING J, DENG D, et al. Draft genome of the kiwifruit *Actinidia chinensis*[J]. Nature communications, 2013, 4: 2640.

[26] ZHONG Caihong, WANG Shengmei, JIANG Zhengwang, et al. 'Jinyan', an interspecific hybrid kiwifruit with brilliant yellow flesh and good storage quality[J]. Hortscience, 2012, 47 (8): 1-4.

[27] ANTONIO C O, ARISTIDES N G, MARIANGELA C, et al. Identification of citrus hybrids through the combination of leaf apex morphology and SSR markers[J]. Euphytica, 2002, 128 (3): 397-403.

[28] RICHARD G H, ERICA L L. Hybridization, introgression, and the nature of species boundaries[J]. Journal of heredity, 2014, 105: 795-809.

[29] HERMSEN J G T. Introgression of genes from wild species, including molecular and cellular approaches[M] // BRADSHAW J E, MACKAY G R. Potato genetics. Wallingford: CAB International, 1994: 515-538.

[30] RIESEBERG L H, ELLSTRAND N C, ARNOLD M. What can molecular and morphological markers tell us about plant hybridization[J]. Critical reviews in plant sciences, 1993, 12 (3): 213-241.

[31] MALLET J. Hybrid speciation[J]. Nature, 2007, 446: 279-283.

[32] 黄宏文. 中国猕猴桃种质资源[M]. 北京：中国林业出版社，2013：53-71.

[33] HUANG Hongwen. The genus *Actinidia*: a world monograph[M]. Beijing: Science Press, 2014: 209-227.

Analysis of Inter-specific Characteristics of 'Jinyan' Based on Whole-genome Re-sequencing

ZHANG Lei[1]   CHEN Qinghong[1]   LI Dawei[2]

(1 Institute of Fruit and Tea, Hubei Academy of Agricultural Sciences   Wuhan   430064;

2 Wuhan Botanical Garden, Chinese Academy of Sciences   Wuhan   430074)

Abstract   In this study, inter-specific characteristics of 'Jinyan' were confirmed by species-specific single nucleotide polymorphism markers (SNP), which were developed by whole-genome re-sequencing. Results showed that, 'Jinyan' has 232 061 SNPs from *Actinidia chinensis* Planchon and 27 571 SNPs from *A.eriantha* Bentham, indicating predominantly paternal inheritance but gene introgressions from *A.eriantha* to 'Jinyan' are significantly detected. The species-specific SNPs of 'Jinyan' were further sequenced in 6 sympatric distributional *Actinidia* species and 6 cultivars of *A.chinensis*, verifing 'Jinyan' has both the SNPs of *A.chinensis* and *A.eriantha* that could distinguish 'Jinyan' and cultivars of *A.chinensis*. This study not only proved inter-specific characteristics of 'Jinyan', but also provided a method to identify inter-specific hybridization cultivar in fruit crops.

Keywords   'Jinyan'   Interspecific hybrid   Whole-genome re-sequencing   Single nucleotide polymorphism molecular markers

零叶修剪对'翠玉'猕猴桃植株生长及果实品质的影响[*]

宋海岩[1,**]　涂美艳[1]　刘春阳[2]

陈栋[1]　孙淑霞[1]　李靖[1]　江国良[1,***]

（1 四川省农业科学院园艺研究所,农业农村部西南地区园艺作物生物学与种质创制重点实验室　四川成都　610066；

2 达州市农业局果茶站　四川达州　635000）

摘　要　'翠玉'猕猴桃自 2009 年引入四川栽培以来，因其抗溃疡病能力强、口感佳、极耐贮运，已成为四川盆周高海拔山区的主推品种之一。但该品种种植过程中树势较旺，成枝力强，坐果后梢果矛盾较突出，不使用膨大剂单果重仅 70 ~ 85 g，单位面积产量仅 1 500 kg 左右。本试验以七年生'翠玉'猕猴桃品种为试材，研究了花后 20 d 结果蔓摘心程度对其枝蔓生长发育及产量品质的影响。结果表明：①花后 20 d 对'翠玉'猕猴桃旺盛结果蔓采取'零叶修剪'（即结果蔓最后一果以上不留叶片进行短截，每一结果母蔓上最多短截 3 枝），其植株更新蔓数量、长度和粗度较 CK（全株不摘心）分别增加 73.02%、29.65%、53.79%，平均单果重、维生素 C 含量和单株产量较 CK 增加 6.71%、9.47%、10.22%，持续 2 年按此方法摘心，翌年的结果母蔓质量和植株产量增加更显著；②花后 20 d 对结果蔓留 3 ~ 5 片叶摘心和 7 ~ 8 片叶摘心也能显著提高单果重、单株产量和更新蔓质量，但因其二次枝抽发数量、平均长度和粗度较'零叶修剪'显著增加，植株透光率更低，叶斑病等病害危害严重；③不同程度摘心后果实干物质、可溶性固形、总糖、总酸含量及糖酸比均较 CK 有所降低，以 3 ~ 5 片叶摘心降低最明显，但'零叶修剪'与 CK 差异不显著。

关键词　零叶修剪　'翠玉'　果实品质　枝蔓

猕猴桃属于蔓性藤本果树，枝条生长迅速，徒长枝长度可超过 3 ~ 4 m，新梢上极易抽生副梢，夏季若放任生长，常常会造成枝条过密，树冠郁闭，导致营养无效消耗过多，影响生殖生长和营养生长的平衡，不利于果实的肥大和果实品质的提高，还会影响到下年的花芽质量[1]。因此，在生产上运用夏季修剪技术构建合理的叶幕层对提高果实的品质和产量特别重要。

零叶修剪（zero-leaf pruning）又被称为零芽修剪，是新西兰'Hort16A'猕猴桃种植户中广泛应用的一种猕猴桃夏季修剪措施，主要目的在于扩大树冠的同时降低夏季修剪的成本[1]。"零叶"的概念是修剪选定的结果枝的上部至最后的果实处，所以结果枝果实以上部分没有芽（即零叶，也有人称其为零芽修剪），以减少二次枝重新发出[2]。由于猕猴桃的结果枝蔓上开花结果部位的叶腋间不再有主芽而成盲节或空节，零芽修剪又去除了未结果的部位，使得果蔓失去了侧芽再次抽发旺枝的潜能，可有效控制枝蔓过旺生长，合理调节营养生长与果实发育之间的平衡，维持树冠内良好的光照水平以及减少修剪成本，可形成合理的冠幕结构[3]。

---

* 基金项目：成都市猕猴桃产业集群项目（2015-cp03 0031-nc）；四川水果创新团队猕猴桃栽培技术岗位专家经费；四川省财政能力提升专项（重点实验室 2016GXTZ-003）；四川省育种攻关专项（2016NYZ0034）；四川省科技支撑计划（18ZDYF1292）。

** 第一作者，男，1991 年生，河南西峡人，硕士，研究实习员，主要从事果树新品种选育及栽培技术研究，电话 028-84504786，E-mail：shy19913@qq.com

*** 通信作者，1962 年生，四川都江堰人，博士，研究员，主要从事果树遗传育种和栽培技术研究工作，E-mail：jgl22@hotmail.com

同时，可减轻病虫为害，提高果实生产力，改善果实品质，增强耐贮性。目前许多研究表明，猕猴桃夏季修剪对结果枝上摘心、留叶（芽）数对猕猴桃果实品质影响较大，选择适宜的夏季修剪方式可以有效地提升猕猴桃果实品质[4-8]。而针对零叶修剪的不同方式对猕猴桃植株的影响研究不够深入。本研究以四川省彭州市龙门山脉猕猴桃基因库'翠玉'猕猴桃品种为试材，通过夏季零叶修剪对其植株生长指标及主要果实品质指标的测定，以期为猕猴桃园区夏季修剪整形提供理论依据。

1 材料与方法

1.1 试验材料与试验地点

供试猕猴桃品种为六年生'翠玉'嫁接苗，T 形架栽植，株行距 2.5 m×4.0 m，树势中庸，常规栽培管理措施，试验地位于四川省彭州市磁峰镇龙门山脉猕猴桃基因库（N 31.21°，E 103.78°，海拔 1 073 m），年平均气温 15.6℃，年均降水量 932.5 mm。

1.2 试验方法

本试验共设置 4 个处理（零叶修剪，3～4 叶修剪，7～8 叶修剪，对照组不进行夏季修剪，以下分别用处理 A、B、C 和 CK 表示），单株为 1 个重复，每个处理设 5 个重复，选取生长势均一的'翠玉'猕猴桃植株，于 2015 年 6 月 11 日分别对生长势较强的背上优势结果枝（每株选取 8～10 枝），在该枝条最上部的果实处进行短截，见表 1。果实成熟前测定当季每个处理的枝条二次枝及更新枝生长状况，在果实成熟期采收果实，并分析比较不同修剪方式对果实品质的影响，连续测定 2 年。

表 1 '翠玉'猕猴桃夏季零叶修剪试验方案

Table 1 Testing program of zero-leaf pruning for 'Cuiyu' kiwifruit plants in summer

处理	夏季修剪方法	处理	夏季修剪方法
CK	不进行夏季修剪	B	对旺盛结果枝最上果留 3～5 片叶进行修剪
A	对旺盛结果枝最上果不留叶进行修剪（零叶修剪）	C	对旺盛结果枝最上果留 6～8 片叶进行修剪

1.3 测定方法

用电子天平测定单果重，果形指数与果实内部果心、空心大小采用数显型游标卡尺测定。当果实在室温下自然软化后硬度达到 1.0～1.2 kg/cm² 时测定果实内在品质指标。用烘干法测定干物质，可溶性固形物含量用手持数显式测糖仪测定，采用蒽酮比色法测定果实总可溶性糖，采用 NaOH 中和滴定法测定果实可滴定酸含量，采用 2,6-二氯酚靛酚法测定维生素 C 含量，重复 3 次，测定方法参照李合生等[9]。所有数据测定后用 SPSS 22.0 分析软件采用 Dnucan's 新复极差法进行差异显著性检验。

2 结果与分析

2.1 零叶修剪对'翠玉'猕猴桃植株生长的影响

由表 2 可以看出，处理 A 的更新枝数量为三个处理中最大且显著（$p<0.05$）高于对照组 CK；二次枝长度也极显著（$p<0.01$）低于其余两组，二次枝粗度也为最大，但与其余两组处理间差异不显著。处理 B 更新枝长度极显著（$p<0.01$）高于其余几个处理，而几个处理的更新枝粗度之间差异不显著。表明零叶修剪对于降低猕猴桃二次枝萌发率和控制二次枝长度、

增加二次枝粗度有显著的效果。

表 2　夏季零叶修剪对'翠玉'猕猴桃植株生长的影响

Table 2　Effect of zero-leaf pruning on growth of 'Cuiyu' kiwifruit plants in summer

处理	更新枝长度/cm	更新枝粗度/mm	更新枝数量	二次枝萌发率/%	二次枝长度/cm	二次枝粗度/mm
CK	224.31 Bc	11.49 a	8.67 Bb	—	—	—
A	290.81 Aab	17.67 a	15.00 Aa	29.78 ab	12.86 Bb	10.57 a
B	388.25 Aa	15.02 a	14.00 Aa	39.45 a	39.58 Aa	10.41 a
C	305.25 Aab	15.41 a	13.00 Aa	25.93 b	47.79 Aa	9.64 a

注：表中大写字母表示该期同一指标在 $p<0.01$ 水平上差异显著，小写字母表示该期同一指标在 $p<0.05$ 水平上差异显著，下同。

Note: Capital letters in the table indicate significant level in $p<0.01$ and lowercase letters indicate significant level in $p<0.05$, the same below.

2.2　零叶修剪对'翠玉'猕猴桃果实品质的影响

由表 3 可以看出，处理 A、B、C 平均单果重均显著（$p<0.05$）高于对照组 CK，但处理 B、处理 C 的果实侧径均显著（$p<0.05$）低于对照组，不同处理的果实纵经、横径、果型指数、去皮硬度、横切果心纵横径之间均不存在显著性差异。表明夏季对旺盛结果枝进行零叶修剪或不同程度的短剪有利于改善树体光照条件，提高果实重量。

表 3　夏季零叶修剪对'翠玉'猕猴桃果实外观品质的影响

Table 3　Effect of zero-leaf pruning on fruit appearance quality of 'Cuiyu' kiwifruit plants in summer

处理	单果重/g	纵径/cm	横径/cm	侧径/cm	果形指数	去皮硬度/(kg/cm²)	横切果心大小 纵经/mm	横径/mm
CK	111.00 Ab	68.11 a	63.74 a	54.60 Aa	1.15 a	4.55 a	23.36 a	8.65 a
A	118.45 Aa	66.36 a	64.21 a	53.62 Aab	1.13 a	4.38 a	22.61 a	9.00 a
B	129.68 Aa	67.53 a	62.20 a	51.60 Ab	1.19 a	4.85 a	22.39 a	8.31 a
C	125.36 Aa	67.35 a	62.11 a	51.53 Ab	1.19 a	4.51 a	21.38 a	8.49 a

由表 4 可以看出，处理 B 果实可溶性固形物含量最低且极显著（$p<0.01$）低于其他几个处理，且处理 B 果实可滴定酸含量较高（但与其他几个处理差异不显著），导致其糖酸比极显著（$p<0.01$）低于对照组 CK。但是处理 A 与处理 B 的维生素 C 含量均显著（$p<0.05$）高于对照组。不同摘心处理的果实在干物质含量、可溶性糖总量、可滴定酸总量上均不存在显著性差异。

表 4　夏季零叶修剪对'翠玉'猕猴桃果实内在品质的影响

Table 4　Effect of zero-leaf pruning on fruit intrinsic quality of 'Cuiyu' kiwifruit plants in summer

处理	可溶性固形物/%	干物质/%	可溶性总糖/%	可滴定酸/%	糖酸比	维生素 C/(mg/100 g)
CK	13.25 Aa	15.00 a	7.60 a	1.11 a	6.85 Aa	108.8 Ab
A	13.14 Aa	14.46 a	6.90 a	1.05 a	6.57 Aab	119.1 Aa
B	11.60 Bb	14.45 a	7.10 a	1.10 a	6.45 Ab	121.8 Aa
C	12.67 ABa	14.48 a	7.10 a	1.07 a	6.64 Aa	97.1 Bc

注：表中数据均为果实软熟后测试结果。

Note: The data in the table are measured from ripe fruit.

2.3 零叶修剪对'翠玉'猕猴桃次年结果枝成枝及产量的影响

从表5可以看出处理A结果枝冬季修剪粗度为三个处理中最大值且显著（$p<0.05$）高于对照组CK，而次年结果枝长度、粗度、单株产量均极显著（$p<0.01$）高于对照组CK。而处理C次年结果枝长度、粗度均为最大值，但次年结果枝数量和成枝率均为最低值，极显著（$p<0.01$）低于对照组。表明猕猴桃旺盛结果枝进行夏季零叶修剪对与当年控梢、次年成枝、提高产量有明显的促进作用，而轻剪或不当修剪反而会抑制其次年结果枝成枝和产量。

表5 夏季零叶修剪对'翠玉'猕猴桃次年结果枝成枝及产量的影响
Table 5 Effect of zero-leaf pruning on quality of newborn canes and yield per plant of 'Cuiyu' kiwifruit plants in summer

处理	结果母蔓粗度/mm	翌年结果母蔓长度/cm	翌年结果母蔓粗度/mm	翌年结果母蔓数量	单株产量/kg
CK	15.28 ABb	91.39 Bb	14.26 Bb	8.33 Aab	15.13 Bb
A	18.50 Aa	121.59 Aa	18.00 Aa	8.50 Aab	21.66 Aa
B	17.26 Aa	114.42 ABa	16.43 ABab	9.50 Aa	18.64 Bb
C	14.08 Bb	127.00 Aa	18.85 Aa	5.00 Ab	15.29 Bb

3 讨论与结论

猕猴桃根系分布较广，枝梢生长旺盛，且冬夏季修剪量大，秋季果实采收带走较多树体养分，故猕猴桃对营养的需求水平较高[10-11]。通过合理的技术手段（施肥、环割和夏季修剪等），可以有效提高树体营养水平与光合产物的积累，增加果实品质与果树产量[12]。

关于猕猴桃零叶修剪和夏季修剪的时期，不少科研团队已有了探索，普遍认为猕猴桃的最佳零叶修剪时期为5~6月份，不同品种不同地区稍有差异。黄春辉等[4]通过对'金魁'猕猴桃盛花期前后不同时期零叶修剪，最终确定最佳零叶修剪时期为花后20 d±2 d（5月24日前后，江西奉新），且不同时期零叶修剪的果实平均单果重均显著高于对照组。王西锐等[13]认为'海沃德'猕猴桃的最佳零叶修剪时期为6月下旬至7月上旬（陕西西安）。徐小彪认为'Hort16A'的最佳零叶修剪时期为谢花后60 d（5~6月份），因为此时正值浆果迅速膨大期，果实基本定型，功能叶最大限度地有利于早期干物质积累。

而关于猕猴桃夏季修剪的方式，不同研究团队得出的结论略有差异。金方伦[5]对'贵长'猕猴桃采取不同留叶修剪方式，结果发现春梢留5~6片叶进行夏季修剪效果最好。陈永安等[6]对'华优'猕猴桃旺盛生长枝进行不同留叶夏季修剪，结果发现以捏尖处理综合效果最优，其次是强旺结果枝在结果部位之上留8~10叶进行摘心，再次是留5~7叶进行摘心，而强旺结果枝在结果部位之上留2~4叶摘心效果最差。李小莹等[14]和姚春潮等[15]以八年生'徐香'和'海沃德'猕猴桃为试材，研究了枝蔓不同夏季修剪对猕猴桃生长及结果的影响，结果均表明：强旺结果枝结果部位以上留7~8片叶摘心与捏尖处理在树体翌年萌芽及结果能力无明显差异；强旺结果枝结果部位以上留3~4片叶摘心处理果实产量较低、质量较差，翌年萌发及结果能力差，综合效果最差。

本试验在'翠玉'猕猴桃花后40 d（6月11日，四川彭州）对旺盛结果枝最上果不留叶进行修剪（即零叶修剪），结果该处理更新枝数量、平均单果重、果实维生素 C 含量、冬季结果枝粗度均显著高于对照组，而次年结果枝长度、粗度和单株产量均极显著高于对照组。表明零叶修剪对于降低猕猴桃二次枝萌发率和控制二次枝长度、增加二次枝粗度有显著的效果。

处理 B 的平均单果重、果实维生素 C 含量均显著高于对照组，但其果实可溶性固形物含量和糖酸比均极显著低于对照组，果实风味指标严重低于对照组。处理 C 的平均单果重显著高于对照组，但其次年成枝率和次年结果枝数量均极显著低于对照组。表明猕猴桃旺盛结果枝进行夏季零叶修剪对与当年控梢、次年成枝、提高产量有明显的促进作用，而轻剪或不当修剪反而会抑制其次年结果枝成枝和产量。但夏季对旺盛结果枝进行零叶修剪或不同程度的短剪均有利于改善树体光照条件，提高果实的平均单果重，这与金方伦[5]和黄春辉等[4]的研究结果相一致。

综上所述，夏季对'翠玉'猕猴桃旺盛生长枝进行零叶修剪能够增加更新枝数量，改善树体光照结构并提高树体营养状况，与对照组相比，显著（$p < 0.05$）提高了当年果实的平均单果重、果实维生素 C 含量和冬季结果枝粗度；同时能够一定程度上控制猕猴桃二次枝萌发率，提高二次枝长度、二次枝粗度和单株产量，并极显著（$p < 0.01$）高于对照组。夏季对'翠玉'猕猴桃旺盛生长枝进行零叶修剪的效果明显好于留 3 ~ 5 片叶和留 7 ~ 8 片叶修剪，是一种省工高效的猕猴桃夏季修剪方式。

参考文献　References

[1] 刘旭峰, 樊秀芳, 姚春潮, 等. 单株留芽量及结果母枝剪留长度对猕猴桃结果性能的影响[J]. 果树学报, 2003, 20（6）：463-466.

[2] PATTERSON K, BLATTMANN P, CURRIE M. Zero-leaf pruning: getting the balance right[J]. New Zealand kiwifruit journal, 2009（196）：20-22.

[3] 陈杰忠. 果树栽培学各论：南方本[M]. 北京：中国农业出版社, 2011：1.

[4] 黄春辉, 刘科鹏, 冷建华, 等. 不同"零芽"修剪时期对'金魁'猕猴桃果实品质的影响[J]. 中国南方果树, 2013, 42（4）：31-34.

[5] 金方伦. 不同修剪方法对猕猴桃新蔓发育和产量的影响[J]. 贵州农业科学, 2008, 36（5）：142-143.

[6] 陈永安, 陈鑫, 刘艳飞, 等. 夏季修剪对华优猕猴桃新蔓发育及结果的影响[J]. 江苏农业科学, 2013, 41（7）：157-158.

[7] 刘旭峰, 樊秀芳, 龙周侠, 等. 夏季修剪对秦美猕猴桃叶幕特性及结果的影响[J]. 西北农林科技大学学报（自然科学版）, 2003, 31（4）：106-108.

[8] 徐小彪. 新西兰 Hort16A 猕猴桃的主要特性及其夏季"零叶"修剪技术[J]. 中国南方果树, 2005, 34（6）：57.

[9] 李合生. 植物生理生化实验原理和技术[M]. 北京：高等教育出版社, 2000：1.

[10] CLARK C J, SMITH G S. Magnesium deficiency of kiwifruit（Actinidia deliciosa）[J]. Plant & soil, 1987, 104（2）：281-289.

[11] ROMBOLÀ A D, TOSELLI M, CARPINTERO J, et al. Prevention of iron-deficiency induced chlorosis in kiwifruit（Actinidia deliciosa）through soil application of synthetic vivianite in a calcareous soil[J]. Journal of plant nutrition, 2003, 26（10/11）：2031-2041.

[12] 彭永宏, 章文才. 猕猴桃异常落果的原因及防御对策研究[J]. 中国农业气象, 1994, 15（2）：5-7.

[13] 王西锐, 李永武, 李敏敏, 等. 猕猴桃'海沃德'规范化栽培技术[J]. 陕西农业科学, 2013, 59（3）：276-279.

[14] 李小莹, 刘占德, 龙周侠, 等. 夏季修剪对'徐香'猕猴桃生长及结果的影响[J]. 北方园艺, 2016（15）：44-47.

[15] 姚春潮, 刘占德, 熊晓军, 等. 三种夏季修剪方法对'海沃德'猕猴桃生长及结果的影响[J]. 北方园艺, 2017（13）：79-83.

Effect of Zero-Leaf Pruning on Growth and Fruit Quality of 'Cuiyu' Kiwifruit Plants

SONG Haiyan[1]   TU Meiyan[1]   LIU Chunyang[2]   CHEN Dong[1]
SUN Shuxia[1]   LI Jing[1]   JIANG Guoliang[1]

(1 Horticulture Research Institute of Sichuan Academy of Agricultural Sciences, Key Laboratory of Horticultural Crop Biology and Germplasm Creation in Southwestern China of the Ministry of Agriculture and Rural Affairs   Chengdu   610066;

2 Tea and Fruit Technology Popularizing Station of Dazhou   Dazhou   635000)

Abstract   Since it was introduced and cultivated in Sichuan in 2009, 'Cuiyu' kiwifruit has become one of the main varieties in high-altitude mountainous areas around Sichuan basin due to its great canker-resistance, good taste and suitableness for storage and transportation. However, during the planting process, we found that 'Cuiyu' has a flourishing tree vigor and strong branching ability which might cause a great contradiction between the treetop and fruits after fruit setting. If the swelling agent is not used, the weight of the single fruit is only 70-85 g, and the yield per unit area is only about 1 500 kg. In this test, the 7-year-old 'Cuiyu' kiwifruit variety was used as the sample to study the effect of the degree of pinching 20 days after flowering of fruiting canes on growth, development, yield and quality of the branches. The results showed that: (1) The 'zero-leaf pruning' was carried out for the flourishing fruiting tendrils of 'Cuiyu' kiwifruit 20 days after flowering (that is, the leaves under the last fruit on the fruiting canes were clearing out by pruning, and a maximum of 3 canes on each fruiting cane were left), the number, length and thickness of newborn canes increased by 73.02%, 29.65% and 53.79% respectively, comparing with CK (no pinching for the whole plant), and the mean fruit weight, content of vitamin C and yield of per plant increased by 6.71%, 9.47% and 10.22.%. If pinching is carried out continuously for 2 years by this method, the quality and plant yield of the fruiting canes will increase more significantly; (2) the pinching with 3 to 5 leaves left and 7 to 8 leaves left 20 days after flowering could also significantly improve the mean fruit weight, yield per plant and quality of newborn canes; however, the number, average length and thickness of secondary sprouted branches were significantly increased compared with that of the canes subject to 'zero-leaf pruning', the plant transmittance was lower, and leaf spot disease and other diseases were even worse; (3) the dry matter, soluble solids, total sugar, total acid content and sugar-acid ratio of the fruits were lower than that of CK after different degrees of pinching, and the most obvious treatment was that of the pinching with 3 to 5 leaves left, but the difference between 'zero-leaf pruning' and CK is not significantly.

Keywords   Zero-leaf pruning   'Cuiyu'   Fruit quality   Branches and canes

猕猴桃幼龄树最适土壤持水量研究*

邴昊阳 [1,2,**]　徐明 [1]　雷静 [2]　雷玉山 [1,***]

（1 陕西省农村科技开发中心　陕西西安　710054；2 陕西佰瑞猕猴桃研究院有限公司　陕西周至　710400）

摘　要　水分是影响猕猴桃生产的关键因素,掌握猕猴桃幼龄树生长发育阶段对水分的需求特点,对标准化建园至关重要。本研究通过大棚避雨盆栽,设置不同土壤持水量梯度,以美味系猕猴桃品种'徐香'和中华系品种'华优'为试材,对猕猴桃植株地上生物量、根系生长状况及抗逆性等相关指标进行分析。地上部分生物量随土壤持水量增加而显著增高,其中 85% 持水量处理较 95% 持水量处理差异不显著;75%～85% 持水量条件下猕猴桃幼树根系生长最佳,在低持水量处理和高持水量处理下,根系生物量和分布范围均有显著下降;过低或者过高的田间持水量都会对猕猴桃幼龄树的生长产生胁迫作用,45%～55% 持水量处理时猕猴桃幼树出现死亡,75%～85% 持水量处理时所受胁迫最小。适合猕猴桃幼龄树生长的土壤持水量为 65%～85%,'徐香'的最适土壤持水量为 83.21%,'华优'的最适土壤持水量为 82.43%。

关键词　猕猴桃　耗水量　土壤持水量

猕猴桃属于猕猴桃科（Actinidiaceae）猕猴桃属（*Actinidia* Lindl）,为浆果藤本落叶果树,目前在意大利、新西兰、中国、智利等国家都有广泛的栽培。相对于其他落叶果树而言,猕猴桃根系分布浅,叶片大而缺乏角质层保护,因而蒸腾作用旺盛;开春后的新枝生长量极大,而此后浆果迅速膨大,因而需水量大且较集中[1]。猕猴桃原产于温暖湿润、雨量充沛、阳光适宜地区,对环境条件要求高,适应范围较窄[2],使之在其自然进化过程中形成喜湿润、怕旱、不耐涝的习性,而我国气候环境复杂,雨水分布不均[3],这种周期性或难以预测的旱涝灾害降低了猕猴桃的生产潜力[4-5]。水是植物生长发育的一个重要环境因子[6],水分过量或亏缺都会引起植物体内一系列的生理生化反应[7],在缺水的状态下,植株的新梢生长也受到抑制[8],而植物遭受淹水首先反应气孔关闭、气孔导度下降,造成淹水植物光合作用迅速下降[9]。因此,掌握猕猴桃幼龄树生长发育阶段对水分的要求,对确保获得优质幼龄树至关重要[10]。国内蔚玉红[11]以不同浓度的营养液处理对徐香猕猴桃肥水吸收规律进行研究,通过叶面积变化来确定灌水量;彭永宏等[12]设置了 3 个不同持水量处理对成龄树的营养和生殖生长进行分析,得出最适土壤相对含水量为 65%～75%;其他大部分研究以生产经验为主,并不够系统和准确;国外种植环境相对优越,水资源充足,对猕猴桃需水规律方面少有研究。

本研究以秦岭北麓猕猴桃主栽区为对象,对主栽品种'徐香'（*A.chinensis* var. *deliciosa* 'Xuxiang'）和'华优'（*A.chinensis* 'Huayou'）幼龄树不同持水量梯度下的地上地下生物量及抗逆性指标进行详细分析,探讨其最适持水量,为进一步研究猕猴桃生育期需水规律做基础,这对明确猕猴桃生长周期中的一些关键时期如高温干旱或多雨季节树体的最适需水量具有重要的理论与实践意义,并为猕猴桃果园水肥一体化的实施提供更加科学的理论基础。

---

* 基金项目：国家科技支撑计划项目（2014BAD16B05-3）；陕西省科技统筹创新工程计划项目（2015KTZDNY02-03-01）。

** 第一作者：男,助理研究员,电话 13669223530,E-mail: binghaoyang@163.com

*** 通信作者：男,研究员,电话 13892826686,E-mail: leiyush@163.com

1 材料和方法

1.1 材料

本试验以美味系猕猴桃'徐香'和中华系猕猴桃'华优'两年嫁接苗为试材,2016年猕猴桃主栽区陕西周至县九峰镇西安猕猴桃试验站进行。试验站地理位置为 N 34°03′49.54″,E 108°26′41.44″,年均日照 1 993.7 h,≥10℃积温为 4 309～4 172℃,无霜期为 222～260 d,年平均气温 13.2℃,年均降水量 660 mm。试验在活动大棚中进行,避雨,无雨时开棚通风,采用控根器栽培并套袋防止水分渗出,盆直径 40 cm,高 40 cm,土深 30 cm,以砂质壤土与成品基质 3∶1 混匀后填充;采用单主蔓上架,以主干为中心呈放射状分布,6 月下旬修剪。试验设置 6 个田间持水量梯度(45%、55%、65%、75%、85%、95%)处理,每处理 10 株,每隔 3 天用便携式土壤湿度仪测定土壤含水量并计算灌水量,用量杯进行人工精确灌溉。

1.2 指标方法

(1)株高、茎粗用卷尺与游标卡尺测量,使用叶面积测量仪测定叶面积,株高和叶面积从嫁接成活后即 4 月 16 日开始每 10 d 测量一次,直至 6 月底摘心;茎粗一直测量到 9 月 15 日。

(2)根系生物量测定,于生育期结束后(9 月 15 日),用"水洗分离法"洗干净地下根系,测量根系纵深和平面直径,并分为粗根(直径大于 2 mm)和细根(直径小于 2 mm)[13],烘箱内 70℃ 经 48 h 烘干并称量干重。

(3)保护酶活性测定,过氧化氢酶(CAT)活性测定采用紫外吸收法[14];过氧化物酶(POD)活性测定采用愈创木酚法[15];超氧化物歧化酶(SOD)活性测定采用氮蓝四唑法[15]。

(4)丙二醛(MDA)活性测定采用硫代巴比妥酸法[15]。

1.3 数据处理

用 Excel 计算试验数据,SPSS 18.0 进行统计分析,用 SigmaPlot 12.3 软件作图。

2 结果与数据分析

2.1 不同水分梯度处理对猕猴桃幼龄树地上生物量指标的影响

2.1.1 对幼龄树株高的影响

如图 1(a)所示,从'徐香'株高可以看出,Xu85% 处理长势最快,在修剪前达到 137 cm,Xu45% 处理在 5 月 26 日仅高 26 cm 并停止生长,且出现萎蔫现象,Xu55% 处理从 5 月 26 日～6 月 16 日生长明显减缓,只增长了 11.67 cm;Xu65%～Xu85% 长势情况良好,其株高与土壤持水量成正比关系;Xu95% 因为灌水量过多,株高较 Xu85% 反而下降。在 6 月 16 日 Xu85% 较 Xu45%、Xu55%、Xu65%、Xu75%、Xu95% 株高分别提高了 435.00%($p<0.01$)、132.00%($p<0.01$)、29.65%($p<0.05$)、13.22%、3.01%。

如图 1(b)所示,'华优'HY95% 处理长势最快,在修剪前达到 152.75 cm;HY45% 与 HY55% 处理从 5 月 16 日～6 月 16 日之间生长缓慢,分别只增高了 6.17 cm 和 21.00 cm;HY65%～HY95% 长势情况良好,其株高与土壤持水量成正比关系;HY95% 处理较 HY45%～HY85% 处理分别提高了 213.87%($p<0.01$)、101.87%($p<0.01$)、24.52%($p<0.01$)、8.72%($p<0.05$)、2.00%。

2.1.2 对幼龄树茎粗的影响

如图 2(a)所示,在茎粗方面,Xu85% 处理增长最快,在 9 月份达到 9.31 cm,Xu45% 处理在 6 月 16 日仅有 4.64 cm。各处理在 6 月 6 日～7 月 26 日高温期间茎粗增长相对平缓,

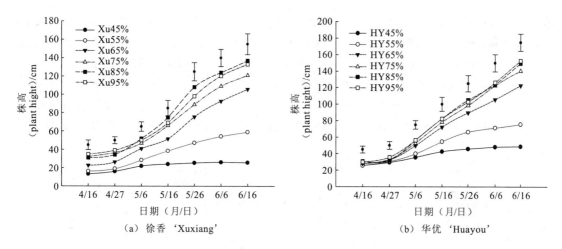

（a）徐香 'Xuxiang'　　　　　　　　　（b）华优 'Huayou'

图 1　猕猴桃幼龄树不同水分梯度下株高生长变化

Fig. 1　Growth variation of plant height in kiwifruit young trees under different water gradients

注：Xu45%～Xu95% 为'徐香'幼龄树田间持水量 45%～95% 的处理；HY45%～95% 为'华优'幼龄树
田间持水量 45%～95% 的处理，下同。

Note: Xu45%～Xu95% are the treatments of 45%～95% of the water-holding capacity of 'Xu xiang' young trees;
HY45%～HY95% are the treatments of 45%～95% of the water-holding capacity of 'Huayou' young trees, same as below.

平均增长了 9.89%，其中 Xu45% 死亡，Xu55% 和 Xu65% 处理基本停止生长，在 7 月 26 日～9 月 15 日期间生长速度加快，茎粗平均增长了 19.07%，在 9 月 15 日 Xu85% 茎粗为各处理中最大，分别较 Xu55%～Xu95% 处理提高了 34.20%（$p<0.01$）、22.31%（$p<0.01$）、2.49%、1.67%。

如图 2（b）所示，'华优'茎粗数据显示，HY85% 处理长势最快，在 9 月份达到 9.22 cm，其次为 HY95% 处理，增长至 8.83 cm，Xu45% 处理在 6 月 16 日仅有 6.13 cm；在 6～7 月高温期间 HY55%、HY65% 生长缓慢而 HY75%～HY95% 仍正常生长；在 9 月份 HY85% 处理较 HY45%～HY95% 处理分别提高了 31.00%（$p<0.01$）、21.51%（$p<0.05$）、9.43%、4.47%。

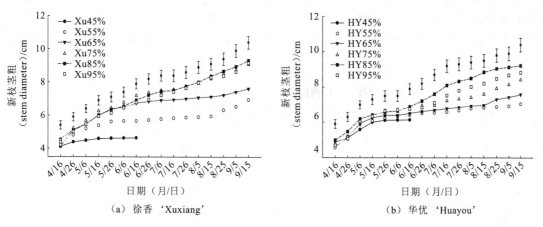

（a）徐香 'Xuxiang'　　　　　　　　　（b）华优 'Huayou'

图 2　猕猴桃幼龄树不同水分梯度下茎粗生长变化

Fig. 2　Variation of stem thickness of young kiwifruit trees under different water gradients

2.1.3　对幼龄树叶面积的影响

如图 3（a）所示，'徐香'叶面积数据显示，各处理叶面积于前 20 d 生长速度最快，平均增长了 57.61%，而后 30 d 只增长了 13.37%。Xu75% 处理平均叶面积最高，达到 64.35 cm²，之后依次为 Xu65%、Xu85%、Xu95%、Xu55%、Xu45%。Xu75% 较 Xu45%~Xu95% 处理分别提高了 59.56%（$p<0.01$）、42.86%（$p<0.01$）、12.08%、14.42%、23.27%（$p<0.05$）。

如图 3（b）所示，'华优'叶面积的数据显示，HY85% 处理平均叶面积最高，达到 71.32 cm²，之后依次为 HY75%、HY95%、HY65%、HY55%、HY45%。HY85% 叶面积较 HY45%~HY95% 分别提高了 73.99%（$p<0.01$）、25.14%（$p<0.05$）、16.65%、8.07%、11.16%（$p<0.05$）。

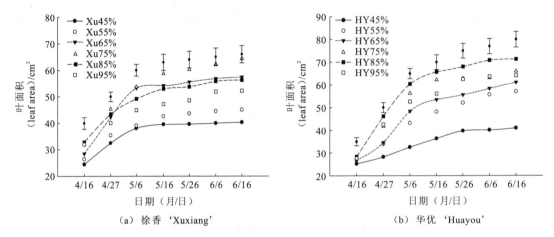

（a）徐香 'Xuxiang'　　　　　　　　　　　（b）华优 'Huayou'

图 3　猕猴桃幼龄树不同水分梯度下叶面积生长变化

Fig. 3　Change of leaf area under different water gradient of kiwi young tree

2.2　不同持水量处理对猕猴桃幼龄树根系生长的影响

由表 1、表 2 可以看出，'徐香'幼龄树根的长度在 Xu75% 持水量时达到最大值，为 49 cm，其次为 Xu65%，持水量增高和降低都呈下降趋势。Xu75% 的根长较 Xu55% 长 18.55%（$p<0.05$），较 Xu85% 和 Xu95% 分别长 34.86%（$p<0.05$）、88.46%（$p<0.05$）；'华优'HY65% 处理为根长最大值，达到 33 cm，较 HY55% 提高了 31.31%（$p<0.05$），较 HY75%~HY95% 处理分别提高了 11.86%（$p<0.05$）、17.86%（$p<0.05$）、50%（$p<0.05$）。从根系直径数据可以看出，'徐香'幼龄树各处理无明显差异，'华优'幼龄树随着持水量增加根横径略有增加，无显著差异。

表 1　'徐香'幼龄树不同持水量下根系生长情况

Table 1　Growth of root system of young 'Xuxiang' trees with different water holding capacity

处理（treatments）	根纵深（root depth）/cm	根横径（root diameter）/mm	粗根干重（thick root dry weight）/g	细根干重（fine root dry weight）/g
Xu55%	41.33±2.65 b	31.83±2.25 a	34.92±3.90 c	5.68±0.54 c
Xu65%	48.67±2.02 a	27.33±2.08 ab	37.18±3.96 c	10.15±1.28 b
Xu75%	49.00±1.73 a	32.17±1.76 a	58.05±4.33 b	14.11±1.65 a
Xu85%	36.33±3.06 bc	31.33±1.53 a	61.93±5.79 ab	16.53±0.84 a
Xu95%	26.00±1.53 d	33.67±0.58 a	71.78±6.11 a	12.46±1.02 ab

注：45% 持水量处理树死亡导致没有数据。不同小写字母表示同列间差异显著（$p<0.05$），下同。

Note：No data were available for the 45% water treatment tree deaths. The different small letters indicate the significant difference between the column（$p<0.05$），same as below.

表 2 '华优'幼龄树不同持水量下根系生长情况

Table 2　Growth of root system under different water holding capacity of young 'Huayou' trees

处理（treatments）	根纵深（root depth）/cm	根横径（root diameter）/mm	粗根干重（thick root dry weight）/g	细根干重（fine root dry weight）/g
HY55%	25.20±1.73 bc	23.33±2.08 b	24.24±4.68 c	5.76±1.09 c
HY65%	33.09±2.65 a	28.67±3.79 a	29.68±5.43 b	8.36±0.85 ab
HY75%	29.50±4.12 ab	29.25±1.26 a	30.98±3.48 b	8.68±0.40 ab
HY85%	28.04±1.41 ab	29.75±4.35 a	34.74±4.43 ab	10.21±2.00 a
HY95%	22.11±1.83 c	30.00±3.74 a	37.43±3.76 a	8.15±1.46 ab

从粗根（直径大于 2 mm）干重数据可以看出，随着持水量的上升，粗根干重有着明显上升，均在 95% 持水量处理达到最大值，'徐香'幼龄树 Xu95% 处理较 Xu55%～Xu85% 处理分别提高了 105.56%（$p<0.05$）、93.08%（$p<0.05$）、23.64%（$p<0.05$）、15.90%；'华优'幼龄树 HY95% 处理较 HY55%～HY85% 处理分别提高了 54.50%（$p<0.05$）、26.11%（$p<0.05$）、20.83%（$p<0.05$）、7.76%。'徐香'和'华优'幼龄树细根（直径小于 2 mm）干重均在 85% 持水量处理达到最大，分别达到了 16.53 g 和 10.21 g，分别较 95% 持水量处理提高了 32.64%、25.35%，差异显著；分别较 75% 持水量处理提高了 17.13%、17.62%，差异显著。

2.3　'徐香''华优'幼龄树不同水分梯度下抗逆性酶结果分析

从'徐香''华优'猕猴桃幼龄树 POD、CAT、SOD 抗逆性酶活性的图表可以看出（图 4），随着持水量的不同引起植株抗逆性胁迫，引起抗氧化保护酶活性的改变，随着干旱胁迫程度的加剧，酶活性也逐渐加强。随着土壤持水量的上升，抗逆性酶活性成 V 形曲线，在 45% 和 95% 持水量梯度表现出两个峰值；在 45%～75% 持水量之间随着土壤持水量的增加而酶活性降低，在 75%～85% 持水量达到最低值，而 95% 持水量使幼龄树产生涝害，根系呼吸受到抑制，抗逆性酶活性增高。Xu45% 和 Xu95% 的 POD 含量分别为 Xu85% 的 12 倍和 3 倍，HY45% 和 HY95% 的 POD 含量分别为 HY85% 的 8 倍和 2.5 倍；Xu45% 和 Xu95% 的 CAT 含量分别较 Xu75% 高 133.23%（$p<0.05$）和 68.44%，HY45% 和 HY95% 的 CAT 含

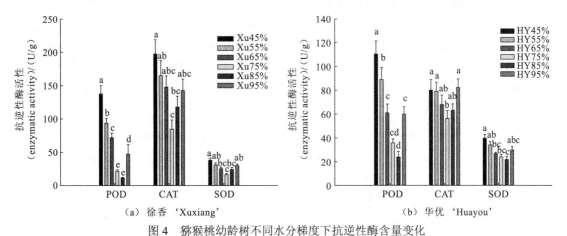

（a）徐香 'Xuxiang'　　　　　　　（b）华优 'Huayou'

图 4　猕猴桃幼龄树不同水分梯度下抗逆性酶含量变化

Fig. 4　Changes in resistance enzymes content of young kiwifruit tree under different water contents

注：不同小写字母表示差异显著（$p<0.05$），下同。

Note：The different small letters indicate the significant difference ($p<0.05$), same as below.

量分别较 HY75% 高 46.25%（$p < 0.05$）和 20.65%（$p < 0.05$）；Xu45% 和 Xu95% 的 SOD 含量分别较 Xu75% 高 134.90%（$p < 0.05$）和 83.80%（$p < 0.05$），HY45% 和 HY95% 的 SOD 含量分别较 HY85% 高 82.47%（$p < 0.05$）和 36.74%。

2.4 ‘徐香’‘华优’幼龄树不同水分梯度下 MDA 含量分析

由图 5 可以看出，各处理的 MDA 在 45% 持水量梯度时表现出最大值，MDA 值在 45%~75% 持水量之间随着土壤持水量的增加而含量降低，‘徐香’幼龄树在 75% 持水量时达到最低值，而‘华优’在 85% 持水量时达到最低值，当持水量达到 95% 时 MDA 含量升高。Xu45% 和 Xu95% 的 MDA 含量分别较 Xu75% 高 128.64%（$p < 0.05$）和 71.44%（$p < 0.05$），HY45% 和 HY95% 的 MDA 含量分别较 HY85% 高 77.88%（$p < 0.05$）和 32.34%。

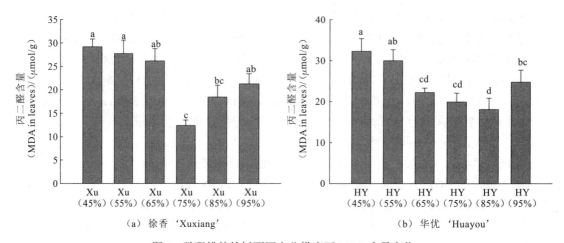

（a）徐香 'Xuxiang'　　　　　　　（b）华优 'Huayou'

图 5　猕猴桃幼龄树不同水分梯度下 MDA 含量变化

Fig. 5　Changes of MDA contents in kiwifruit young trees under different water gradients

2.5　主成分分析

对徐香（表 3）和华优（表 4）猕猴桃幼树的生物量及抗逆性等 11 个指标测定数据标准化处理后进行主成分分析，以特征值大于 1 为标准，徐香提取 2 个主成分，累计贡献率 92.06%，其中第一主成分的贡献率为 79.62%，决定第一主成分的主要是株高、茎粗、叶面积、细根重，抗逆性指标对第一主成分的影响也很大；第二主成分的贡献率为 12.44%，决定第二主成分的主要是粗根重和 SOD，株高、茎粗、根横茎对其影响也很大。华优提取 1 个主成分，贡献率为 88.05%，决定第一主成分的主要是株高，茎粗，叶面积，粗根重，细根重，抗逆性指标对第一主成分的影响也很大。

表 3　‘徐香’各主成分因子向量载荷系数、特征向量及方差贡献率

Table 3　Vector load factor, characteristic vector and variance contribution rate of 'Xuxiang' each principal component factor

指标（index）	向量载荷系数（vector load factor）		特征向量（characteristic vector）	
	第一主成分（principal component 1）	第二主成分（principal component 2）	第一主成（principal component 1）	第二主成分（principal component 2）
X1	0.936	0.235	0.107	0.172
X2	0.967	0.214	0.110	0.157

指标（index）	向量载荷系数（vector load factor）		特征向量（characteristic vector）	
	第一主成分（principal component 1）	第二主成分（principal component 2）	第一主成（principal component 1）	第二主成分（principal component 2）
X3	0.919	− 0.317	0.105	− 0.232
X4	0.521	− 0.797	0.060	− 0.583
X5	0.802	0.213	0.092	0.156
X6	0.856	0.505	0.098	0.369
X7	0.962	0.147	0.110	0.107
X8	−0.981	− 0.105	− 0.112	− 0.077
X9	−0.963	0.182	− 0.110	0.133
X10	−0.901	0.027	− 0.103	0.020
X11	−0.910	0.405	− 0.104	0.296
特征值（characteristic value）	8.758	1.368	8.758	1.368
贡献率（contribution rate）/%	79.62	12.44	79.62	12.44
累计贡献率（cumulative)/%	79.62	92.06	79.62	92.06

表 4 ‘华优’主成分因子向量载荷系数、特征向量及方差贡献率

Table 4　Vector load factor, characteristic vector and variance contribution rate
of 'Huayou' principal component factor

指标（index）	向量载荷系数（vector load factor）	特征向量（characteristic vector）
X1	0.963	0.099
X2	0.948	0.098
X3	0.986	0.102
X4	0.841	0.087
X5	0.930	0.096
X6	0.938	0.097
X7	0.992	0.102
X8	− 0.972	− 0.100
X9	− 0.829	− 0.086
X10	− 0.943	− 0.097
X11	− 0.965	− 0.100
特征值（characteristic value）	9.685	9.685
贡献率（contribution rate）/%	88.05	88.05
累计贡献率（cumulative)/%	88.05	88.05

　　由各主成分因子向量载荷系数及各主成分特征值可计算得到猕猴桃幼树不同持水量下的主成分得分（表 5）。经过回归分析，徐香猕猴桃幼树在持水量为 83.21% 时可取得最高得分，华优猕猴桃幼树在持水量为 82.43%。

表 5 ‘徐香’‘华优’不同持水量处理主成分得分

Table 5　Main component scores of different water holding treatment of 'Xuxiang' and 'Huayou'

处理 （treatment）	‘徐香’各主成分得分 （each principal component scores of 'Xuxiang'）		总得分 （total points）	排名 （ranking）	‘华优’主成分得分 （principal component scores of 'Huayou'）	排名 （ranking）
	第一主成分 （principal component 1）	第二主成分 （principal component 2）				
45%	− 4.859	0.109	− 4.188	6	− 5.375	6
55%	− 1.748	− 0.331	− 1.557	5	− 1.869	5
65%	− 0.044	− 1.202	− 0.201	4	0.781	4
75%	3.273	− 1.125	2.689	1	2.032	2
85%	2.277	0.655	2.058	2	3.078	1
95%	1.103	1.894	1.209	3	1.353	3

3　讨论

株高、茎粗、叶面积作为果树地上部分最基本的生物量指标，包含了主干、枝条、叶等果树光合作用的主要场所，是果树生态系统最基本的数量特征，是评价果树在特定时间内积累有机物质的功能指标[16]。通过这些指标可以反映出猕猴桃幼龄树在不同持水量梯度下的生长状况。本研究发现，‘徐香’和‘华优’猕猴桃幼龄树 85% 与 95% 持水量处理株高增长最快但无明显差异，且 95% 持水量处理在茎粗和叶面积的指标上均劣于持水量 85%、75% 的处理，45% 和 55% 持水量处理均在 6 月高温天气相继出现萎蔫并死亡，65% 持水量处理长势一般。这是因为 55% 田间持水量为维持猕猴桃幼树在夏季高温天气下生长的最低临界值，而 95% 田间持水量可能造成了幼树的徒长，在幼苗营养面积过小，光照不足而气温又较高的条件下，适当减少水分可抑制幼苗的徒长[17]，夏秀波等[18]研究表明，基质相对含水量为 95% 的番茄水分利用率降低，长势变弱，植株有徒长现象，与本研究结果相似。

根系作为果树的重要组成部分，研究果树根系的垂直和水平分布规律对了解果树群落的物质（水、肥、光）循环过程具有重要的意义，在不同土壤水分条件下根系的生长状况也明显不同，有研究表明，在土壤水分胁迫条件下，植株根系会发生形态分布或生理特征上的变化以适应水分胁迫[19-21]，轻度水分胁迫可以提高松树幼苗根系的生长能力，而重度水分胁迫会明显降低其根系数目[22]；而淹水胁迫首先影响果树根系的生理生化变化，进而导致果树整体的代谢过程，最终导致果树在形态和生长等方面的变化，既根冠比下降[23-25]，因此根系生长量的变化直观地反映了果树受淹情况的强弱。本研究发现 75%～85% 持水量条件下猕猴桃幼树根系生长最佳，在重度水分胁迫下和淹水胁迫下，根系生物量和分布范围均有显著下降，这与前人研究结果相似。

植物在正常生长条件下，其体内活性氧产生和清除处于动态平衡，当处于逆境胁迫下时，此平衡会受到破坏，大量活性氧积累引发膜脂过氧化，造成细胞膜透性的加大，使植物生长发育受到影响，此时 SOD、POD 和 CAT 作为植物重要的保护酶在植株体内形成了一套活性氧的清除体系，可以帮助植物清除体内活性氧成分[26-27]；MDA 是膜脂过氧化分解的产物，在一定程度上 MDA 含量的高低可以表示细胞膜脂过氧化的程度和植物对逆境条件反应的强弱。张仁和等[28]研究表明，干旱胁迫下玉米苗期叶片的 SOD、POD、CAT 活性先升高后降低，MDA 含量一直升高，说明干旱胁迫初期对保护酶活性升高有诱导作用。汤玉喜等[29]在美洲黑杨上研究表明，淹水胁迫下 MDA 含量明显上升，随着淹水胁迫程度加深，SOD 活性表现为依次上升趋势，POD 和 CAT 呈下降趋势。本研究表明，随着田间持水量的不同，猕猴桃叶片抗逆性酶含量有所差异，'徐香'和'华优'两个品种均以 45% 持水量处理最高，75%、85% 持水量处理最低，在 95% 持水量处理出现第二个峰值。表明过低或者过高的田间持水量都会对猕猴桃幼龄树的生长产生胁迫作用，当伤害超过植物的承受能力时，植物出现死亡（45%～55% 持水量处理），而徐香、华优猕猴桃幼龄树均在 75%～85% 持水量处理所受胁迫最小。

4 结论

'徐香''华优'猕猴桃幼龄树最适土壤持水量研究表明，适合猕猴桃幼龄树生长的土壤持水量为 65%～85%，低于 65% 会导致植株生长不良甚至死亡，高于 85% 会导致植株地上部分徒长，根系发育不良，'徐香'的最适土壤持水量为 83.21%，'华优'的最适土壤持水量为 82.43%。

参考文献 References

[1] 肖兴国. 猕猴桃优质稳产高效栽培[M]. 北京：高等教育出版社，1997：1.

[2] 彭永宏，章文才. 长江流域猕猴桃栽培地区生态条件的评价[J]. 中国果树，1995（1）：44-45.

[3] 冯佩芝，李翠金，李小泉. 中国主要气象灾害分析（1951—1980）[M]. 北京：气象出版社，1985：14-41.

[4] 张雯佳，郑少锋. 周至猕猴桃产业化发展问题浅析[J]. 陕西农业科学，2008（2）：138-140.

[5] 杜成印. 陕西猕猴桃产业发展的问题与建议[J]. 西北园艺（果树专刊），2013（3）：16-18.

[6] 山仑. 节水农业与作物高效用水[J]. 河南大学学报（自然科学版），2003，33（1）：1-5.

[7] 张继澍. 植物生理学[M]. 西安：世界图书出版公司，1999：381-382.

[8] LI S H, HUGUET J G, SCHOCH P G, et al. Response of peach tree growth and cropping to soil water deficit at various phonological stages of fruit development[J]. Horti sci, 1989, 64（5）：541-552.

[9] JDEV L, BEUKES D J, WEBER H W. Growth and quality of apples as affected by different irrigation treatments[J]. Horti sci, 1985, 60（2）：181-192.

[10] 黄宏文. 猕猴桃研究进展（Ⅵ）[M]. 北京：科学出版社，2011：1.

[11] 蔚玉红. '徐香'猕猴桃生长发育与肥水吸收规律研究[D]. 上海：上海交通大学，2010.

[12] 彭永宏，章文才. 猕猴桃生长与结实的适宜需水量研究[J]. 果树科学，1995，12（增刊）：50-54.

[13] NOGUCHI K, KONÃ′PKA B, SATOMURA T, et al. Biomass and production of fine roots in Japanese forests[J]. Journal of forest research, 2007, 12（2）：83-95.

[14] 郝建军，康宗利，于洋. 植物生理学实验技术[M]. 北京：化学工业出版社，2006：1.

[15] 邹琦. 植物生理学实验指导[M]. 北京：中国农业出版社，2000：1.

[16] BRUNNER I, GODBOLD D L. Tree roots in a changing world[J]. Journal of forest research, 2007, 12（2）：78-82.

[17] 王克磊，徐坚，朱隆静，等. 影响植物徒长的因素及其调控技术的研究进展[J]. 农业工程技术（温室园艺），2013（6）：62-62.

[18] 夏秀波，于贤昌，高俊杰. 水分对有机基质栽培番茄生理特性、品质及产量的影响[J]. 应用生态学报，2007，18（12）：2710-2714.

[19] 李文娆，张岁岐，丁圣彦，等. 干旱胁迫下紫花苜蓿根系形态变化及与水分利用的关系[J]. 生态学报，2010，30（19）：5140-5150.

[20] 韩希英，宋凤斌. 干旱胁迫对玉米根系生长及根际养分的影响[J]. 水土保持学报，2006，20（3）：170-172.

[21] KATO Y, OKAMI M. Root growth dynamics and stomatal behaviour of rice（Oryza sativa L.）grown under aerobic and flooded conditions[J]. Field crops research, 2010, 117（1）：9-17.

[22] VILLARSALVADOR P, OCAÑA L, PEÑUELAS J, et al. Effect of water stress conditioning on the water relations.root growth capacity, and the nitrogen and non-structural carbohydrate concentration of Pinus halepensis Mill.（Aleppo pine）seedlings[J]. Annals of forest science, 1999, 56（6）：459-465.

[23] 唐罗忠，徐锡增. 土壤涝渍对杨树和柳树苗期生长及生理性状影响的研究[J]. 应用生态学报，1998，9（5）：471-474.

[24] 董合忠，李维江，唐薇，等. 干旱和淹水对棉苗某些生理特性的影响[J]. 西北植物学报，2003，23（10）：1695-1699.

[25] 张晓磊，马凤云，陈益泰，等. 水涝胁迫下不同种源麻栎生长与生理特性变化[J]. 西南林业大学学报，2010，30（3）：16-19.

[26] REDDY A R, CHAITANYA K V, VIVEKANANDAN M. Drought-induced responses of photosynthesis and antioxidant metabolism

in higher plants[J]. Journal of plant physiology，2004，161（11）：1189-1202.

[27] GE Tida, SUI Fanggong, BAI Liping, et al. Effects of water stress on the protective enzyme activities and lipid peroxidation in roots and leaves of summer maize[J]. Journal of integrative agriculture，2006，5（4）：291-298.

[28] 张仁和，郑友军，马国胜，等. 干旱胁迫对玉米苗期叶片光合作用和保护酶的影响[J]. 生态学报，2011，31（5）：1303-1311.

[29] 汤玉喜，刘友全，吴敏，等. 淹水胁迫对美洲黑杨无性系保护酶系统的影响[J]. 中南林业科技大学学报，2008，28（3）：1-5.

Study on Optimum Soil Water Holding Capacity of Young Kiwifruit Tree

BING Haoyang[1, 2]   XU Ming[1]   LEI Jing[2]   LEI Yushan[1]

（1 Shaanxi Rural Science and Technology Development Center Xi'an 710054；

2 Shaanxi Bairui Kiwifruit Research Center Zhouzhi 710400）

Abstract   Water is the key factor to influence on the kiwifruit production. Relative to other deciduous fruit tree, kiwifruit have shallow root distribution and large leaves that lack of cuticle protection, water demand is large and more concentrated. The test varieties were two-year-old 'Xuxiang' (*A.chinensis* var. *deliciosa*) and 'Huayou' (*A.chinensis*) with six field water-holding gradients treatments (45%, 55%, 65%, 75%, 85% and 95%), and 10 strains per treatment. According to the analysis of aboveground biomass index. 'Xuxiang' and 'Huayou' kiwi young trees 85% and 95% water holding capacity treatment had the fastest growth but with no significant difference. According to the analysis of root biomass, the change of growth amount directly reflects the strength of the flooded condition of young trees,the root growth of young kiwifruit trees which under the condition of 75%-85% water holding capacity had the best expression. It is indicated that the field water holding capacity will have a stress effect on the growth of young kiwi trees when either too low or too high. When the injury exceeds the plant's ability to bear the plants may die (45%-55% water holding capacity). The 'Xuxiang' and 'Huayou' kiwi young trees were suffered the least stress when the water holding capacity was 75%-85%. Two cultivars of 'Xuxiang' and 'Huayou' show slightly different response to different water holding gradients. The soil water holding capacity for kiwifruit young trees is 65%-85%, the optimum value of 'Xuxiang' is 83.21%, and the optimal value of 'Huayou' is 82.43%.

Keywords   Kiwi   Water threshold   Water holding capacity

浅谈西南地区软枣猕猴桃栽培现状

曾文静 [1,2] 范晋铭 [1] 周原 [1]

(1 四川省益诺仕农业科技有限公司 四川雅安 625000；2 赣州市农业科学研究所 江西赣州 341000)

摘 要 软枣猕猴桃（*Actinidia arguta*）自 2012 年始在长江以南地区进行商业化种植，西南地区是目前长江以南最大的软枣猕猴桃产区，据不完全统计，现栽培面积约为 35 hm²，主栽品种有'绿迷一号''红迷一号''紫迷一号''益香''益玉''益绿'。通过多年数据的积累，本文从主栽品种特性、物候期、主要病虫害、采收与采后四个方面阐述了西南地区软枣猕猴桃栽培现状，并以商业生产和市场需求的角度展望了西南地区软枣猕猴桃基础研究与应用研究的发展方向。

关键词 软枣猕猴桃 西南地区 栽培 品种

软枣猕猴桃（*Actinidia arguta*），又名奇异莓（kiwiberry，hardy kiwifruit），为猕猴桃科猕猴桃属的植物。其个头只有草莓大小，亩产量高，经济价值显著。可不用剥皮直接食用。软枣猕猴桃富含维生素 C、叶黄素和各种营养元素。很多软枣猕猴桃商业化种植品种比'海沃德'富含 Ca、Mg、Fe、Zn 等营养元素。

雅安位于四川盆地西缘、成都平原向青藏高原的过渡带，地理坐标介于北纬 28°51′10″ ~ 30°56′40″，东经 101°56′26″ ~ 103°23′28″ 之间，属于亚热带湿润季风气候区。年均气温 14.1 ~ 17.9℃，降水多、湿度大、日照少。多数县年降水 1 000 ~ 1 800 mm，是四川降水量最多的区域。降水集中于夏季，多夜雨。其中：雨城区年均温 16.2℃，一月均温为 6.1℃，七月均温为 25.4℃；年降水量 1 250 ~ 1 750 mm；日照 1 005 h。全市河谷带无霜期 280 ~ 310 d。

该地区自 2012 年来，从欧洲成功引进了 8 个软枣猕猴桃在雅安市雨城区进行试种，系统地筛选出适合本地规模种植的 6 个特色品种，实现了四川省内首次从国外引进软枣猕猴桃品种并成功种植的零突破。

1 主栽品种特性

1.1 '绿迷一号'

果实扁卵圆形，果皮绿色，有时在向阳面会带有红棕色，果肉绿色，单果重 8 ~ 13 g，果实生理成熟后可溶性固形物可达 20% 以上，固酸比约 11，酸甜可口，软溶质，果汁多，有蜂蜜味，果香味浓。盛果期亩产 1 000 kg。果实成熟期为 7 月下旬至 8 月上旬。

1.2 '红迷一号'

果实呈椭圆形，果皮绿色，有部分红晕，喙端微尖凸，喙端红色坚硬，果肉稍带白色，单果重量 9 ~ 10 g。果实生理成熟可溶性固形物 20% 以上，少数高达 30%，固酸比约 18，口感很甜。能耐受 -30℃ 低温，盛果期亩产 1 000 kg。果实成熟期为 8 月中下旬。

1.3 '紫迷一号'

果实呈椭圆形，喙端尖凸，果皮绿色，果肉绿色，后熟过程中果皮和果肉逐渐变成紫红色，单果重 10 ~ 12 g，果实生理成熟可溶性固形物可达 20% 以上，固酸比约 17，口感香甜，有玫瑰香葡萄的风味,丰产期亩产 1 500 kg,果实成熟期为 8 月上中旬。

1.4 '益玉'

果实椭圆形,果皮薄,果皮果肉均为绿色,单果重 8~12 g,果实生理成熟可溶性固形物约 18%,固酸比 17,果实甘甜,基本无酸味,籽稍大,可耐受 -30℃ 的低温。果实成熟期为 8 月上中旬。

1.5 '益绿'

果实呈圆柱形,果皮及果肉均为绿色,单果重 4~7 g,口感甜,糖度高,果实生理成熟可溶性固形物最高可达 24% 以上,固酸比约 17,植株生长迅速,从种植第二年即可以产果,丰产期单株挂果量在约 20 kg。可耐受 -25℃ 的低温。果实成熟期为 8 月下旬。

1.6 '益香'

果实呈椭圆形,果皮绿色,果肉黄绿或白绿相间,中心黄色或白色,边缘绿色,可自花授粉,单果重 4~11 g,果实生理成熟可溶性固形物 20% 以上,固酸比 9,维生素 C 含量高达 3 mg/g 以上,口感酸甜,有柠檬清香味。能耐受 -22℃ 低温。果实成熟期为 8 月下旬至 9 月上旬。

2 病虫害

2.1 病害

(1)褐斑病。发病症状:主要危害叶片,发病初期形成近圆形黄绿色病斑,后变成褐色小圆斑,病斑边缘有退绿晕环,中心灰色,有轮纹。后期由叶缘沿次叶脉向内以褐色小圆斑形式向中轴叶脉扩散,病斑常结合在一起,导致叶片枯死破裂和落叶。

(2)根腐病。发病症状:全株树叶萎蔫,有时根部有恶臭或糟味,毛细根变褐色,有时变蓝紫色,韧皮部易脱落,木质部变成黄褐色,一般发生在地势低洼、地下水位高的地块。

(3)煤污病。发病症状:一般在发生在果实表面,分蝇粪状斑点和黑色霉层两种表现形式。其中,蝇粪状斑点无法用湿纸巾擦除,而黑色霉层则可以。病原为子囊菌门裂盾菌属仁果裂盾菌(Schizothyrium pomi)。

(4)炭疽病。发病症状:主要从枝条基部叶片开始发病,病斑多见于叶缘,发病初期在叶缘形成深绿色水渍斑,同时向叶脉中轴蔓延,形成棕黑色病斑,后期病斑中心变成灰黑色,病健分界明显,叶片不破裂,干燥条件下导致大量叶片脱落,造成植株"光干"现象。常发生在 6~8 月。

2.2 虫害

(1)蝗虫。以成虫和若虫危害叶片为主,特别是嫩叶,因此常常发生在培育幼苗的温室大棚中,啃食叶片造成叶片缺刻症状,时常可以在缺刻叶片周围发现半透明的蝗虫蜕下的皮。常在 6~8 月发生。

(2)温室白粉虱。常在温室发生,以危害叶片为主,成虫和若虫吸食植物汁液,被害叶片形成大量褪绿、变黄的小斑点。常在 6~8 月发生。

(3)叶蜂。以幼虫危害叶片、成虫危害果实为主,成虫产卵于叶背面,卵孵化成幼虫后从叶背面啃食叶肉,保留叶片上表皮,使叶片成窗花状。常在 4~8 月发生。

(4)粉蚧。以成虫和若虫危害树枝为主,成虫和若虫均可刺吸树干汁液,被害处出现许多褐色圆点其上附着白色蜡粉。常在 4~8 月发生。

(5)肖叶甲类。以成虫危害叶片以及果实为主,成虫啃食叶片,导致叶片形成缺刻,甚至蚕食整个叶片。成虫啃食果实，导致果实表面短线条斑。影响果实商品性。常在5~7月发生。

（6）根结线虫。根部形成单个或成串的近圆形根瘤，或者数个根瘤结合成根结团。受害初期根瘤小，根瘤的颜色与根系相同，根瘤表面光滑，后期变成根瘤则变成浅褐色，再深褐色，直至腐烂。受害植株树势衰弱，发梢少且纤弱。

（7）蝙蝠蛾。以幼虫蛀食用木质部危害，蛀入时先吐丝结网，将虫体隐蔽，然后边蛀食边将咬下的木屑送出，粘在丝网上，最后连缀成包，将洞口掩住。卵在地面或幼虫在枝干髓部越冬，次年开始孵化，因此，在3月中旬至6月下旬，经常在枝条上发现被幼虫从髓部送出连缀成包的木屑。

3 采收与采后

生理成熟度和采摘成熟度不同。

采摘标准是在口感良好的情况下，能够采摘的最低糖度值。这样既能最大限度地延迟货架期又能保证果实的口感。因此，不同的品种最佳采摘糖度不同，准确数值还在探索中，但经过多年的生产经验总结，以上主栽品种可溶性固形物在6%以上，便达到采收成熟度，即可采摘。

采摘后最好在2 h内进入冷库，之后对果实进行分选，选择无机械损伤，无病虫害的，贮藏温度1~3℃，可贮藏30 d左右。

4 展望

全年营养需求不够明确，特别是缺乏中微量元素的需求的基础研究。根据前人研究，软枣猕猴桃生长期叶片营养变化的趋势与美味猕猴桃（A.deliciosa）叶片相似，因此Fuzzy kiwi的生产营养需求规划可能应用于软枣猕猴桃。通过观测5个软枣猕猴桃品种成熟叶片的营养元素，在软枣猕猴桃生长季节中，成熟叶片K的含量表现出下降趋势，而Ca、Mg和B表现出上升的趋势，N、P、Cu、Zn开始呈下降趋势，后期呈平稳或轻微上升趋势；但S、Fe、Mn在品种间趋势不同，没有统一明显的规律性。

软枣猕猴桃作为一种近十几年新型商业化种植的水果，在病虫害发生时，时常缺乏相关病虫害的鉴定，供绿色防治和相关病害田间药效防治试验的应用研究等作参考。

采后保鲜，包装保鲜，气调贮存的应用研究。软枣猕猴桃采后保鲜剂研究较多，如使用1-MCP、茉莉酸甲酯、水杨酸和改良谷胱粉膜处理延缓果实衰老。软枣猕猴桃果小皮薄，在实际采摘以及采后清洗分选过程中，极其容易造成机械损伤，大大增加了次果率，因此研发软枣猕猴桃采摘以及采后清洗分选设备与优化软枣采摘和采后流程非常重要。

开发适宜于南方山地坡地的微型农机的应用研究。南方避雨栽培。南方因温暖气候的原因可以与北方软枣猕猴桃上市时期错开，填补全年供应的空白，然而南方地势不平坦，雨水多，对软枣猕猴桃栽培是巨大的挑战，因此研究南方软枣猕猴桃设施栽培，开发适宜于南方的软枣猕猴桃果园的微型农机，将农艺和农机有效结合，减轻农业从业者的劳动强度，提高劳动效率，在当下农业劳动人口老龄化的趋势下，对全国软枣猕猴桃产业有重要意义。

A Brief Discussion on the Current Situation of Chinese Gooseberry Cultivation in Southwest China

ZENG Wenjing[1,2]   FAN Jinming[1]   ZHOU Yuan[1]

（1 Innofresh Agricultural Science and Technology Development Co., Ltd.   Ya'an   625000;

2 Ganzhou Institute of Agicultural Sciences   Ganzhou   341000）

Abstract   Kiwiberry（*Actinidia arguta*）has been Commercialized cultivation since 2012 in the south of the Yangtze River. Southwest China is the largest producing area of kiwiberry in the south of the Yangtze River. According to incomplete statistics, its cultivation area is about 35 hm^2, The main varieties include 'Lümi1', 'Hongmi1', 'Zimi1', 'Yixiang', 'Yiyu' and 'Yilü'. Through the accumulation of data for many years, the present situation of kiwiberry cultivation in Southwest China was expounded from four aspects: characteristics of main varieties, phenology, main diseases and pests, harvest and post harvest, and the development direction of basic research and application of kiwiberry in Southwest China was prospected in terms of commercial production and market demand.

Keywords   Kiwiberry   Southwest China   Cultivation   Varieties

提高'红阳'猕猴桃萌芽率的初探

李天勇　张月霞　陈秀兵

(四川国光农化股份有限公司　四川成都　610100)

摘　要　用不同处理对红阳猕猴桃进行提高芽萌发率的试验。结果表明：红阳猕猴桃萌芽前，用"优丰 1 500 倍 + 稀施美 600 倍"全株喷雾能显著提高萌芽率，萌芽率为 71.14%，而对照仅为 46.69%。

关键词　'红阳'　萌芽率　探讨

在'红阳'猕猴桃种植区域，由于栽培管理、早期落叶、低温冻害的影响，猕猴桃萌芽率低，出现空芽现象，对猕猴桃生产造成严重影响。春季促进猕猴桃结果母枝上潜伏芽、副芽的萌发对实现'红阳'稳产具有重要意义。

1　材料与方法

1.1　材料

试验药剂采用四川国光农化股份有限公司生产的优丰（0.1% 三十烷醇微乳剂）。

稀施美（氨基酸≥100 g/L，$Cu + Fe + Mn + Zn ≥ 20$ g/L）。

试验品种为'红阳'猕猴桃，树龄 8 年；试验地于四川省蒲江县复兴镇。

1.2　方法

处理 1：优丰 1 500 倍 + 稀施美 600 倍。处理 2：清水对照。

2017 年 3 月 3 日，在'红阳'萌芽前，用不同处理整株喷雾。单株小区，每处理重复三次，每棵树两个主蔓的两侧分别标记 1 个结果母枝，即每棵树标记 4 个结果母枝。统计总芽数。

2017 年 4 月 1 日，统计萌芽数。用萌芽率分析"优丰 + 稀施美"对萌芽的影响。萌芽率 = 萌芽数 / 总芽数×100%。

2　结果与分析

从表 1 可以看出，在'红阳'萌芽前（芽体初萌动），用优丰 1 500 倍 + 稀施美 600 倍全株喷雾，萌芽率为 71.14%，显著高于对照的 46.69%。

表 1　不同处理下红阳猕猴桃的萌芽率

处　理	萌芽率/%	5% 显著水平	处　理	萌芽率/%	5% 显著水平
处理1（优丰 + 稀施美）	71.14	a	处理2（清水对照）	46.69	b

3　讨论

影响猕猴桃萌芽率低的主要因素有前一年秋季的早期落叶、栽培管理、低温冻害。在'红阳'种植区，前一年猕猴桃树早期落叶是猕猴桃萌芽率低的主要原因。'红阳'种植在海拔低于 500 m 的区域早期落叶比较严重，褐斑病和高温干旱是引起早期落叶的主要原因。'红阳'

的叶片脱落，不能为树体制造有机养分，而脱落叶片的芽体抽发新梢，消耗树体内的养分，这就导致第二年结果母枝上的"空芽率"升高。

春季猕猴桃芽体萌动前一周，"优丰1500倍＋稀施美600倍"全株喷雾能显著提高萌芽率。因为优丰（0.1%三十烷醇微乳剂）是植物生长调节剂，可调节光合产物和养分的分配和累积作用，从而促进结果母枝上芽体整体萌发，减少空芽。稀施美主要是补充氨基酸和微量元素。

4　结论

'红阳'猕猴桃萌芽前，用"优丰1500倍＋稀施美600倍"全株喷雾能显著提高萌芽率，萌芽率为71.14%，而对照仅为46.69%。

Research of the Promotion of Bud Germination Rate of 'Hongyang' Kiwifruit

LI Tianyong　　ZHANG Yuexia　　CHEN Xiubing

（Sichuan Guoguang Agrochemical Co., Ltd.　Chengdu　610100）

Abstract　Different treatments were used to improve the germination rate of 'Hongyang' kiwifruit. The results showed: Before emergence of 'Hongyang' kiwifruit, the germination rate of 'Hongyang' kiwifruit was significantly improved with 'youfeng 1 500 times + xishimei 600 times' spraying, was 71.14%, but the water contrast was 46.69%.

Keywords　'Hongyang'　Germination rate　Research

夏季遮阴对猕猴桃果园温湿度与土壤温度及开花的影响

高磊 罗轩 张蕾 陈庆红

（湖北省农业科学院果树茶叶研究所 湖北武汉 430064）

摘 要 低海拔地区夏季高温强光危害猕猴桃的生长，连续两年的遮阴试验表明遮阴有降温增湿的作用。在高温强光天气下，遮阴后的冠层表面及下部正午前后的空气温湿度变化相对平缓，最高温比对照降低 3.5℃，相对湿度最大提高 7.6%；遮阴也降低了不同深度的土壤温度，5 cm 深度的最高温度可降低 4.7℃。65% 的遮阴降低了美味猕猴桃'金魁'翌年的萌芽率，但对其开花没有影响；对中华猕猴桃'金农'的萌芽率没有影响，但降低了它的花量。

关键词 猕猴桃 遮阴 空气温度 相对湿度 土壤温度 开花

猕猴桃隶属猕猴桃科（Actinidiaceae）猕猴桃属（*Actinidia*），原产中国，1904 年从湖北宜昌传至新西兰，从野生到人工驯化栽培 110 余年，产业发展迅速[1]。据报道，2015 年底我国猕猴桃栽培面积达 $25 \times 10^4 \text{ hm}^2$，已远超意大利、新西兰等国家[2]。

当前猕猴桃属经济栽培价值较大的主要是中华猕猴桃原变种（*Actinidia chinensis* var. *chinensis*）和中华猕猴桃美味猕猴桃变种（*Actinidia chinensis* var. *deliciosa*）。这两个变种原产于温暖湿润、雨量充沛、阳光适宜地区（主要是山地），其叶片肥大，输导组织和气孔发达，蒸腾强烈，耗水量大，而低海拔地区却不同程度地存在高温干旱强光危害的问题。尤其是夏季 6~8 月份，最高气温可达 40℃ 以上，伴随着强光干旱，往往造成落叶落果，甚至死树，并影响次年开花结果及树体生长，对猕猴桃的栽培生产造成重大伤害[3-4]。而在夏季高温干旱强光时遮阴是减少猕猴桃逆境伤害的措施之一[5-6]。本试验分析了遮阴对猕猴桃园区中的空气温度、相对湿度、不同深度土壤温度的影响，以及对翌年萌芽与开花的影响，初步探讨遮阴在减少猕猴桃夏季高温强光等逆境伤害上的作用。

1 材料与方法

1.1 试验材料与处理方法

试验园区位于国家猕猴桃种质资源圃（武汉）（湖北省武汉江夏区金水闸，海拔 49 m），遮阴处理园区长 110.0 m，宽 20.0 m，起垄栽培，平顶大棚架式，行间距 5.0 m。用聚乙烯黑色遮阳网（台州遮阳网厂，遮光率 65%），遮阳网距地平面高度约 3.5 m，遮阳网距冠层约 1.0 m。其中园区一端留有 20.0 m 长的不遮阴区域，作为试验的对照。2017 年遮阴从 7 月 3 日开始，于 10 月 10 日去除；2018 年遮阴从 6 月 29 日开始。

1.2 温湿度与土壤温度测量

空气温度和相对湿度测量使用温湿度计（上海精创电气股份有限公司）。以猕猴桃垄平面为参考基准，测量冠层上（高度 3.5 m）、冠层表面（高度 2.5 m）、冠层下（高度 1.5 m）数据。

不同土层土壤温度测量使用地温计（河北武强仪表厂），测量 5 cm、10 cm、15 cm、20 cm

与 25 cm 土层的土壤温度。选择非树冠下（阳光可直射地表）无草覆盖的地方作为测量点。

分别在 2017 年 7 月 26 日（持续高温天气期间）与 2017 年 8 月 4 日（降温后）以及 2018 年 7 月 17 日（开始高温天气），做了三次测量，采集 10:00、12:00 及 14:00 时的数据，每个时间点数据重复测量三次。

1.3 翌年萌芽与开花观察统计

选择美味猕猴桃'金魁'与中华猕猴桃'金农'为观察对象，遮阴与对照均分别随机选择三棵树，每棵树选择外围发育良好的结果母枝，统计 2018 年的萌芽率与开花数。花序按数量为 1 朵花计数。

1.4 数据分析

实验数据使用 SAS（version 8.1，SAS Institute，Cary，NC）软件进行方差分析，并用 t 测验（Student's t-test）比较遮阴和对照间的差异显著性。*、**、***分别表示 $p < 0.05$、$p < 0.01$、$p < 0.001$ 差异水平。

2 结果与分析

2.1 遮阴对空气温湿度的影响

从 2017 年 7 月 26 日测得数据来看（图 1（a）~（c）），由于 3.5 m 高度紧靠遮阳网，14:00 的最高温度和对照差异不明显。除此之外，冠层表面和下部的空气温度在 10:00~14:00 相对于对照组保持一个很平缓的升高趋势，12:00 与 14:00 的空气温度与对照差异极显著（$p < 0.01$ 或 $p < 0.001$），最高温比对照低 3.5℃（冠层表面 14:00）。在冠层下，遮阴后的空气温度较稳定。处理组和对照组的空气相对湿度在 10:00~14:00 均呈现下降趋势，但是在冠层表面及下部，遮阴后的空气相对湿度下降程度低于对照，冠层表面与下部 14:00 的空气相对湿度分别比对照高出 7.3% 与 7.0%，差异显著（图 1（b）~（c））。

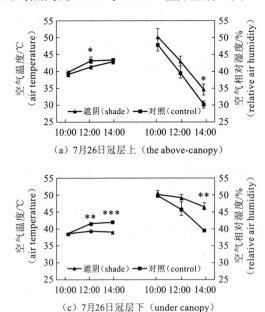

（a）7月26日冠层上（the above-canopy）

（c）7月26日冠层下（under canopy）

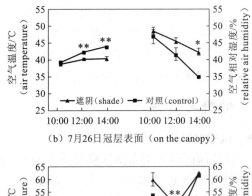

（b）7月26日冠层表面（on the canopy）

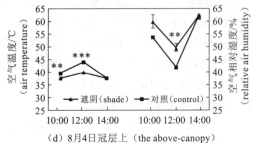

（d）8月4日冠层上（the above-canopy）

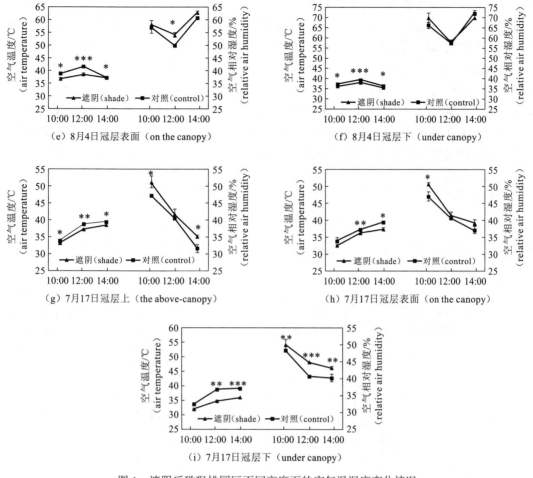

图 1　遮阴后猕猴桃园区不同高度下的空气温湿度变化情况

Fig.1　Dynamic changes of air temperatures and relative humidity in different heights of

shaded and unshaded kiwifruit orchard

注：星号表示同一时间点，遮阴与不遮阴的空气温度或相对湿度的差异显著性（$^*p<0.05$、$^{**}p<0.01$ 和 $^{***}p<0.001$）。

Note: The values are means ± SD of three biological replicates, asterisks indicate a significant difference between the shaded and controlled kiwifruit orchard at the same time, respectively（$^*p<0.05$、$^{**}p<0.01$ and $^{***}p<0.001$）.

2017 年 8 月 4 日的测量结果与 7 月 26 日相似，但是遮阴的降温效果在上午 10:00 就已明显，与对照差异显著。在 14:00 前后，天气突变为阴天状态，气温下降，空气湿度升高，测量数据也反映出对应的变化（图 1（d）～（f））；但遮阴处理的冠层表面及冠层下，14:00 的空气温度仍然低于对照，差异显著。

2018 年 7 月 17 日所测得的空气温湿度变化趋势与 2017 年 7 月 26 日相似，整体温度低于去年；遮阴后冠层下的空气相对湿度极显著高于对照，增湿作用明显（图 1（i））。

本试验中"冠层上"即为遮阳网所处的高度，此处所测得的温湿度数据与对照差异较小，所以，遮阳网与猕猴桃冠层保持一定的距离是必要的。

2.2 遮阴对不同深度的土壤温度的影响

遮阴不同程度地降低了猕猴桃园区不同深度的土壤温度。不遮阴的园区土壤温度基本都极显著高于遮阴园区，2017 年 7 月 26 日最高温可达到 41.8℃，比同时段遮阴处理的高 3.2℃；遮阴与对照 5 cm 土层深度的土温在 12:00 达到最大差异为 4.7℃（图 2（a））。8 月 4 日的土壤温度变化趋势与 7 月 26 日相似，在整体气温下降后，表层土壤的最高温度也降低，但遮阴仍然有降低土壤温度的作用；同 12:00 相比，14:00 的天气变化对表层土壤温度略有影响（图 2（b））。2018 年测量数据显示，10:00～14:00，遮阴与对照组 5 cm 土层的土壤温度均差异极显著，对照组温度一直处于高位，变化很小（图 2（c））。

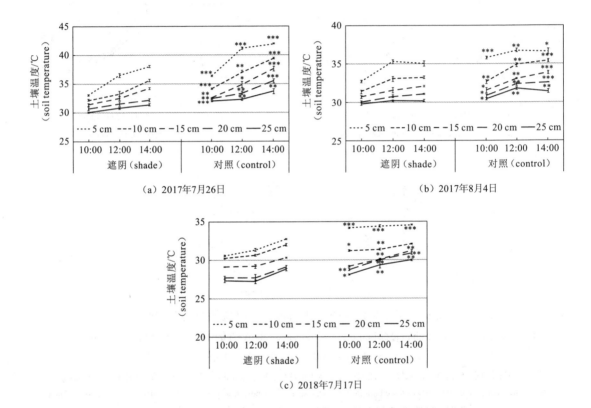

（a）2017年7月26日　　　　　　　　　　　　　（b）2017年8月4日

（c）2018年7月17日

图 2　遮阴后猕猴桃园区不同深度的土壤温度变化情况

Fig. 2　Dynamic changes of soil temperature at various depths of shaded and unshaded kiwifruit orchard

注：星号表示同一时间点同一土层深度，遮阴与不遮阴的土壤温度的差异显著性（$^*p<0.05$、$^{**}p<0.01$ 和 $^{***}p<0.001$）。

Note: The values are means ± SD of three biological replicates, asterisks indicate a significant difference between the shaded and controlled kiwifruit orchard at the same time and depths（$^*p<0.05$、$^{**}p<0.01$ and $^{***}p<0.001$）.

2.3 遮阴对猕猴桃翌年萌芽与开花的影响

从统计数据来看，夏季遮阴（65% 遮光率）降低了'金魁'翌年的萌芽率，对'金农'的萌芽率没有影响；65% 遮阴对'金魁'翌年的开花没有影响，但降低了'金农'的花量，不过在统计学上并未达到显著差异（表 1）。

表 1　夏季遮阴对 2 个猕猴桃品种翌年萌芽、开花的影响

Table 1　Effect of overhead shading on budding and flowering of 'Jinkui' and 'Jinnong' in the following year

品种（cultivar）	萌芽率（budding rate）/%		每个冬芽开花数（number of flowering per winter bud）/朵	
	遮阴（shade）	对照（control）	遮阴（shade）	对照（control）
金魁 'Jinkui'	55.77±0.05	62.44±0.03	3.00±0.25	3.06±0.13
金农 'Jinnong'	82.29±0.05	81.50±0.03	3.18±0.34	3.49±0.26

3　讨论

武汉夏季 6 月底至 8 月初，常有 40℃ 以上的高温伴随强光干旱，对猕猴桃的生长十分不利，猕猴桃叶片极容易萎蔫甚至落叶，也易造成果实日灼。试验显示，相对于未遮阴处理，遮阴可以有效防止日灼伤害，降低园区猕猴桃冠层附近的气温，提高空气相对湿度，降低土壤温度，这在晴朗天气下表现更为明显。在 7 月份持续高温晴朗天气下，有遮阴设施的猕猴桃园可以每隔 3 d 适当喷灌一次，但未遮阴园区则要每天喷水。而本试验在国家猕猴桃种质资源圃（武汉）进行，遮阴能使品种资源安全应对夏季高温强光的胁迫。前人也做过猕猴桃遮阴试验，显示遮阴可在一定程度上改善猕猴桃冠幕微环境，降低叶温和果温[7-8]，本试验数据也说明类似效果。但本试验在大块猕猴桃园进行，大面积田间遮阴操作更有代表意义，而多年连续试验也能为生产实践提供科学的理论依据。

遮光率是遮阴操作的重要参考因素，前人研究表明夏季 50% 以上的遮光率会对猕猴桃果实的品质、翌年花量与产量产生负面影响[9-10]，但不同品种的反应有差别。70% 的遮光率不影响'米良一号'的第二年花量[6]；但'翠玉'适合 25% 的轻度遮阴[7]。而本试验中，65% 的遮光率不影响美味猕猴桃'金魁'的翌年花量，减少了中华猕猴桃'金农'的第二年花量。

未来有待研究猕猴桃品种的具体遮阴反应，获得更多试验数据。由于商品化遮阳网遮光率普遍偏高，后续也将试验选择适宜的遮光率，为推广应用奠定基础。

参考文献　References

[1] 黄宏文. 猕猴桃驯化改良百年启示及天然居群遗传渐渗的基因发掘. 植物学报，2009，44（2）：127-142.

[2] BELROSE INC. World kiwifruit review. Pullman：Belrose Inc，2016：14.

[3] 彭永宏，章文才. 长江流域猕猴桃栽培地区生态条件的评价. 中国果树，1995（1）：44-45.

[4] 竺元琦. 猕猴桃高温干旱抗性研究. 湖北林业科技，1999（4）：14-15.

[5] ALLAN P，CARLSON C. Effects of shade level on kiwifruit leaf efficiency in a marginal area. Acta horticulturae，2003（610）：509-516.

[6] 袁飞荣，王中炎，卜范文，等. 夏季遮阴调控高温强光对猕猴桃生长与结果的影响. 中国南方果树，2005，34（6）：54-56.

[7] 何科佳，王中炎，王仁才. 夏季遮阴对猕猴桃生长发育的影响. 湖南农业科学，2007（1）：41-43.

[8] 何科佳，王中炎，王仁才. 夏季遮阴对猕猴桃园生态因子和光合作用的影响. 果树学报，2007，24（5）：616-619.

[9] SNELGAR W P，MANSON P J，HOPKIRK G. Effect of overhead shading on fruit size and yield potential of kiwifruit（*Actinidia deliciosa*）. Journal of horticultural science，1991，66（3）：261-273.

[10] SNELGAR W P，HOPKIRK G. Effect of overhead shading on yield and fruit quality of kiwifruit（*Actinidia deliciosa*. Journal of horticultural science，1988，63（4）：731-742.

Effect of Overhead Shading on Air Temperature and Humidity, Soil Temperature and Flowering of Kiwifruit Orchard in Summer

GAO Lei   LUO Xuan   ZHANG Lei   CHEN Qinghong

（Institute of Fruit and Tea, Hubei Academy of Agricultural Science   Wuhan   430064）

Abstract   High temperature and intensive sunlight are serious abiotic stress that adversely affect kiwifruit growth in the low altitudes. Two consecutive years of shading results showed that overhead shading in summer could cool down the air temperature, increase relative humidity in the kiwifruit orchard. In high temperature and intensive sunlight, air temperature on the canopy and under the canopy changed smoothly before and after noon, the highest temperature was 3.5°C lower than that of control, and the maximum increase of relative humidity was 7.6%. Overhead shading also reduced soil temperature, the highest temperature at 5 cm depth was 4.7°C lower than that of control. The following year, 65% overhead shading could reduce the budding rate of 'Jinkui' (*Actinidia chinensis* var. *deliciosa*) and the flower number of 'Jinnong' (*A.chinensis* var. *chinensis*), but had no effect on blossom of 'Jinkui' and the budding rate of 'Jinnong'.

Keywords   Kiwifruit   Shading   Air temperature   Relative humidity   Soil temperature   Flowering

野生猕猴桃杂交种果实品质分析

张孟丽[1] 马玉杰[1] 贺林林[1] 王仕玉[1] 李坤明[2] 陈伟[2] 陈瑶[2]

(1 云南农业大学园林园艺学院 云南昆明 650201；2 云南省农业科学院园艺作物研究所 云南昆明 650205)

摘 要 本文对4种野生猕猴桃杂交果实及其亲本的果实进行了外观品质和营养成分分析。结果表明：中华猕猴桃×四萼猕猴桃杂交种的果实中可溶性固形物、总糖和总酸的含量均高于母本，糖酸比低于亲本。中华猕猴桃×美味猕猴桃杂交种的果实中总糖和总酸含量均高于亲本；可溶性固形物含量和糖酸比均低于父本，高于母本。中华猕猴桃×黄毛猕猴桃杂交种的果实中维C含量低于母本，高于父本；可溶性固形物和总酸含量均高于母本，低于父本；总糖和糖酸比含量均低于亲本。中华猕猴桃×中华猕猴桃杂交种的果实中维C、总糖和总酸含量均高于亲本；糖酸比低于亲本。

关键词 猕猴桃 杂交种 果实 品质

猕猴桃是猕猴桃科（Actinidiaceae）猕猴桃属（*Actinidia*）一种古老的果树植物，也称狐狸桃、藤梨、羊桃、木子、毛木果、奇异果、麻藤果等，是20世纪人工驯化栽培最成功的野生果树之一，也是云南省的优势树种之一[1]。猕猴桃属植物全世界共有66个种，除尼泊尔猕猴桃（*A.strigosa* Hook.& Thoms.）、越南沙巴猕猴桃（*A.petelotii* Diels）和日本山梨猕猴桃（*A.rufa* Planch ex Miq.）及白背叶猕猴桃（*A.hypoleuca* Nakai）4种外，剩余62种为中国所特有，证明中国是猕猴桃属植物资源原生中心[2-5]。猕猴桃具有较高的营养价值，它富含维生素C、膳食纤维、多种矿物质营养等，被誉为"水果之王"，其维生素含量在水果中居于前列，同时还具有较高的药用价值，能滋阴补阳、止渴生津，其籽油中含丰富的亚麻酸、不饱和脂肪酸和活性油脂等物质，有降低血脂和血压的功能，对高血压、冠心病等疾病有显著作用[6-10]。猕猴桃属于雌雄异株果树，长期异花传粉，导致种间基因频繁交流，杂合程度高，为杂交育种提供了条件。

我国是猕猴桃的原产地，栽培历史已有1300多年，种植面积与产量均居世界第一。云南野生猕猴桃属资源丰富，共有31个种、23个变种及2个变型，种类之多，居全国之首[11]。本文研究的中华猕猴桃×中华猕猴桃、中华猕猴桃×黄毛猕猴桃、中华猕猴桃×美味猕猴桃和中华猕猴桃×四萼猕猴桃均来自云南省农业科学院园艺作物研究所国家果树种质云南特有果树及砧木资源圃保存的中华猕猴桃、美味猕猴桃、黄毛猕猴桃、四萼猕猴桃4种云南野生猕猴桃前期杂交所得。本实验对亲本以及亲本杂交所得的杂交果实进行果实品质的分析，旨在通过杂交选育出品质更加优良的猕猴桃新品种。

1 材料和方法

1.1 材料

本文选用的试验材料均采自国家果树种质云南特有果树及砧木资源圃。2017年9～11月，陆续采集野生中华猕猴桃、野生黄毛猕猴桃、野生美味猕猴桃，以及中华猕猴桃×中华猕猴桃、中华猕猴桃×黄毛猕猴桃、中华猕猴桃×美味猕猴桃和中华猕猴桃×四萼猕猴桃的成熟果实，用于观测和分析。

1.2 方法

（1）果实外部品质测定分析。按文献[12]观察和测定果实的单果重、果实纵径、果实横径、果实侧径、种子千粒重，每组猕猴桃观测数量为 10 个果。计算果形指数和横侧径比。果形指数 = 果实纵径 / 果实横径；横侧径比 = 果实横径 / 果实侧径。

（2）果实内部品质测定分析。采用数显手持便携式折光仪测定可溶性固形物[13]；采用 2,6-二氯酚靛酚滴定法检测维生素 C 含量[14]；采用 NaOH 滴定法检测可滴定酸，以柠檬酸计[13]；采用蒽酮比色法测定可溶性总糖[14]。糖酸比 = 果实总糖含量 / 果实总酸含量。

1.3 数据分析

利用 Excel 2010 统计和整理数据，SPSS 20.0 的 Duncan 法分析种间数据的差异显著性。

2 结果和分析

2.1 猕猴桃果实的外部品质测定分析

由表 1 可知，中华猕猴桃×中华猕猴桃单果重为 33.24 g，果实纵径为 3.80 cm，均极显著小于亲本中华猕猴桃；果实横径为 3.85 cm，果实侧径为 3.71 cm，果实横侧径比为 1.04，种子千粒重为 1.33 g，均与亲本差异不显著；果形指数为 0.99，显著小于亲本。

表 1 杂交果实和亲本果实种子形态

Table 1 Hybrid fruit and parental fruit seed morphology

果实种子形态（the morphology of fruits and seeds）	中华猕猴桃 A.chinensis	美味猕猴桃 A.deliciosa	黄毛猕猴桃 A.fulvicoma	中华猕猴桃× 中华猕猴桃 A.chinensis× A.chinensis	中华猕猴桃× 美味猕猴桃 A.chinensis× A.deliciosa	中华猕猴桃× 黄毛猕猴桃 A.chinensis× A.fulvicoma	中华猕猴桃× 四萼猕猴桃 A.chinensis× A.tetramera
单果重（fruit weight）/g	45.91±4.37 aA	48.06±7.77 aA	10.06±0.65 dD	33.24±2.12 bB	47.59±3.82 aA	20.65±2.51 cC	17.35±0.85 cC
果实纵径（fruit vertical diameter）/cm	4.50±0.80 aA	4.62±0.36 aA	3.16±0.26 cC	3.80±0.30 bB	4.49±0.45 aA	3.26±0.21 cBC	2.98±0.34 cC
果实横径（fruit cheek diameter）/cm	4.12±0.18 aA	4.19±0.22 aA	2.23±0.14 cD	3.85±0.25 aAB	4.15±0.36 aA	3.31±0.25 bBC	3.11±0.19 bC
果实侧径（fruit suture diameter）/cm	3.98±0.14 aA	4.03±0.09 aA	2.10±0.08 cC	3.71±0.24 aA	4.02±0.32 aA	3.15±0.19 bB	3.03±0.14 bB
果形指数（fruit shape index）	1.09±0.02 bBC	1.10±0.08 bB	1.42±0.08 aA	0.99±0.02 cBC	1.08±0.02 bBC	0.98±0.04 cBC	0.96±0.05 cC
横侧径比（cheek diameter / suture diameter）	1.04±0.02	1.05±0.03	1.06±0.02	1.04±0.01	1.03±0.01	1.05±0.02	1.03±0.02
种子千粒重（1000-seed weight）/g	1.38±0.25 abA	1.55±0.05 aA	0.51±0.02 cB	1.33±0.04 bA	1.40±0.02 abA	1.30±0.02 bA	1.33±0.03 bA

注：表中同行不同小写字母表示差异显著（$p \leqslant 0.05$），不同大写字母表示差异极显著（$p \leqslant 0.01$）。

Note: Different small letters in the same line of the table represent statistically significant differences at $p \leqslant 0.05$; different capital letter represent statistically highly significant differences at $p \leqslant 0.01$.

中华猕猴桃×美味猕猴桃单果重为 47.59 g，果实纵径为 4.49 cm，果实横径为 4.15 cm，果实侧径为 4.02 cm，果形指数为 1.08，果实横侧径比为 1.03，种子千粒重为 1.4 g，均与亲本中华猕猴桃和美味猕猴桃差异不显著。

中华猕猴桃×黄毛猕猴桃单果重为 20.65 g，极显著小于母本中华猕猴桃，极显著大于父本黄毛猕猴桃；果实纵径为 3.26 cm，极显著小于母本中华猕猴桃，与父本黄毛猕猴桃差异不显著；果实横径为 3.31 cm，果实侧径为 3.15 cm，均极显著小于母本中华猕猴桃，极显著大于父本黄毛猕猴桃；果形指数为 0.98，显著小于母本中华猕猴桃，极显著小于父本黄毛猕猴桃；果实横侧径比为 1.05，与亲本中华猕猴桃和黄毛猕猴桃差异不显著；种子千粒重为 1.3 g，与母本中华猕猴桃差异不显著，极显著大于父本黄毛猕猴桃。

中华猕猴桃×四萼猕猴桃单果重为 17.35 g，果实纵径为 2.98 cm，果实横径为 3.11 cm，果实侧径为 3.03 cm，均极显著小于母本中华猕猴桃；果形指数为 0.96，显著小于母本中华猕猴桃；果实横侧径比为 1.03，种子千粒重为 1.33 g，均与母本中华猕猴桃差异不显著。

2.2 猕猴桃果实的内部品质测定分析

由表 2 可知，中华猕猴桃×中华猕猴桃可溶性固形物含量为 11.03%，与亲本差异不显著；维生素 C 含量为 139.46 mg/100 g，显著大于亲本；总糖含量为 6.25%，总酸含量为 1.82%，均极显著大于亲本；糖酸比为 3.44，显著小于亲本。

表 2 杂交果实和亲本果实的营养成分含量

Table 2 Nutrient content of hybrid fruit and parental fruit

种名（species）	可溶性固形物 （soluble solids content）/%	维生素 C （Vc content）/（mg/100 g）	总糖 （total sugar）/%	总酸 （total acid）/%	糖酸比 （sugar-acid ratio）
中华猕猴桃 A.chinensis	9.93±0.51 cB	110.72±31.39 cB	5.70±0.38 dD	1.49±0.11 cC	3.83±0.42 bB
美味猕猴桃 A.deliciosa	14.17±1.80 aA	134.40±1.48 abAB	7.55±0.07 bB	1.52±0.04 cC	4.98±0.12 aA
黄毛猕猴桃 A.fulvicoma	11.87±1.51 bcAB	23.60±2.35 eD	7.73±0.10 bB	2.05±0.04 aA	3.77±0.04 bcB
中华猕猴桃×中华 猕猴桃 A.chinensis ×A.chinensis	11.03±0.25 bcB	139.46±1.47 abAB	6.25±0.10 cC	1.82±0.07 bB	3.44±0.16 cBC
中华猕猴桃×美味 猕猴桃 A.chinensis× A. deliciosa	10.70±0.85 bcB	120.38±0.73 bcAB	8.53±0.38 aA	1.80±0.04 bB	4.75±0.19 aA
中华猕猴桃×黄毛 猕猴桃 A.chinensis× A.fulvicoma	11.53±0.96 bcAB	74.38±2.97 dC	5.69±0.02 dD	1.87±0.04 bB	3.05±0.06 dC
中华猕猴桃×四萼 猕猴桃 A.chinensis× A. tetramera	12.40±0.66 abAB	143.62±1.12 aA	6.43±0.14 cC	1.84±0.08 bB	3.49±0.10 bcBC

注：表中同列不同小写字母表示差异显著（$p \leqslant 0.05$），不同大写字母表示差异极显著（$p \leqslant 0.01$）。

Note: Different small letters in the same line of the table represent statistically significant differences at $p \leqslant 0.05$; different capital letter represent statistically highly significant differences at $p \leqslant 0.01$.

中华猕猴桃×美味猕猴桃可溶性固形物含量为 10.7%，与母本差异不显著，极显著小于父本；维生素 C 含量为 120.38 mg/100 g，与亲本差异不显著；总糖含量为 8.53%，总酸含量为 1.8%，均极显著大于亲本；糖酸比为 4.75，极显著大于母本，与父本差异不显著。

中华猕猴桃×黄毛猕猴桃可溶性固形物含量为 11.53%，与亲本差异不显著；维生素 C 含量为 74.38 mg/100 g，极显著小于母本，极显著大于父本；总糖含量为 5.69%，与母本差异不显著，极显著小于父本；总酸含量为 1.87%，极显著大于母本，极显著小于父本；糖酸比为 3.05，极显著小于亲本。

中华猕猴桃×四萼猕猴桃可溶性固形物含量为 12.4%，显著大于母本；维生素 C 含量为 143.62 mg/100 g，极显著大于母本；总糖含量为 6.43%，总酸含量为 1.84%，均极显著大于母本；糖酸比为 3.49，与亲本差异不显著。

3 讨论

3.1 猕猴桃杂交果实外部品质差异

随着人们生活水平以及生产技术的提高，市场竞争日趋激烈，消费者对果实品质的要求不仅仅停留在只追求内部品质上，对果实外观品质的要求也越来越高。因此在保证内部品质的基础上提高外部品质已成为果树栽培技术发展的重要趋势[15]。

果形指数是指果实纵径与横径的比值，是衡量商品果实质量的指标之一。本文中测定的猕猴桃中除黄毛猕猴桃的果形指数为 1.42，在曲雪燕等[16]报道的野生毛花猕猴桃果形指数为 1.30～2.26 外，其余猕猴桃果形指数均小于该范围；吴亚楠等[17]报道的黄金猕猴桃的果形指数为 1.09～1.22，本文研究的猕猴桃杂交果实的果形指数均小于该范围。本研究中的中华猕猴桃×中华猕猴桃、中华猕猴桃×美味猕猴桃、中华猕猴桃×黄毛猕猴桃和中华猕猴桃×四萼猕猴桃，4 种猕猴桃杂交种果实的果形指数均低于母本中华猕猴桃的果形指数。

果实大小是评价猕猴桃综合品质的重要指标之一，本研究中中华猕猴桃的平均单果质量只有 45.92 g，果实偏小，通过杂交育种改善果实大小是品种改善手段之一[18-21]。本研究中中华猕猴桃×中华猕猴桃、中华猕猴桃×黄毛猕猴桃和中华猕猴桃×四萼猕猴桃平均单果质量都低于母本值，但是中华猕猴桃×美味猕猴桃平均单果质量要高于母本值，杂交种果实中出现部分超母本个体，若经仔细筛选出大果型株系，将有利于改良猕猴桃果实单果质量，为选育猕猴桃大果新品种奠定基础。

3.2 猕猴桃杂交果实内部品质差异

可溶性固形物（soluble solids content，SSC）包含能溶于水的糖、酸、维生素和矿物质等多种成分，是评价果实品质的综合性指标[22]。本研究中的猕猴桃果实可溶性固形物在 9.93%～14.17%，其中最高的是美味猕猴桃，为 14.17%；本研究中的中华猕猴桃×中华猕猴桃、中华猕猴桃×美味猕猴桃、中华猕猴桃×黄毛猕猴桃和中华猕猴桃×四萼猕猴桃，4 种猕猴桃杂交种果实的可溶性固形物均高于母本中华猕猴桃的可溶性固形物，表现较强的超母本遗传倾向，超亲遗传趋势明显。这与安和祥等[23]对美味猕猴桃 26 号与软枣猕猴桃种间杂交 F_1 代的研究结果一致。可见，通过选择适宜亲本进行杂交育种，培育高可溶性固形物含量品种具有较大潜力[24]。

维生素 C 是维持身体健康所必需的有机化合物，它不能在人体内合成及贮存，需从外界摄取[25]。本文测定的猕猴桃中除黄毛猕猴桃的维 C 含量为 23.60 mg/100 g，比赵金梅等[26]报道的猕猴桃维 C 含量在 54.86～159.08 mg/100 g 的范围要低，其他的亲本以及杂交果实的维 C 含量均在正常范围内；本研究中的中华猕猴桃×中华猕猴桃、中华猕猴桃×美味猕猴桃和中华猕猴桃×四萼猕猴桃，3 种猕猴桃杂交种果实的维 C 含量均高于母本中华猕猴桃的维 C 含量，中华猕猴桃×黄毛猕猴桃的维 C 含量虽然低于母本中华猕猴桃的维 C 含量，但高于父本黄毛猕猴桃的维 C 含量。

糖酸比作为衡量果实风味的重要指标，只有在某一特定区间内才会使得果实酸甜适中，但不同水果的适宜糖酸比范围不同[27]。李洁维等[28]观测发现，猕猴桃属植物果实的最适糖酸比为 5~7。本文的测定的 3 种云南野生猕猴桃果实和 4 组杂交果实糖酸比在 3.05~4.98，均小于最适糖酸比，分析发现：虽然其含糖量高于李洁维等[28]测定的 35 种猕猴桃中的绝大多数，但含酸量过高，其中含酸量最高的黄毛猕猴桃达 2.05%，其他果实含酸量也在 1.8% 或 1.5% 左右，所以使得总体糖酸比偏小，果实太酸，难以食用。因此，要将这些野生猕猴桃开发为适宜鲜食的品种，降低果实含酸量是首要解决的问题[29]。

4 结论

4.1 杂交果实与亲本果实的外部品质差异

在 4 种猕猴桃杂交果实中，除中华猕猴桃×美味猕猴桃单果重大于其母本中华猕猴桃外，其余 3 种杂交种果实单果重均小于其母本中华猕猴桃，杂交果实的单果重均表现出明显的趋中性；中华猕猴桃×黄毛猕猴桃的果实纵径、横径均在其亲本之间，中华猕猴桃×中华猕猴桃、中华猕猴桃×美味猕猴桃的果实纵径、横径均要小于其亲本。

4.2 杂交果实与亲本果实的内部品质差异

在 4 种猕猴桃杂交果实中，果实的可溶性固形物含量均高于母本中华猕猴桃的可溶性固形物含量，其中中华猕猴桃×美味猕猴桃、中华猕猴桃×黄毛猕猴桃的可溶性固形物含量在其亲本可溶性固形物含量之间；除中华猕猴桃×黄毛猕猴桃的维生素 C 含量小于其母本中华猕猴桃外，其他 3 种杂交种果实维生素 C 含量均大于其母本中华猕猴桃，其中中华猕猴桃×美味猕猴桃、中华猕猴桃×黄毛猕猴桃的维生素 C 含量在其亲本维生素 C 含量之间；杂交果实中除中华猕猴桃×黄毛猕猴桃总糖含量小于其母本中华猕猴桃外，其余 3 种猕猴桃杂交种果实总糖含量均大于其母本中华猕猴桃的总糖含量，其中中华猕猴桃×美味猕猴桃总糖含量大于其亲本中华猕猴桃和美味猕猴桃的总糖含量；4 种猕猴桃杂交种的总酸含量均大于其母本中华猕猴桃，其中中华猕猴桃×美味猕猴桃总酸含量大于其亲本中华猕猴桃和美味猕猴桃的总酸含量。

参考文献 References

[1] WARRINGTON I J，WESTON G C. Kiwifruits:science and management[M]. Auckland：Ray Richards Publisher，1990.

[2] 王圣梅，武显维，黄仁煌，等. 猕猴桃种间杂交结果初报[J]. 武汉植物研究，1989，7（4）：399-402.

[3] 崔致学. 中国猕猴桃[M]. 济南：山东科学技术出版社，1993：1.

[4] 黄宏文，龚俊杰，王圣梅，等. 猕猴桃属植物的遗传多样性[J]. 生物多样性，2000，8（1）：1-12.

[5] 姜正旺，王圣梅，张忠慧. 猕猴桃属花粉形态及其系统学意义[J]. 植物分类学报，2004，42（3）：245-260.

[6] HOPPING M E. Structure and development of fruit and seeds in Chinese gooseberry（Actinidia chinensis Planch）[J]. Journal of botany，1976，14：63-68.

[7] 唐世洪，张克梅. ‘米良一号’猕猴桃的营养成分及防癌作用的探讨[J]. 吉首大学学报（自然科学版），1997，18（3）：69-71.

[8] 王文平，王明力，周文美. 猕猴桃果茶加工工艺的研究[J]. 贵州工业大学学报（自然科学版），2005，34（4）：31-32.

[9] 康大力，张洪利. 猕猴桃属植物化学成分及其生物活性研究进展[J]. 中成药，2008，30（1）：116-119.

[10] 卢丹，俞立超，姚善泾. 中华猕猴桃果多糖的分离纯化与抗肿瘤试验研究[J]. 食品科学，2005，26（2）：213-215.

[11] 胡忠荣，袁媛，易芍文. 云南野生猕猴桃资源及分布概况[J]. 西南农业学报，2003（增刊）：99-103.

[12] 胡忠荣，陈伟，李坤明，等. 猕猴桃种质资源描述规范和数据标准[M]. 北京：中国农业出版社，2006：1.

[13] 鲍江峰，夏仁学，邓秀新，等. 湖北省纽荷尔脐橙果实品质状况的研究[J]. 华北学报，2006，23（6）：583-587.

[14] 曹健康. 果实采后生理生化实验指导[M]. 北京：中国轻工业出版社，2007：1.

[15] 于国萍. 食品生物化学实验[M]. 北京：中国林业大学出版社，2012：1.

[16] 曲雪艳，郎彬彬，钟敏，等. 野生毛花猕猴桃果实品质主成分分析及综合评价[J]. 中国农学通报，2016，32（1）：92-96.

[17] 吴亚楠，刘婷，刘惠民. 运用多维价值理论评价引种黄金果猕猴桃果实品质[J]. 安徽农业科学，2016，44（12）：111-113.

[18] 金方伦，岳宣，黎明，等. 猕猴桃不同单果重与后熟期品质变化的相关性[J]. 中国农学通报，2015，31（S1）：219-228.

[19] 宋美晶，回瑞华，候冬岩，等. 不同产地猕猴桃中多糖含量的分析[J]. 鞍山师范学院学报，2012，14（2）：26-29.

[20] 姚春潮，刘占德，龙周侠. 采收期对'徐香'猕猴桃果实品质的影响[J]. 北方园艺，2013（8）：36-38.

[21] LATOCHA P. The comparison of some biological features of *Actinidia arguta* cultivars fruit[J]. Ann warsaw univ life sci sggw, hortic landscape archit，2007（28）：105-109.

[22] 赵思东，汪明，杨谷良，等. 12个猕猴桃品种引种栽培果实品质评价研究[J]. 农业现代化研究，2002，23（6）：455-457.

[23] 安和祥，蔡达荣，母锡金，等. 猕猴桃种间杂交的新种质[J]. 园艺学报，1995，22（2）：133-137.

[24] 王丽华，李明章，郑晓琴，等. 红阳猕猴桃杂交后代果实性状的遗传[J]. 中国果树，2010，28（1）：34-36.

[25] JIN Fanglun, ZHANG Fawei, YUE Xuan. Correlation between leaf size and fruit quality of kiwi[J]. Agricultural basic science and technology，2016，17（11）：2469-2472.

[26] 赵金梅，高贵田，薛敏，等. 不同品种猕猴桃果实的品质及抗氧化活性[J]. 食品科学，2014（9）：118-122.

[27] 谢鸣，陈学选，高秀珍，等. 中华猕猴桃果实主要营养成分含量在后熟过程变化的研究[J]. 园艺学报，1991（2）：173-176.

[28] 李洁维，毛世忠，梁木源，等. 猕猴桃属植物果实营养成分的研究[J]. 广西植物，1995，15（4）：377-382.

[29] 徐小彪，姜春芽，廖娇，等. 几种野生猕猴桃果实的主要营养成分分析[J]. 中国科学院武汉植物学研究，1987，5（4）：62-63.

Analysis on Fruit Quality of Wild Kiwifruit Hybrids

ZHANG Mengli[1]   MA Yujie[1]   HE Linlin[1]

WANG Shiyu[1]   LI Kunming[2]   CHEN Wei[2]   CHEN Yao[2]

（1 College of Horticulture and Landscape, Yunnan Agricultural University   Kunming   650201；

2 Institute of Horticultural Crops, Yunnan Academy of Agriculture Sciences   Kunming   650205）

Abstract   In this paper, the appearance quality and nutrient composition of four wild kiwifruit hybrid fruits and their parents were analyzed. The results showed that the content of soluble solids, total sugar and total acid in *Actinidia chinensis* × *A.tetramera* was higher than that of female parent, and the ratio of sugar to acid was lower than that of parent. The content of total sugar and total acid in the fruit of *A.chinensis* × *A.deliciosa* was higher than that of the parent; the content of soluble solids and the ratio of sugar to acid were lower than that of the male parent and higher than that of the female parent. The content of vitamin C in the fruit of *A.chinensis* × *A.fulvicoma* was lower than that of the female parent and higher than that of the male parent; the soluble solids and total acid content were higher than the female parent and lower than the male parent; the total sugar and sugar-acid ratio were lower than the parental content. The content of vitamin C, total sugar and total acid in the fruit of *A.chinensis* × *A.chinensi* was higher than that of the parent; the ratio of sugar to acid was lower than that of the parent.

Keywords   Kiwifruit   Hybrids   Fruit   Quality

（四）猕猴桃病虫害及其防治

6 个猕猴桃品种抗溃疡病差异及生理机制研究*

涂美艳 [1,2,**] 钟程操 [1,2] 李靖 [1] 孙淑霞 [1]
陈栋 [1] 宋海岩 [1] 廖明安 [2] 江国良 [1,***]

(1 四川省农业科学院园艺研究所,农业农村部西南地区园艺作物生物学与种质创制重点实验室 四川成都 610066;
2 四川农业大学园艺学院 四川成都 611130)

摘 要 本试验以 6 个四川省主栽猕猴桃品种为试材,通过枝条离体接种和盆栽苗接种,鉴定其对溃疡病的抗病能力,并从枝叶形态结构、生理生化指标上剖析了抗性差异的生理机制。结果表明:①6 个猕猴桃品种溃疡病抗性由强到弱依次为'翠玉''东红''伊顿 1 号''金果''金艳''红阳';②6 个猕猴桃品种枝、叶形态结构存在明显差异,叶片气孔密度、气孔长度与溃疡病离体接种试验病情指数呈极显著或显著正相关(相关系数分别为 0.963 6 和 0.885 8),叶片海绵组织厚度与溃疡病离体接种试验病情指数呈极显著负相关(相关系数为 -0.944 2),而叶片上表皮厚度、下表皮厚度、栅栏组织厚度、气孔宽度、枝条皮孔长度、皮孔宽度、皮孔密度、芽眼皮层厚度与溃疡病离体接种病情指数无显著相关性,皮孔形状亦未表现出明显的规律;③盆栽苗接种病原菌后枝条、叶片中 SOD、POD、CAT、PPO、PAL 活性均出现了不同程度升高。健康叶片、枝条韧皮部 SOD、POD 活性与溃疡病病情指数呈极显著或显著负相关(相关系数分别为 -0.956 3,-0.968 0,-0.951 7 和 -0.808 8)。叶片 CAT、PPO、PAL、枝条韧皮部 CAT、PAL 活性与溃疡病病情指数无显著性关系。枝条韧皮部 PPO 活性与溃疡病病情指数呈极显著负相关(相关系数为 -0.985 0)。溃疡病病菌接种前叶片、枝条韧皮部可溶性糖含量均与溃疡病病情指数呈显著负相关(相关系数分别为 -0.922 0 和 -0.845 2),但叶片、枝条韧皮部可溶性淀粉与溃疡病病情指数无显著相关性。

关键词 猕猴桃品种 溃疡病 抗性 生理指标

猕猴桃溃疡病是一种毁灭性病害,由于其隐蔽性强、单靠药剂防治难,近年在国内外产区危害甚重,已成为制约产业发展的重要瓶颈[1]。四川是世界红心猕猴桃发源地和全球最大红心猕猴桃种植区,其中,'红阳'品种占全省栽培面积的 65%。大量研究表明[2-5],现有猕猴桃栽培品种中,'红阳'抗性最弱,但国内高抗溃疡病红肉优质品种选育未见突破性进展。因此,短时间内通过品种改良解决溃疡病问题还无法实现。

而猕猴桃栽培品种间抗病性差异很大,因此种植抗病品种是降低猕猴桃溃疡病危害最有效的途径之一。Kim 等人的研究结果[6]表明'红阳'感病率最高,'Hort16A''Gold3''Gold9''海沃德'的感病率逐渐降低。李淼等[7]研究发现中华系列猕猴桃在当地的感病程度明显高于美味系列猕猴桃品种,'金魁'为抗病品种,'早鲜'次之,'魁蜜'再次之,'华美 2 号''海沃德'中感病,'秦美''金丰'最易感病。张学武等人的研究结果[8]表明,'秦美''红阳'

---

* 基金项目:成都市猕猴桃产业集群项目(2015-cp03 0031-nc);四川水果创新团队猕猴桃栽培技术岗位专家经费;四川省财政能力提升专项(重点实验室 2016GXTZ-003);四川省育种攻关专项(2016NYZ0034);四川省科技支撑计划(18ZDYF1292)。

** 第一作者,男,1983 年生,江西峡江人,在职博士,副研究员,主要从事果树新品种选育及栽培技术研究,电话 028-84504786,E-mail:huahelei@163.com

*** 通信作者,1962 年生,四川都江堰人,博士,研究员,主要从事果树遗传育种和栽培技术研究工作,E-mail:jgl22@hotmail.com

的溃疡病发病最严重，而'秦香''秦翠'发病率低。本研究团队通过 10 余年研究，基本明确了四川省猕猴桃溃疡病发生、发展规律[9-10]，结合已有研究结果，开展 6 个猕猴桃品种抗溃疡病差异及生理机制研究，以期探明猕猴桃溃疡病抗性差异生理机制，恢复全省种植户信心，激发猕猴桃产业发展动能，擦亮红心猕猴桃这一"川果"金字招牌。

1 材料与方法

1.1 试验材料

本试验选取了 6 个四川省主栽猕猴桃品种作为试验材料（表 1）。

表 1 试验所用猕猴桃品种

品种	果肉类型	选育单位	品种	果肉类型	选育单位
红阳	红心	四川省自然资源科学研究院猕猴桃研究所	金艳	黄心	中科院武汉植物园
伊顿 1 号	红心	四川伊顿农业科技开发有限公司	金果	黄心	新西兰皇家植物与食品研究院
东红	红心	中科院武汉植物园	翠玉	绿心	湖南省农业科学院园艺研究所

健康的猕猴桃枝条、叶片采自成都市新都区泰兴镇四川省农业科学院现代农业科技创新示范园内（N 30°46′40″，E 104°13′02″，海拔 481 m，年平均气温 16.1℃，年平均无霜期 279 d）。

盆栽苗：2014 年秋于控根容器（直径 20 cm、高 30 cm）中栽植地径 0.8 cm 以上实生苗（盆土采用草炭和蚯蚓粪 1∶2 比例混合，高压灭菌后用于苗木栽植），2015 年 6 月进行嫁接。置于四川省农业科学院园艺研究所网室内，备试验使用。

Psa 菌剂：由四川省农业科学院植物保护研究所刘勇研究员课题组提供，该菌株于 2014 年从四川省都江堰市猕猴桃园分离获得，通过 PCR 扩增得到的序列进行 Blast 比对分析，其 DNA 片段大小和序列与丁香假单胞杆菌猕猴桃致病变种完全一致。

1.2 试验方法

1.2.1 病原菌菌悬液制取

吸取保存好的 Psa 菌液于 LB 液体培养基中，250 r/min 摇床 25℃下培养 24 h，用无菌水将培养好的菌悬液制成浓度为 3×10^8 cfu/ml 的菌悬液，以备试验使用。

1.2.2 猕猴桃离体枝条接种方法

10 月上旬于田间采集猕猴桃健康的一年生枝条，枝条粗度在 0.8 cm 左右，剪取其中部 15 cm，用石蜡封住枝条两端防止失水。用 70% 酒精对枝条表面进行擦拭消毒，用已消毒的打孔器（直径 6 mm，面积 28.3 mm^2）在枝条中部造成伤口，伤口深至木质部，在伤口处注射 20 μL Psa 菌悬液，以接种无菌水为空白对照，接种后置于培养箱 20℃ 恒温保湿。每份材料取 10 个枝条，3 次重复。24 h 后逐日调查感病枝条，至 20 d，统计感病枝条数，参照石志军[4]的方法，计算病情指数，并对猕猴桃各品种溃疡病抗性进行分级（表 2，表 3）。

表 2 猕猴桃溃疡病病情分级标准

级别	分级标准	级别	分级标准
0	不表现症状	5	流出菌液与汁液结合变成红褐色，韧皮部变黑褐色
1	枝条皮层组织变软、隆起，病部龟裂	7	韧皮部腐烂，拨开韧皮部可见木质部变成黑色
3	接种部位或皮孔向外溢出乳白色黏液		

表 3　抗性评价标准

病情指数	抗性评价	病情指数	抗性评价
0.0～3.3	高抗（HR）	40.1～70.0	感病（S）
3.4～10.0	抗病（R）	70.1～100.0	高感（HS）
10.1～40.0	耐病型（T）		

$$发病率 = 发病枝条数 / 试验枝条数 \times 100\%$$

$$病情指数 = \sum（病级枝条数 \times 代表级数值）/（总枝条数 \times 发病最高代表级数值）\times 100$$

1.2.3　叶片组织形态结构观察

使用电镜观察叶片气孔的密度、大小。取田间采集长势一致的猕猴桃成熟叶片，置于 2.5% 的戊二醛固定，保存于冰盒中带回实验室。用不同浓度酒精进行梯度脱水，在临界点干燥仪中干燥后，将样品进行喷金处理，于电镜下观察并拍照。气孔密度为每 mm^2 气孔个数，随机测 4 个视野的气孔个数，重复 3 次，取平均值。气孔大小为随机测量的 10 个气孔的长度和宽度的平均值，重复 3 次。制作石蜡切片：在采集的叶片上剪取长、宽均为 0.5 cm 的样品，置于 FAA 固定液中固定 24 h 以上，使用梯度酒精和二甲苯进行脱水和透明，制作石蜡切片，用番红-固绿对染，封片剂封片，在显微镜下观察、拍照，测量叶片上表皮厚度、下表皮厚度、海绵组织厚度、栅栏组织厚度，测定 10 组数据，重复 3 次，取平均值。

1.2.4　枝条组织形态结构观察

于猕猴桃成熟期（9 月 10 日左右）剪取 6 个猕猴桃品种的当年生枝条，选取长势相同的结果母枝上从内向外第 2～5 节的枝条，重复 5 次。

（1）皮孔观察方法。将枝条直接置于解剖镜下观察，用显微照相机拍照并测定各品种皮孔长度、宽度，记录下皮孔形状。在枝条上用解剖刀划出整齐的方格，用游标卡尺量出方格的长度、宽度，由此计算出方格的面积，数出方格内皮孔数目，从而计算出各品种枝条的皮孔密度。每个品种测定 10 组数据，重复 3 次，取平均值。

（2）芽眼观察方法。选枝条上 4～10 节的芽（10 个）在显微镜下进行解剖观察，用显微照相机拍照并测定各品种皮层厚度，重复 3 次。

1.2.5　盆栽苗接种 Psa 前后枝、叶相关生理生化指标变化

每品种选择优质健壮一年生盆栽嫁接苗 35 株，其中，10 株用于接种（重复 3 次），5 株作对照，试验苗与对照组隔离开，避免病原菌侵染对照组。10 月初选择晴天下午 5 时左右接种制备好的猕猴桃溃疡病菌悬浮液。选取主干上距土表面 15 cm 处，接种方法同 1.2.2，分别于接种前和接种后 20 d，取叶片及枝条韧皮部，测定 POD（过氧化物酶）、SOD（超氧化物歧化酶）、CAT（过氧化氢酶）、PPO（多酚氧化酶）、PAL（苯丙氨酸解氨酶）活性，以及可溶性糖、可溶性淀粉含量，测定方法均参照文献[11]进行。

2　结果与分析

2.1　不同猕猴桃品种溃疡病抗性差异鉴定

由表 4 可知，6 个品种猕猴桃枝条接种 Psa 后的平均病情指数表明，其抗病性存在一定的差异。其中，'翠玉'平均病情指数为 35.24，抗性分级为耐病，'东红''伊顿 1 号''金果'的平均病情指数分别为 49.52、53.33、61.90，抗性分级为感病，而'金艳''红阳'的平均病情指数分别为 70.47 和 73.33，抗性分级为高感。这 6 个品种中，'翠玉'的抗性最强，'红阳'

的抗性最弱，没有高抗和抗病型品种。

表4 不同品种猕猴桃枝条离体接种 Psa 的抗性差异

品 种	平均病情指数	分级情况	品 种	平均病情指数	分级情况
翠玉	35.24 eC	耐病（T）	金果	61.90 bcAB	感病（S）
东红	49.52 dB	感病（S）	金艳	70.47 abA	高感（HS）
伊顿1号	53.33 cdB	感病（S）	红阳	73.33 aA	高感（HS）

注：表中同列数据后小写字母不同表示在 5% 水平上差异显著，大写字母不同表示在 1% 水平上差异显著，下同。

2.2 不同猕猴桃品种叶片形态结构差异比较

由表 5 可知，6 个品种猕猴桃叶片形态结构存在差异，叶片气孔密度、气孔长度与离体枝条接种病原菌的平均病情指数分别呈极显著或显著的线性正相关（相关系数 r 分别为 0.963 6 和 0.885 8），海绵组织厚度与平均病情指数呈极显著的线性负相关（相关系数 r 为 -0.944 2）。在健康的猕猴桃叶片中，耐病型'翠玉'的气孔密度最低为 245.92 个/mm^2，海绵组织厚度最大为 76.27 μm，气孔长度最小为 14.79 μm。各品种叶片上表皮、下表皮、栅栏组织厚度、气孔宽度之间有一定的差异，但与平均病情指数的线性相关系数 r 分别为 -0.158 7、-0.322 1、0.031 6 和 0.504 2，没有表现出显著的相关性。

表5 不同猕猴桃品种叶片形态结构比较

品 种	上表皮厚度 /μm	下表皮厚度 /μm	栅栏组织厚度 /μm	海绵组织厚度 /μm	气孔密度 /（个/mm^2）	气孔大小	
						长/μm	宽/μm
翠玉	15.90	9.93	131.35	76.27	245.92	14.79	13.81
东红	13.73	9.21	99.98	65.67	517.74	15.38	15.62
伊顿1号	12.92	8.64	88.51	62.70	521.39	15.98	13.56
金果	16.06	10.66	121.15	55.94	584.55	18.53	14.10
金艳	13.16	9.42	142.97	51.41	640.46	17.34	15.78
红阳	15.32	8.21	102.67	56.97	755.05	18.66	15.10
相关系数 r	-0.158 7	-0.322 1	0.031 6	-0.944 2**	0.963 6**	0.885 8*	0.504 2

* 表示显著；** 表示极显著。

2.3 不同猕猴桃品种枝条形态结构比较

由表 6 可知，各品种猕猴桃的皮孔长度、宽度、密度、芽眼皮层厚度与平均病情指数的线性相关系数 r 分别为 0.203 7、0.265 3、-0.020 0 和 0.456 5，表明这几个指标均与抗性未表现出明显的相关性。依据各品种猕猴桃皮孔形状，尚无法总结出明显的规律。

表6 不同猕猴桃品种枝条形态结构比较

品 种	皮孔大小		皮孔密度 /（个/cm^2）	皮孔形状	芽眼皮层厚度/mm
	长/mm	宽/mm			
翠玉	1.496	0.331	6.01	短小，分布散，无凸起，排列不规则	2.50
东红	1.265	0.431	5.70	较细，长短不均，微凸，分布均匀	2.60
伊顿1号	1.402	0.259	4.85	较细，长短不均，微凸，分布较散	2.53
金果	1.978	0.319	4.27	较粗，长短不均，微凸，分布均匀	2.45
金艳	1.020	0.534	5.76	粗短或呈肾形，有较大凸起，排列密集	2.59
红阳	1.960	0.316	6.21	较细，长短不均，凸起少或无，分布均匀密集	2.64
相关系数 r	0.203 7	0.265 3	-0.020 0		0.456 5

2.4 不同猕猴桃品种接种 Psa 前后叶片保护酶活性差异比较

由表 7、表 8 可知，盆栽苗接种 Psa 后，各品种叶片的 SOD、POD、CAT、PPO、PAL 活性均表现出了不同程度的升高，说明接种 Psa 能提高叶片中保护酶的活性。其中健康的'东红'叶片中 SOD、POD 酶活性最高，接种 Psa 后变化率均显著高于其他品种，说明'东红'接种病原后 SOD、POD 酶活性升高得最多。接种前后，叶片中 SOD 活性与平均病情指数均呈线性负相关（相关系数 r 分别为 -0.9563、-0.9771），但 POD 活性也与平均病情指数呈线性负相关（相关系数 r 分别为 -0.9680、-0.8838）。而 CAT、PPO、PAL 活性与平均病情指数的线性相关系数 r 表明两者之间并无显著的相关性。

表 7　不同猕猴桃品种接种 Psa 前后叶片 SOD、POD 活性的变化

品　种	SOD/(U/(g·min))		变化率/%	POD/(U/(g·min))		变化率/%
	健叶	病叶		健叶	病叶	
东红	176.22	404.41	129.49 a	64.55	92.91	43.93 a
金果	167.29	261.62	56.39 b	49.11	65.42	33.19 b
红阳	164.87	203.15	23.22 c	43.85	50.76	15.76 c
相关系数 r	-0.9563	-0.9771		-0.9680	-0.8838	

表 8　不同猕猴桃品种接种 Psa 前后叶片 CAT、PPO、PAL 活性的变化

品　种	CAT/(mgH$_2$O$_2$/(g·min))		变化率/%	PPO/(U/(g·min))		变化率/%	PAL/(U/(g·min))		变化率/%
	健叶	病叶		健叶	病叶		健叶	病叶	
东红	1.48	1.72	16.30 c	294.63	411.23	39.57 a	43.42	60.57	39.49 a
金果	1.29	1.65	27.54 a	144.54	203.78	40.98 a	34.33	38.58	12.35 b
红阳	1.79	2.11	18.01 b	263.48	279.63	6.13 b	58.42	67.22	15.06 b
相关系数 r	0.5958	0.7723		-0.2191	-0.6447		0.5982	0.1992	

2.5 不同猕猴桃品种接种 Psa 前后枝条保护酶活性差异比较

由表 9、表 10 可知，盆栽苗接种 Psa 后，各品种枝条韧皮部的 SOD、POD、CAT、PPO、PAL 活性均表现出了不同程度的升高，说明接种 Psa 能提高枝条韧皮部保护酶的活性。其中健康的'东红'枝条中 SOD、POD 酶活性最高，接种 Psa 后变化率均显著高于其他品种，说明'东红'接种病原后 SOD、POD 酶活性升高得最多。接种 Psa 前后，韧皮部中的 SOD 活性与平均病情指数均呈线性负相关（相关系数 r 分别为 -0.9517、-0.9787），POD 活性也与平均病情指数呈线性负相关（相关系数 r 分别为 -0.8088、-0.9702）。它们均与叶片中相关酶活性变化保持一致。接种前后 PPO 活性与平均病情指数呈线性负相关（相关系数 r 分别为 -0.9850、-0.9380），其相关性与叶片中未保持一致。而 CAT、PAL 与平均病情指数线性相关系数 r 表明两者之间并无显著的相关性。

表 9　不同猕猴桃品种接种 Psa 前后枝条韧皮部 SOD、POD 活性的变化

品　种	SOD/(U/(g·min))		变化率/%	POD/(U/(g·min))		变化率/%
	健枝	病枝		健枝	病枝	
东红	182.10	375.98	106.47 a	56.38	70.18	24.46 a
金果	172.49	249.72	44.93 b	48.28	59.27	22.75 b
红阳	170.11	196.32	15.41 c	49.40	55.39	12.10 c
相关系数 r	-0.9517	-0.9787		-0.8088	-0.9702	

表 10 不同猕猴桃品种接种 Psa 前后枝条韧皮部 CAT、PPO、PAL 活性的变化

品 种	CAT/(mgH₂O₂/(g·min))		变化率/%	PPO/(U/(g·min))		变化率/%	PAL/(U/(g·min))		变化率/%
	健枝	病枝		健枝	病枝		健枝	病枝	
东红	1.53	1.62	5.87 b	522.50	622.45	19.13 a	31.86	49.19	54.38 a
金果	1.30	1.68	29.44 a	489.53	594.67	21.48 a	20.97	22.67	8.09 c
红阳	1.86	2.03	9.04 b	433.06	485.22	12.04 b	36.20	46.97	29.72 b
相关系数 r	0.567 4	0.723 2		−0.985 0	−0.938 0		0.254 4	−0.098 5	

2.6 不同猕猴桃品种接种 Psa 前后可溶性糖含量变化

由表 11 可知，盆栽苗接种 Psa 后，各品种叶片和枝条韧皮部的可溶性糖含量均表现出了不同程度的升高。其中健康的'红阳'叶片、枝条韧皮部中可溶性糖含量均最低，但接种 Psa 后变化率均显著高于其他品种，接种前后，叶片可溶性糖含量与平均病情指数均呈线性相关（相关系数 r 分别为 −0.922 0、0.904 5），枝条韧皮部中的可溶性糖含量也与平均病情指数呈线性相关（相关系数 r 分别为 −0.845 2、0.912 6）。

表 11 不同猕猴桃品种接种 Psa 前后可溶性糖含量变化

品 种	可溶性糖/(mg/g)		变化率/%	可溶性糖/(mg/g)		变化率/%
	健叶	病叶		健枝	病枝	
东红	18.29	25.78	40.95 c	17.87	24.58	37.55 c
金果	17.52	26.66	52.17 b	17.91	25.21	40.76 b
红阳	13.46	33.36	147.85 a	15.89	29.22	83.88 a
相关系数 r	−0.922 0	0.904 5		−0.845 2	0.912 6	

2.7 不同猕猴桃品种接种 Psa 前后可溶性淀粉含量变化

由表 12 可知，盆栽苗接种 Psa 后，各品种叶片和枝条韧皮部的可溶性淀粉含量均表现出了不同程度的升高，但变化率不成规律。接种前后叶片、枝条中可溶性淀粉含量与平均病情指数的线性相关系数 r 表明可溶性淀粉含量与平均病情指数并无显著相关性。

表 12 不同猕猴桃品种接种溃疡病菌前后枝条韧皮部、叶片可溶性淀粉含量变化

品 种	可溶性淀粉/(mg/g)		变化率/%	可溶性淀粉/(mg/g)		变化率/%
	健叶	病叶		健枝	病枝	
东红	1.79	2.00	11.73 b	1.89	2.34	23.81 b
金果	2.25	2.38	5.78 c	1.77	2.15	21.47 c
红阳	1.89	2.15	13.76 a	1.86	2.38	27.96 a
相关系数 r	0.229 1	0.407 4		−0.262 5	0.112 7	

3 讨论与结论

3.1 品种选择

猕猴桃细菌性溃疡病是威胁猕猴桃生长的首要病害，筛选和种植抗病品种是预防和控制病害流行最为有效的方法之一[12]，因此选择抗病品种进行栽培尤为重要。离体枝条接种试验明确了 6 个四川省猕猴桃主栽品种对溃疡病的抗性，分别是'翠玉'为耐病型（T），'东红''伊顿 1 号''金果'为感病（S），'金艳''红阳'为高感（HS）。其中'红阳'作为优质的

红心猕猴桃品种，深受消费者的喜欢，市场价值巨大，但实际生产以及前人试验多次表明'红阳'对溃疡病的抗性极弱，本试验也得到了相同的结果。相比较而言，'翠玉'品种的抗性要强于'红阳'，这为四川地区品种搭配提供了一定的参考依据。

3.2 抗性评价指标

叶片气孔长度、密度、海绵组织厚度与各品种抗性呈极显著或显著的线性相关，这与李淼等[7]对 9 个猕猴桃品种叶片组织结构的研究结果一致。叶片上表皮厚度、下表皮厚度、栅栏组织厚度、气孔宽度与抗病性不存在明显的相关性。这可能由于病原菌是通过下表皮气孔而非上表皮气孔进入猕猴桃组织中。溃疡病菌通过下表皮气孔进入植物体内，叶片下表面气孔越少，病原菌进入的通道越少；气孔长度越小，通道越窄；叶片海绵组织越厚，其进入植物组织的通道越长，阻力越大，因而其抗性越强。因此，气孔长度、密度、海绵组织厚度可作为筛选抗病品种的形态结构指标。

皮孔的大小、形状、密度及芽眼皮层厚度均与抗病性不存在明显的相关性。这与张小桐[13]的研究结果有所不同，其认为皮孔与抗逆性具有较大的相关性。这可能与试验选材有关，两个试验材料品种完全不同，且取材时间以及观察方法也不同，因此皮孔与猕猴桃溃疡病抗性的相关性有待增加供试树种，进行深入研究。

接种 Psa 后叶片、枝条中 POD、SOD、CAT、PPO、PAL 活性均出现了不同程度的升高，表明 Psa 能使植株产生应激反应，刺激保护酶的生成，健康的叶片、枝条中 POD、SOD 活性均与各品种抗性呈线性相关，这与石志军[4]的研究结果一致，但 PPO、CAT、PAL 活性与抗性不存在明显的相关性。枝条、叶片接种溃疡病菌后，SOD、POD 活性出现了不同程度的升高，且变化量存在显著性差异，这与石志军[4]的研究结果一致，但与李淼等[7]的研究结果有所不同。这可能是取材与接种时间不同造成的。植物遭受病原菌侵染之后，细胞内自由基代谢平衡被破坏致使植物体内产生大量的自由基，SOD 能催化自由基生成 H_2O_2 和 O_2，是减少自由基对组织产生损害的最关键的保护酶，而 POD 是广泛存在于植物中的保护酶，在多数的生理反应中，它不仅能与 SOD 协同作用参与活性氧的清除，催化酚类物质形成醌类物质，同时参与合成木质素前体，形成了对抗病原菌的物理屏障，因此 POD 能通过多种途径减少病原菌对植物体的损害。本试验中，虽 SOD、POD 酶活性与抗性呈线性相关，但相关性并不显著，两者与猕猴桃溃疡病抗性之间的关系有待进一步研究。

健康的叶片、枝条中可溶性糖含量与各品种抗性呈线性相关，抗性越弱，可溶性糖含量越低，接种溃疡病菌后，可溶性糖含量出现了不同程度的增长，且抗性越弱，增量越大。而从对可溶性淀粉含量的研究中发现，它与抗病性并无明显的相关性。

3.3 接种方法

本试验采用了离体枝条接种来鉴定猕猴桃品种的抗性，这是一种广泛运用于各种果树抗病性鉴定的方法[14-15]。因为猕猴桃溃疡病的病原菌 Psa 在生产中具有极强的传播特性，为了避免对田间造成损失，使用离体接种的方法更科学、方便、快速。但另一方面，前人的研究中，田间实际的发病情况与离体接种发病情况仍有差异[4,7]。本试验考虑使用离体枝条接种与盆栽苗接种相结合来对比相应的结果，但盆栽试验未出现发病症状，只是部分生理指标发生了明显的变化。因此在以后的试验中，盆栽苗接种致病菌仍值得继续研究。

3.4 结论

综上所述，本试验以 6 个四川省主栽猕猴桃品种为试材，通过枝条离体接种和盆栽苗接种，鉴定其对溃疡病的抗病能力，并从枝叶形态结构、生理生化指标上剖析了抗性差异的生理机制。结果表明：①6 个猕猴桃品种溃疡病抗性由强到弱依次为'翠玉''东红''伊顿 1 号''金果''金艳''红阳'；②6 个猕猴桃品种枝、叶形态结构存在明显差异，叶片气孔密度、气孔长度与溃疡病离体接种试验病情指数呈极显著或显著正相关（相关系数分别为 0.963 6 和 0.885 8），叶片海绵组织厚度与溃疡病离体接种试验病情指数呈极显著负相关（相关系数为 -0.944 2），而叶片上表皮厚度、下表皮厚度、栅栏组织厚度、气孔宽度，枝条皮孔长度、皮孔宽度、皮孔密度、芽眼皮层厚度与溃疡病离体接种病情指数无显著相关性，皮孔形状亦未表现出明显的规律；③盆栽苗接种病原菌后枝条、叶片中 SOD、POD、CAT、PPO、PAL 活性均出现了不同程度升高。健康叶片、枝条韧皮部 SOD、POD 活性与溃疡病病情指数呈极显著或显著负相关（相关系数分别为 -0.956 3，-0.968 0，-0.951 7 和 -0.808 8）。叶片 CAT、PPO、PAL、枝条韧皮部 CAT、PAL 活性与溃疡病病情指数无显著性关系。枝条韧皮部 PPO 活性与溃疡病病情指数呈极显著负相关（相关系数为 -0.985 0）。溃疡病病菌接种前叶片、枝条韧皮部可溶性糖含量均与溃疡病病情指数呈显著负相关（相关系数分别为 -0.922 0 和 -0.845 2），但叶片、枝条韧皮部可溶性淀粉与溃疡病病情指数无显著相关性。

参考文献　References

[1] 刘原. 2 种昆虫抗菌肽粗提物对猕猴桃溃疡病菌抑菌作用及猕猴桃溃疡病药剂防治试验[D]. 成都：四川农业大学，2016.

[2] 燕金宜. 猕猴桃溃疡病鉴定及内生拮抗真菌的筛选[D]. 雅安：四川农业大学，2013.

[3] 张弛. 红阳猕猴桃四倍体诱导及其抗溃疡病特性初探[D]. 重庆：西南大学，2011.

[4] 石志军. 不同猕猴桃品种对溃疡病抗性的评价[D]. 南京：南京农业大学，2014.

[5] 易盼盼. 不同猕猴桃品种溃疡病抗性鉴定及抗性相关酶研究[D]. 杨凌：西北农林科技大学，2014.

[6] KIM G H，KIM K H，SON K I，et al. Outbreak and spread of bacterial canker of kiwifruit caused by *Pseudomonas syringae* pv. *actinidiae* biovar 3 in Korea[J]. Plant pathology journal，2016，32（6）：545-551.

[7] 李淼，檀根甲，李瑶，等. 猕猴桃品种枝条组织结构与抗溃疡病关系的初步研究[J]. 安徽农业大学学报，2003，30（3）：240-245.

[8] 张学武，宋晓斌，马松涛. 猕猴桃细菌性溃疡病防治技术研究[J]. 西北林学院学报，2000，15（4）：67-71.

[9] 涂美艳，黄昌学，陈栋. 四川猕猴桃产区溃疡病综合防治月历表[J]. 四川农业科技，2018（1）：31-33.

[10] 涂美艳，庄启国，马凤仙，等. 猕猴桃溃疡病秋冬季综合防控技术[J]. 北方园艺，2014（4）：112-112.

[11] 蔡永萍. 植物生理学实验指导[M]. 北京：中国农业大学出版社，2014：121-135，142-143，170-172.

[12] 李羽. 抗黑条矮缩病转基因水稻的分子鉴定和抗病性分析[D]. 北京：中国农业科学院，2014.

[13] 张小桐. 猕猴桃对溃疡病抗性评价指标的研究[D]. 合肥：安徽农业大学，2007.

[14] 李莎莎. 猕猴桃溃疡病相关细菌的鉴定及致病性研究[D]. 合肥：安徽农业大学，2013.

[15] 黄其玲. 应用 GFPuv 标记技术研究猕猴桃溃疡病菌在组织中的侵染扩展动态[D]. 杨凌：西北农林科技大学，2013.

Study on the Difference of Canker-resistance and Physiological Mechanism among 6 Kiwifruit Varieties

TU Meiyan[1, 2]　　ZHONG Chengcao[1, 2]　　LI Jing[1]　　SUN Shuxia[1]　　CHEN Dong[1]　　SONG Haiyan[1]　　LIAO Ming'an[2]　　JIANG Guoliang[1]

（1 Horticulture Research Institute of Sichuan Academy of Agricultural Sciences, Key Laboratory of Horticultural Crop Biology and Germplasm Creation in Southwestern China of the Ministry of Agriculture and Rural Affairs　Chengdu　610066;

2 Sichuan Agricultural University　Chengdu　611130）

Abstract　In this test, 6 main kiwifruit varieties from Sichuan Province were used as the test samples. The methods of the in vitro inoculation of shoots and the inoculation of potted seedling were used to identify their resistance to canker, and analyze the physiological mechanism of difference in the resistance from the morphological structure and physiological and biochemical indexes of branches and leaves. The results showed that: (1) Ranking of the resistance of 6 kiwifruit varieties to canker from strong to weak was 'Cuiyu', 'Donghong', 'Yidun 1', 'Jinguo', 'Jinyan' and 'Hongyang'. (2) There was significant difference in the morphological structure of branches and leaves of 6 kiwifruit varieties. The stomatal density and stomatal length of leaves were extremely significant or significant positive correlation with the canker disease index of the in vitro inoculation test (correlation coefficients were 0.963 6 and 0.885 8, respectively). Thickness of the spongy tissue in leaves was significantly negative correlation with the canker disease index of the in vitro inoculation test (correlation coefficient was $-0.944\,2$), while leaf upper epidermis thickness, lower epidermis thickness, palisade tissue thickness, stomatal width, shoot lenticel length, lenticel width, lenticel density and bud eye cortex thickness have no significant correlation with the canker disease index of the in vitro inoculation, and the shape of lenticels did not show obvious regularity. (3) The activities of SOD, POD, CAT, PPO and PAL in shoots and leaves increased to different degrees after potted seedlings inoculated with pathogenic bacteria. The activities of SOD and POD in healthy leaves and shoot phloem were in extremely significant or significant negative correlation with the canker disease index (correlation coefficients were $-0.956\,3$, $-0.968\,0$, $-0.951\,7$ and $-0.808\,8$ respectively). There were no significant correlations between the activities of CAT, PPO and PAL in leaves and CAT and PAL in shoot phloem and the canker disease index. The PPO activity in shoot phloem was significantly negatively correlated with canker index (correlation coefficient was $-0.985\,0$). The soluble sugar content in the leaves and shoot phloem was significantly negatively correlated with the canker index before the inoculation of canker bacteria (correlation coefficients were $-0.922\,0$ and $-0.845\,2$ respectively), but there was no significant correlation between the soluble starch in the leaves and the shoot phloem and the canker disease index.

Keywords Kiwifruit variety Canker Resistance Physiological index

不同田间措施对猕猴桃溃疡病的防控效果比较研究[*]

李靖[1,**] 钟程操[1,2] 涂美艳[1,2] 孙淑霞[1] 陈栋[1]

宋海岩[1] 廖明安[2] 江国良[1,***]

(1 四川省农业科学院园艺研究所,农业农村部西南地区园艺作物生物学与种质创制重点实验室 四川成都 610066;
2 四川农业大学园艺学院 四川成都 611130)

摘 要 本试验以'红阳'猕猴桃溃疡病高发园为研究对象,比较了避雨栽培、复配化学药剂、不同时期冬剪及剪口保护方式、土施生物菌剂等田间措施在溃疡病上的防控效果,以期为四川猕猴桃产区制定科学合理综合防控策略提供理论依据。结果表明:①避雨栽培可显著降低'红阳'溃疡病病情指数,并随着棚年份增加,防控效果更明显,盖棚后第 3 年棚内溃疡病发生率为 0,但避雨栽培需做好肥水精准管理;②复配化学药剂试验中,分别于采果前 20 d,采果后 7~10 d 以及萌芽期(2 月)喷施 2% 春雷霉素 300 倍 + 43% 戊唑醇 1 000 倍 + 56% 丙森醚菌酯 600 倍 + 45% 咪酰胺 1 500 倍 3 次或 80% 全螯合态代森锰锌 800 倍 + 0.15% 四霉素 1 200 倍 + 50% 嘧菌环胺 800 倍 3 次的病情指数为 4.67 和 5.67,均极显著低于 CK(病情指数为 17.00);③适当提早冬季修剪时期并对剪锯口喷 0.15% 四霉素、2% 春雷霉素或全树涂抹勃生肥对溃疡病防控效果均不理想;④采果后 15 d 和萌芽期,将生物有机肥、复合微生物肥、芽孢杆菌悬浮液和中药复配剂混合土施,对溃疡病防控效果也不理想。

关键词 田间措施 溃疡病 综合防控 效果

四川是世界上第一个红心猕猴桃品种选育地和全球最大的红心猕猴桃生产基地[1],也是我国野生猕猴桃资源重要分布中心[2]。2017 年全省种植面积已达 75 万亩,是全国第二大猕猴桃产区。随着种植面积不断扩大,病虫害问题日趋突出。其中,猕猴桃溃疡病这一世界性难题的发生呈暴发态势,毁园现象普遍,造成巨大经济损失,对产业发展形成重大威胁。据本课题组调查,2018 年,全省种植猕猴桃的 17 个地市(州)中有 14 个发生溃疡病,发病面积已达 18 万亩,占种植面积的四分之一。其中,成都市都江堰、彭州,广元市苍溪、昭化,雅安市荥经、雨城、名山等地病害情况最重,一些管控粗放、集中成片的区域每年 4 月果园一片萧条,大量成年树毁于一旦。因溃疡病肆虐,全省猕猴桃平均亩产多年维持在 750 kg 左右,重病区亩产甚至低于 250 kg。而未受溃疡病感染的园区,'红阳'猕猴桃最高亩产 5 450 kg(苍溪县运山镇邱垭村,连续三年单产上万斤)。据统计,2018 年全省猕猴桃溃疡病重发区约 6 万亩(占种植面积 8%),每年因溃疡病减产猕猴桃大约 4.5×10^4 t(每亩减产 750 kg 计算),经济损失 5.4 亿元(按 12 元/kg 计算)。

猕猴桃溃疡病菌寄主范围广,致病性强[3],单靠化学药剂防控效果差,生产上一旦发病,

---

* 基金项目:成都市猕猴桃产业集群项目(2015-cp03 0031-nc);四川水果创新团队猕猴桃栽培技术岗位专家经费;四川省财政能力提升专项(重点实验室 2016GXTZ-003);四川省育种攻关专项(2016NYZ0034);四川省科技支撑计划(18ZDYF1292)。

** 第一作者,女,1977 出生,四川武胜人,博士,副研究员,主要从事果树病虫害综合防控技术研究,电话 028-84504786,E-mail:472635747@qq.com

*** 通信作者,1962 年生,四川都江堰人,博士,研究员,主要从事果树遗传育种和栽培技术研究工作,E-mail:jgl22@hotmail.com

常表现发展快、流行性强、危害重、控制难等突出特点。目前，世界猕猴桃主产国均有大面积危害报道，造成的生产损失惨重[4-5]。四川省于1987年在苍溪县三溪口林场首次发现此病，并很快造成毁园。近年来，随着全国各地交叉引种频繁和携带溃疡病的雄花粉广泛应用，加上极端天气频繁发生和种植户防控方法不当等因素影响，猕猴桃溃疡病在各产区肆意蔓延。当前，国内外关于猕猴桃溃疡病的研究较多，也取得了系列进展[6-8]，但抗性育种和特效防控药剂研究未获得重大突破。本试验以'红阳'猕猴桃溃疡病高发园为研究对象，比较了避雨栽培、复配化学药剂、不同时期冬剪及剪口保护方式、土施生物菌剂等田间措施在溃疡病上的防控效果，以期为四川猕猴桃产区制定科学合理综合防控策略提供理论依据。

1 材料与方法

1.1 试验地及供试树种

本试验地在四川省都江堰市胥家镇金胜村猕猴桃园实施（N 31°01′32″，E 103°43′02″，海拔654 m，年均气温15.2℃，年均降水量近1 200 mm，年均无霜期280 d）。试验地栽植的品种为'红阳'，于2008年1月定植，株行距2 m×3 m。2013年春季初现溃疡病，发病率达40%，2015年春季全园暴发溃疡病，发病率达到90%。

1.2 材料与试剂

避雨栽培采用钢架大棚，长60 m，跨度15 m，肩高2 m，脊高3.5 m，拱杆间距1 m，立柱、横梁、拱杆等主架均由镀锌钢管组成，覆盖EVA膜。大棚于2014年冬建成。

勃生涂干肥据其资料显示，是由螯合低温等离子体不饱和植物源脂肪酸为基质，与含铁、锌、铜、锰、硅等中微量元素的聚合粉复配而成，具有提高植物抗逆性防治植物枝干性病害，促进枝干伤口愈合等功能。

枯草芽孢杆菌（*Bacillus subtilis*）由四川省农业科学院植物保护研究所刘勇课题组保藏。

中药复配剂据其资料显示，以中草药为主要原料，复配天然螯合营养素和抑菌微生物而成。试验所用药剂均于农资市场购买（表1）。

表1 供试药剂名称及来源

序号	药剂名称	来源	序号	药剂名称	来源
1	2%春雷霉素	华北制药集团爱诺有限公司	7	50%嘧菌环胺	瑞士生正达作物保护有限公司
2	43%戊唑醇	德国拜耳作物科学公司	8	42.4%吡唑嘧菌酯·氟唑菌酰胺（健达）	巴斯夫欧洲公司
3	56%丙森醚菌酯	华北制药集团爱诺有限公司	9	35%噻唑锌·5%春雷霉素（碧锐）	巴斯夫欧洲公司
4	45%咪酰胺	山东禾宜生物科技有限公司			
5	80%全螯合态代森锰锌	陶氏益农农业科技（中国）有限公司	10	中药复配剂	成都天本生物科技有限公司
6	0.3%四霉素	辽宁微科生物工程股份有限公司	11	勃生涂干肥	西安拓达农业有限公司

1.3 试验方法

1.3.1 避雨栽培防控

在避雨栽培和露地栽培（CK）条件下分别选取长势一致的树体，于溃疡病高发期调查发病情况，并计算发病率，按照表2所示分级标准，计算病情指数以及防治效果，每组30株，3次重复。

发病率＝病株数/试验株数×100%

病情指数＝∑（病级株数×代表级数值）/（总株数×发病最高代表级数值）×100

防治效果＝（对照病情指数－处理病情指数）×100/对照病情指数

表 2　田间猕猴桃溃疡病分级标准

级别	病　状	级别	病　状	级别	病　状
0	病斑数＝0	2	3≤病斑数≤10	4	整个枝条枯萎
1	1≤病斑数≤2	3	病斑数＞10	5	树体死亡

1.3.2　复配化学药剂防控

本课题组已于前期在实验室中筛选出了一些对丁香假单胞菌猕猴桃致病变种（*Pseudomonas syringae* pv. *actinidiae*，Psa）有较好抑制效果的药剂，现对其中部分药剂进行复配，分别于采果前 20 d，采果后 7～10 d 以及萌芽期（2 月），对猕猴桃树体叶面喷施复配化学药剂，对照组喷施清水，每个处理 25 株，重复 3 次，每处理间设置隔离行。配制各处理化学药剂（表 3），使用电动打药机于晴天上午 9 时左右均匀喷施于树冠，正面背面均需喷洒，以树叶滴水为准。于次年 3 月溃疡病高发期调查发病情况，计算发病率、病情指数和防治效果。

表 3　叶面喷施化学药剂各处理

序号	处　　理
1	2% 春雷霉素 300 倍＋43% 戊唑醇 1 000 倍＋56% 丙森醚菌酯 600 倍＋45% 咪酰胺 1 500 倍
2	80% 全螯合态代森锰锌 800 倍＋0.3% 四霉素 1 200 倍＋50% 嘧菌环胺 800 倍
3	42.4% 吡唑嘧菌酯·氟唑菌酰胺（健达）1 875 倍＋35% 噻唑锌·5% 春雷霉素（碧锐）750 倍
4	喷施清水（CK）

1.3.3　不同冬季修剪时期及剪口处理方式对溃疡病发生的影响

分 2 个时期，于 11 月中旬及 12 月下旬进行冬季修剪，并分别对剪口涂抹 300 倍 0.15% 四霉素、150 倍 2% 春雷霉素以及全树涂抹勃生肥，对照组为修剪后不处理剪口（表 4），每处理 15 株，重复 3 次。于溃疡病高发期调查发病率及病情指数。

表 4　冬季修剪时间及剪口处理方法

序号	处理时期及方法	序号	处理时期及方法
1	11 月中旬修剪并对剪口涂抹 300 倍 0.15% 四霉素	5	12 月下旬修剪并对剪口涂抹 150 倍 2% 春雷霉素
2	11 月中旬修剪并对剪口涂抹 150 倍 2% 春雷霉素	6	12 月下旬修剪并全树涂抹勃生肥
3	11 月中旬修剪并全树涂抹勃生肥	7	常规修剪不处理剪口（CK）
4	12 月下旬修剪并对剪口涂抹 300 倍 0.15% 四霉素		

1.3.4　土施生物菌剂防控效果

结合秋施基肥、春施萌芽肥 2 个关键时期，在肥水中添加枯草芽孢杆菌和中药复配剂两种生物菌剂（表 5）。每处理 20 株，重复 3 次。于次年 3 月溃疡病高发期调查发病率及病情指数。

秋季施肥方法：以树干为圆心，厢面宽度为直径洒上生物有机肥和复合微生物肥，深翻土壤使土壤和肥料混匀。

在以树干为圆心，50～60 cm 为半径的圆环内倒入枯草芽孢杆菌发酵液。

中药复配剂与施入生物有机肥同时均匀洒入并深翻入土。

春季施肥方法：将各处理生物菌剂同萌芽肥一同洒施在树盘内。

表5　土施生物菌剂处理时期及方法

序号	处理时期及方法
1	采果后 15 d 内，15 kg 生物有机肥＋1 kg 复合微生物肥＋芽孢杆菌 $3×10^6$ cfu/ml 的菌悬液 10 L；萌芽期，0.1 kg 高氮型水溶肥＋芽孢杆菌 $3×10^6$ cfu/ml 的菌悬液 10 L
2	采果后 15 d 内，15 kg 生物有机肥＋1 kg 复合微生物肥＋中药复配剂 3 kg；萌芽期，0.1 kg 高氮型水溶肥＋中药复配剂 3 kg
3	采果后 15 d 内，15 kg 生物有机肥＋1 kg 复合微生物肥；萌芽期，0.1 kg 高氮型水溶肥（CK）

2　结果与分析

2.1　避雨栽培对猕猴桃溃疡病防控效果

由表6可知，露地栽培下猕猴桃溃疡病发病率为 26.7%，显著高于避雨栽培的发病率 0.0%，露地栽培下平均病情指数 15.83 极显著高于避雨栽培。避雨栽培下猕猴桃溃疡病发生逐年迅速减少，至第三年未出现溃疡病，对溃疡病的防治效果达到了 100%，表明避雨栽培对溃疡病的发生具有较好的防控效果。

表6　避雨栽培对溃疡病发生的影响

调查时间	处理	平均发病率/%	平均病情指数
2014 年 4 月 20 日	避雨栽培	10.04 bA	8.21 bB
	露地栽培（CK）	27.23 aA	21.36 aA
2015 年 4 月 23 日	避雨栽培	3.12 bB	0.54 bB
	露地栽培（CK）	29.88 aA	26.15 aA
2016 年 4 月 19 日	避雨栽培	0.00 bB	0.00 bB
	露地栽培（CK）	26.70 aA	15.83 aA

注：表中同列数据后小写字母不同表示在 5% 水平上差异显著，大写字母不同表示在 1% 水平上差异显著，下同。

2.2　复配化学药剂对猕猴桃溃疡病的防控效果比较

由表7可知，2% 春雷霉素 300 倍＋43% 戊唑醇 1 000 倍＋56% 丙森醚菌酯 600 倍＋45% 咪酰胺 1 500 倍和80% 全螯合态代森锰锌 800 倍＋0.15% 四霉素 600 倍＋50% 嘧菌环胺 800 倍处理的平均发病率分别为 6.67% 和 9.33%，均极显著低于对照 32%；它们的平均病情指数分别为 4.67 和 5.67，均极显著低于对照 17%。2% 春雷霉素 300 倍＋43% 戊唑醇 1 000 倍＋56% 丙森醚菌酯 600 倍＋45% 咪酰胺 1 500 倍处理的防治效果最好，达到了 72.53%。42.4% 吡唑嘧菌酯·氟唑菌酰胺（健达）1 875 倍＋35% 噻唑锌·5% 春雷霉素（碧锐）750 倍处理的发病率和病情指数与对照均无显著差异。

2.3　不同冬季修剪时期及剪口处理方式对溃疡病发生的影响

由表8可知，6 个处理的平均发病率和病情指数均未出现显著低于对照组（CK）的情况，表明这 6 个处理对溃疡病尚无明显的防控效果。

2.4　土施生物菌剂对溃疡病发生的影响

由表9可知，土施芽孢杆菌和中药复配剂的处理中，其发病率和病情指数与对照均无显著差异，表明这两种生物菌剂对防控猕猴桃溃疡病尚无明显效果。

表 7 喷施不同化学药剂对溃疡病发生的影响

处　　　理	平均发病率/%	平均病情指数	防治效果/%
2% 春雷霉素 300 倍 + 43% 戊唑醇 1 000 倍 + 56% 丙森醚菌酯 600 倍 + 45% 咪酰胺 1 500 倍	6.67 bB	4.67 bB	72.53
80% 全螯合态代森锰锌 800 倍 + 0.15% 四霉素 600 倍 + 50% 嘧菌环胺 800 倍	9.33 bB	5.67 bB	66.64
42.4% 吡唑嘧菌酯·氟唑菌酰胺（健达）1 875 倍 + 35% 噻唑锌·5% 春雷霉素（碧锐）750 倍	29.33 aA	20.53 aA	——
喷施清水（CK）	32.00 aA	17.00 aA	——

表 8 不同冬季修剪时期及剪口处理方式对溃疡病发生的影响

处　　　理	平均发病率/%	平均病情指数
11 月中旬修剪并对伤口涂抹 300 倍 0.15% 四霉素	13.33 bcAB	5.78 bcAB
11 月中旬修剪并对伤口涂抹 150 倍 2% 春雷霉素	20.00 abAB	11.11 abAB
11 月中旬修剪并全树涂抹勃生肥	0.00 cB	0.00 cB
12 月下旬修剪并对伤口涂抹 300 倍 0.15% 四霉素	15.56 bcAB	7.11 bcAB
12 月下旬修剪并对伤口涂抹 150 倍 2% 春雷霉素	35.56 aA	27.11 aA
12 月下旬修剪并全树涂抹勃生肥	4.44 bcB	1.33 bcB
常规修剪不处理剪口（CK）	0.00 cB	0.00 cB

表 9 土施生物菌剂对溃疡病发生的影响

处　　　理	发病率/%	平均病情指数
采果后 15 d 内，15 kg 生物有机肥 + 1 kg 复合微生物肥 + 芽孢杆菌 3×10^6 cfu/ml 的菌悬液 10 L；萌芽期，0.1 kg 高氮型水溶肥 + 芽孢杆菌 3×10^6 cfu/ml 的菌悬液 10 L	31.67 Aa	26.67 aA
采果后 15 d 内，15 kg 生物有机肥 + 1 kg 复合微生物肥 + 中药复配剂 3 kg；萌芽期，0.1 kg 高氮型水溶肥 + 中药复配剂 3 kg	26.67 Aa	36.67 aA
采果后 15 d 内，15 kg 生物有机肥 + 1 kg 复合微生物肥；萌芽期，0.1 kg 高氮型水溶肥（CK）	30.00 Aa	29.33 aA

3　讨论与结论

3.1　避雨栽培防控

　　本试验从立体角度（空中、树冠、树干、根系）提出了猕猴桃溃疡病的防控措施。避雨栽培作用于植株的上空，其病情指数极显著低于露地栽培（CK），说明避雨栽培有较好的防控效果。目前避雨栽培在葡萄、柑橘、草莓等的生产中已经得到了较好的运用[9-11]，但在猕猴桃的生产中还比较少见，相关的研究也较少。避雨栽培能隔离雨水，降低树体湿度，从而限制病菌的生长条件；猕猴桃是不耐风吹的植物，避雨栽培可以减少恶劣天气对植株的影响，如冰雹、大风等；同时还能调节物候期，增强树势，提高果实品质和经济价值。猕猴桃溃疡病病原菌喜高湿环境，且能通过风雨进行传播，避雨栽培能首先隔绝雨水，降低叶面湿度，使其不利于 Psa 繁殖，并减少其传播途径，特别因四川地区雨水较多而使防控效果更加明显。从试验的结果来看，未来猕猴桃避雨栽培有值得研究、推广的价值。本试验因条件限制只做了一年的对比观察，条件允许可再继续观察两到三年，以消除偶然因素，获得稳定的试验结果。

3.2 复配化学药剂防控

前人对化学药剂的筛选做得比较多，也选出了许多较为有效的药剂[6,12-14]。本试验中，2%春雷霉素300倍 + 43%戊唑醇1 000倍 + 56%丙森醚菌酯600倍 + 45%咪酰胺1 500倍和80%全螯合态代森锰锌800倍 + 0.15%四霉素600倍 + 50%嘧菌环胺800倍的防治效果分别为72.53%、66.64%，病情指数显著低于对照，取得了较好的防控效果。当病害发生时，对园区进行化学药剂喷施以防控溃疡病无疑是最快捷的，但目前仍没有对溃疡病百分之百有效的药剂出现。复配药剂防控病害，一方面药剂之间可能会出现较好的协同作用，另一方面也能有效减缓耐药性的产生。猕猴桃溃疡病菌在实验室内极易被杀死，但杀死病菌而不伤害猕猴桃植株却较难，当病菌感染达到维管系统时，药剂处理效果不明显[14-16]。一般的杀菌剂均可以杀死表面的溃疡病菌，但是残余的溃疡病菌很快就通过分裂产生新的病菌，在很短时间内，病菌量又达到了处理前状态，因此，持续防治显得十分重要。但化学防控应抓住关键时期，适量用药，低毒产品为上，长期大量使用化学药剂可能会使菌株产生抗药性[17]。

3.3 不同冬季修剪时期及剪口处理方式对溃疡病发生的影响

在不同时期冬季修剪并以不同方式处理剪口的试验中，并未筛选出有明显防控效果的方法，但这也与室内测定的皮孔与溃疡病抗性无显著相关性结果相一致。表明Psa可能不是主要通过皮孔来侵染猕猴桃的。对照组（CK）出现了未发病的情况，对照组未发病的原因可能是，试验园区于2015年春季暴发溃疡病，园内有近500株猕猴桃在主干基部锯除，后从基部生长出新枝干，在对照组的试验样本中，有80%属于这样的植株，这种植株由于前一年未挂果只进行了营养生长，树体贮存营养丰富，其抗性相对较强，所以不易发生溃疡病。在田间试验中笔者发现，对照组中新生的两年生幼苗均未发生溃疡病，这与室内试验中两年生盆栽苗接种溃疡病菌未表现发病症状结果一致，由此可以推想，猕猴桃幼苗的抗性较强而不易感病。

3.4 土施生物菌剂防控效果

在对生物菌剂的筛选中，本试验所选的两个生物菌剂都没得到明显的防控效果，这可能与田间和实验室的条件差别有关，微生物对生长环境较为敏感，光照、温度、水分都会影响它们的生长和繁殖，但田间的环境因素变化较大且无法调控。因此，筛选出能适宜田间环境生长的微生物也是下一步需要做的。

3.5 结论

综上所述，本试验以'红阳'猕猴桃溃疡病高发园为研究对象，比较了避雨栽培、复配化学药剂、不同时期冬剪及剪口保护方式、土施生物菌剂等田间措施在溃疡病上的防控效果，以期为四川猕猴桃产区制定科学合理综合防控策略提供理论依据。结果表明：①避雨栽培可显著降低'红阳'猕猴桃溃疡病病情指数，并随盖棚年份增加，防控效果更明显，盖棚后第3年棚内溃疡病发生率为0，但避雨栽培需做好肥水精准管理；②复配化学药剂试验中，分别于采果前20 d，采果后7～10 d以及萌芽期（2月）喷施2%春雷霉素300倍 + 43%戊唑醇1 000倍 + 56%丙森醚菌酯600倍 + 45%咪酰胺1 500倍3次或80%全螯合态代森锰锌800倍 + 0.15%四霉素1 200倍 + 50%嘧菌环胺800倍3次的病情指数为4.67和5.67，均极显著低于CK（病情指数为17.00）；③适当提早冬季修剪时期并对剪锯口喷0.15%四霉素、2%春雷霉素或全树涂抹勃生肥对溃疡病防控效果均不理想；④采果后15 d和萌芽期，将生物有机肥、复合微生物肥、芽孢杆菌悬浮液和中药复配剂混合土施，对溃疡病防控效果也不理想。

参考文献　References

[1] 梁勇. 红阳猕猴桃标准化生产技术研究与运用[J]. 四川农业科技, 2016（7）: 31-33.

[2] 丁建. 四川猕猴桃种质资源研究[D]. 雅安: 四川农业大学, 2006.

[3] 胡家勇. 猕猴桃溃疡病菌株收集及其寄主和传播媒介的鉴定[D]. 合肥: 安徽农业大学, 2014.

[4] TAMURA K, IMAMURA M, YONEYAMA K, et al. Role of phaseolotoxin production by *Pseudomonas syringae* pv. *actinidiae*, in the formation of halo lesions of kiwifruit canker disease[J]. Physiological & molecular plant pathology, 2002, 60（4）: 207-214.

[5] FRAMPTON R A, TAYLOR C, MORENO A V H, et al. Identification of bacteriophages for biocontrol of the kiwifruit canker phytopathogen *Pseudomonas syringae* pv. *actinidiae*[J]. Appl environ microbiol, 2014, 80（7）: 2216-2228.

[6] 张锋, 陈志杰, 张淑莲, 等. 猕猴桃溃疡病药剂防治技术研究[J]. 西北农林科技大学学报（自然科学版）, 2005, 33（3）: 71-75.

[7] 赵利娜, 胡家勇, 叶振风, 等. 猕猴桃溃疡病病原菌的分子鉴定和致病力测定[J]. 华中农业大学学报, 2012, 31（5）: 604-608.

[8] 张慧琴, 李和孟, 冯健君, 等. 浙江省猕猴桃溃疡病发病现状调查及影响因子分析[J]. 浙江农业学报, 2013, 25（4）: 832-835.

[9] 曹锰, 郭景南, 高登涛, 等. 避雨栽培微环境对葡萄果实品质影响研究进展[J]. 河南农业科学, 2016, 45（1）: 15-19.

[10] 黄永红, 曾继吾, 周碧容, 等. 避雨栽培对'龙门年橘'留树保鲜期间果实品质的影响[J]. 园艺学报, 2009, 36（7）: 1049-1054.

[11] 吴燕娥, 苗兵兵. 广东地区草莓避雨栽培管理技术[J]. 长江蔬菜, 2017（11）: 29-30.

[12] 王建泉, 吴鸿, 陈朝建. 猕猴桃溃疡病药剂防治试验[J]. 四川农业科技, 2007（2）: 45-46.

[13] 刘原. 2种昆虫抗菌肽粗提物对猕猴桃溃疡病菌抑菌作用及猕猴桃溃疡病药剂防治试验[D]. 成都: 四川农业大学, 2016.

[14] 秦虎强, 赵志博, 高小宁, 等. 四种杀菌剂防治猕猴桃溃疡病的效果及田间应用技术[J]. 植物保护学报, 2016, 43（2）: 321-328.

[15] 龙友华, 夏锦书. 猕猴桃溃疡病防治药剂室内筛选及田间药效试验[J]. 贵州农业科学, 2010, 38（10）: 84-86.

[16] 张毅, 徐进. 猕猴桃溃疡病防治田间药效试验[J]. 陕西农业科学, 2012, 58（1）: 32-34.

[17] 李春游, 赵志博, 吴玉星, 等. 陕西关中地区猕猴桃溃疡病菌对链霉素的抗药性监测[J]. 中国果树, 2016（6）: 59-62.

Comparative Study on Prevention and Control Effect of Different Field Measures on Psa

LI Jing[1]　ZHONG Chengcao[1,2]　TU Meiyan[1,2]　SUN Shuxia[1]
CHEN Dong[1]　SONG Haiyan[1]　LIAO Ming'an[2]　JIANG Guoliang[1]

（1 Horticulture Research Institute of Sichuan Academy of Agricultural Sciences, Key Laboratory of Horticultural Crop Biology and Germplasm Creation in Southwestern China of the Ministry of Agriculture and Rural Affairs　Chengdu　610066;

2 Sichuan Agricultural University　Chengdu　611130）

Abstract　The garden of 'Hongyang' kiwifruit with high risk of canker was taken as the object of study in this test, and the prevention and control effect on the canker with field measures such as rain-proof cultivation, compound chemical agents, winter pruning and pruning wound protection methods in different periods, and application of biological agents in soil were compared, providing reference for the development of scientific and reasonable comprehensive prevention and control strategies. The results showed that: (1) The rain-proof cultivation was able to reduce the canker disease index of 'Hongyang' kiwifruit significantly, and the effect of prevention and control was more obvious with the increase of years of greenhouse. The incidence rate of canker disease in the third year of greenhouse was 0, but accurate management of fertilizer and water is required for the rain-proof cultivation. (2) In the test of compound chemical agents, 2% kasugamycin diluted 300 times + 43% tebuconazole diluted 1000 times +56% Propineb Kresoxim-methyl diluted 600 times + 45% prochloraz diluted 1500 times or 80% complete chelated mancozeb diluted 800 times + 0.15% tetramycin diluted 1200 times + 50% cyprodinil diluted 800 times were sprayed three times on the 20th day before fruit picking, the 7-10th day after fruit picking and during the stage of germination (February) in turn, and the disease indexes were 4.67 and 5.67 respectively, both of which were significantly lower than that of CK (the disease index was 17.00). (3) The effect on prevention and control of canker was not ideal by pruning earlier in winter and spraying 0.15% tetramycin and 2% kasugamycin on the pruning wound or application of Bosheng fertilizer on the whole trees. (4) The effect on prevention and control of canker also was not ideal by soil application of bio-organic fertilizer, compound microorganism fertilizer, bacillus suspension and Chinese medicine mixed preparation 15 days after fruit picking and during the stage of germination.

Keywords Field measures Canker Comprehensive prevention and control Effect

猕猴桃采后病害植物源杀菌剂的筛选及其抑菌效果分析[*]

石浩 ^{1, **}　　王仁才 ^{1, ***}　　庞立 ¹　　王琰 ¹　　周倩 ¹　　卜范文 ²

（1 湖南农业大学　湖南长沙　410128；2 湖南省园艺研究所　湖南长沙　410125）

摘　要　探讨植物源保鲜剂（植物提取物）对猕猴桃果实软腐病主要病原菌的抑菌活性，以促进其产业健康、可持续发展。以猕猴桃果实软腐病致病菌葡萄座腔菌（*Botryosphaeria dothidea*）和拟茎点霉菌（*Phomopsis* sp.）为供试真菌，对具有抗菌抑菌作用的 120 种药用植物的丙酮提取物进行了离体生物活性测定。结果表明：在提取物供试药材（生药）质量浓度为 1.0 g/ml 条件下初筛，得到了 34 种具有较强抑菌植物的品种，其中丁香、肉桂、零陵香、黄芩、广藿香、菖蒲、迷迭香、白薇、黄连、细辛、山苍子、葡萄籽等植物的提取物处理后，至少一种病原真菌的抑菌圈直径可达 18 mm 以上。丁香和肉桂的抑菌效果最好，最低抑菌浓度和最低杀菌浓度均较低，分别为 3.125 mg/ml、62.5 mg/ml（生药），其次是广藿香、细辛、黄芩、荆芥、迷迭香、零陵香等物质，其最低抑菌浓度和最低杀菌浓度分别为 10.0 mg/ml 左右、150 mg/ml 左右。当丁香、肉桂、黄芩提取物处理浓度达到 5.0 mg/ml 时，拟茎点霉菌各处理组菌丝重量均在 0.5 mg 以下，菌抑制率均达到了 90% 以上，半抑制浓度（EC_{50}）分别为 2.81 mg/ml、2.90 mg/ml、3.26 mg/ml；葡萄座腔菌菌丝重量低于 1.0 mg 以下，菌抑制率均达到了 80% 以上，半抑制浓度（EC_{50}）分别为 3.11 mg/ml、3.29 mg/ml、3.85 mg/ml。当植物提取物处理浓度达 5.0 mg/ml 时，黄芩、丁香、肉桂处理组果实发病率与对照之间分别相差 31.94%、41.24%、37.60% 左右，有效降低猕猴桃果实发病率。植物提取物作为一种新型植物源保鲜剂为猕猴桃果实长期高效、绿色、环保贮藏提供了方向，具有一定实际意义。

关键词　猕猴桃　采后病害　植物源杀菌剂　筛选　抑菌效果

猕猴桃属猕猴桃科（Actinidiaceae）猕猴桃属（*Actinidia*）植物，因其果实具有独特的营养价值、药用价值和较高的经济价值而深受人们的喜爱[1]。近年来，猕猴桃产业得到迅速发展，成为当今国内外竞相发展的新兴高效高档水果[2]。湖南省是我国野生猕猴桃的主要分布中心及原产地之一，也是野生资源的研究利用及猕猴桃人工栽培起步最早的省份之一，2015年全省栽培面积达 9 700 hm²，产量达 12.2×10⁴ t 以上，成为全国猕猴桃主栽省份之一[3-4]。猕猴桃资源具有重要经济、生态和社会效益，同时具有重要的科研和开发价值，但其果实不耐贮运性成为其产业发展的制约因子[5]。猕猴桃果实易受病菌感染，从而极易软化腐烂，损失率高，加之湖南省猕猴桃成熟期多在 8～10 月，正值气温较高的季节，极易引起果实腐烂[6]。猕猴桃采后贮藏期病害有软腐病、蒂腐病、青霉病，目前鉴定出的病原菌有青霉菌（*Penicillum italicum*）、灰葡萄孢菌（*Botrytis cinerea*）、葡萄座腔菌（*Botryosphaeria dothidea*）和拟茎点霉菌（*Phomopsis* sp.）[7-9]。这些病菌大多通过伤口侵入果实，引起储运期间果实大规模腐烂，一般发病率在 20%，严重时达到 50%。其中由于猕猴桃软腐病在贮藏期传染速度极快，潜伏

---

* 基金项目：湖南省科技厅重点研发计划项目（2017NK2071）。

** 第一作者，男，1988 年生，湖南常德人，博士，从事植物资源化利用与果实采后贮藏保鲜。

*** 通信作者，男，1962 年生，湖南衡阳人，博士，教授，从事植物资源化利用与果实采后贮藏保鲜。

期短，危害最为严重[10]。因此，猕猴桃果实采收后，迅速采取有效防腐保鲜措施显得十分重要与特别紧迫。随着人们生活水平的提高及食品安全意识的加强，许多以前使用效果较好但易产生有害物质残留和使病菌产生抗药性的化学杀菌保鲜剂逐渐被淘汰和禁用，化学保鲜剂的不当使用引起的食品安全事件频发，使人们对食品健康安全的诉求与日俱增，因此人们开始更关注天然保鲜剂的研究与开发[11-13]。近年来的研究表明植物有效成分在天然保鲜剂的开发和应用中具有独特的优势和广阔的前景[14-15]。利用天然植物提取物进行产品贮藏防腐保鲜在许多园艺产品的贮藏保鲜上已有报道，但在猕猴桃鲜果保鲜上的应用较少。因此进行猕猴桃中草药提取物在猕猴桃果实防腐保鲜上的应用研究，对于猕猴桃的绿色安全贮藏及其产业化高效生产具有十分重要的意义。

1 材料与方法

1.1 试验材料

（1）供试植物和菌种。供试植物共有 120 种，购置于湖南九芝堂医药有限公司和湖南养天和大药房，部分常见植物自行采摘。药材经湖南农业大学药用植物资源工程专业肖深根教授鉴定。药材名称及用药部位列于表 1。供试菌种为葡萄座腔菌（*Botryosphaeria dothidea*）和拟茎点霉菌（*Phomopsis* sp.）实验室课题组自行分离鉴定所得。

表 1 供试植物名称

植物名称	部位	植物名称	部位	植物名称	部位	植物名称	部位	植物名称	部位	植物名称	部位
艾叶	茎叶	萆薢	根	青蒿	茎叶	姜黄	根	鸡冠花	花瓣	小蓟	茎叶
蒲公英	茎叶	海金沙	孢子	松针	叶	樟树	叶	山楂	果实	牡丹	皮
苦楝	叶	石菖蒲	茎叶	凤仙花	花	臭椿	茎叶	玫瑰	花瓣	决明子	种子
木梨	叶	柏树皮	皮	鱼腥草	茎叶	辣椒	果实	马齿苋	茎叶	白药子	根
肉桂	皮	玉米须	花柱	油茶粕	果实	天胡荽	全草	芦荟	茎叶	射干	根
八角	种皮	鸦胆子	果实	石榴	果皮	大黄	根	板栗	种皮	迷迭香	茎叶
玉兰	叶	苍术	根	菠萝	皮	猫爪草	全草	苦瓜	果实	油桐	叶
花生壳	种皮	竹叶	叶	槟榔	果实	五加皮	根皮	夹竹桃	叶	苦丁茶	茎叶
凤尾蕨	茎叶	紫苏	茎叶	草木樨	茎叶	桃	叶	金樱	根	烟叶	叶
荷叶	叶	苦参	根	鸡血藤	根茎	龙葵	茎叶	菊芋	花瓣	紫草	茎叶
萆芨	茎叶	山茱萸	果实	黄芩	根	金银花	根	细辛	全草	茴香	茎叶
龙葵	茎叶	川芎	根	连翘	果实	孜然	种子	莪术	根	杨梅	叶
白薇	白薇	中华毛蕨	茎叶	藏青果	果实	黄连	根	荆芥	茎叶	广藿香	茎叶
鱼藤	茎叶	五味子	果实	薄荷	全草	凤仙透骨草	茎	白术	根	虎杖	根
厚朴	皮	枇杷	叶	余甘子	果实	水蕨	茎叶	独活	根	杜仲	树皮
沙棘	叶	柿树	叶	睡莲	叶	桑	叶	橘红	果皮	构树	叶
博落回	种子	甘蔗	叶	大蒜	根	核桃	果皮	葱白	全草	丁香	种子
仙鹤草	茎叶	马钱子	果实	柠檬	果实	苍耳	种子	银杏	叶	甘草	根
零陵香	茎叶	皂角刺	棘刺	番茄	茎叶	花椒	果实	空心莲子草	全草	葡萄	种子
麻黄根	根	红薯叶	叶	棕榈	叶	水葫芦	茎叶	香茅	茎叶	地肤子	果实

（2）实验试剂与仪器。葡萄糖、琼脂粉、丙酮、土豆。超声提取仪、植物粉碎机、全自动压力蒸汽灭菌锅、旋转蒸发仪、冷却水循环机、恒温培养箱、数码显微镜。葡萄糖生化试

剂购自中国医药（集团）上海化学试剂公司，琼脂粉生化试剂购自北京奥博星生物技术有限公司，丙酮分析纯购自天津永大化学试剂有限公司；灭菌锅（HVA-85 全自动高压蒸汽灭菌锅），干燥箱（DHG-9146A 电热恒温鼓风干燥箱），恒温培养箱（DH5000B 电热恒温培养箱），天平（舜宇恒平仪器 FA2004），pH 计（METTLER TOLEDO），超声循环提取机（北京弘祥隆公司），万能粉碎机（天津市泰斯特仪器有限公司），旋转蒸发仪（瑞士）电子天平（日本岛津），冷却水循环机（北京长流科学仪器公司），数码显微镜系统。

1.2 试验方法

（1）植物提取液的制备。植物经自然风干后放入 50℃ 烘箱，烘干至恒重，用粉碎机粉碎后过 100 目筛，分别称取各植物样品粉末 10 g 于 100 ml 三角瓶中，加丙酮 50 ml 后保鲜膜封口，28℃，150 r/min，恒温振荡提取 12 h 后，将三角瓶放入超声仪中，再经超声波提取 30 min，然后将提取液进行抽滤，滤液经浓缩至 10 ml 以内，到入 10 ml 容量瓶中定容。配成活性物质提取物，质量浓度 1.0 g/ml，对提取物母液进行编号，置于 4℃ 冰箱中，保存备用。另提取黄芩、丁香、肉桂提取液，提取液经减压浓缩后干燥，同样置于 4℃ 冰箱中，保存备用。

（2）菌液的制备。菌种经活化后接种于 PDA 培养基培养，28℃ 培养 60 h，取直径约为 4 cm 的菌落于 5 ml 离心管中，用加 2% 吐温-80 的无菌 0.9% 生理盐水冲洗，玻璃珠打散、震荡、离心、过滤菌丝。采用血球计数法确定菌悬液浓度，浓度控制在 $10^5 \sim 10^6$ cfu/ml 之间备用。

（3）标准曲线的绘制。取无菌试管 7 支，分别将其编号 1~7。用血球计数板计数培养 60 h 的菌悬液，用无菌生理盐水分别稀释调整为 1×10^5、3×10^5、5×10^5、7×10^5、1×10^6、5×10^6、1×10^7 含菌数的悬浮液。在波长为 560 nm 处测定各试管中悬浮液的吸光值。以悬浮液浓度 C 为横坐标（X），以吸光值 A 作为中坐标（Y），绘制浓度与吸光值的 Y-X 曲线，得出相应的回归方程为

$$Y = 7\times10^{-8}X + 0.063\ 9 \quad (R^2 = 0.999\ 1)$$

（4）PDA 培养基的配制。将马铃薯洗净去皮，称取 200 g，切成 2 cm 大小后于 1 L 的烧杯中，加入蒸馏水 300 ml 左右，在电炉上煮沸 30 min。抽滤得滤液，滤液到入烧杯中，相继添加琼脂 15 g，葡糖糖 16 g，加蒸馏水补至 1 L，搅拌，放入微波炉中待其充分融化，自然 pH 值，分装于 250 ml 锥形瓶中，加膜、包扎，在灭菌锅中 121℃ 条件下灭菌 20 min 后取出冷却至 40℃ 左右，铺板或 4℃ 冰箱保存。

（5）提取液抑菌活性的测定。采用牛津杯测定提取液对菌的抑制率[16]。将 PDA 培养基到入 10 ml 的培养皿中至 0.5 cm 深度，凝固后，加入孢子浓度为 $10^5 \sim 10^6$ 个/ml 的菌悬液 0.5 ml，用经灭菌的小毛刷充分涂匀。取经灭菌的牛津杯插入在培养基中 0.2 cm 深度，每个培养皿等距离放置 4 个，再往各牛津杯中加入 200 μl 的各植物提取液（采用 0.22 μm 的有机膜滤掉杂菌），采用封口膜对培养皿封口后置于 28℃ 培养箱中培养，每个植物样本做 4 个重复，以丙酮试剂作为阴性对照，以 80 μg/ml 纳他霉素作为阳性对照。培养 72 h 后用游标卡尺、十字交叉法测定抑菌圈直径。

（6）最低抑菌浓度（MIC）值的测定。取 12 孔板编号倒入底层培养基待凝固后，将植物提取液混入 40℃ 培养基中，最终浓度为 1 mg/ml、10 mg/ml、20 mg/ml、30 mg/ml、50 mg/ml、100 mg/ml、200 mg/ml、300 mg/ml、400 mg/ml、500 mg/ml、700 mg/ml、1 000 mg/ml，到入培养基上，待凝固后铺上孢子浓度为 $10^5 \sim 10^6$ 个/ml 的菌悬液 0.3 ml，用经灭菌的小毛刷充分涂匀。置于 28℃ 的培养箱中培养，观察菌体生长情况，记录数据。

（7）最低杀菌浓度（MBC）值的测定。将大于最低抑菌浓度的各提取液提高浓度，混入

40℃ 培养基中，并分别倒在底层培养基上，待凝固后铺上菌悬液，用经灭菌的小毛刷充分涂匀。置于 28℃ 的培养箱中培养，观察菌体生长情况，记录数据。确定无菌生长的最低提取液浓度。

（8）菌丝生长量的测定。对菌丝生长量的抑制作用于液体培养基中进行。于三角瓶中加入培养基后高压灭菌；将活化好的葡萄座腔菌用无菌生理盐水洗下，过滤掉菌丝，制得孢子悬浮液（10^6 cfu）。培养基冷却后在无菌条件下用移液器加入孢子悬浮液 1 ml，28℃ 振荡培养，待菌丝球生长良好时加入提取物，对照不加。继续培养 5 d，待菌丝球长到直径为 0.5～1 cm 左右。过滤得菌丝体，用蒸馏水反复冲洗菌丝，将培养基去除干净，在真空冷冻干燥机中冻干至恒重，精确称取菌丝体的重量。每个处理重复 5 次，试验重复 2 次。

（9）提取物对真菌生长抑制率的影响。配置提取物最终浓度为 0 mg/L、10 mg/L、30 mg/L、50 mg/L、100 mg/L、300 mg/L、500 mg/L PDA 培养基。在超净工作台的上铺板，铺板于直径为 10 cm 的培养皿中，待培养基凝固后将直径大小为 1.0 cm 的供试菌饼植入培养基的中间，每皿 1 块，封口培养皿，每个处理 3 次重复，在 28℃ 的培养箱中遮光培养 96 h。用游标卡尺左右、上下量取菌落长度，求取平均值。计算菌丝生长抑制率，求出线性回归方程以及半浓度抑制率（EC_{50}）。

$$菌落净生长距离（cm）= \frac{菌落生长距离}{菌饼直径}$$

$$菌丝生长抑制率（\%）= \frac{菌落净生长距离-处理菌落净生长距离}{处理菌落净生长距离} \times 100\%$$

（10）提取物对猕猴桃果实发病率的影响。选取 180 个外观规则，成熟度适中、无任何损伤的猕猴桃果实，分 9 组，每组 20 个果实，用接种针戳出深度和直径为 3 mm 的孔，每个果实戳 5 个孔。配置不同浓度（0 mg/ml、100 mg/ml、300 mg/ml、500 mg/ml）的提取液，各提取液中含孢子 10^6 个/ml，然后取 10 μL 接种在猕猴桃果实的伤口处。处理完成后，放置于 28℃、RH＝90% 的培养箱中培养 7 d。待试剂空白对照组猕猴桃果实几乎全部发病后，统计其他处理组实的发病率。

$$每组发病率（\%）= \frac{每组发病伤口数}{每组的总伤口数} \times 100\%$$

2　结果与分析

2.1　植物提取液对菌体的抑制效果

不同植物提取物抑菌效果具有较大的差别，在进行 120 种植物抑菌筛选试验中，得到了 34 种具有较强抑菌植物的品种，其抑菌效果见表 2。丁香、肉桂、零陵香、黄芩、广藿香、菖蒲、迷迭香、白薇、黄连、细辛、山苍子等植物的丙酮提取液具有较强的抑菌效果，抑菌圈直径可达 15 mm 以上，可能是因为这些植物的提取液中具有较多的芳香油类物质和黄酮类物质，可有效地杀灭这两类真菌[17]。同时葡萄籽、川芎、海金沙、毛蕨、麻黄根、皂角刺、独活等植物抑菌效果也较好，抑菌圈直径可达 10 mm 以上，可能是这些植物的提取液中含有较多生物碱、醌类、多酚、皂苷类物质，从而有效的杀灭或抑制这两种真菌[18]。有些植物的提取液抑菌效果具有一定的选择性，如乌蕨、苦楝、博落回、橘红、樟树叶等并不会同时抑制两种真菌。

表2　植物丙酮提取液对葡萄座腔菌和拟茎点霉菌的抑菌效果（72 h）

植物提取液	抑菌圈直径/mm		植物提取液	抑菌圈直径/mm	
	拟茎点霉菌	葡萄座腔菌		拟茎点霉菌	葡萄座腔菌
丁香	30.30±1.32	25.63±0.70	博落回	—	10.50±1.26
八角	19.90±0.98	16.40±1.20	樟树叶	13.20±0.29	—
乌蔹	14.90±0.84	—	荆芥	19.10±0.99	17.60±0.30
苦楝	—	15.20±1.05	青蒿	18.40±0.38	14.30±0.40
零陵香	18.50±0.92	18.90±0.30	油茶粕	15.20±0.55	6.50±0.40
海金沙	11.70±0.82	13.70±1.30	黄芩	25.80±1.59	22.00±1.20
菖蒲	19.40±1.16	16.60±1.20	白薇	17.50±0.54	21.20±0.92
枫香叶	11.70±0.73	—	迷迭香	19.90±2.31	20.50±1.30
大黄	12.60±0.97	14.50±0.30	橘红	—	15.50±1.32
苦参	13.90±1.12	18.00±1.50	细辛	22.10±2.11	18.60±1.30
孜然	13.20±0.46	11.80±0.70	肉桂	28.10±1.94	22.90±0.90
黄连	18.10±1.58	17.00±1.00	五加皮	17.30±0.78	14.60±1.30
毛蕨	11.80±0.86	18.50±1.00	麻黄根	12.10±0.92	11.60±0.50
凤仙透骨草	16.60±1.90	15.40±1.51	皂角刺	11.10±0.45	11.60±0.50
川芎	14.90±1.14	19.30±0.50	杜仲	15.50±0.37	11.30±0.70
葡萄籽	16.10±0.77	14.40±1.39	独活	11.70±0.97	15.10±1.10
广藿香	24.10±1.71	16.90±1.30	山苍子	18.74±1.12	16.81±0.82

2.2　植物提取液对菌体 MIC、MBC 的测定

选取 16 种抑菌效果较好的植物提取物进行最低抑制浓度实验和最低杀菌浓度试验。实验结果如表3可知，丁香和肉桂的抑菌效果最好，最低抑菌浓度非常低，仅为 3.125 mg/ml，其次是广藿香、细辛、荆芥、迷迭香、零陵香等物质，其最低抑菌浓度在 10.00 mg/ml 左右，从而进一步确定上述植物具有较强抑制葡萄座腔菌和拟茎点霉菌的作用。图表中其余几种植物也均具有较强抑菌效果，最低抑菌浓度在 100.00 mg/ml 以内。各植物的最低杀菌浓度都比较高，抑菌效果相对最好的丁香、肉桂等杀菌浓度都达到了 62.5 mg/ml，这可能是植物中有效成分的单位含量较低，或植物粗提取抑菌效果不佳等原因造成[19]。

表3　植物丙酮提取液对葡萄座腔菌和拟茎点霉菌的 MIC、MBC

植物名称	拟茎点霉菌		葡萄座腔菌	
	最低抑菌浓度（MIC）/（mg/ml）	最低杀菌浓度（MBC）/（mg/ml）	最低抑菌浓度（MIC）/（mg/ml）	最低杀菌浓度（MBC）/（mg/ml）
丁香	3.125	62.5	3.125	62.5
肉桂	3.125	62.5	6.260	62.5
广藿香	6.250	62.5	12.500	62.5
细辛	6.250	62.5	12.500	62.5
黄芩	6.250	125.0	6.250	125.0
荆芥	12.500	125.0	12.500	125.0
迷迭香	12.500	125.0	12.500	125.0
零陵香	12.500	125.0	12.500	250.0
菖蒲	25.000	250.0	50.000	250.0

植物名称	拟茎点霉菌		葡萄座腔菌	
	最低抑菌浓度（MIC）/（mg/ml）	最低杀菌浓度（MBC）/（mg/ml）	最低抑菌浓度（MIC）/（mg/ml）	最低杀菌浓度（MBC）/（mg/ml）
八角	25.000	250.0	50.000	250.0
白薇	50.000	250.0	12.500	250.0
黄连	50.000	250.0	50.000	500.0
川芎	100.000	500.0	50.000	500.0
山苍子	100.000	500.0	50.000	500.0
葡萄籽	100.000	500.0	100.000	500.0
青蒿	100.000	500.0	100.000	500.0

2.3 植物提取物对菌丝生长量的影响

（1）对拟茎点霉菌生长量的影响。三种植物提取物对拟茎点霉菌菌丝生长量的影响如图 1 所示，空白对照组真菌培养 5 d 后菌丝干重为 8.2 mg，当培养液中加入不同浓度植物提取物后，菌丝生长量具有一定的降低，且随着提取物浓度逐渐升高，菌丝生长抑制现象越明显。当提取物质量浓度为 1 mg/ml 时丁香、肉桂处理组抑制能力相对黄芩处理组（7.93 mg）抑制效果较好，抑制效果提高了 10.50%。黄芩提取物浓度在 4 mg/ml 时抑菌效果不是非常明显，菌丝重量仍达到 4.6 mg，而此时丁香、肉桂处理组菌丝重量仅为 1.1 mg、1.0 mg，说明在低浓度下两者抑菌效果强于黄芩。当植物处理浓度达到 5 mg/ml 时，各处理组菌丝重量均在 0.5 mg 以下，说明黄芩在较高浓度下也同样具有较强的抑菌效果。

（2）对葡萄座腔菌菌丝生长量的影响。三种植物提取物对葡萄座腔菌菌丝生长量的影响如图 2 所示，空白对照组真菌培养 5 d 后菌丝干重为 11.9 mg，随着提取物浓度的增加，菌丝生长抑制水平逐渐增强，各提取物处理浓度为 2 mg/ml 以内时，丁香、肉桂处理组抑制效果相对较好，均优越黄芩处理组，但抑菌效果均不佳，菌丝重量仍在 6.3 mg 以上。当处理浓度达到 4 mg/ml 及以上时，三者对菌丝生长量的影响效果相差不大，这可能是因为丁香、肉桂较高提取物不能像黄芩提取物更好溶解在培养液中，也可能是两者间的抑菌机理不一样所致。同样在提取物浓度达到 5 mg/ml 时，菌丝重量均非常低，菌丝重量已低于 1.0 mg 以下。

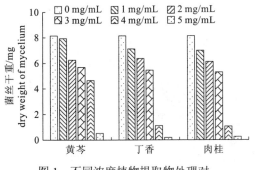

图 1　不同浓度植物提取物处理对
拟茎点霉菌生长的影响

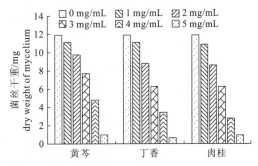

图 2　不同浓度植物提取物处理对
葡萄座腔菌丝生长的影响

2.4 提取物对菌丝生长抑制率的影响

（1）对拟茎点霉菌抑制率的影响。三种植物提取物对拟茎点霉菌抑制率的影响如图3所示，随着各种提取物浓度的增加，抑制效果逐渐增强，在提取物浓度在3 mg/ml时，三种提取物对菌的抑制率均较低，除丁香（44.75%）外，其余两处理组抑制率均低于40%。当提取物浓度增加到4 mg/ml时，三组提取物的抑制率均有很大程度提高，黄芩、丁香、肉桂组抑制率分别达到了60.06%、80.02%、79.77%，通过回归分析，三者的半抑制浓度（EC_{50}）分别为3.26 mg/ml、2.81 mg/ml、2.90 mg/ml。当提取物浓度增加到5 mg/ml时，三处理组抑制率均达到了90%以上，说明三者抑菌效果非常明显。

（2）对葡萄座腔菌抑制率的影响。三种植物提取物对葡萄座腔菌抑制率的影响如图4所示，提取物浓度在0.5 mg/ml时，各处理组抑制率均较低，低于5.00%。各提取物随着浓度的增加抑制率逐渐增大，但前期抑制率增长慢，后期快。黄芩、丁香、肉桂的半抑制浓度（EC_{50}）分别为3.85 mg/ml、3.11 mg/ml、3.29 mg/ml，可看出丁香抑菌效果最好，其次是肉桂。黄芩处理组提取物浓度在300 mg/ml时，均抑制率仅为44.19%，此时丁香、肉桂处理组抑制率分别达到了84.64%、72.25%，说明在较低浓度时两者同样具有较强的抑制能力。当三种提取物浓度继续增加至5 mg/ml时，抑制率均达到了80%以上。

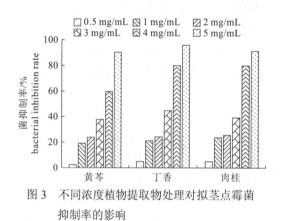

图3 不同浓度植物提取物处理对拟茎点霉菌抑制率的影响

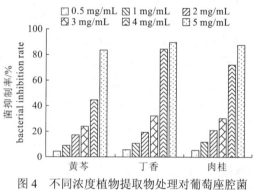

图4 不同浓度植物提取物处理对葡萄座腔菌抑制率的影响

2.5 不同提取物对猕猴桃果实软腐病发病率的影响

猕猴桃果实经接种菌种后培养箱中培养7d，果实发病率实验结果如图5所示。

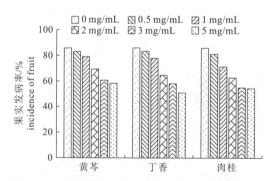

图5 不同浓度植物取物对接种果实发病率的影响

由图5可知，空白对照组果实发病率最高，达到了86%，随着植物提取物浓度的增加，猕猴桃果实软腐病的发病率呈下降趋势，当提取物浓度达到 2 mg/ml 及以上时，果实发病率明显的降低，三处理组果实发病率均减少了 25% 以上。丁香、肉桂处理组猕猴桃果实发病率要低于黄芩处理组，可能是前两者一方面具有更强的抑菌效果，另一方面是前两者提取物多为挥发油，可有效防止果实水分蒸发枯萎。当处理浓度达 5 mg/ml 时，三处理组果实发病率与对照之间相差 37% 左右，这表明三种提取物可有效降低猕猴桃果实发病率。

3 讨论

猕猴桃果实软腐常有生理自然软化，也有真菌感染所致的胁迫被动软化，防治猕猴桃快速软腐的方法有很多，其中最常见的是化学处理法，但化学处理常伴随着试剂残留，不利果实的绿色保藏，实验采用 120 种中药材提取物进行猕猴桃软腐病菌（葡萄座腔菌、拟茎点霉菌）的抑菌筛选实验，实验结果表明一般含有挥发油、生物碱、黄酮类的中药材抑菌效果较好，这可能是因为提取物破坏了真菌细胞结构、影响细胞代谢和分化，从而抑制或杀灭真菌[20-22]。同时对 120 种中药材中筛选出 16 种抑菌效果较好的药材测定最低抑菌浓度、最低杀菌浓度，其中最低杀菌浓度比较高，由于中药材提取物为粗体混合物，一方面可能所含有效成分较少，另一方法粗体物中有些成分影响到活性物质的抑菌效果[23]，在后期试验中可单独对几种或某种抑菌效果好的药材提取物进行分离纯化，从而判定出主要抑菌物质和抑菌能力。选取 3 种中药材（肉桂、丁香、黄芩）提取物对菌丝生长量和抑制率的测定，采用液体培养基培养，随着培养基中药浓度的增加菌生长量逐渐减少，对菌的抑制能力逐渐增强，说明这三种中药材具有较强的抑菌能力，同时三者提取物均无毒、无异味，是较好的天然防腐抑菌剂。进行果实防腐处理实验可知，处理组可明显地减小果实发病率，一方面是因为提取物杀灭了软腐菌，另一方面可能是提取物对果实本身具有一定防腐保鲜的作用[24-25]。

4 结论

有些植物提取物可有效地杀灭猕猴桃软腐病菌，且抑菌效果较好，120 种植物筛选结果中丁香、肉桂、广藿香、细辛、黄芩等中药提取物抑菌效果最佳，最低抑菌浓度在 5 mg/ml 左右，最低杀菌浓度在 100 mg/ml 左右。丁香、肉桂、黄芩提取物处理浓度达到 5.0 mg/ml 时，拟茎点霉菌各处理组菌丝重量均在 0.5 mg 以下，抑制率均达到了 90% 以上，半抑制浓度（EC_{50}）在 3 mg/ml 左右；葡萄座腔菌菌丝重量低于 1.0 mg 以下，抑制率均达到了 80% 以上，半抑制浓度（EC_{50}）分别为 3.5 mg/ml 左右。果实分别经这三种中药提取物处理后相对于对照组，果实发病率减少了 35% 左右。植物提取物可经过进一步完善配方后后期用作猕猴桃防腐处理，以延长猕猴桃的货架期，提高其经济价值。

参考文献 References

[1] 刘亚令. 猕猴桃属植物自然居群的遗传结构与种间基因渐渗研究[D]. 华中农业大学，2006.

[2] 巨汶龙. 陕西省猕猴桃产业发展对策研究[D]. 杨凌：西北农林科技大学，2017.

[3] 王仁才，熊兴耀，庞立. 湖南猕猴桃产业发展的问题及建议[J]. 湖南农业科学，2015（5）：124-127.

[4] 杨玉，何科佳，卜范文，等. 湖南猕猴桃主产区生产集聚与波动现状及产业发展对策[J]. 湖南农业科学，2013（23）：97-100.

[5] 黄文俊，钟彩虹. 猕猴桃果实采后生理研究进展[J]. 植物科学学报，2017，35（4）：622-630.

[6] FRANCESCO A D, MARI M, UGOLINI L, et al. Effect of *Aureobasidium pullulans*, strains against *Botrytis cinerea*, on kiwifruit during storage and on fruit nutritional composition[J]. Food microbiology，2018，72：67-72.

[7] YUYAN Z, JIE Y, BRECHT J K, et al. Pre-harvest application of oxalic acid increases quality and resistance to *Penicillium expansum* in kiwifruit during postharvest storage[J]. Food chemistry，2016，190：537-543.

[8] ELFAR K，RIQUELME D，ZOFFOLI J P，et al. First report of *Botrytis prunorum* causing fruit rot on kiwifruit in Chile[J]. Plant disease，2016，101（2）：388-389.

[9] LUONGO L，SANTORI A，RICCIONI L，et al. *Phomopsis* sp. associated with post-harvest fruit rot of kiwifruit in Italy[J]. Journal of plant pathology，2011，93（1）：205-209.

[10] LI L. First report of *Pestalotiopsis microspora* causing postharvest rot of kiwifruit in Hubei Province, China[J]. Plant disease，2016，101（6）：1046-1047.

[11] OH S O，KIM J A，JEON H S，et al. Antifungal activity of eucalyptus-derived phenolics against postharvest pathogens of kiwifruits[J]. Plant pathology journal，2008，24（3）：322-327.

[12] NAPAGODA M，GERSTMEIER J，BUTSCHEK H，et al. Lipophilic extracts of Leucas zeylanica, a multi-purpose medicinal plant in the tropics, inhibit key enzymes involved in inflammation and gout[J]. Journal of ethnopharmacology，2018，224：474-481.

[13] KHAN B M，BAKHT J，KHAN W. Antibacterial potential of a medicinally important plant Calamus aromaticus[J]. Pakistan journal of botany，2018，50（6）：2355-2362.

[14] 韩永萍，李可意，等. 茶树油复合多种天然产物对樱桃的保鲜作用研究[J]. 食品工业科技，2018，39（7）：40-43.

[15] 史振霞，张春丹，杜洪利，等. 复合中草药提取剂在鸭梨保鲜中的研究[J]. 食品科学，2016，41（5）：24-28.

[16] 刘洋，陈楚英，陈明，等. 响应面法优化肉桂抑菌物质超声波提取工艺及其抑菌活性研究[J]. 食品科学，2015（6）：279-284.

[17] 乔金玲，胡永金. 植物源提取物抑菌机理及其应用研究进展[J]. 天然产物研究与开发，2010（8）：275-279.

[18] JUTTUPORN W，THIENGKAEW P，RODKLONGTAN A，et al. Ultrasound-assisted extraction of antioxidant and antibacterial phenolic compounds from steam-exploded sugarcane bagasse[J]. Sugar tech，2018：1-10.

[19] BORGES A，FERREIRA C，SAAVEDRA M J，et al. Antibacterial activity and mode of action of ferulic and gallic acids against pathogenic bacteria.[J]. Microbial drug resistance，2013，19（4）：256-265.

[20] HUA X，YANG Q，ZHANG W J，et al. Antibacterial activity and mechanism of action of aspidinol against multi-drug-resistant methicillin-resistant staphylococcus aureus[J]. Frontiers of pharmacology，2018，8（9）：1-11.

[21] GONELIMALI F D，LIN J H，MIAO W H，et al. Antimicrobial properties and mechanism of action of some plant extracts against food pathogens and spoilage microorganisms[J]. Frontiers of pharmacology，2018，24（9）：1-8.

[22] POOMANEE W，CHAIYANA W，MUELLER M，et al. *In-vitro* investigation of anti-acne properties of *Mangifera indica* L. kernel extract and its mechanism of action against *Propionibacterium acnes*[J]. Anaerobe，2018，52：64.

[23] THIMABUT K，KEAWKUMPAI A，PERMPOONPATTANA P，et al. Antibacterial potential of extracts of various parts of *Catunaregam tomentosa*（Blume ex DC）Tirveng and their effects on bacterial granularity and membrane integrity[J]. Tropical journal of pharmaceutical research，2018，17（5）：875-879.

[24] 方丽平，李进步，薛建平，等. 六十种药用植物提取物对葡萄炭疽病菌抑菌活性的室内筛选[J]. 北方园艺，2014（2）：119-123.

[25] 梁清志，弓德强，黄光平，等. 丁香和肉桂提取物处理对杧果采后品质及生理特性的影响[J]. 中国南方果树，2015，44（4）：56-59.

Screening and Antibacterial Effect Analysis of Botanical Fungicide for Kiwifruit Postharvest Diseases

SHI Hao[1]   WANG Rencai[1]   PANG Li[1]   WANG Yan[1]
ZHOU Qian[1]   BU Fanwen[2]

（1 Hunan Agricultural University Changsha 410128；

2 Research Institute of Horticulture in Hunan Province Changsha 410125）

Abstract   In order to promote the healthy and sustainable development of kiwifruit, the antimicrobial activity of plant preservatives (plant extracts) against the main pathogen of kiwifruit soft rot was studied. *Botryosphaeria dothidea* and *Phomopsis* sp. were used as the tested fungi, and the bioactivity of acetone extracts from 120 kinds of medicinal plants with antibacterial and bacteriostasis was measured. Under the condition of 1 g/ml mass concentration of the extract (crude drug), the extract was initially screened. 34 varieties with strong bacteriostasis plants were obtained, including clove, cinnamon, holy basil,

Scutellaria, patchouli, *Acorus calamus*, rosemary, *Cynanchum atratum*, goldthread, asarum, litsea, and cubeba. The inhibition zone of at least one pathogen can be more than 18 mm in diameter. The antibacterial effect of clove and cinnamon is the best, the   minimum antibacterial and bactericidal concentration were 3.125 mg/ml, 62.5mg/ml (crude drug) respectively, followed by patchouli, asarum, *Scutellaria*, *Schizonepeta*, rosemary, holy basil etc. the minimum antibacterial and bactericidal concentration were about 10 mg/ml and 150 mg/ml respectively. When the extract concentration of clove, cinnamon and *Scutellaria* reached 5.0 mg/ml, *Phomopsis* strain hyphae weight of each treatment were below 0.5 mg, and the antibacterial rate reached 90%, EC_{50} were 2.81 mg/ml, 2.90 mg/ml and 3.26 mg/ml respectively .While the hyphal weight of *Botryosphaeria dothidea* less than 1.0 mg, antibacterial rate reached more than 80%, EC_{50} were 3.11 mg/ml, 3.29 mg/ml and 3.85 mg/ml respectively.When the concentration of plant extract reached 5.0 mg/ml, incidence rate of kiwifruit postharvest disease of *Scutellaria*, clove and cinnamon treatment were less than 31.94%, 41.24% and 37.60% compared with the control, which effectively reduce the incidence rate of kiwifruit postharvest disease. As a new plant source preservative, plant extracts provide a direction and practical significance for long-term high-efficiency, green and environment-friendly storage of kiwifruit.

Keywords   Kiwifruit   Postharvest disease   Botanical fungicide   Screening   Antibacterial effect

猕猴桃软腐病菌的侵染时间研究[*]

李黎[**] 潘慧 邓蕾 陈美艳 钟彩虹[***]

（中国科学院植物种质创新与特色农业重点实验室,中国科学院种子创新研究院,中国科学院武汉植物园 湖北武汉 430074）

摘 要 以中国猕猴桃国家种质资源圃内的 8 个主要栽培品种为研究对象，进行了为期 2 周年的定点调查及样本采集（包括枝条、花蕾、叶片、果实等），并对不同时期分离的病菌进行生物学特性分析、显微结构观察及分子鉴定。研究结果显示：软腐病菌以菌丝体或子实体的形式在枝条上潜伏越冬，翌年春天气温回升后，子囊孢子或分生孢子释放，借风雨传播；在早春花期时侵染花蕾，幼果形成期由花蕾转移至幼果上，直至果实贮藏期表现软腐症状。因此，对该病的防治应侧重冬季彻底清园、花前及花期的施药预防。

关键词 猕猴桃 软腐病 侵染时间 防治

猕猴桃素有"维 C 之王"的美誉，深受广大消费者喜爱。进入 21 世纪以来，世界猕猴桃产业持续发展，种植面积逐年增加[1]，但病虫害问题也日益突出。1982 年，日本首次在德岛发现了猕猴桃软腐病[2]，随后该病在新西兰[3]、韩国[4]和中国[5]等国家也相继被报道。目前，该病被认为是世界猕猴桃贮藏、转运、销售期间的首要真菌病害，各国平均发病率达到 30%左右[6]。

2015～2016 年，本课题组对中国猕猴桃软腐病菌进行了全面鉴定，确定中国猕猴桃软腐病菌主要为葡萄座腔菌（*Botryosphaeria dothidea*）、拟茎点霉属（*Phomopsis* sp.，有性态 *Diaporthe* sp.）、拟盘多毛孢属（*Pestalotiopsis* sp.）、链格孢菌（*Alternaria alternata*）[7]。在此基础上，本研究首次在国家猕猴桃种质资源圃内对 8 个主要栽培种进行了为期 2 周年的侵染时间研究，对不同时期分离的病菌进行生物学特性分析、显微结构观察及分子鉴定，确定软腐病主要致病菌的侵染时间，为今后在最佳时期对软腐病进行防治提供理论依据。

1 材料与方法

1.1 供试材料

供试品种：国家猕猴桃种质资源圃内的'东红''金桃''金艳''金圆''金梅''海沃德''满天红''金玉'8 个品种。

培养基配方（马铃薯葡萄糖固体培养基 PDA）：马铃薯浸出粉 5 g，葡萄糖 20 g，琼脂 20 g，加蒸馏水定容至 1 L，121℃ 高压灭菌 20 min。

显微镜：型号 Olympus BX51，日本奥林巴斯公司。

智能人工气候箱：型号 HP300GS，武汉瑞华仪器设备有限责任公司。

PCR 仪：型号 Mastercycler pro 384，德国艾本德（Eppendorf）公司。

---

* 基金项目：国家自然科学基金青年科学基金项目（31701974）；湖北省自然科学基金面上项目（2017CFB443）；湖北省技术创新专项（2016ABA109）；武汉市科技局前资助科技计划（2018020401011307）。

** 第一作者，博士，副研究员，主要从事猕猴桃病害鉴定及综合防治研究，E-mail：lili@wbgcas.cn

*** 通信作者，博士，研究员，主要从事猕猴桃种质资源开发与抗性育种，E-mail：zhongch1969@163.com

分子试剂：上海生工 Ezup 柱式真菌基因组 DNA 抽提试剂盒；DNA Marker DL2000，生工生物工程（上海）股份有限公司；真菌核糖体基因组转录间隔区通用引物 ITS4/ITS5（ITS5: 5-GGAAGTAAAAGTCGTAACAAGG-3，ITS4: 5-TCCTCCGCTTATTGATATGC-3）。均由华大基因公司合成。

1.2 试验方法

（1）采样。2016～2017 年，对国家猕猴桃资源圃内的'东红''金桃''金艳''金圆''金梅''海沃德''满天红''金玉' 8 个品种进行了为期 2 周年的样本采集，每个品种 3 个植株重复，采集部位包括枝条、花蕾、叶片、果实等。冬季至花前每 15 d 采样一次，花期至果实采收期每 10 d 采样一次，共采样 41 批次。随后，对不同时期的病菌进行分离纯化、PDA 平板上的生物学特性观察、显微分析及分子鉴定。

（2）病原菌的分离纯化及形态学鉴定。采用常规组织分离法，将园区取回的猕猴桃枝条、花蕾、叶片、果实等组织，用无菌水清洗，经 75% 酒精表面消毒后，用打孔器取少许组织接种于 PDA 平板上，置于 25℃ 恒温培养箱中培养 5 d，选取菌丝尖端置于新 PDA 平板以获得纯菌株，每个样本设置 3 个重复。将纯化的病原菌接种于 PDA 平板，25℃ 培养 7～14 d，观察记录菌落生长情况；在显微镜下观察菌丝与孢子形态，与本课题组已发表的致病菌生物学特性比对[8]，初步确定病原菌种类。

（3）病原菌的分子生物学鉴定。将纯菌株置于平铺玻璃纸的 PDA 培养基，25℃ 静置培养 5～8 d 后收集菌丝。提取基因组 DNA，置于 -20℃ 备用。运用通用引物 ITS4/ITS5 进行 PCR 扩增。扩增反应体系 40 µl，10 mmol/L dNTP 0.8 µl，含 Mg^{2+} 的 10×PCR buffer 4 µl，100 µmol/L 引物各 0.2 µl，5 U/µl *Taq* 酶 0.25 µl，1.10 g/ml DMSO 0.8 µl，DNA 模板 2 µl，ddH$_2$O 31.75 µl。PCR 反应程序为 94℃ 5 min；94℃ 30 s，55℃ 30 s，72℃ 1 min，30 个循环；72℃ 10 min。扩增产物经 1.5% 琼脂糖凝胶检测后送至华大基因公司测序，将测序结果进行 Blast 比对，作同源性相似度差异性分析，确定菌株的分类地位[9]。

（4）病原菌的致病性测定。将'金魁'果实表面用 2 号昆虫解剖针刺伤，果实刺伤深度为 2～3 mm，将 5 mm 无菌打孔器制成的菌株菌饼接种于伤口处，菌丝面朝下并覆盖无菌湿棉球，置于透明盒中密封保湿，同时以接种 PDA 琼脂块为对照，5 d 后观察发病情况。每个菌株的接种实验重复 3 次。果实发病后从病健交界处再次分离培养病原菌，与原接种菌株进行比较。参考鉴定结果确定软腐病菌[7]。

2 结果与分析

本研究中 41 批采样共分离获得到 257 株真菌菌株（图 1，彩图 12），每一批分离到的菌株从菌丝形态上均存在明显差异。经过形态学、ITS 分子鉴定及果实上的致病力分析，确定两种病原菌为软腐病的主要致病菌，两者的分离率分别为 31.13% 及 14.40%。

菌株 1 在 PDA 培养基上培养 1～2d 后长出白色绒毛菌落，气生菌丝发达（图 2，彩图 13）。初为白色后变为灰色（图 2A）；培养 3～5 d 后，可检查到大量分生孢子，榄褐色至深榄褐色；短喙柱状或锥状，榄褐色，大小为（15～36）µm×（9～16）µm（图 2B）。菌株接种到'金魁'果实上，明显可见典型的软腐病症状（图 2C）。结合 ITS 测序分析结果，参照《真菌鉴定手册》判定此菌为软腐病的致病菌链格孢菌（*Alternaria alternata*）。菌株 2 菌丝正中央为白色（图 2D），分生孢子两型，甲型分生孢子单胞，椭圆形或纺锤形，两端各有 1 个油球，大小为（6.2～7.8）µm×（2.3～2.9）µm；乙型分生孢子丝状、钩状，单孢，大小为（18.30～

26.50）μm×（1.03～1.72）μm（图 2E）。菌株接种到'金魁'果实上，明显可见典型的软腐病症状（图 2F）。结合 ITS 测序分析结果，参照《真菌鉴定手册》判定此菌为软腐病的致病菌——拟茎点霉菌（*Phomopsis* sp.，有性态 *Diaporthe* sp.）菌株。

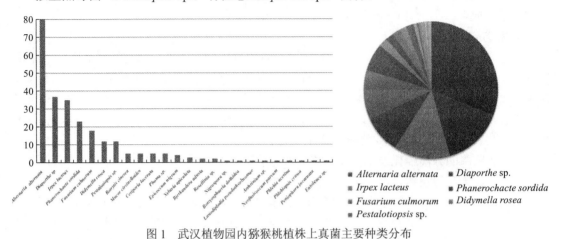

图 1　武汉植物园内猕猴桃植株上真菌主要种类分布

Fig. 1　Distribution of main fungal pathogens in Wuhan Botanical Garden

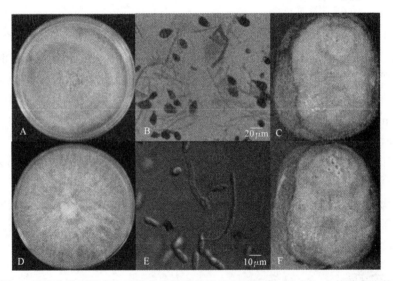

图 2　链格孢菌及拟茎点霉菌的生物学特性及在猕猴桃'金魁'上的致病症状

Fig. 2　The biological characteristics and infected symptoms on 'Jinkui' of *A.alternate* and *Diaporthe* sp.

从分离时间来看，冬季采后至 2 月初，各品种枝条上均可检测到软腐病菌。自 4 月初至 5 月初，各品种花蕾及幼果初现时，即可在花蕾及幼果组织上鉴定到软腐病菌。值得关注的是，从采样批次来看，病原菌从花蕾转移至幼果的时间分别为：'东红''金玉'，4.7～4.29；'满天红'，4.22～5.7；'金梅''金桃'，4.27～5.7；'金圆''金艳'，5.7～5.13；'海沃德'，4.27～5.16。这与《中国猕猴桃种质资源》报告的各品种花期至幼果形成期基本一致。

3　讨论

近年来，关于猕猴桃软腐病菌鉴定的报道越来越多。国外学者普遍认为葡萄座腔菌

（*B.dothidea*）和拟茎点霉菌（*Phomopsis* sp.）为主要致病菌[10-12]。我国陕西周至、北京房山[13]、浙江江口[14]、福建建宁[15]、安徽金寨[16]，以及四川省[17]等地的果实软腐病致病菌被鉴定为拟茎点霉菌及葡萄座腔菌。长春的软枣猕猴桃软腐病菌被认为是层出镰刀菌[18]。2014～2016年，本课题组对分离自河南、湖北、重庆、江西、贵州、四川等11个地区的猕猴桃软腐病菌进行了生物学特性观察、致病性测定及分子鉴定，明确了引起中国猕猴桃软腐病的病原菌主要是葡萄座腔菌（*B.dothidea*）、拟茎点霉属（*Phomopsis* sp.）、拟盘多毛孢属（*Pestalotiopsis* sp.）及链格孢菌（*A.alternata*），其中拟茎点霉菌是分布率最广且致病力最强的病原菌[7]。

为了在自然生境下保存驯化野生资源并选育优良种质，国家猕猴桃资源圃多年来未使用大量化学药剂进行防治，因此为软腐病菌的侵染时间研究的实施提供了可靠的实验材料。从本研究的分离鉴定结果发现，国家猕猴桃种质资源圃内8个供试品种的主要软腐病致病菌是链格孢菌（*A.alternata*）及拟茎点霉菌（*Phomopsis* sp.），与之前本研究团队在湖北省鉴定到的软腐病菌主要种类一致[7]。

同时，早期研究一直认为猕猴桃软腐病是一种采后病害，病原菌从果皮伤口侵入后发生感病症状[13]。王井田等通过套袋时间及侵染率，认为该病的初侵染时间在落花后，以幼果期为主[19]。因此近几年软腐病的防治技术一般侧重于幼果期喷施防治药剂、尽快套袋等方面。但以上研究并未从分子鉴定角度准确系统地鉴定病原菌最早的侵染部位和时间，因此软腐病菌对猕猴桃的侵染机理还有待进一步研究。

本研究对41个采样批次分离到致病菌的时间进行分析，结合黄宏文等在《中国猕猴桃种质资源》中对各品种的描述[20]：在武汉，'东红'2月下旬萌芽，4月上中旬开花；'金玉'2月底萌芽，3月中旬展叶现蕾，4月上中旬开花；'满天红'3月中旬萌芽，4月中旬开花，花期长达10 d以上；'金梅'3月中旬萌芽，4月下旬开花，4月底至5月初坐果；'金桃'3月上中萌芽，4月下旬至5月初开花；'金圆'3月上中旬萌芽，4月下旬至5月初开花；'金艳'3月上旬萌芽，4月底至5月上旬开花，花期持续12 d；'海沃德'5月上旬开花，花期7 d。得到初步侵染结论：软腐病菌以菌丝体或子实体的形式在枝条上潜伏越冬。翌年春天气温回升后，子囊孢子或分生孢子释放，借风雨传播。在早春花期时侵染花蕾，随后由花蕾转移至幼果上，直至果实贮藏期才表现出软腐症状。因此，对该病的防治应侧重冬季彻底清园、花前及花期的施药预防。

综合本研究中获得的软腐病菌侵染时间，建议在该病的田间防治管理中，加强冬季对感病枯枝的修剪处理（比如截枝、销毁），及时喷施5°Bé石硫合剂，尽可能做到彻底清园；同时，在蕾膨大期、蕾露瓣期、授粉后15 d内及软腐病菌孢子大量飞散的5～7月间，喷施30%琥胶肥酸铜300倍液、45%代森铵150倍液、47%春雷王铜500倍液等真菌防治药剂；坐果后50 d左右，对果实进行套袋，注意套袋前对果实、树体喷施杀菌剂。采收及采后贮运中尽量减少猕猴桃果实采后的机械损伤，用3.5%特克多（噻菌灵）烟剂，按100 kg鲜果100 g制剂的药量熏蒸。入库前严格挑选；1～3℃低温贮藏有利于抑制该病的发生，尽可能保证采收后24 h内入冷库，调控CO_2浓度。对冷藏果贮藏至30 d和60 d时分别进行两次挑拣，剔除伤果、病果。以上防治措施将有助于猕猴桃软腐病害的整体防治。

参考文献　References

[1] BELROSE INC. World kiwifruit review. Pullman: Belrose Inc.，2016：14.

[2] 永田贤嗣. 猕猴桃果实的软腐病. 农业与园艺，1982，57：12.

[3] PENNYCOOK S R. Fungal fruit rots of *Actinidia deliciosa*（kiwifruit）. New Zealand journal of experimental agriculture，1985，13：289-299.

[4] KOH Y J，HUR J S，JUNG J S. Postharvest fruit rots of kiwifruit（*Actinidia deliciosa*）in Korea. New Zealand journal of crop and horticultural science，2005，33：303-310.

[5] 王瑞玲. 红阳猕猴桃采后病害生理及臭氧保鲜技术研究. 成都：四川农业大学，2010.

[6] PENNYCOOK S R，SAMUELS G J. *Botryosphaeria* and *Fusicoccum* species associated with ripe fruit rot of *Actinidia deliciosa*（kiwifruit）in New Zealand. Mycotaxon，1986，24：445-458.

[7] LI L，PAN H，CHEN M Y，et al. Isolation and identification of pathogenic fungi causing post-harvest fruit rot of kiwifruit（*Actinidia chinensis*）in China. Journal of phytopathology，2017（11/12）：782-790.

[8] 李黎，陈美艳，张鹏，等. 猕猴桃软腐病的病原菌鉴定. 植物保护学报，2016，43：527-528.

[9] 潘慧，胡秋舲，张胜菊，等. 六盘水市猕猴桃周年主要病害调查及病原鉴定. 植物保护，2018，44：125-131.

[10] KOH Y J，LEE J G，DONG H L，et al. *Botrysphaeria dothidea*：the causal organism of ripe rot of kiwifruit（*Actinidia deliciosa*）in Korea. Plant pathology journal，2003，19：227-230.

[11] JAEGOON L，DONGHYUN L，SOOKYOUNG P，et al. First report of *Diaporthe actinidiae*, the causal organism of stem-end rot of kiwifruit in Korea. Plant pathology journal，2001，17：110-113.

[12] DÍAZ G A，LATORRE B A，JARA S，et al. First report of *Diaporthe novem* causing postharvest rot of kiwifruit during controlled atmosphere storage in Chile. Plant disease，2014，98：1274.

[13] 丁爱冬，于梁，石蕴莲. 猕猴桃采后病害鉴定和侵染规律研究. 植物病理学报，1995，2：149-153.

[14] 宋爱环，李红叶，马伟. 浙江江山地区猕猴桃贮运期主要病害鉴定. 浙江农业科学，2003（1）：132-134.

[15] 姜景魁，张绍升，廖廷武. 猕猴桃黄腐病的研究. 中国果树，2007（6）：14-16.

[16] 王小洁，李士遥，李亚巍，等. 猕猴桃软腐病病原菌的分离鉴定及其防治药剂筛选. 植物保护学报，2017，44：826-832.

[17] ZHOU Y，GONG G S，CUI Y L，et al. Identification of Botryosphaeriaceae species causing kiwifruit rot in Sichuan Province, China. Plant disease，2015，99（5）：699-708.

[18] WANG C W，AI J，FAN S T，et al. *Fusarium acuminatum*: a new pathogen causing postharvest rot on stored kiwifruit in China. Plant disease，2015，99：1644.

[19] 王井田，刘富达，刘允义，等. 猕猴桃果实腐烂病的发病规律及药剂筛选试验. 浙江林业科技，2013，33：55-57.

[20] 黄宏文. 中国猕猴桃种质资源. 北京：中国林业出版社，2013：77-147.

Studies on Infection Time of Kiwifruit Postharvest Rot Disease

LI Li　PAN Hui　DENG Lei　CHEN Meiyan　ZHONG Caihong

（Key Laboratory of Plant Germplasm Enhancement and Specialty Agriculture, The Innovative Academy of Seed Design,
Wuhan Botanical Garden, Chinese Academy of Sciences　Wuhan　430074）

Abstract　Eight main kiwifruit cultivars in the national *Actinidia* resource nursery of China were investigated for 2 years and specimens (including branches, buds, leaves, fruits, etc.) were sampled. Biological characteristics, microstructure and molecular identification of pathogens isolated at different periods were analyzed. The results showed that pathogens causing postharvest rot over wintered latently in the form of mycelium or fruiting body on the branches, then ascospores or conidia were released in the following spring after temperature rebounded, and spread through wind and rain; the buds were infected in the early spring flowering stage, and the pathogens were transferred from the buds to the young fruits, until infected symptoms appeared during fruit storage period. Therefore, the prevention and control of postharvest rot disease should be focused on the thorough cleaning in winter, pre-flowering and flowering period.

Keywords　Kiwifruit　Postharvest rot disease　Infection regularity　Control

猕猴桃细菌性溃疡病生物防治的研究进展

刘湘林[1]　方毅[1]　毕勇[2]　李小春[2]　胡艳波[2]

(1 湖北三峡职业技术学院　湖北宜昌　443000；2 长阳土家族自治县林业局　湖北长阳　443500)

摘　要　【目的】通过归纳总结国内多年来对猕猴桃溃疡病生物防治的研究成果，为生产中对该病进行生物防治提供理论指导。【方法】从抗溃疡病苗木培育和包括拮抗菌、植物源农药、抗生素农药的生物防治两方面进行归纳和总结。【结果】一年生枝条皮孔长度小、分布稀疏、突起较少；健康时枝条内多种同工酶活性低、感病后活性成倍剧增，溃疡病抗性与酚类和可溶性蛋白质含量成正相关、可溶性糖含量呈负相关，以及四倍体品种对溃疡病抗性显著高于二倍体品种等可作为抗溃疡病品种选育的科学理论指导；对抗溃疡病砧木的选育和现有品种抗溃疡病强弱的研究成果进行了归纳总结。已有的 EM 菌可用于对猕猴桃细菌性溃疡病的防治；已筛选出对猕猴桃细菌性溃疡病菌有较强拮抗作用的多种细菌、真菌、放线菌、病菌噬菌体的菌株，有待于生产出活菌制剂用于生产；多羟基双萘醛和乙蒜素两种植物源农药，可在生产中适量选用；抗生素类农药、土霉素、四霉素可在生产中大量选用，中生菌、春雷霉素可适量选用。【结论】猕猴桃溃疡病的生物防治应以培育抗溃疡病苗木为基础；施用土霉素、四霉素为主，辅之 EM 菌、多羟基双萘醛、乙蒜素、中生菌、春雷霉素等生物农药；拮抗菌的活性菌制剂有待开发。

关键词　猕猴桃　细菌性溃疡病　抗病机理　生物防治

猕猴桃细菌性溃疡病（*Pseudomonas syingae* pv. *actinidiae*）于 1980 年在美国加州[1]和日本静冈[2]被发现以来，已陆续在世界上多个国家发现其分布及危害，成为猕猴桃产业中最难防治的病害，造成了严重的产量和经济损失。

猕猴桃溃疡病为毁灭性病害，一旦发病，极难防治，因此如何防治该病一直是重要的研究课题。国内外对该病的防控技术已有大量的研究报道，包括选择种苗、改良土壤、平衡施肥、合理负载、合理修剪等方面内容的农业防治，以及喷施化学农药和生物农药的药物防治。在追求食品绿色、有机的今天，力求不用化学农药的绿色防控措施是值得推崇的。本文从生物防治的视角归纳总结猕猴桃细菌性溃疡病的防治措施，以期从根本上得以解决。文中所述的生物防治仅界定于抗溃疡病种苗的培育、生物防治（包括拮抗菌、植物源和抗生素农药）两方面，不包含土壤管理、精准施肥、适量负载、合理修剪等农业综合防治措施。

1　猕猴桃抗细菌性溃疡病种苗的培育

培育高抗溃疡病的猕猴桃苗木会使防治达到事半功倍的奇效，是首先且应重点考虑的问题。高抗苗木的培育应包括高抗砧木和高抗接穗（品种）的选择，砧木选择主要考虑抗病性、抗逆性和与接穗的亲合性等方面；接穗（品种）的选择除考虑抗病性、抗逆性外，优质丰产是重点考虑的因素。掌握并应用猕猴桃对溃疡病菌的抗性机理，可对砧木和品种的抗病性选育做出提前预判，使选育工作在科学理论指导下进行。下面从猕猴桃对溃疡病菌的抗性机理、砧木选育、品种选育三方面进行讨论。

1.1 猕猴桃对溃疡病菌的抗性机理

1.1.1 猕猴桃的形态结构与抗病性的关系

李庚飞[3-4]、李聪[5]、张小桐[6]等研究得出：猕猴桃一年生枝条皮孔的长度、密度与抗病性之间存在相关性，相关系数分别为0.915、0.919，达到显著水平；一年生枝条皮孔长度小，分布稀疏，突起较少是抗病的重要形态标志。李聪[5]还对叶片的气孔长度和分布密度也得出相同的结论。

1.1.2 猕猴桃的生理生化与抗病的关系

（1）猕猴桃同工酶与抗病性。李淼等[7-8]研究了猕猴桃不同品种自然感染溃疡病菌前后一年生枝条、叶片内同工酶的变化得出：①溃疡病菌感染前，一年生枝条、叶片中的过氧化物酶（POD）、多酚氧化酶（PPO）、超氧化物歧化酶（SOD）、过氧化氢酶（CAT）、苯丙氨酸解氨酶（PAL）活性抗病品种均低于感病品种；感染溃疡病菌后，一年生枝条、叶片中5种酶活性均升高，抗病品种增加幅度倍数于感病品种。②感病前抗病品种枝条和叶片的POD、PPO、SOD、CAT 4种同工酶的酶带数比感病品种相等或少，抗病品种酶带颜色浅、细、暗，感病品种酶带颜色深、粗、明亮；感病后抗病品种酶谱带数增加较感病品种时间早、条数多、颜色深、活性强。石志军等[9]认为猕猴桃韧皮部和叶中POD、SOD、CAT同工酶活性与其病情指数均呈正相关，张小桐[6]认为猕猴桃抗病品种同工酶的活性低、谱带数目少，李庚飞[4]认为猕猴桃的POD、SOD酶活性高而抗病性能低的结论均与李淼的研究结论一致。李瑶等[10]认为猕猴桃枝干中POD同工酶在迁移率为0.65以后仍有酶带出现，表现出高度感病；SOD同工酶活性越高，植株表现出越抗溃疡病。

（2）酚类物质与抗病性。李庚飞[4]研究得出猕猴桃的抗病能力与夏、秋、春季枝条韧皮部内的酚含量呈正比。与李淼等[11]认为未发病前枝条、叶片中的酚类物质含量抗病品种高于易感病品种，发病后抗、感品种酚类物质含量均增加和李聪[5]认为猕猴桃品种的抗病性越强，叶片中的酚类物质含量越高的结论一致。

（3）可溶性蛋白质、可溶性糖与抗病性。石志军等[9]认为猕猴桃韧皮部和叶片内可溶性蛋白质含量与病情指数呈负相关，可溶性糖含量与病情指数呈正相关。李淼等[11]认为枝条中可溶性蛋白质含量与抗性成正相关；发病后感病品种枝条中可溶性蛋白质含量增加，抗病品种可溶性蛋白质含量降低。李聪[5]认为猕猴桃叶片中可溶性蛋白质含量越高，抗病性越强。猕猴桃对溃疡病的抗性与体内可溶性蛋白质高含量成正相关，与可溶性糖呈负相关。

1.1.3 猕猴桃四倍体与抗病的关系

张弛[12]利用秋水仙素对溃疡病抗性差的猕猴桃品种'红阳'进行多倍体诱导，获得10个纯四倍体株系，表现抗热性、抗旱性均强于二倍体；同工酶POD、SOD的谱带与二倍体相同，但酶的活性分别是二倍体的4.5倍和2.2倍；离体叶片接种溃疡病菌后，二倍体于接种3 d后即出现感病症状，8个四倍体株系在接种5 d后才表现出感病症状，其余2个四倍体株系未见感病症状。将多倍体育种技术应用于猕猴桃生产中，是解决溃疡病防治难题的有效途径之一。

1.2 猕猴桃抗溃疡病砧木的选育

目前，我国一般使用野生的中华猕猴桃、美味猕猴桃或品种'秦美''米良1号'实生苗作砧木，专门进行砧木育种的研究还不太多，多注意接穗（品种）的选育。段眉会等[13-14]从野生美味猕猴桃资源中选育出'抗溃I号''抗溃II号'2个优良砧木品种，其中'抗溃I号'抗溃疡病能力更强一些，用其作基础嫁接中华猕猴桃，抗溃疡病率达100%，作其中间砧（长 100～120 cm）抗溃疡病率达 90% 以上。雷玉山等[15]以'秦美'为材料经两代实生杂交筛选，得到抗溃疡病的雌株材料'QM91136'（母本），以秦巴山区野生猕猴桃雄株为材料经实生筛选，得到抗溃疡病的雄株材料'SX45872'（父本）；经杂交从 F₁ 代中筛选抗溃疡病的优株为母本，再与'SX45872'（父本）回交，得到生长快、嫁接亲和力高、嫁接苗溃疡病抗性高的优良砧木种子应用于生产。

砧木的选育不仅要考虑抗溃疡病，还应考虑砧穗的亲和性、抗逆性（包括抗涝、抗旱、抗低温、抗冻害、抗高温等）、对接穗的影响（包括生长、产量、品质等）等多方面因素，陈锦永等[16]从猕猴桃砧木的应用概况、嫁接亲和性、砧木对接穗的影响，以及砧木抗逆性等方面进行了系统的归纳和总结，可为砧木选育提供借鉴。

1.3　猕猴桃抗溃疡病品种的选育

李聪[5]通过田间调查 9 个猕猴桃品种抗溃疡病结果：毛花猕猴桃属高抗种类；'徐香''金魁''金农 2 号''海沃德'属中抗品种；'秦美''金香'属中感品种；'楚红''黄金果'属高感品种。张小桐[6]通过田间调查并结合前人的研究得出'金魁'最为抗病，'早鲜'次之，'魁蜜'中抗，'华美 2 号''海沃德'中感，'秦美''金丰'感病，其中'金丰'最感病。石志军等[9]对猕猴桃品种（系）枝条人工接种溃疡病病原菌得出：'华特''徐香'表现为高抗；'迷你华特''金魁''绿肉优系（G-HZ201201）''毛雄'表现为抗病；'红阳''黄肉优系 11-7''大红''早鲜''早艳''黄肉优系（Y-HZ201201）'表现为高感。李淼等[17]用最长距离法对安徽省 9 个猕猴桃品种进行抗细菌性溃疡病系统聚类分析所得出的结论中有：'早鲜''金魁'为高抗品种；'魁蜜'为中抗品种；'华美 2 号''海沃德'为中感品种；'金丰''秦美'为感病品种。

从上面的研究结果分析得知：从物种的角度，对溃疡病抗性的大小依次为毛花猕猴桃、美味猕猴桃、中华猕猴桃；从品种的角度，抗溃疡病的有'华特''徐香''金魁'等，'红阳'表现最不抗病。

2　猕猴桃细菌性溃疡病的生物防治

猕猴桃溃疡病生物防治涉及面极广，广泛的生物防治还包括综合的栽培措施，这里仅从生物农药的拮抗菌（菌类活体）和生物代谢产物——抗生素制剂两方面进行归纳总结。

2.1　猕猴桃溃疡病拮抗菌的筛选

2.1.1　EM 菌的防治效果

EM 菌（effective microorganisms）由琉球大学的比嘉照夫教授研究，以光合细菌、乳酸菌、酵母菌和放线菌为主的 10 个属 80 余个微生物复合而成的一种微生物活菌制剂。作用机理是 EM 菌与病原微生物争夺营养中逐渐占据优势，形成有益的微生物菌的优势群落，从而控制病原微生物的繁殖和对作物的侵袭。

杨清平等[18]于 3 月 1～21 日对五年生'红阳'的溃疡病病斑刮除，间隔 1 周分 3 次涂 EM 菌泥、EM 菌 50 倍液、200 倍农用链霉素和沼液，其防治效果依次为 EM 菌泥＞EM 菌 50 倍液＞200 倍农用链霉素＞沼液，EM 菌稀释倍数不高于 50 时有好的防治效果，说明 EM 活性菌能有效防治猕猴桃溃疡病。焦红红[19]采用 EM 菌剂涂杆预防和灌根预防猕猴桃溃疡病作用效果高于 60%。

2.1.2　猕猴桃溃疡病拮抗细菌的筛选

崔丽红等[20]从绞股蓝根及其黏附土壤中筛选出的 JDG6、JDG16、JDG23 三个细菌菌株进行皿内拮抗活性试验和盆栽试验，证明表现出较强的拮抗活性，降低了溃疡病致病菌入侵植株体内的概率，抑制致病菌在植株体内的扩展，减轻病菌对植株的危害。

邵宝林等[21]从土壤中分离出 25 株芽孢杆菌经筛选得到蜡样芽孢杆菌（*Bacillus cereus*）B2 菌株对溃疡病拮抗作用最强；该菌株具有较好的生防潜力，将 B2 的发酵原液稀释成 1×10^9 cfu/ml 的发酵液 50 倍喷雾、稀释 100 倍液涂抹，可有效降低猕猴桃溃疡病的危害。

盛存波等[22]从猕猴桃根际土壤中分离、筛选出一株芽孢杆菌 B56-3 菌株，对猕猴桃溃疡病菌具有较强的抑菌活性；于 2 月上旬开始间隔 1 周对'秦美'采用 B56-3 发酵滤液稀释 100 倍分别进行喷雾和刮涂各 5 次试验，治疗效果和病斑治愈率分别可达 86.5% 和 91.4%。

郭睿文[23]从湖南省东山峰、江西省井冈山野生猕猴桃，以及四川省的邛崃、什邡、都江堰等地猕猴桃品种园区，采集猕猴桃的健康株和疑似病株，进行内生细菌的分离、纯化、鉴定，筛选出拮抗作用较好且稳定的 6 株菌株，经过 16S rDNA 的测序和 Gen Bank 的分析，假单孢菌（*Pseudomonas* sp.）3 株（编号：62、113、110）、梭形芽孢杆菌属（*Lysinibacillus* sp.）3 株（编号：189、213、225）。

2.1.3 猕猴桃溃疡病拮抗真菌的筛选

燕金宜[24]从'红阳'健康植株枝条中分离出一株黑孢菌属（*Nigrospora* sp.）内生真菌 J2 菌株，表现出对猕猴桃细菌性溃疡病病原菌较好的抗性，其抑菌圈大小为 15 mm，表现为高敏；继代 7 次后抑菌圈大小为 12 mm，有较好的遗传稳定性，具有进一步开发成生物防治菌株的潜力。

2.1.4 猕猴桃溃疡病拮抗放线菌的筛选

田雪莲等[25]从猕猴桃根际土壤中分离、筛选出拮抗溃疡病菌的链霉属（*Streptomyces antibioticus*）NA-TXL-1 菌株，采用预防法、治疗法进行盆栽实验，发酵原液的防治效果分别为 73.06%、55.62%，证明对猕猴桃溃疡病菌的有好的拮抗效果；在优化的发酵条件下，该菌株对猕猴桃溃疡病菌会具有更好的拮抗效果。

朱海云等[26]从健康猕猴桃植株中筛选出肉桂地链霉菌（*Streptomyces cinnamonensis*）M109 菌株，抑菌效果 MIC 值为 0.91 mg/ml，采用喷雾法和注干法防治猕猴桃溃疡病，防效分别为 72.1%、84.6%，表明该菌株对猕猴桃溃疡病有较强的拮抗作用。

宋晓斌等[27]从西藏土壤中分离、筛选出链霉属 X22 菌株，对猕猴桃溃疡病病原细菌具有良好拮抗作用，抑菌圈大小为 11.5 mm；通过在植株上喷菌株悬液 48 h 后接溃疡病菌表现出较好防治效果。同时还证明对猕猴桃溃疡病菌具有抑制作用的放线菌多属于链霉菌属。

王芳等[28]使用沈阳化工研究院有限公司生物与医药研究室分离并保藏的链霉属（*Streptomyces* sp.）SY-L12 菌株为材料，采用液体共培养法和含菌抑菌圈法，研究菌株对猕猴桃溃疡病菌的生长抑制作用：菌株在培养 24 h 后其发酵原液对病原菌的生长抑制率达 94.0%，在 28℃、150 r/min 培养 8～9 d 条件下，最利于活性物质的生产，发酵产物对猕猴桃溃疡病的盆栽防效为 85.4%，优于对照药剂氢氧化铜。表明链霉属 SY-L12 霉菌株能够有效抑制猕猴桃溃疡病菌生长，可作为生物农药开发应用。

2.1.5 猕猴桃溃疡病噬菌体的研究

雷庆等[29]于 2007 年首次报道猕猴桃溃疡病菌噬菌体。从猕猴桃溃疡病病枝中分离到一株噬菌体，测定该噬菌体在 65℃ 下 10 min 内即可全部失活、在 pH 值 4～9 范围内可稳定存在、紫外线照射 12 min 几乎全部失活；该噬菌体的最佳感染复数为 0.1，感染猕猴桃溃疡病菌的潜伏期约 60 min、暴发期约 70 min、烈解量为 123。

2.2 猕猴桃溃疡病应用生物源及抗生素农药的防治效果

2.2.1 植物源农药防治猕猴桃溃疡病的效果

植物源农药很多，目前用于防治猕猴桃溃疡病的主要有多羟基双萘醛（WCT）和乙蒜素两种，下面分别进行讨论。

1）多羟基双萘醛防治的效果

多羟基双萘醛（WCT）是从锦葵科（Malvaceae）植物筛选出来的一种活性化合物，研究发现对植物病毒复制有很好的抑制作用。

魏海娟等[30-31]对 WCT 防治猕猴桃溃疡病的效果及机理进行了研究：① WCT 对猕猴桃溃疡病菌室内毒力测定，WCT 稀释 10 倍抑菌圈直径为 2.40 cm、EC_{50} 为 11.5 mg/L、抑制率为 57.9%，效果高于菌毒清的处理；② WCT 对猕猴桃溃疡病菌的最小抑菌浓度（MIC）为 25 mg/ml 和最小杀菌浓度（MBC）为 50 mg/ml，随着 WCT 浓度增加，其抑菌作用越加明显；③ WCT 对猕猴桃溃疡病的田间防治效果为 69.3%、伤口平均愈合率为 45.68%，高于菌毒清 34.33% 的防治效果；④猕猴桃接种 WCT 和溃疡病原菌后，其 PPO 和 POD 活性均保持在较高的水平，WCT 预防处理的 PPO 和 POD 活性均较其他处理高，与李庚飞[4]、张小桐[6]、李淼等[7-8]、石志军等[9]研究同工酶与抗病性结论吻合；⑤涂抹 WCT 处理和接种溃疡病原菌后均可诱导产生分子质量为 35 ku 的猕猴桃水果蛋白，纯化该蛋白后进行皿内抑菌试验表明对猕猴桃溃疡病菌有明显的抑制作用，浓度在 400 μg/ml 时抑制率最高为 52.43%。涂抹 WCT，能产生与感染溃疡病后植物体内的同工酶活性剧增和诱导出抑菌蛋白的生理反应，是 WCT 能防治溃疡病的机理。

2）乙蒜素防治溃疡病的效果

乙蒜素从大蒜中提取，为大蒜素的乙基同系物，不但能抑制多种真菌、细菌，而且有促进生长的作用。

黄露等[32]对 22 种杀菌剂进行室内毒力测定，乙蒜素位列第 10、EC_{50} 20.102 5 mg/L，排在前面的 9 位分别是 0.2% 纳米银、0.3% 四霉素、3% 噻霉酮、20% 溴硝醇、72% 链霉素、78% 波尔·锰锌、20% 甲磺酰菌唑、99.8% 硝酸银、3% 中生菌素。

高蓬明等[33]采用抑菌圈法和喷雾 + 涂抹 + 刮除病斑相结合的方法测定了 20 种杀菌剂对猕猴桃溃疡病病菌的室内毒力，进行了田间防效试验：20 种杀菌剂中，有 11 种药剂对溃疡病病菌具有抑菌作用，其作用依次为 20% 溴硝醇＞72% 硫酸链霉素＞64% 恶霜·锰锌＞75% 百菌清＞80% 代森锰锌＞30% 乙蒜素＞80% 代森锌＞50% 克菌丹＞25% 溴菌腈＞78% 波尔·锰锌＞3% 中生菌素，30% 乙蒜素排列第 6，EC_{50} 为 0.159 3 mg/ml；田间药效试验中 30% 乙蒜素同样排列第 6，800 倍液田间防效较好，可作为防治猕猴桃溃疡病的有效药剂在生产上应用。

阳廷密等[34]选用 16 种杀菌剂对猕猴桃溃疡病病菌的室内毒力测定 80% 乙蒜素排序第 5 位、EC_{50} 为 42 113.806 4 mg/L，前 4 位分别是 0.15% 四霉素、1.8% 辛菌胺醋酸盐、3% 中生菌、20% 叶枯唑；用 11 种杀菌剂进行涂干和喷雾防治试验，80% 乙蒜素 10 倍液涂干和 1 000 倍液防效位列其他药剂之首，分别为 79.3%、89.5%。

王瑞等[35]采用抑菌圈法室内毒力测定，筛选乙蒜素与溴硝醇、代森锰锌 2 种药剂对猕猴桃溃疡病菌的联合毒力的最佳配比：乙蒜素与溴硝醇以 1:5 的配比增效作用最好，EC_{50} 为 0.001 mg/ml，共毒系数为 214.7，低于农用链霉素（EC_{50} 为 0.004 mg/ml）；乙蒜素与代森锰锌以 1:3 配比也具有增效作用，EC_{50} 为 0.005 mg/ml，共毒系数为 205.7。

以上研究结果说明乙蒜素防治猕猴桃溃疡病有较好的效果，可与具有好的防治效果的药剂交替使用以防产生抗药性，或与其他杀菌剂混合使用。

2.2.2　抗生素类农药防治猕猴桃溃疡病的效果

抗生素是由微生物（包括细菌、真菌、放线菌属）或高等动植物在生活过程中所产生的具有抗病原体或其他活性的一类次级代谢产物，能干扰其他生活细胞发育功能的化学物质。抗生素类农药在猕猴桃溃疡病防治中得到广泛的应用，下面就主要抗生素应用情况进行介绍。

1）农用链霉素防治溃疡病的效果

高蓬明等[33]选用 20 种杀菌剂对溃疡病菌进行室内毒力测定以 20% 溴硝醇的毒力最强、EC_{50} 为 0.000 2 mg/ml，其次为 72% 硫酸链霉素，EC_{50} 为 0.003 0 mg/ml；田间药效试验中，20%溴硝醇 1 000 倍液和 72%硫酸链霉素 1 000 倍液的防效为前 2 位，分别达 91.74%、89.80%。

尹春峰[36]通过 7 种杀菌剂对溃疡病菌的室内毒力测定 20% 噻森铜 EC_{50} 为 64.01 μg/ml、72% 农用链霉素 EC_{50} 为 80.28 μg/ml 居前两位；田间喷雾防治溃疡病试验 20% 噻森铜 600 倍液防效为 87.05%、72% 农用链霉素 800 倍液防效为 85.27% 居前两位。

龙友华等[37]选用 6 种杀菌剂采用室内抑菌试验和田间病斑涂抹试验，研究对猕猴桃溃疡病病菌的毒力和田间防效：90% 链·土霉素抑菌效果较好，EC_{50} 为 40.20 mg/L，其次是硫酸链霉素，EC_{50} 为 64.75 mg/L；病斑愈合率 90% 链·土霉素达 82.47%，40% 硫酸链霉素达 78.73%。

以上研究结果说明农用链霉素是防治猕猴桃溃疡病有效药物之一，但不同品种[38]的使用效果会有差异。

2）中生菌防治溃疡病的效果

中生菌素是中国农科院研制的一种新型农用抗生素，该菌的加工剂型是一种杀菌谱较广的保护性杀菌剂，对农作物的细菌性病害及部分真菌性病害具有很高的活性，同时具有一定的增产作用。

尹春峰[36]通过 7 种杀菌剂对溃疡病菌的室内毒力测定 3% 中生菌素最弱、EC_{50} 为 256.66 μg/ml；3% 中生菌素 1 000 倍液喷雾治疗效果 62.76% 为最差；刮除病斑涂抹治疗效果（62.76%）最差。

龙友华等[37]用 6 种杀菌剂进行室内抑菌试验和田间病斑涂抹防治，3% 中生菌素均排第 3 位，EC_{50} 为 279.20 mg/L、治疗效果为 75.01%。

阳廷密等[34]用 16 种杀菌剂进行的室内毒力试验表明，3% 中生菌素排位第 3，其 EC_{50} 为 19 486.889 9 mg/L，前 2 位为 0.15% 四霉素、1.8% 辛菌胺醋酸盐。

以上研究结果表明：中生菌素对猕猴桃溃疡病有一定的治疗效果，3% 中生菌素 600 倍液喷洒[39]可作为防溃疡的辅助药剂。

3）土霉素防治溃疡病的效果

龙友华等[37]选用 6 种杀菌剂采用室内抑菌试验和田间病斑涂抹试验，研究对猕猴桃溃疡病病菌的毒力和田间防效：90% 链·土霉素均居首位，EC_{50} 为 40.20 mg/L、病斑愈合率达 82.47%。

崔永亮等[40]从 13 种药剂中筛选，盐酸土霉素抑菌效果最好，EC_{50} 为 1 956 μg/ml；不同浓度盐酸土霉素对于猕猴桃溃疡病的防效均高于硫酸链霉素，树干注射 1.000% 盐酸土霉素 + 0.005% 吲哚乙酸 + 0.500% NH_3NO_3 + 0.500% KNO_3 + 0.200% KH_2PO_4，病斑愈合率达 72.3%。

王西锐等[38]进行田间病斑涂抹试验证明 90% 链·土霉素可湿性粉剂对猕猴桃溃疡病具有较好的防治效果，病斑愈合率达 82.47%。

用土霉素防治猕猴桃溃疡病的研究不多，但从仅有的研究结果来看可以在深入研究的同时大胆使用。

4）四霉素防治溃疡病的效果

黄露等[32]用 22 种杀菌剂对猕猴桃溃疡病菌进行室内毒力测定，0.2% 纳米银、0.3% 四霉素位列前两位，EC_{50} 分别为 0.086 5 mg/L、0.092 8 mg/L；田间药效试验 0.3% 四霉素效果最佳（平均防效为 71.06%），其次为 72% 硫酸链霉素可溶性粉剂、0.2% 纳米银溶液、3% 噻霉酮水分散粒剂。

阳廷密等[34]选用 16 种杀菌剂进行的室内毒力试验，0.15% 四霉素、EC_{50} 为 27.311 4 mg/L，其后两位为 1.8% 辛菌胺醋酸盐、3% 中生菌素。

江景勇等[41]将 0.15% 四霉素 800 倍液 + 80% 代森锰锌 800 倍液作为防治猕猴桃溃疡病组合药剂之一。

从少有的研究结果可以看出：四霉素防治猕猴桃溃疡病具有较好的效果，在进一步开展防效研究的同时可以大胆应用。

5）春雷霉素防治溃疡病的效果

欧志升等[42]采用 4 组药剂防治'红阳'猕猴桃溃疡病，其防治效果依次为 20% 细宝叶枯唑 WP + 20% 噻唑锌悬浮剂 + 农用有机硅、1.5% 金霉唑噻霉酮 + 2% 细锉春雷霉素、50% 多抗·喹啉铜 + 3% 中生菌素 + 靓丽素、0.5% 溃腐灵 + 0.5% 靓果胺，防治效果分别为 75.2%、71.6%、66.2%、59.9%。

钭凌娟等[43]将加瑞农（春雷王铜）、春雷霉素作为防治'红阳'猕猴桃溃疡病药剂选用，潘玉贤等[44]、韩明丽等[45]同样将春雷霉素选作防治猕猴桃溃疡病的药剂之一。

未见有将春雷霉素与多种杀菌剂一起，对猕猴桃溃疡菌病进行室内毒力测定和田间防效试验，一方面需要进一步进行研究验证其效果，另一方面可以作为辅助药剂在生产中使用。

3 小结

3.1 高抗猕猴桃溃疡病嫁接苗的培育

单从抗细菌性溃疡病的角度分析，可以从以下方面进行砧木和接穗的选育。

（1）形态特征指标上选择：一年生枝条皮孔长度小，分布稀疏，突起较少的材料。

（2）生理生化指标上选择：①一年生枝条的过氧化物酶（POD）、多酚氧化酶（PPO）、超氧化物歧化酶（SOD）、过氧化氢酶（CAT）、苯丙氨酸解氨酶（PAL）等同工酶活性健康时低，感病后活性大幅度增加；②枝条和叶片中酚类物质和可溶性蛋白质含量高、可溶性糖含量低的品种。

（3）四倍体能显著增强猕猴桃对细菌性溃疡病的抗性，可以作为抗病育种的重要途径之一。

（4）从美味猕猴桃中选育的'抗溃 I 号''抗溃 II 号'两个砧木品种，江苏、浙江、安徽、江西、湖南和河南等地引种均表现出很强的适应性。

（5）通过对现有猕猴桃品种对溃疡病抗性强弱的测定：从物种的角度，毛花猕猴桃 > 美味猕猴桃 > 中华猕猴桃；从品种的角度，具高抗性的有'华特''徐香''金魁'等，'红阳'表现最不抗病。

3.2 猕猴桃溃疡病的拮抗菌筛选

（1）EM 菌是一种微生物活菌制剂，用于涂干对猕猴桃溃疡病有较好的防治效果。

（2）学者们已筛选出多种细菌、真菌、放线菌、病菌噬菌体菌株，对猕猴桃溃疡病菌有较强的拮抗作用，进一步研究生产出活菌制剂用于生产指日可待。

3.3　植物源和抗生素农药防治猕猴桃溃疡病

（1）多羟基双萘醛和乙蒜素两种植物源农药对猕猴桃溃疡病防治有一定的效果，可以在生产中适量选用。

（2）对猕猴桃溃疡病有较好防治效果的有土霉素、四霉素等抗生素农药，生产中可以较大量选用；中生菌、春雷霉素2种有一定的防治效果，生产中可适量选用。

致谢　本文系中央引导地方科技发展专项资金"鄂西（宜昌）山区猕猴桃丰产优质栽培示范"项目资金支持。

参考文献　References

[1] OPGENORTH D C，LAI M，SORRELL M，et al. *Pseudomonas* canker of kiwifruit[J]. Plant disease，1983，67：1283-1284.

[2] SERIZAWA S，ICHIKAWA T，TAKIKAWA Y，et al. Occurrence of bacterial canker of kiwifruit in Japan: descrip-tion of symptoms：isolation of the pathogen and screening of bacteri-cides[J]. Annals of the phtopathogical society of Japan，1989，55：427-436.

[3] 李庚飞，周胜波，李瑶. 猕猴桃枝条皮孔特征与抗溃疡病之间的关系初探[J]. 中国植保导刊，2080（5）：30-31.

[4] 李庚飞. 猕猴桃不同品种对溃疡病抗病机制的初步研究[D]. 合肥：安徽农业大学，2006.

[5] 李聪. 猕猴桃枝叶组织结构及内含物与溃疡病的相关性研究[D]. 杨凌：西北农林科技大学，2016.

[6] 张小桐. 猕猴桃对溃疡病抗性评价指标的研究[D]. 合肥：安徽农业大学，2006.

[7] 李森，檀根甲，李瑶，等. 不同抗性猕猴桃品种感染溃疡病前后几种保护酶活性变化[J]. 激光生物学报，2009，18（3）：370-378.

[8] 李森，檀根甲，李瑶，等. 几种同工酶与猕猴桃品种对溃疡病抗性关系的研究[J]. 激光生物学报，2009，18（2）：218-225.

[9] 石志军，张慧琴，肖金平，等. 不同猕猴桃品种对溃疡病抗性的评价[J]. 浙江农业学报，2014，26（3）:752-759.

[10] 李瑶，田秋元，程邦根，等. 两种同工酶与猕猴桃植株抗溃疡病关系的研究[J]. 中国农学通报，2001，17（3）：28-30.

[11] 李森，檀根甲，李瑶，等. 猕猴桃品种酚类物质及可溶性蛋白含量与抗溃疡病的关系[J]. 植物保护，2009，35（1）：37-41.

[12] 张弛. 红阳称猴桃四倍体诱导及其抗溃疡病特性初探[D]. 重庆：西南大学，2011.

[13] 段眉会. 2种猕猴桃优良砧木株系[J]. 山西果树，2018（1）：22，25.

[14] 段眉会，尚韬. 周至猕猴桃抗溃疡病砧木品种选育进展[[J]. 西北园艺，2017（11）：33-34.

[15] 雷玉山，樊红科. 一种抗溃疡病猕猴桃砧木快速繁育方法[P]. CN103190337A，2013-07-10.

[16] 陈锦永，方金豹，齐秀娟，等. 猕猴桃砧木研究进展[J]. 果树学报，2015，32（5）：959-968.

[17] 李森，檀根甲，李瑶，等. 不同猕猴桃品种对细菌性溃疡病的抗病性及其聚类分析[J]. 植物保护，2004，30（5）：51-54.

[18] 杨清平，王立华，胡楠. EM菌对猕猴桃溃疡病的防治试验[J]. 福建林业科技，2015（1）：100-102，114.

[19] 焦红红. 猕猴桃细菌性溃疡病防治药物的筛选[D]. 杨凌：西北农林科技大学，2014.

[20] 崔丽红，宋金秋，陈继富，等. 根际内生菌对猕猴桃溃疡病生防作用研究初探[J]. 上海农业学报，2017，33（6）：28-32.

[21] 邵宝林，王成华，刘露希，等. 猕猴桃溃疡病生防芽孢杆菌B2的鉴定及应用[J]. 中国农学通报，2015，31（26）：103-108.

[22] 盛存波，安德荣，鲁燕汶，等. 生防菌株B56-3防治猕猴桃溃疡病的初步研究[J]. 西北农业学报，2006，15（3）：75-78.

[23] 郭睿文. 猕猴桃内生菌多样性及溃疡病括抗菌筛选[D]. 成都：成都理工大学，2016.

[24] 燕金宜. 猕猴桃溃疡病鉴定及内生拮抗真菌的筛选[D]. 雅安：四川农业大学，2013.

[25] 田雪连，尹显慧，龙友华，等. 猕猴桃溃疡病菌拮抗菌筛选、鉴定及发酵条件优化[J]. 食品科学，2017（16）：79-85.

[26] 朱海云，马瑜，柯杨，等. 猕猴桃细菌性溃疡病生防菌的筛选、鉴定及其防效初探[J]. 微生物学杂志，2016，36（5）：90-95.

[27] 宋晓斌，王培新，张学武，等. 猕猴桃细菌性溃疡病生物防治初步研究[J]. 西北林学院学报，2002，17（1）：49-50.

[28] 王芳，李丹，张信旺，等. 一株链霉菌对猕猴桃溃疡病的防效[J]. 北方园艺，2017（7）：139-142.

[29] 雷庆，叶华智，余中树. 猕猴桃溃疡病菌噬菌体的初步研究[J]. 安徽农业科学，2007，35（19）：5995-5996.

[30] 魏海娟. 多羟基双萘醛提取物对猕猴桃溃疡病的防治作用及机理研究[D]. 杨凌：西北农林科技大学，2010.

[31] 魏海娟，刘萍，杨燕，等. 多羟基双萘醛提取物对猕猴桃溃疡病菌的抑制作用[J]. 西北农林科技大学学报（自然科学版），2011（1）：126-130，136.

[32] 黄露，何芬，秦智慧，等. 杀菌剂对猕猴桃溃疡病菌的室内毒力测定及田间防效[J]. 中国南方果树，2017，46（2）：137-140，143.

[33] 高蓬明，王瑞，马立志. 猕猴桃溃疡病防治药剂的室内毒力及田间防治效果[J]. 贵州农业科学，2013，41（4）：85-88.

[34] 阳廷密，王明召，张素英，等. 猕猴桃溃疡病防治药剂药效评价[J]. 南方农业学报，2017，48（7）：1231-1236.

[35] 王瑞，马立志，高蓬明，等. 乙蒜素与溴硝醇、代森锰锌2种农药复配对丁香单胞杆菌的联合毒力[J]. 江苏农业科学，2014，42（3）：71-73.

[36] 尹春峰. 湖南湘西猕猴桃溃疡病分子检测鉴定及其防治药剂的筛选[D]. 长沙：湖南农业大学，2015.

[37] 龙友华，夏锦书. 猕猴桃溃疡病防治药剂室内筛选及田间药效试验[J]. 贵州农业科学，2010，38（10）：84-86.

[38] 王西锐，李艳红. 噻霉酮防治猕猴桃溃疡病药效试验[J]. 烟台果树，2013，121（1）：18-19.

[39] 马映东. 猕猴桃溃疡病绿色防控技术初探[J]. 现代农业科技，2017（5）：32.

[40] 崔永亮，郑晓琴，袁敏，等. 猕猴桃溃疡病防治药剂室内筛选及田间防效[J]. 安徽农业科学，2016，44（36）：177-178，187.

[41] 江景勇，赵永彬，卢秀友. 猕猴桃溃疡病发生与防控技术探讨[J]. 园艺与种苗，2017（3）：34-35，70.

[42] 欧志升，王仁才，向玉庭，等. 不同药剂组合对红心猕猴桃溃疡病防治效果比较[J]. 中国果蔬，2017（4）：37-39.

[43] 钭凌娟，凌士鹏，钱东南. 红阳猕猴桃溃疡病的发生及其综合防治[J]. 植物医院，2014（9）：21.

[44] 潘玉贤，郭冬鸿. 猕猴桃溃疡病的发病规律与防治措施[J]. 现代园艺，2015（11）：76.

[45] 韩明丽，张志友，陈丽萍，等. 猕猴桃溃疡病发生的影响因素及其防治方法[J]. 湖南农业科学，2013（21）：77-80.

Research Progress on Biological Control of Kiwifruit Bacterial Canker

LIU Xianglin[1]   FANG Yi[1]   BI Yong[2]   LI Xiaochun[2]   HU Yanbo[2]

（1 Hubei Three gorges Professional Technology Institution   Yichang   443000；

2 Changyang Tujia Autonomous County Forestry Bureau   Changyang   443500）

Abstract [Objective] To summarize the research results on biological control of kiwifruit canker disease in China for many years, and provide theoretical guidance for biological control of kiwifruit canker disease in production. [Methods] The cultivation of ulcer-resistant seedlings and the biological control of antagonistic bacteria, botanical pesticides and antibiotic pesticides were summarized. [Results] The length of cuticle was small, the distribution was sparse and the protuberance was few in annual branches, the activities of isozymes in healthy branches were low, and the activities were doubled sharply after susceptibility. The resistance to ulceration was positively correlated with the contents of phenols and soluble proteins, negatively correlated with the content of soluble sugar, and the tetraploid resistance to ulceration is significantly higher than that of diploid. The research achievements on the breeding of resistance to rootstock and the resistance of existing varieties to drought resistance were summarized. Existing EM bacteria can be used to control bacterial canker disease of kiwifruit, and many kinds of bacteria, fungi, actinomycetes and bacteriophages with strong antagonism to bacterial canker disease of kiwifruit have been screened out, which need to produce live bacteria preparation for production. Polyhydroxy bis-naphthalaldehyde and allicin are two botanical pesticides, which can be used in moderate quantities in production; streptomycin, oxytetracycline and tetracycline for agricultural use as antibiotic pesticides can be used in large quantities in production, and mesogenic bacteria and vernamycin can be used in moderate quantities. [Conclusion] The biological control of kiwifruit canker disease should be based on the cultivation of anti-ulcer seedlings, and the application of streptomycin, oxytetracycline, tetracycline, EM bacteria, polyhydroxy bis-naphthalaldehyde, allicin, mesophyte and verreomycin should be supplemented. The preparation of antagonistic active bacteria should be developed.

Keywords Kiwifruit   Bacterial canker   Disease resistance mechanism   Biological control

猕猴桃细菌性溃疡病研究进展*

王涛** 张计育 王刚 贾展慧 潘德林 郭忠仁***

(江苏省中国科学院植物研究所 江苏南京 210014)

摘 要 猕猴桃细菌性溃疡病是由丁香假单胞菌猕猴桃致病变种（*Pseudomonas syringae* pv. *actinidiae*，Psa）引起的一种严重危害猕猴桃生长的病害，该病具有传播性强、发病迅速和危害严重等特点。致病菌 Psa 自 1984 年于日本首次发现后于 2008 年在意大利暴发，至今已蔓延至世界各大猕猴桃产区，严重威胁着世界猕猴桃产业的发展。目前的研究发现，经过多年的进化，Psa 已变异产生了不同的类型并对目前主栽的猕猴桃品种都具有致病性，生产上现有的防治措施尚不能对其产生有效的抑制效果。经过种植者多年的实地观察和总结以及相关研究人员的基础性研究，关于猕猴桃细菌性溃疡病的研究已积累了一定的成果，包括溃疡病的危害和防治方法，致病菌 Psa 的特征、分类和致病机理，猕猴桃抗病性研究等。本文对以上内容进行了综述，期望为我国猕猴桃溃疡病的研究提供更加详尽的理论基础。

关键词 猕猴桃 溃疡病 *Pseudomonas syringae* pv. *actinidiae*

猕猴桃果实风味独特，营养丰富，富含维生素 C，享有"水果之王"的美称。自 20 世纪被人工驯化以来，猕猴桃在世界范围内的栽培面积不断扩大，日益成为人们日常消费的水果种类。相比于其他果树，猕猴桃病虫害较少，生产中农药施用量也较低，但猕猴桃细菌性溃疡病却严重危害着猕猴桃的生产。自 1984 年首次在日本静冈县被发现，目前猕猴桃溃疡病已在世界各大猕猴桃产区蔓延，如葡萄牙[1]、西班牙[2]、法国[3]、新西兰[4]、土耳其[5]、希腊[6]等国。作为猕猴桃第一生产大国，猕猴桃溃疡病也已蔓延至我国陕西、四川和贵州等猕猴桃主要栽培省份。鉴于其对世界猕猴桃产业的重大危害，本文对猕猴桃细菌性溃疡病的发现、病原菌的分类、传播途径、危害、防治方法和致病机理等方面的发现和研究成果进行了综述，期望为我国猕猴桃溃疡病的研究提供更加详尽的理论基础。

1 猕猴桃溃疡病的症状、危害和传播途径

猕猴桃溃疡病病菌一般在冬季和早春开始侵染猕猴桃植株，侵染部位一般是成年植株的主干和主蔓，发病初期侵染部位产生乳白色分泌物，后期为锈红色。病菌侵染导致的茎蔓溃疡会阻碍植株养分运输，导致树势减弱。病菌侵染叶片时会产生黑色斑点并伴有黄色晕圈[7-8]。猕猴桃溃疡病具有隐蔽性、暴发性和毁灭性，并且具有极强的传染性。目前猕猴桃溃疡病已蔓延至我国及世界主要猕猴桃产区，果园一旦感染溃疡病，轻则导致减产，重则毁园。新西兰在发生溃疡病的 2010～2012 年的两年时间内，染病的果园从 3 个迅速增加到 1 232 个，占

* 基金项目：江苏省植物资源研究与利用重点实验室开放基金（JSPKLB201602），江苏省科技计划项目（现代农业）（BE2015350）。

** 第一作者，男，1989 年生，山东德州人，助理研究员，博士，主要从事猕猴桃栽培和抗病研究。通信地址：210014，江苏省南京市玄武区中山门外前湖后村 1 号，江苏省中国科学院植物研究所。电话：025-84347012。E-mail: wxtao@sina.cn

*** 通信作者，男，1960 年生，江苏南京人，研究员，硕士，主要从事种植资源果树收集与利用研究，通信地址：210014，江苏省南京市玄武区中山门外前湖后村 1 号，江苏省中国科学院植物研究所。电话：025-84347003。E-mail: zhongrenguo@cbbg.net

新西兰全部果园的 37%[9]，导致新西兰主要出口品种'Hort16A'大幅减产。由于该品种抗溃疡病能力极弱，目前已逐渐被新的抗病性更强的品种替代。猕猴桃溃疡病菌致病能力极强，目前所栽培的全部猕猴桃品种中尚未发现对其具有完全抗性的品种。虽然研究发现不同品种的猕猴桃对溃疡病菌的抗性不同[10]，但不幸的是一些品质极佳商品性非常好的品种抗溃疡病能力却很弱，如新西兰的'Hort16A'，我国广泛栽培的红心猕猴桃'红阳'也深受其害。

　　猕猴桃溃疡病能够在短期之内传播至世界各大猕猴桃产区的原因在于其极强的传染性。出入果园的各种农事工具、人员、车辆等是携带病菌的重要载体，尤其是直接与植株接触的修枝剪。秋冬和早春从患病植株的溃疡处流出的分泌物借助风力可以将病菌传播至附近的植株或果园[11-12]。最近的研究发现昆虫也可能成为溃疡病菌的载体[13]。溃疡病菌的远距离传播主要通过气流到达云层，再借助雨雪回到地球表面。猕猴桃为雌雄异株植物，生产中需要配置授粉树，近年来也有果农使用商业生产的猕猴桃花粉，但有研究表明溃疡病菌可寄生在猕猴桃花粉中[14-15]，因此花粉也可能成为溃疡病的传染源。关于猕猴桃果实是否会传播溃疡病目前尚无定论，不同的研究人员给出了相反的结论[16-17]，但建议果园应避免引入采收自严重感染溃疡病果园的果实。

2　致病菌 Psa 的特征、分类和起源

　　猕猴桃细菌性溃疡病是由一种名为丁香假单胞菌猕猴桃致病变种（*Pseudomonas syringae* pv. *actinidiae*，Psa）的细菌引起的。自 1984 年在日本发现该病以来，科研人员已陆续在世界不同的猕猴桃果园收集到该病菌，这些来自不同地区的病菌在分布范围、致病能力、抗药性和基因组构成等方面具有不同的特点。在 1984 年日本发现 Psa 的同一年，我国湖南省也出现了猕猴桃溃疡病暴发的果园，并导致了严重损失[18]，遗憾的是当时未及时保存病菌以便后续研究。1988 年韩国也发现 Psa[19]。此时的 Psa 仅在美味猕猴桃'海沃德'（*Actinidia deliciosa* cv. 'Hayward'）中发现，并且都可导致严重的病害。1992 年同样在意大利的'海沃德'中发现 Psa[20]，但不同的是这一类群的 Psa 虽然在意大利分布广泛，但在被发现后的约 20 年时间里并未造成严重的猕猴桃病害。2008 年一种致病能力极强的 Psa 在意大利被发现，并迅速传播至欧洲附近国家、中国、新西兰等国[3-4,21]，并导致世界各国猕猴桃产业的严重损失。这一类群的病菌不但感染美味猕猴桃品种，对中华猕猴桃（*A.chinensis*）的黄肉和红肉品种同样具有很强的致病能力。2010 年，在新西兰的几个果园又发现了新的 Psa 类型，值得庆幸的是这一株系致病性并不强，仅会导致猕猴桃植株的叶斑病[22]。

　　近年来随着收集到的 Psa 株系的增多和测序技术的迅速发展，科研人员开始通过对不同 Psa 株系基因组的比较分析，来预测筛选 Psa 基因组中可能的致病基因，并对这些 Psa 的系统进化和起源进行了分析[23]。通过基因组比对，可将目前已发现的 Psa 株系分为 4 种类型。第一类包括 1984 年在日本发现的 Psa 和 1992 年意大利的 Psa，虽然两者在两个国家对猕猴桃的致病能力有很大差异，但两者基因组几乎是相同的，推测意大利的 Psa 是由日本传播而来，但由于意大利的地理气候环境以及当地果农的栽培技术不同于日本而使其在意大利的致病能力明显减弱。第二类为 1988 发现于韩国的 Psa，这一 Psa 类型的基因组与第一类的显著差异在于其含有一个存在于质粒上的可能产生冠菌素的基因，并缺失菜豆菌毒素基因簇[24]，同时还包括大量的 SNPs 和数百的其他基因[23]。经过几年的药物锻炼，目前第一类和第二类的 Psa 已产生了具有抗铜和抗链霉素能力的基因[25-28]。第三类为 2008 年发现于意大利并已传播至世界各地的 Psa 类型，这一类 Psa 缺少编码冠菌素和菜豆菌毒素的基因[14,22,29-31]。经过快速的

传播，这一类型的 Psa 在世界很多地区已取代了其他的类型[1-3,22]。第四类为发现于新西兰的弱致病性 Psa，这一类型在致病能力和致病因子构成上都与前三组存在明显不同[22]。以上四个 Psa 类型，第三类是目前传播范围最广对世界猕猴桃产业危害最为严重的一类，分析其与其他三组以及来源于中国的 Psa 在进化上的关系，结果表明它是起源于中国然后传播至世界其他国家[32-33]。

3 Psa 的致病机理

病菌的致病机理主要依赖于其操纵植物代谢以吸取营养进行生长繁殖的能力和抑制植物免疫以避免被植物识别和清除的能力。Psa 属于丁香假单胞菌，这一包括多个变种的细菌种类可以导致多种病害，其寄主包括大部分的农作物和观赏植物。丁香假单胞菌的变种虽然众多，但其关键的致病因子主要存在于一套被称为 III 型分泌系统（type III secretion system，T3SS）的效应蛋白分泌系统。T3SS 通过分泌效应蛋白来抑制植物的先天免疫应答反应（PAMP-triggered immunity，PTI）和效应因子诱导的免疫应答反应（effector-triggered immunity，ETI）[34]。不同的丁香假单胞菌变种具有不同的寄主，其具体的致病机理也存在一定的特异性，目前关于 Psa 的致病机理尤其是致病基因的发掘方面取得了一定的进展。

鉴于不同 Psa 类型的致病性存在明显差异，Mccann 等[23]对不同 Psa 类型的基因组中的 T3SS 分泌的效应因子编码基因进行了比较，在 4 类 Psa 的基因组中共发现了 51 个效应因子编码基因，而 4 类 Psa 都具有的基因仅有 17 个，这可能部分解释了这 4 类 Psa 在致病性上的差异。Psa 在通过 T3SS 系统发挥其致病作用的同时还利用一些植物毒素来促进其致病效应，如第一类的 Psa 可以通过产生菜豆毒素使猕猴桃在溃疡病发生时出现环形的病斑[35]。第二类 Psa 可以产生冠菌素，这一植物毒素通过抑制植物免疫信号分子水杨酸的合成而起到调控气孔重新开始和促进病菌繁殖的作用[36]。相比之下，致病性最强的第三类 Psa 反而未发现相关的植物毒素。Andolfi 等[37]对 Psa 中发挥致病作用的物质的性质进行了分析，结果表明，采用基本培养基培养的 Psa 获得的滤液可以引起烟草和猕猴桃明显的类似超敏反应的现象，一些属于胞外多糖的亲水性物质可以对猕猴桃产生很高的毒性。

4 猕猴桃抗病性研究

对植物的抗病机理国内外已进行了多年的探索，并取得了一定的成果。植物生长的环境中存在着大量对其生长具有威胁的生物和非生物胁迫，针对细菌、真菌、病毒等致病因子，植物经过长时间的进化过程已形成了一套完整的免疫防御系统。植物的第一道免疫系统可以识别病原菌表面被称为病原相关分子模型（PAMPs/MAMPs）的特异物质，从而引发植物先天免疫应答（PTI）。植物的第二道免疫系统依赖于对病菌 III 型分泌系统（T3SS）分泌到细胞质中的效应因子的特异识别，被称为效应因子诱导的免疫应答（ETI）。PTI 和 ETI 一起又可以诱导植物产生超敏反应（hyper sensitive response，HR），超敏反应在很大程度上决定了包括 Psa 在内的丁香假单胞杆菌的宿主特异性[38]。

虽然 Psa 可以感染目前栽培的所有猕猴桃品种，但不同的猕猴桃品种对 Psa 的抗病性还是有差异的，研究人员对不同抗病能力的猕猴桃品种在生理水平和分子水平进行了分析。李淼等[39]的研究表明，发病后，猕猴桃枝条、叶片中可溶性糖降低，木质素含量升高，抗病品种 '金魁' 可溶性糖和木质素含量都高于感病品种 '金丰'。采用 RAPD 技术分析不同猕猴桃品种与溃疡病抗性的关系发现，抗病品系都有一条 1458 bp 的 DNA 片段，而感病品系均无该片段[40]。易盼盼等[41]的抗性鉴定结果表明，猕猴桃溃疡病抗/感病分离比符合由 1 对主效基因控制的 1∶1 分离比例。通过对 SSR 引物的筛选，获得了与抗溃疡病基因连锁的 SSR 分子标记 UDK97-28116。采用蛋白组学的方法对感染 Psa 的猕猴桃中的蛋白质进行分析，发现发生差异表达的蛋白质不仅包括基础防御蛋白和发病相关蛋白，还包括氧化应激蛋白、热激蛋白和运输和植物信号蛋白等[42]。挥发性有机物在植物病害的信号传导和抗病反应的诱导具有重要作用，Cellini 等[43]用从感染 Psa 的猕猴桃组织中提取的挥发性有机物处理健康植株后发现，这些挥发性有机物对猕猴桃植株的生长产生了影响，并诱导了植物的保护反应，但再经 Psa 处理后，猕猴桃的抗病反应被 Psa 抑制而失去作用。Fraser 等[44]基于猕猴桃属 EST 文库数据对猕猴桃基因组中的抗病基因进行了预测和定位，为猕猴桃抗病基因的鉴定提供了基础。Wang 等[45]对猕猴桃抗病品种'金魁'响应 Psa 的基因表达进行了分析，结果表明，Psa 感染诱导了猕猴桃免疫系统 PTI、ETI 和 HR 中多个抗病基因表达水平的改变，说明'金魁'猕猴桃的第一道免疫防线可以有效识别 Psa，并诱导下游防线的抗病基因抵抗 Psa 分泌到细胞内的致病因子。

5　防治方法研究

目前对猕猴桃溃疡病的防治主要集中在三个方向：选择抗性品种、栽培管理防护和药剂防治。经过多年的田间观测和实验鉴定，目前对常见猕猴桃品种的抗溃疡病能力已有了基本认识，因此生产中应尽量选择抗病性强的品种栽培，如经过 2010 年溃疡病的暴发后，新西兰已逐步淘汰极易感病的猕猴桃品种'Hort16A'，重点推广抗病性较强的'G3'和'G9'。然而有些抗病性强的品种果实品质和商品性不高，如'海沃德''秦美'等，而抗病性很弱的'红阳'因其较高的市场价值而在我国的栽培面积依然较大。栽培管理措施及水平直接影响溃疡病的发生程度，管理精细的果园一般发病较轻。合理施肥，控制春季萌芽的早晚、伤流的多少和生长势的强弱能够降低病害发生程度[46]。氮肥施用过量会刺激 Psa 的生长[47]，而增施磷、硼肥可明显降低猕猴桃溃疡病发病率[48]。相比于化肥，有机全营养配方施肥，通过补充猕猴桃果园土壤中的养分，有利于全面改善猕猴桃品质，降低猕猴桃溃疡病发病率[49]。Psa 的传播途径极其广泛，对生产中的农事操作应进行严密管控，对进入果园的人员、车辆和农用工具应进行消毒，严格防止病原的引入和传播[50]。目前生产上采用化学农药防治溃疡病的措施比较普遍，防治方法也比较简单。不同猕猴桃种植地区对不同杀菌剂的防治效果进行了大量研究评价，筛选出了一些效果较好的药物。如秦虎强等[51]对 17 种杀菌剂进行筛选，发现氢氧化铜、硫酸链霉素、中生菌素、叶枯唑及噻霉酮等制剂的防治效果较为理想。Song 等[52]发现从植物香精油中提取的肉桂醛和草蒿脑对溃疡病菌具有显著的抑菌效果，有望应用于猕猴桃溃疡病的防治。Yu 等[53]对从猕猴桃果园土壤分离得到的噬菌体的研究发现了几种对溃疡病菌具有稳定抑制效果的噬菌体，有望成为猕猴桃溃疡病预防的新方法。杀菌剂可在一定程度上抑制病菌的发展，但对病情已完全暴发的果园效果往往不理想。药剂处理一般只能在预防和发病初期发挥作用，但病情严重的植株只能移除销毁。新西兰研究认为：溃疡病菌在实验室极易被杀死，但杀死病菌而不伤害猕猴桃植株却较为困难，当病菌感染达到维管系统时，药剂处理效果变得不明显。一般的杀菌剂均可以杀死表面的溃疡病菌，但是残余的病菌很快就通过分裂产生新的病菌，在很短时间内又达到了处理前状态。经多年化学农药的施用，溃疡病菌已出现抗药性，例如对链霉素的抗性[54]。我国地域广阔，各猕猴桃栽培区域的气候条件、栽培品种和生产技术不同，在溃疡病的防治上应因地制宜地采取综合的防治措施。栽培上提供充足的营养，增施有机肥，增强树势，提高抗病能力；对进入果园的工具和常用的修剪工具进行消毒，减少病原的传入；选择合适的药剂，抑制 Psa 的发展。溃疡病虽然不能被完全清除，但对具有一定抗性的品种，通过合理的防治措施可在一定程度上抑制病情发展，降低病害导致的损失。

6 总结与展望

自新西兰从我国引种猕猴桃并进行商业栽培至今仅有百余年的历史，猕猴桃细菌性溃疡病自 1984 年在日本被发现至今也仅 35 年的历史，世界各国对猕猴桃溃疡病的发现历史和致病菌 Psa 都有详细记载和保存，因此由猕猴桃和 Psa 构成的互作系统可作为研究微生物与植物互作的模式系统。经过多年的积累，目前对猕猴桃溃疡病的研究已经取得了一定的成果，如溃疡病的发病规律、致病菌 Psa 的基因组分析和分类、Psa 的致病机理研究、溃疡病的防治方法研究以及不同猕猴桃品种的抗病性研究等，然而还有许多关键问题需要更加深入地研究，如对 Psa 的致病机理较少且都不深入，尤其是对其中关键的特异的致病基因的鉴定，这是今后开发新的预防溃疡病方法的关键。我国猕猴桃种质资源丰富，充分利用这些宝贵的资源进行新品种培育和抗病基因开发将具有重要的作用。面对生产中尚无对 Psa 完全免疫的猕猴桃品种和完全有效的防治方法的现实情况，控制猕猴桃和 Psa 的生长环境使其有利于前者而不利于后者是目前防治猕猴桃溃疡病的唯一策略。因此生长中应采取综合措施，一方面采取严格的措施控制 Psa 的传入和传播，另一方面通过增施有机肥等措施提高树势增强植物抗病能力，同时通过定期喷施具有一定防治效果的试剂抑制 Psa 的生长。

参考文献 References

[1] BALESTRA G M, RENZI M, MAZZAGLIA A. First report of bacterial canker of *Actinidia deliciosa* caused by *Pseudomonas syringae* pv. *actinidiae* in Portugal[J]. New disease reports, 2010, 22 (11): 2510-2513.

[2] ABELLEIRA A, LÓPEZ M M, PEÑALVER J, et al. First report of bacterial canker of kiwifruit caused by *Pseudomonas syringae* pv. *actinidiae* in Spain[J]. Plant disease, 2011, 95 (12): 1583-1583.

[3] VANNESTE J L, POLIAKOFF F, AUDUSSEAU C, et al. First report of *Pseudomonas syringae* pv. *Actinidiae*: the causal agent of bacterial canker of kiwifruit in France[J]. Plant disease, 2011, 95: 1311-1312.

[4] EVERETT K R, TAYLOR R K, ROMBERG M K, et al. First report of *Pseudomonas syringae* pv. *actinidiae* causing kiwifruit bacterial canker in New Zealand[J]. Australasian plant disease notes, 2011, 6 (1): 67-71.

[5] BASTAS K K, KARAKAYA A. First report of bacterial canker of kiwifruit caused by *Pseudomonas syringae* pv. *actinidiae* in Turkey[J]. Plant disease, 2012, 96 (3): 452-452.

[6] HOLEVA M C, GLYNOS P E, KARAFLA C D. First report of bacterial canker of kiwifruit caused by *Pseudomonas syringae* pv. *actinidiae* in Greece[J]. Plant disease, 2015, 99 (5): 723-723.

[7] KOH Y J, KIM G H, JUNG J S, et al. Outbreak of bacterial canker on Hort16A(*Actinidia chinensis* Planchon)caused by *Pseudomonas syringae* pv. *actinidiae* in Korea[J]. New Zealand journal of crop & horticultural science, 2010, 38 (4): 275-282.

[8] SCORTICHINI M, MARCELLETTI S, FERRANTE P, et al. *Pseudomonas syringae* pv. *Actinidiae*: a re-emerging, multi-faceted, pandemic pathogen[J]. Molecular plant pathology, 2012, 13 (7): 631-640.

[9] VANNESTE J L, YU J, CORNISH D A, et al. Identification, virulence and distribution of two biovars of *Pseudomonas syringae* pv. *actinidiae* in New Zealand[J]. Plant disease, 2013, 97: 708-719.

[10] 张慧琴, 毛雪琴, 肖金平, 等. 猕猴桃溃疡病病原菌分子鉴定与抗性材料初选[J]. 核农学报, 2014, 28: 1181-1187.

[11] SERIZAWA S, ICHIKAWA T, TAKIKAWA Y, et al. Occurrence of bacterial canker of kiwifruit in Japan: description of symptoms, isolation of the pathogen and screening of bactericides[J]. Annals of the phytopathological society of Japan, 1989, 55 (4): 427-436.

[12] SERIZAWA S, ICHIKAWA T. Epidemiology of bacterial canker of kiwifruit: 3. The seasonal changes of bacterial population in lesions and of its exudation from lesions[J]. Japanese journal of phytopathology, 1993, 59, 469-476.

[13] DONATI I, MAURI S, BURIANI G, et al. Role of Metcalfa pruinosa as a vector for *Pseudomonas syringae* pv. *actinidiae*[J]. Plant

pathology journal，2017，33（6）：554-560.

[14] GALLELLI A，TALOCCI S，L'AURORA A，et al. Detection of *Pseudomonas syringae* pv. *actinidiae*, causal agent of bacterial canker of kiwifruit, from symptomless fruits and twigs, and from pollen[J]. Phytopathologia mediterranea，2011，50（3）：462-472.

[15] STEFANI E，GIOVANARDI D. Dissemination of *Pseudomonas syringae* pv. *actinidiae* through pollen and its epiphytic life on leaves and fruits[J]. Phytopathol medit，2011，50：501-505.

[16] MINARDI P，LUCCHESE C，ARDIZZI S，et al. Evidence against the presence of *Pseudomonas syringae* pv. *actinidiae* in fruits of *Actinidia* orchards affected by bacterial canker[J]. Journal of plant pathology，2011，93：43.

[17] GALLELLI A，L'AURORA A，LORETI S. Gene sequence analysis for the molecular detection of *Pseudomonas syringae* pv. *Actinidiae*：developing diagnostic protocols[J]. Journal of plant pathology，2011，93（2）：425-435.

[18] FANG Y，ZHU X，WANG Y. Preliminary studies on kiwifruit diseases in Hunan Province[J]. Sichuan fruit science and technology，1990，18：28-29.

[19] KOH Y J. Outbreak and spread of bacterial canker in kiwifruit，Korean[J]. Journal of plant pathology，1994，10：68-72.

[20] SCORTICHINI M. Occurrence of *Pseudomonas syringae* pv. *actinidiae* on kiwifruit in Italy[J]. Plant athology，1994，43：1035-1038.

[21] CHAPMAN J R，TAYLOR R K，WEIR B S，et al. Phylogenetic relationships among global populations of *Pseudomonas syringae* pv. *actinidiae*[J]. Phytopathology，2012，102（11）：1034-1044.

[22] CHAPMAN J，TAYLOR R，ALEXANDER B. Second report on characterization of *Pseudomonas syringae* pv. *actinidiae*（Psa）isolates in New Zealand[M]. Ministry of Agriculture and Forestry，2011：24.

[23] MCCANN H C，EHA R，BERTELS F. Genomic analysis of the kiwifruit pathogen *Pseudomonas syringae* pv. *actinidiae* provides insight into the origins of an emergent plant disease[J]. PLOS pathogens，2013，9（7）：e1003503.

[24] HAN H S. Identification and characterization of coronatine-producing *Pseudomonas syringae* pv. *Actinidiae* [J]. Journal of microbiology & biotechnologygy，2003，68（11）：6423-6430.

[25] GOTO M，HIKOTA T，NAKAJIMA M，et al. Occurrence and properties of copper-resistance in plant pathogenic bacteria[J]. Japanese journal of phytopathology，2009，60（2）：147-153.

[26] HAN H S，NAM H Y，KOH Y J，et al. Molecular bases of high-level streptomycin resistance in *Pseudomonas marginalis* and *Pseudomonas syringae* pv. *actinidiae*[J]. Journal of microbiology，2003，41（1）：16-21.

[27] Nakajima M，GOTO M，HIBI T. Similarity between copper resistance genes from *Pseudomonas syringae* pv. *actinidiae* and *P.syringae* pv. *tomato*[J]. Journal of general plant pahtology，2002，68：68-74.

[28] NAKAJIMA M，YAMASHITA S，TAKIKAWA Y，et al. Similarity of streptomycin resistance gene（s）in *Pseudomonas syringae* pv. *actinidiae* with strA and strB of plasmid RSF1010[J]. Annals of the phytopathological society of Japan，2009，61（5）：489-492.

[29] FERRANTE P，SCORTICHINI M. Molecular and phenotypic features of *Pseudomonas syringae* pv. *actinidiae* isolated during recent epidemics of bacterial canker on yellow kiwifruit（*Actinidia chinensis*）in central Italy[J]. Plant pathology，2010，59（5）：954-962.

[30] FERRANTE P，SCORTICHINI M. Molecular and phenotypic variability of *Pseudomonas avellanae*，*P.syringae* pv. *actinidiae* and *P.syringae* pv. *Theae*：the genomospecies 8 sensu Gardan et al.（1999）[J]. Journal of plant pathology，2011，93：659-666.

[31] MARCELLETTI S，SCORTICHINI M. Clonal outbreaks of bacterial canker caused by *Pseudomonas syringae* pv. *actinidiae* on *Actinidia chinensis* and *A.deliciosa* in Italy[J]. Journal of plant pathology，2011，93（2）：479-483.

[32] MAZZAGLIA A，STUDHOLME D J，TARATUFOLO M C，et al. *Pseudomonas syringae* pv. *actinidiae*（Psa）isolates from recent bacterial canker of kiwifruit outbreaks belong to the same genetic lineage[J]. Plos one，2012，7（5）：e36518.

[33] BUTLER M I，STOCKWELL P A，BLACK M A，et al. *Pseudomonas syringae* pv. *actinidiae* from recent outbreaks of kiwifruit bacterial canker belong to different clones that originated in China[J]. Plos one，2013，8（2）：e57464.

[34] LINDEBERG M，CUNNAC S，COLLMER A. *Pseudomonas syringae* type III effector repertoires: last words in endless arguments[J]. Trends in microbiology，2012，20（4）：199-208.

[35] TAMURA K，IMAMURA M，YONEYAMA K. Role of phaseolotoxin production by *Pseudomonas syringae* pv. *actinidiae* in the formation of halo lesions of kiwifruit canker disease[J]. Physiological & molecular plant pathology，2002，60（4）：207-214.

[36] ZHENG X Y，SPIVEY N W，ZENG W，et al. Coronatine promotes *Pseudomonas syringae* virulence in plants by activating a signaling cascade that inhibits salicylic acid accumulation[J]. Cell host & microbe，2012，11（6）：587-596.

[37] ANDOLFI A，FERRANTE P，PETRICCIONE M，et al. Production of phytotoxic metabolites by *Pseudomonas syringae* pv. *actinidiae*, the causal agent of bacterial canker of kiwifruit[J]. Journal of plant pathology，2014，96（1）：169-175.

[38] ZHANG J，ZHOU J M. Plant immunity triggered by microbial molecular signatures[J]. Molecular plant，2010，3（5）：783-793.

[39] 李淼，檀根甲，李瑶，等. 猕猴桃品种中糖分及木质素含量与抗溃疡病的关系[J]. 植物保护学报，2005，32（2）：138-142.

[40] 李淼，檀根甲，李瑶，等. 不同猕猴桃品种 RAPD 分析及其与抗溃疡病的关系[J]. 植物保护，2009，35：41-46.

[41] 易盼盼，樊红科，雷玉山，等. 猕猴桃抗溃疡病基因连锁 SSR 分子标记初步研究[J]. 西北农林科技大学学报（自然科学版），

2015，43：91-98.

[42] PETRICCIONE M，DI C I，ARENA S，et al. Proteomic changes in *Actinidia chinensis* shoot during systemic infection with a pandemic *Pseudomonas syringae* pv. *actinidiae* strain[J]. Journal of proteomics，2013，78（1）：461-476.

[43] CELLINI A，BIONDI E，BURIANI G，et al. Characterization of volatile organic compounds emitted by kiwifruit plants infected with *Pseudomonas syringae* pv. *actinidiae*, and their effects on host defences[J]. Trees，2016，30（3）：795-806.

[44] FRASER L G，DATSON P M，TSANG G K，et al. Characterisation，evolutionary trends and mapping of putative resistance and defence genes in *Actinidia*（kiwifruit）[J]. Tree genetics & genomes，2015，11（2）：21.

[45] WANG T，WANG G，JIA Z H，et al. Transcriptome analysis of kiwifruit in response to *Pseudomonas syringae* pv. *actinidiae* infection[J]. International journal of molecular sciences，2018，19（2）：373.

[46] 田呈明，张星耀. 基于栽培管理措施的猕猴桃细菌性溃疡病防治技术[J]. 西北林学院学报，2000，15：72-76.

[47] SPADARO D，NARI L，VITTONE G，et al. La batteriosi del kiwi in Piemonte：diagnosi e prevenzione[J]. Protezione colture，2011，4（2）：58-61.

[48] 王新义，李平. 土壤高磷中硼可有效防治猕猴桃溃疡病[J]. 西北园艺（果树），2011（1）：45-45.

[49] 孟莉. 有机全营养配方施肥对猕猴桃品质和溃疡病发病率的影响[D]. 杨陵：西北农林科技大学，2013.

[50] 吴延军. 新西兰猕猴桃细菌性溃疡病发生现状及分析[J]. 世界农业，2012（4）：61-65.

[51] 秦虎强，赵志博，高小宁，等. 猕猴桃细菌性溃疡病菌对17种杀菌剂的敏感性及不同药剂田间防效[J]. 西北农业学报，2015，24：145-151.

[52] SONG Y R，CHOI M S，CHOI G W，et al. Antibacterial activity of cinnamaldehyde and estragole extracted from plant essential oils against *Pseudomonas syringae* pv. *actinidiae* causing bacterial canker disease in kiwifruit[J]. Plant pathology journal，2016，32（4）：363-370.

[53] YU J G，LIM J A，SONG Y R，et al. Isolation and characterization of bacteriophages against *Pseudomonas syringae* pv. *actinidiae* causing bacterial canker disease in kiwifruit[J]. Journal of microbiology & biotechnology，2015，26（2）：385.

[54] LEE J H，KIM J H，KIM G H，et sl. Comparative analysis of Korean and Japanese strains of *Pseudomonas syringae* pv. *actinidiae* causing bacterial canker of kiwifruit[J]. Plant pathology，2005，21（2）：119-126.

Research Progress of Kiwifruit Bacterial Canker

WANG Tao　　ZHANG Jiyu　　WANG Gang

JIA Zhanhui　　PAN Delin　　GUO Zhongren

（Institute of Botany, Jiangsu Province and Chinese Academy of Sciences　Nanjing · 210014）

Abstract　Kiwifruit bacterial canker is caused by *Pseudomonas syringae* pv. *actinidiae* (Psa), which threatens the growth of kiwifruit. This disease has the characteristics of strong transmissibility, quick out break and serious threaten. The pathogen Psa was first discovered in Japan in 1984 and broke out in Italy in 2008, and now it has spread to the major kiwifruit producing areas in the world and brings serious threaten to the development of kiwifruit industry. The present studies indicate that, after years of evolution, Psa has turned into different types and damaged all the major kiwifruit cultivars. Current control measures in production show limited effect to Psa. After years of field observation and conclusion by growers and basic researches by related researchers, certain achievements about kiwifruit bacterial canker have been obtained, including damages of kiwifruit canker and prevention methods, characteristics, classification and pathogenesis of Psa, and studies on resistance of kiwifruit to Psa. This paper summarizes the contents above, hoping to provide comprehensive and in-depth background knowledge for studies of kiwifruit bacterial canker in our country.

Keywords　Kiwifruit　Canker　*Pseudomonas syringae* pv. *actinidiae*

云南屏边苗族自治县猕猴桃真菌病害调查及病原鉴定[*]

潘慧[1] 邓蕾[1] 陈美艳[1] 张胜菊[1] 段程久[2]

何美祥[2] 杨光学[2] 李黎[1,**] 钟彩虹[1,**]

（1 中国科学院植物种质创新与特色农业重点实验室,中国科学院种子创新研究院,中国科学院武汉植物园　湖北武汉　430074;
2 屏边苗族自治县茶果站　云南屏边　661200）

摘　要　在屏边苗族自治县猕猴桃产业稳步发展的同时,为减少猕猴桃病害带来的经济损失,2017
年 4 月及 11 月,2018 年 7 月对屏边县共 7 个乡镇 17 个代表性猕猴桃栽培园区病害进行了全面调
查。通过采集大量的典型病害样本,运用生物学特性、分子鉴定及致病力验证方法对纯化分离到
的菌株进行全面鉴定,研究结果表明屏边县猕猴桃栽培园区春季主要病害为灰斑病、褐斑病和黑
斑病,夏季为炭疽病、灰斑病和褐斑病,秋冬季以果实软腐病为主。本文调查结果为屏边县猕猴
桃病害的预测及综合防治奠定了理论基础。

关键词　猕猴桃　病害　生物学特征　ITS 分子鉴定

我国是世界上最大的猕猴桃生产国,整体种植面积逐年增加（Belrose,2016）。近几年,
在当地政府的强力支持下,贵州、云南、浙江等省份的猕猴桃产业逐步发展,其中云南省屏
边苗族自治县的猕猴桃种植规模由单片零星向集中连片发展,全县种植基地覆盖到了玉屏镇、
新现镇、新华乡、和平镇、白云乡、湾塘乡、白河镇 7 个乡镇,截至 2018 年年底,全县种植
面积及挂果面积分别达到了 6.32 万亩及 1.2 万亩,年产量 1 800 t,年产值 3 400 万元,带动
了 3 000 多户贫困户脱贫增收。屏边县猕猴桃栽培品种以红心猕猴桃为主,由于气候、土壤、
海拔等条件适宜,鲜果上市时间较四川、湖南等地提前 40 d 以上,具有较好的市场优势和竞
争力。

屏边县地处低纬,易受东南海洋暖湿气流的影响,境内湿润多雨,猕猴桃产业以传统管
理方式及粗放型经营为主,因此真菌性病害较为流行,一定程度上影响了当地猕猴桃产业的
发展。2017 年 4 月及 11 月,2018 年 7 月,中国科学院武汉植物园联合屏边苗族自治县茶果站
调查了屏边县 7 个乡镇 17 个代表性猕猴桃栽培园区的周年病害发生情况,通过病害样本采
集和病原鉴定,明确了该县各季节猕猴桃病害的种类及发病程度,为后期病害的预测及防治
奠定了理论基础。

1　材料与方法

1.1　园区感病样本采集

2017 年 4 月及 11 月,2018 年 7 月于 17 个采样点采集感病样本共 177 份,包括 159 份叶
片,9 份果实和 9 份枝干。各采样点栽培品种均为'红阳',具体位置见表 1。

---

* 基金项目：国家自然科学基金青年科学基金项目（31701974）；湖北省自然科学基金面上项目（2017CFB443）；湖北省技术
创新专项（重大项目）（2016ABA109）；武汉市科技局前资助科技计划（2018020401011307）。
** 通信作者：李黎 E-mail：lili@wbgcas.cn；钟彩虹 E-mail：zhongch1969@163.com

表 1　各采样点具体地理位置

Table 1　Detailed location of sampling orchards

采样园区编号 （sampling orchard）	采样季节 （sampling seasons）	经纬度 （longitude and latitude）	高度 （altitude）/m	所属乡镇 （township）
1	春季、秋冬季	E103°49′00″　N23°02′58″	1 267	屏边县白河镇
2	春季、秋冬季	E103°46′12″　N23°07′39″	1 192	屏边县湾塘乡
3	春季	E103°46′20″　N23°08′55″	1 475	屏边县湾塘乡
4	春季	E103°49′43″　N23°10′48″	1 929	屏边县白云乡
5	春季	E103°51′20″　N23°16′40″	1 900	屏边县和平镇
6	春季	E103°40′28″　N23°16′03″	1 807	屏边县新华乡
7	春季	E103°39′01″　N23°15′26″	1 720	屏边县新华乡
8	春季、夏季、秋冬季	E103°30′44″　N23°04′09″	1 570	屏边县新现镇
9	秋冬季	E103°59′50″　N23°13′04″	1 694	屏边县新现镇
10	春季	E103°35′41″　N23°05′01″	1 314	屏边县新现镇
11	春季、夏季	E103°37′25″　N23°04′25″	1 554	屏边县玉屏镇
12	春季、秋冬季	E103°39′41″　N23°01′02″	1 317	屏边县玉屏镇
13	春季、秋冬季	E103°43′16″　N22°58′16″	973	屏边县玉屏镇
14	春季、夏季	E103°39′42″　N23°03′02″	1 360	屏边县玉屏镇
15	春季、夏季	E103°40′06″　N23°03′32″	1 332	屏边县玉屏镇
16	春季	E103°40′07″　N23°02′46″	1 233	屏边县玉屏镇
17	春季	E103°43′09″　N22°58′44″	1 079	屏边县玉屏镇

1.2　病原菌的分离和培养

针对每份叶片样本，用规格 1 cm 的打孔器取 3 片直径 1 cm 的病健交界处叶片组织，经 75% 乙醇消毒后置于 PDA 培养基 25℃ 恒温培养 5 d。针对每份果实样本，运用无菌手术刀切取病健交界处果肉组织置于 PDA 培养基 25℃ 恒温培养 5 d。待平板长出菌落后，挑取菌丝尖端置于新 PDA 平板以获得纯化后的菌株。每个样本设置 3 个重复。

1.3　病原菌的分子生物学鉴定

将纯菌株置于平铺玻璃纸的 PDA 培养基，于 25℃ 恒温培养 5～8 d 后收集菌丝。采用上海生工 Ezup 柱式真菌基因组提取试剂盒提取基因组，−20℃ 备用。运用真菌核糖体基因组转录间隔区通用引物 ITS4/ITS5 进行 PCR 扩增（ITS4 引物序列，TCCTCCGCTTATTGATATGC；ITS5 引物序列，GGAAGTAAAAGTCGTAACAAGG）。扩增反应体系 40 μl，10 mmol/L dNTP 0.8 μl，10×PCR buffer 4 μl，100 μmol/L 引物各 0.2 μl，5U/μl *Taq* 酶 0.25 μl，DNA 模板 2 μl，ddH$_2$O 32.55 μl。PCR 扩增程序为 94℃ 5 min；94℃ 30 s，55℃ 30 s，72℃ 1 min，30 个循环；72℃ 10 min。扩增产物经 1.0% 琼脂糖凝胶电泳检测后送华大基因公司测序，测序结果进行 Blast 比对，作同源性相似度差异性分析，确定菌株分类地位。

1.4　致病性测试

用 2 号解剖针刺伤叶片及果实表面，果实刺伤深度为 3 mm，用 7 mm 无菌打孔器将待试菌株制成菌饼，对应接种于叶片及果实伤口处，菌丝面朝下并覆盖无菌棉球，置于密封盒中保湿，阴性对照处理接种无菌的 PDA 琼脂块，统一在接种 6 d 后观察发病情况。每个菌株重复接种 3 次。待果实和叶片发病后，从病健交界处再次分离培养病原菌，与原接种菌株进行菌落形态及分子鉴定比较。

2　结果与分析

2.1　感病症状

大部分栽培园区观察到疑似果实软腐病、灰斑病、黑斑病、褐斑病、炭疽病的症状（图1，彩图14），感病症状分别与赵金梅（2014）、赵丰（2013）、李诚等（2012）、罗禄怡等（2000）、蔡志勇等（1997）描述一致。疑似果实软腐病症状：发病部位与健康部位交界明显，病部果皮表面呈白色水泡状，带酸臭味。疑似灰斑病症状：叶背病斑黑褐色，叶面暗褐至灰褐色。疑似褐斑病症状：叶部病斑外沿深褐色，中部色浅。疑似黑斑病症状：叶部背面病斑黑色，有黑褐色的分生孢子堆，被危害的果皮呈僵硬的凹陷斑块，斑块呈黑色。疑似炭疽病感病症状：叶面病斑前期与褐斑病类似，边缘深褐色，叶缘略向叶背卷缩。

图1　屏边县猕猴桃栽培园区主要病害感病症状

Fig. 1　The main disease symptoms of kiwifruit in cultivating orchards in Pingbian County

A. 疑似果实软腐病症状；B. 疑似灰斑病症状；C. 疑似褐斑病症状；D-E. 疑似黑斑病症状；F. 疑似炭疽病症状

A. Suspected symptoms of postharvest soft rot; B. Suspected symptoms of gray leaf spot; C. Suspected symptoms of brown leaf spot;
D-E. Suspected symptoms of black spot; F. Suspected symptoms of anthracnose

2.2　病原菌的鉴定结果及预测病害

各采样季节分离鉴定到的真菌菌株列表及对应的预测病害见表 2，部分菌株的菌落形态见图2（彩图15）。

2.3　致病性测试

致病力验证实验表明，在接种 6 d 后，接种真菌菌株的果实刺伤处出现典型软腐症状，叶片也出现了相应的感病症状（图3，彩图16），从发病部位均重新分离到原接种菌株，符合科赫法则。结果表明胶孢炭疽菌可引起炭疽病；拟盘多毛孢菌引起灰斑病；稻黑孢菌会导致黑斑病和褐斑病；拟盘多毛孢菌、间座壳菌和互隔链格孢均会引起果实软腐病，其他菌株致病力效果还有待进一步验证。

表 2　各季节采样鉴定到的具体真菌菌株列表及预测病害

Table 2　Fungi isolated from samples and forecasting disease of each seasons

采样园区 （sampling orchard）	采样季节 （sampling season）	菌株号 （strains NO.）	NCBI 编号 （accession NO.）	Blast 对应最近似种属编 号（the Genebank accession NO. of most similar species by Blast）	Blast 对应最近似种属 （the most similar species by Blast）	相似性 （identity） /%	预测病害 （forecasting disease）
5	春季	PB-1	MK333921	KY977416	互隔链格孢 *Alternaria alternata*	100	软腐病、褐斑病
5	春季	PB-2	MK333922	FJ481024	*Didymella glomerata*	100	黑斑病
5	春季	PB-3	MK333923	KT989562	茎点霉菌　*Phoma* sp.	100	
5	春季	PB-4	MK333924	KM921666	球黑孢菌 *Nigrospora sphaerica*	100	叶斑病
5	春季	PB-5	MK333925	KT193802	*Boeremia exigua* var. *pseudolilacis*	100	
5	春季	PB-6	MK333926	KY977416	互隔链格孢 *Alternaria alternata*	100	软腐病、褐斑病
5	春季	PB-7	MK333927	JQ026216	黑孢菌　*Nigrospora* sp.	100	
5	春季	PB-8	MK333928	MF125057	大豆拟茎点种腐病菌 *Diaporthe longicolla*	100	软腐病
5	春季	PB-9	MK333929	KT193800	*Boeremia exigua* var. *pseudolilacis*	100	
5	春季	PB-10	MK333930	KY977416	互隔链格孢 *Alternaria alternata*	100	软腐病、褐斑病
8	春季	PB-11	MK333931	HQ832815	拟茎点霉菌　*Phomopsis* sp.	99	软腐病
8	春季	PB-12	MK333932	KU252298	拟盘多毛孢菌 *Pestalotiopsis* sp.	100	软腐病、灰斑病
8	春季	PB-13	MK333933	KJ651263	*Nemania* sp.	98	
8	春季	PB-14	MK333934	KY977416	互隔链格孢 *Alternaria alternata*	100	软腐病、褐斑病
8	春季	PB-15	MK333935	KC145876	间座壳菌　*Diaporthe* sp.	99	软腐病
11	春季	PB-16	MK333936	JN116674	Trichosphaeriales sp.	100	
11	春季	PB-17	MK333937	KC343150	*Diaporthe* cf. *nobilis*	99	
11	春季	PB-18	MK333938	KX256179	球黑孢菌 *Nigrospora sphaerica*	100	叶斑病
11	春季	PB-19	MK333939	MF185352	菜豆间座壳菌 *Diaporthe phaseolorum*	100	软腐病
11	春季	PB-20	MK333940	AB625411	条纹炭角菌 *Xylaria grammica*	100	
11	春季	PB-21	MK333941	KX013186	黑孢菌　*Nigrospora* sp.	99	
11	春季	PB-22	MK333942	LN607810	*Khuskia* sp.	100	
11	春季	PB-23	MK333943	KY204022	*Daldinia bambusicola*	100	
11	春季	PB-24	MK333944	AB701365	炭角菌　*Xylaria* sp.	100	
11	春季	PB-25	MK333945	KY977416	互隔链格孢 *Alternaria alternata*	100	软腐病、褐斑病
11	春季	PB-26	MK333946	KM921666	球黑孢菌 *Nigrospora sphaerica*	100	叶斑病
12	春季	PB-27	MK333947	KY319171	灰葡萄孢菌　*Botrytis cinerea*	100	灰霉病
12	春季	PB-28	MK333948	LN607810	*Khuskia* sp.	100	
12	春季	PB-29	MK333949	MF185324	菜豆间座壳菌 *Diaporthe phaseolorum*	100	软腐病
13	春季	PB-30	MK333950	KX953429	轮层炭菌　*Daldinia* sp.	100	
13	春季	PB-31	MK333951	MF185352	菜豆间座壳菌 *Diaporthe phaseolorum*	100	软腐病

采样园区 （sampling orchard）	采样季节 （sampling season）	菌株号 （strains NO.）	NCBI 编号 （accession NO.）	Blast 对应最近似种属编 号（the Genebank accession NO. of most similar species by Blast）	Blast 对应最近似种属 （the most similar species by Blast）	相似性 （identity） /%	预测病害 （forecasting disease）
13	春季	PB-32	MK333952	KU252298	拟盘多毛孢菌 Pestalotiopsis sp.	100	软腐病、灰斑病
13	春季	PB-33	MK333953	KJ193662	新壳梭孢菌 Neofusicoccum parvum	100	
13	春季	PB-34	MK333954	KT966519	稻黑孢 Nigrospora oryzae	99	黑斑病、褐斑病
14	春季	PB-35	MK333955	KT459425	间座壳菌 Diaporthe sp.	99	软腐病
14	春季	PB-36	MK333956	MF185352	菜豆间座壳菌 Diaporthe phaseolorum	100	软腐病
14	春季	PB-37	MK333957	GQ328855	稻黑孢 Nigrospora oryzae	100	黑斑病、褐斑病
14	春季	PB-38	MK333958	KX355191	稻黑孢 Nigrospora oryzae	100	黑斑病、褐斑病
14	春季	PB-39	MK333959	KU252298	拟盘多毛孢菌 Pestalotiopsis sp.	100	软腐病、灰斑病
14	春季	PB-40	MK333960	FJ481024	Didymella glomerata	100	黑斑病
14	春季	PB-41	MK333961	KX355191	稻黑孢 Nigrospora oryzae	100	黑斑病、褐斑病
15	春季	PB-42	MK333962	HQ832826	拟茎点霉菌 Phomopsis sp.	99	软腐病
15	春季	PB-43	MK333963	KU252298	拟盘多毛孢菌 Pestalotiopsis sp.	100	软腐病、灰斑病
15	春季	PB-44	MK333964	KU252215	新拟盘多毛孢菌 Neopestalotiopsis sp.	100	
15	春季	PB-45	MK333965	KX866925	拟茎点霉菌 Phomopsis asparagi	99	软腐病
16	春季	PB-46	MK333966	GU066667	间座壳菌 Diaporthe sp.	100	软腐病
11	夏季	PB-47	MK333967	EF488422	菜豆间座壳菌 Diaporthe phaseolorum	100	软腐病
14	夏季	PB-48	MK333968	MG832471	胶孢炭疽菌 Colletotrichum gloeosporioides	100	炭疽病
14	夏季	PB-49	MK333969	KU663504	间座壳菌 Diaporthe perseae	100	软腐病
14	夏季	PB-50	MK333970	KU663504	间座壳菌 Diaporthe perseae	100	软腐病
15	夏季	PB-51	MK333971	KX020561	小孢拟盘多毛孢 Pestalotiopsis microspora	100	软腐病、灰斑病
15	夏季	PB-52	MK333972	MG832559	胶孢炭疽菌 Colletotrichum gloeosporioides	100	炭疽病
15	夏季	PB-53	MK333973	JQ434579	粉红单端孢 Trichothecium roseum	99	
15	夏季	PB-54	MK333974	KR703276	间座壳菌 Diaporthe lithocarpus	97	软腐病
15	夏季	PB-55	MK333975	MF379348	菜豆间座壳菌 Diaporthe phaseolorum	100	软腐病
15	夏季	PB-56	MK333976	MK078593	互隔链格孢 Alternaria alternata	100	软腐病、褐斑病
8	夏季	PB-57	MK333977	MG832536	胶孢炭疽菌 Colletotrichum gloeosporioides	100	炭疽病
8	夏季	PB-58	MK333978	MF379355	间座壳菌 Diaporthe sp.	100	软腐病
8	夏季	PB-59	MK333979	JQ954648	拟茎点霉菌 Phomopsis sp.	99	软腐病
8	秋冬季	PB-60	MK333980	MG274308	禾谷镰刀菌 Fusarium graminearum	100	
8	秋冬季	PB-61	MK333981	AB440075	Xylariaceae sp.	99	
8	秋冬季	PB-62	MK333982	EF423549	间座壳菌 Diaporthe sp.	100	软腐病

采样园区 (sampling orchard)	采样季节 (sampling season)	菌株号 (strains NO.)	NCBI 编号 (accession NO.)	Blast 对应最近似种属编 号（the Genebank accession NO. of most similar species by Blast)	Blast 对应最近似种属 (the most similar species by Blast)	相似性 (identity) /%	预测病害 (forecasting disease)
8	秋冬季	PB-63	MK333983	KF616500	间座壳菌 *Diaporthe* *pseudomangiferae*	99	软腐病
1	秋冬季	PB-64	MK333984	JQ761007	*Xylaria arbuscula*	100	
1	秋冬季	PB-65	MK333985	KY792621	*Daldinia eschscholtzii*	100	
1	秋冬季	PB-66	MK333986	KY792621	*Daldinia eschscholtzii*	100	
1	秋冬季	PB-67	MK333987	KF306342	*Xylaria hypoxylon*	100	
1	秋冬季	PB-68	MK333988	HM486948	炭角菌 *Xylaria* sp.	100	
1	秋冬季	PB-69	MK333989	AB440075	Xylariaceae sp.	99	
1	秋冬季	PB-70	MK333990	EF423549	间座壳菌 *Diaporthe* sp.	100	软腐病
1	秋冬季	PB-71	MK333991	AB513846	*Nectria ipomoeae*	100	
1	秋冬季	PB-72	MK333992	KU727765	*Xylaria arbuscula*	100	
2	秋冬季	PB-73	MK333993	KY792621	*Daldinia eschscholtzii*	100	
2	秋冬季	PB-74	MK333994	KY792621	*Daldinia eschscholtzii*	100	
2	秋冬季	PB-75	MK333995	KP133223	*Nemania* sp.	99	
2	秋冬季	PB-76	MK333996	KR703277	菜豆间座壳菌 *Diaporthe phaseolorum*	99	软腐病
2	秋冬季	PB-77	MK333997	KY792621	*Daldinia eschscholtzii*	100	
2	秋冬季	PB-78	MK333998	AB363983	炭角菌 *Xylaria* sp.	100	
9	秋冬季	PB-79	MK333999	MG274308	禾谷镰刀菌 *Fusarium graminearum*	100	
9	秋冬季	PB-80	MK334000	KC816062	新壳梭孢菌 *Neofusicoccum parvum*	100	
9	秋冬季	PB-81	MK334001	MF480344	*Diaporthe tectonae*	100	软腐病
9	秋冬季	PB-82	MK334002	KX866895	*Stagonosporopsis* *cucurbitacearum*	100	
9	秋冬季	PB-83	MK334003	KM006435	新壳梭孢菌 *Neofusicoccum parvum*	100	
9	秋冬季	PB-84	MK334004	MF125057	大豆拟茎点种腐病菌 *Diaporthe longicolla*	100	软腐病
9	秋冬季	PB-85	MK334005	EU009985	Xylariaceae sp.	100	
12	秋冬季	PB-86	MK334006	KT336512	腐皮镰孢菌 *Fusarium solani*	100	
12	秋冬季	PB-87	MK334007	KX355168	粉红黏帚霉 *Clonostachys rosea*	100	
12	秋冬季	PB-88	MK334008	KU997474	*Neofusicoccum parvum*	100	
12	秋冬季	PB-89	MK334009	KY792621	*Daldinia eschscholtzii*	100	
12	秋冬季	PB-90	MK334010	KY792621	*Daldinia eschscholtzii*	100	
12	秋冬季	PB-91	MK334011	MG832523	*Didymella glomerata*	100	黑斑病
12	秋冬季	PB-92	MK334012	KY792621	*Daldinia eschscholtzii*	99	
13	秋冬季	PB-93	MK334013	AF153745	炭角菌 *Xylaria* sp.	99	
13	秋冬季	PB-94	MK334014	AB440075	Xylariaceae sp.	99	
13	秋冬季	PB-95	MK334015	KX985943	*Nigrospora pyriformis*	100	
13	秋冬季	PB-96	MK334016	MG182685	*Didymella* sp.	100	
13	秋冬季	PB-97	MK334017	KX985943	*Nigrospora pyriformis*	100	

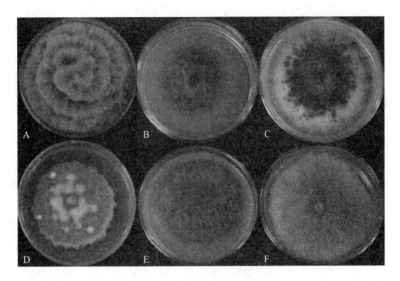

图2 不同菌株的菌落形态图

Fig. 2 The colony characteristics of isolated strains

小孢拟盘多毛孢（A）、稻黑孢（B）、*Didymella glomerata*（C）、互隔链格孢（D）、胶孢炭疽菌（E）及
菜豆间座壳菌（F）在PDA培养基28℃培养5 d的菌落特征

The colony characteristics of isolated strains: *Pestalotiopsis microspora* (A) *Nigrospora oryzae* (B) *Didymella glomerata*
(C) *Alternaria alternata* (D) *Colletotrichum gloeosporioides* (E) *Diaporthe phaseolorum* (F) on PDA after incubation for 5 days at 28℃

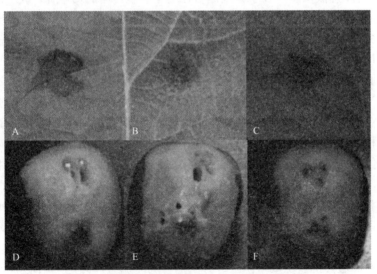

图3 不同菌株接种猕猴桃叶片和果实的症状图

Fig. 3 The infected symptoms of kiwifruit leaves and internal fruit tissue after pathogen inoculation

A-C. 胶孢炭疽菌、小孢拟盘多毛孢、稻黑孢菌分别接种在'红阳'叶片上引起的感病症状；D-F.
小孢拟盘多毛孢、间座壳菌、互隔链格孢分别接种在'红阳'果实上引起的感病症状。

A-C. The symptoms of wounded cultivar 'Hongyang' kiwifruit leaves after inoculated with *Colletotrichum gloeosporioides*,
Pestalotiopsis microspora and *Nigrospora oryzae* respectively; D-F. The internal fruit tissue of wounded cultivar 'Hongyang'
kiwifruit after inoculated with *Pestalotiopsis microspore*, *Diaporthe lithocarpus*, *Alternaria alternata* respectively.

3 讨论

屏边苗族自治县猕猴桃产业的发展时期不长,但栽培规模在逐步扩大中,目前挂果面积占种植面积的 20% 左右。当地猕猴桃种植海拔从 1 000 m 到将近 2 000 m,易受东南海洋暖湿气流的影响,境内湿润多雨,潮湿环境易导致真菌性病害的流行。此次周年病害调查发现屏边县猕猴桃栽培园区春季有灰斑病、褐斑病和黑斑病,夏季有炭疽病、灰斑病和褐斑病,秋冬季主要是果实软腐病。

猕猴桃果实软腐病被认为是世界猕猴桃贮藏、转运、销售期间的首要真菌病害,各国平均发病率达到 32% 左右(Pennycook,1985)。在屏边县全年病害调查鉴定中,各季节均鉴定到大量已被报道证实的猕猴桃果实软腐病致病菌:拟盘多毛孢菌(*Pestalotiopsis* sp.)、间座壳菌(*Diaporthe* sp.,拟茎点霉菌 *Phomopsis* sp. 的有性态)、互隔链格孢(*A.alternata*)及球黑孢菌(*N.sphaerica*)(Li et al.,2018a;Díaz et al.,2017;Li et al.,2017;李黎 等,2016)。由此说明,屏边县秋冬季果实软腐病严重,软腐病菌在春季和夏季一直潜伏于枝条及果实,直至秋季果实采收及贮藏期才表现症状。

同时,各季节均鉴定到如下已报道的猕猴桃真菌性病原菌:引起黑斑病的稻黑孢菌(*N.oryzae*)和 *Didymella glomerata*(Li et al.,2018b;Pan et al.,2018),引起炭疽病的胶孢炭疽菌(*C.gloeosporioides*)(赵丰,2013)。另外,拟盘多毛孢菌(*Pestalotiopsis* sp.)会引起灰斑病(Jeong et al.,2008),球黑孢菌(*N.sphaerica*)证实引起猕猴桃叶斑病(Chen et al.,2016)。

从全国范围看,猕猴桃园区春季真菌病害比夏季和秋冬季相对轻微一些(潘慧 等,2018)。但此次屏边县周年病害调查结果表明,部分园区春季的灰斑病、褐斑病和黑斑病发病程度不亚于夏季和秋冬季。经与当地种植户沟通,发现该现象与当地冬季气温较高有直接关系,屏边县冬季低温均温一般在 5 以上,有利于病原菌冬季潜伏;同时,部分种植户没有进行冬季清园,导致病原菌没有得到有效控制,继续蔓延至下一年。

本文建议当地种植户采用农业防治与化学防治相结合的方式,减少病害对猕猴桃产业的威胁。其中农业防治措施,譬如落实冬季彻底清园,减少来年病情基数;在高海拔地区种植抗性较好的品种,且种苗需从当地正规产业部门引进;在山地风害严重的区域建防风林或防风网;管理部门加强组织种植户进行栽培技术培训;病害防治方面,可采用目前应用较好的真菌防治药剂,譬如己唑醇微乳剂、咪鲜胺锰盐、吡唑醚菌酯、唑醚氟酰胺悬浮剂、异菌脲、肟菌酯、腐霉利及乙烯菌核利等,如园区采用有机栽培,可施用矿物来源的铜大师、可杀得3000、王铜、铜高尚等铜制剂、石硫合剂,或微生物来源的白僵菌、木霉菌或枯草芽孢杆菌等进行防治。

本文首次对屏边县猕猴桃栽培园区进行了病害周年调查,确定了当地不同季节的主要病害及危害程度,为后期病害的准确预测及防治提供了理论依据,以减少病害给当地猕猴桃产业造成的经济损失,促使屏边县猕猴桃产业的稳步发展。

参考文献　References

蔡志勇,陈惠敏,黄仲凯,等,1997. 猕猴桃黑斑病病原菌生物学特性及其防治的研究. 福建林业科技,24(2):23-27.
李黎,陈美艳,张鹏,等,2016. 猕猴桃软腐病的病原菌鉴定. 植物保护学报,43(3):527-528.
李诚,蒋军喜,冷ేట,等,2012. 奉新县猕猴桃果实腐烂病病原菌分离鉴定. 江西农业大学学报,34(2):259-263.
罗章怡,张晓燕,2000. 为害猕猴桃的两种叶斑病及防治. 中国南方果树,29(2):40-40.

潘慧，胡秋舲，张胜菊，等，2018．贵州六盘水市猕猴桃病害调查及病原鉴定．植物保护，44（4）：125-131.

赵丰，2013．奉新猕猴桃果梗炭疽病病原菌鉴定及防治研究．南昌：江西农业大学.

赵金梅，2014．中华猕猴桃褐斑病病原鉴定及 ClO_2 杀菌效果的研究．西安：陕西师范大学.

BELROSE INC., 2016. World kiwifruit review. Pullman：Belrose Inc.：14.

CHEN Y，YANG X，ZHANG A F，et al.，2016. First report of leaf spot caused by *Nigrospora sphaerica* on kiwifruit in China. Plant disease，100（11）：2326.

DÍAZ G A，LATORRE B A，LOLAS M，et al.，2017. Identification and characterization of *Diaporthe ambigua*，*D.australafricana*，*D.novem*，and *D.rudis* causing a postharvest fruit rot in kiwifruit. Plant disease，101（8）：1402-1410.

LI L，PAN H，LIU W，et al.，2017. First report of *Alternaria alternata* causing postharvest rot of kiwifruit in China. Plant disease，101（6）：1046.

LI L，PAN H，LIU Y F，et al.，2018a. First report of *Nigrospora sphaerica* causing kiwifruit postharvest rot disease in China. Plant disease，102（8）：1666.

LI L，PAN H，CHEN M Y，et al.，2018b. First report of *Nigrospora oryzae* causing brown/black spot disease of kiwifruit in China. Plant disease，102（1）：243.

PAN H，CHEN M Y，DENG L，et al.，2018. First report of *Didymella glomerata* causing black spot disease of kiwifruit in China. Plant disease，102（12）.

PENNYCOOK S R，1985. Fungal fruit rots of *Actinidia deliciosa*（kiwifruit）. New Zealand journal of experimental agriculture，13：289-299.

JEONG I H，LIM M T，KIM G H，et al.，2008. Incidences of leaf spots and blights on kiwifruit in Korea. The plant pathology journal，24（2）：125-130.

Kiwifruit Disease Investigation and Pathogen Identification in Pingbian County, Yunnan Province

PAN Hui[1]   DENG Lei[1]   CHEN Meiyan[1]   ZHANG Shengju[1]
DUAN Chengjiu[2]   HE Meixiang[2]   YANG Guangxue[2]   LI Li[1]
ZHONG Caihong[1]

（1 Key laboratory of Plant Germplasm Enhancement and Specialty Agriculture, The Innovative Academy of Seed Design, Wuhan Botanic Garden, Chinese Academy of Sciences   Wuhan   430074；

2 Pingbian County of Yunnan Province, Institute of Fruit Tree and Tea Science   Pingbian   661200）

Abstract   Kiwifruit industry develop steadily in Pingbian County, Yunnan Province. In order to decrease the damage brought by disease, the kiwifruit diseases were investigated in 17 representative kiwifruit orchards of 7 townships in April and November 2017, July 2018 respectively. Many samples with typical disease symptoms were collected and the pathogens were identified. The results of biological characteristics, molecular identification and pathogenicity tests of isolated pathogens indicated that the main diseases of kiwifruit in Pingbian County were gray and brown leaf spot, black spot at Spring; anthracnose, gray and brown leaf spot at Summer; postharvest soft rot at Autumn and Winter seasons. The investigation result provided a theoretical basis for forecasting and integrated control of kiwifruit disease in Pingbian County.

Keywords   Kiwifruit   Disease   Biological characteristics   ITS identification

彩图 1

彩图 2

彩图 3

彩图 4

彩图 5

彩图 6

彩图 7

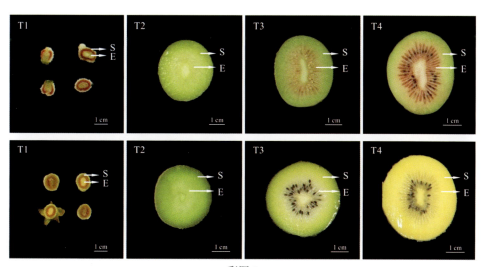

彩图 8

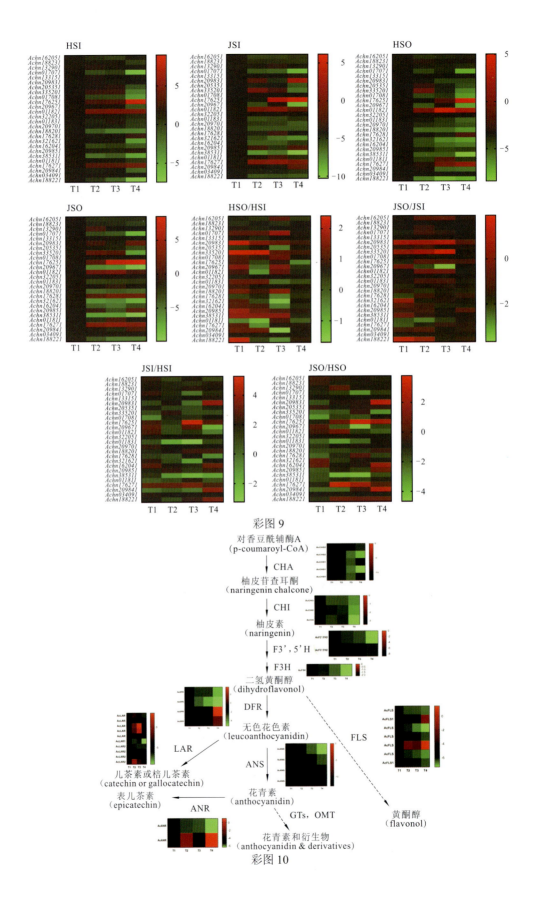

彩图 9

对香豆酰辅酶A
（p-coumaroyl-CoA）
↓ CHA
柚皮苷查耳酮
（naringenin chalcone）
↓ CHI
柚皮素
（naringenin）
↓ F3′，5′H
↓ F3H
二氢黄酮醇
（dihydroflavonol）
↓ DFR
无色花色素
（leucoanthocyanidin）
↓ ANS
花青素
（anthocyanidin）
↓ GTs，OMT
花青素和衍生物
（anthocyanidin & derivatives）

LAR

FLS

黄酮醇
（flavonol）

儿茶素或棓儿茶素
（catechin or gallocatechin）

表儿茶素
（epicatechin）

ANR

彩图 10

彩图 11

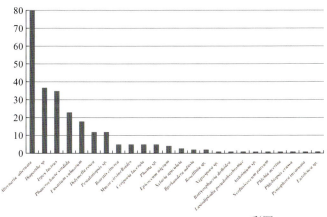

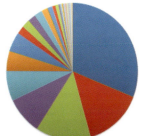

- ■ *Alternaria alternata* ■ *Diaporthe* sp.
- ■ *Irpex lacteus* ■ *Phanerochacte sordida*
- ■ *Fusarium culmorum* ■ *Didymella rosea*
- ■ *Pestalotiopsis* sp.

彩图 12

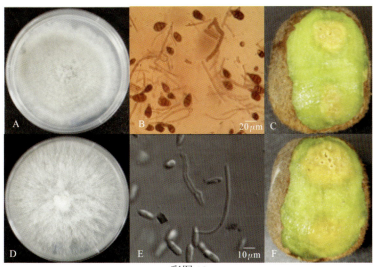

彩图 13

彩图 14

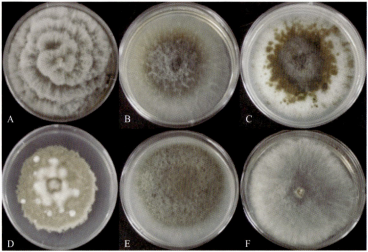

彩图 15

彩图 16